幾何教程 (下)

A.オスターマン／G.ヴァンナー 著
蟹江幸博 訳

丸善出版

Translation from English language edition:
Geometry by Its History by Alexander Ostermann and Gerhard Wanner

目　次

第 II 部

解析幾何学

"Ce que les Anciens avoient démontré sur les courbes, quelque important, quelque subtil qu'il fut, n'étoit pourtant qu'un amas de Propositions particulières ... jusq'à l'invention de l'Algébre; moyen ingénieux de réduire les Problèmes au Calcul le plus simple & le plus facile que la Question proposée puisse admettre. Cette clef universelle des Mathématiques ... a produit une véritable révolution dans les Sciences ... [古代の人々が曲線について証明したことがいかに重要で深遠であったとしても，それ

でも...代数が発明されるまでは...個別の命題の集まりにすぎなかった．つまり，提示された質問が許すもっとも単純で簡単な計算に問題を帰着する巧妙な方法であったのだ．数学に対するこの普遍的な鍵が...科学に真正の革命を引き起こした．]”

[G. クラメール (1750)][1]

恒等式と方程式を備えた代数学[2]は，ユークリッドの第2巻と，アル=フワーリズミの本の幾何学的図形から生まれた[3]（図1の第1行と [ハイラー，ヴァンナー (1997)] の第1.1節参照）．続く数世紀の間，主にシュティーフェル，カルダノ，ヴィエート（図2参照），デカルトの手によって，この科学はそれ自体でさらにより強力な道具となっていった．最初は単なる図形とアラビア語の文章だったが，代数演算に対するシンボルがだんだんに洗練されていき，最終的に既知と未知の数値に対して文字を導入するという発展のこの段階は，図1に引用されている．幾何の問題を解くためにヴィエートとデカルトがこの道具を使ったことが，その後，幾何学における大きな革命に結びつく．オイラーの『無限解析入門 (*Introductio in analysin infinitorum*)』第II巻の影響のもとに，このことは今日**解析幾何**と呼ばれているものの創造に結実する．

この科学の最初の勝利は第6章と第7章に述べられている．定木とコンパスを使う作図問題という，古代のユークリッド幾何の問題に対する関心の1つを再び取り上げたガウスの役割は第8章で扱われる．高次元での解析幾何，ベクトル空間，線形写像は第9章と第10章で議論される．

これらの章では，幾何学的観点から，解析学や線形代数など近接したテーマにしばしば触れることになる．“European Mathematics Subject Area

---

[1] ［訳註］この引用のように，原文があってその後に［　］の中に英文があることがある．本書は英文の翻訳なので，英語自体は再録せず日本語に翻訳してある．この場合，原文の翻訳ではなく英訳の翻訳をしてあるので，原文と意味がずれることがあるが，あえて原文の翻訳は付していない．英語以外の原文のみの場合は，その原文の後の（　）の中にその日本語訳を付したが，英文のみの引用の場合は日本語訳のみを挙げてある．

[2] Algebra（代数学）という言葉は，830年にバグダッドで出版されたムハンマド・イブン・ムサ・アル=フワーリズミ (Muḥammad ibn Mūsā al-Khwārizmī) の著書Ḥīsāb al-jabr w'al-muqābala（ヒサーブ・アル=ジャブル・ワル=ムカバラ，移項と消約の計算の書）に由来する．

[3] ［訳註］図1の図は内容としては $x^2 + 21 = 10x$ を長方形の面積の関係として表現し，その解を求める手順を示している．そのように，1600年にヴィエートが文字を使って表現するまでは，代数学的な内容は幾何的図形を使って表現され，そして幾何的な技法を使って解かれていた．ヴィエートとデカルトが行ったことは，幾何的図形で表現されてきたことを図形を離れ，文字式の変形だけで解けるようにしたことであり，それが逆に幾何学におけるそれまで解けなかった問題を解けるようにし，さらに，単に図形を描くことでは考えることもできなかった幾何の世界を広げていったのである．

Group"[4]は，より深い議論のためにこれらのテーマに関する補助的なコースが学生たちに提供されることを保証している．

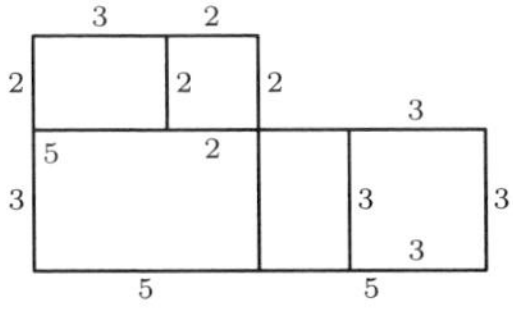

3 2 2 2 2 3 5 2 3 3 3 3 3 5 5	アル=フワーリズミ (830) $x^2 + 21 = 10x$ の解
rei æstimatio. Exemplum. cubus & 6 positiones, æquantur 20, ducito 2, tertiam partem 6, ad cubum, fit 8, duc 10 dimidium numeri in se, fit 100, iunge 100 & 8, fit 108, accipe radicem quę est ℞ 108, & eam geminabis, alteri addes 10, dimidium numeri, a b altero minues tantundem, habebis Binomium ℞ 108 p:10, & Apotomen ℞ 108 m:10, horum accipe ℞ cub & minue illam cub p:6 reb ęq̃lis 20 2 20 8 —— 10 108 ℞ 108 p:10 ℞ 108 m:10 ℞ v:cu. ℞ 108 p:10 m: ℞ v:cu. ℞ 108 m:10	カルダノ (1545) $x^3 + 6x = 20$ の解
SI A quad. + B 2 in A, æquetur Z plano. A + B esto E. Igitur E quad. æquabitur Z plano + B quad. Consectarium. Itaque, √ Z plani + B quad. — B fit A, de qua primum quærebatur.	ヴィエート (1591) $A^2 + 2BA = Z$ の A の解
$x^4 - 2ax^3 \begin{matrix} +2aa \\ -cc \end{matrix} xx - 2a^3x + a^4 \infty 0.$	デカルト (1637) 下記の方程式 (6.1)

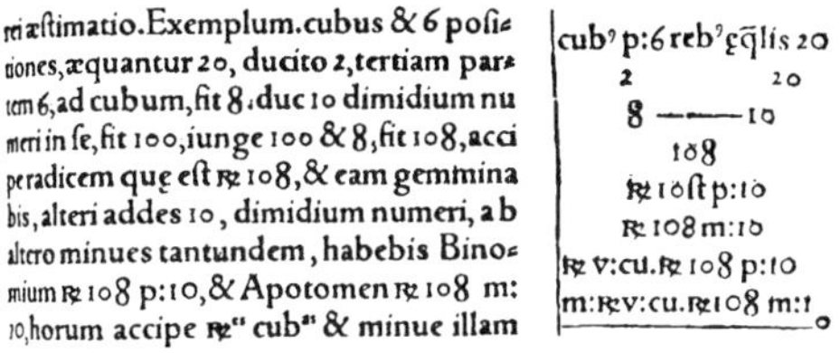

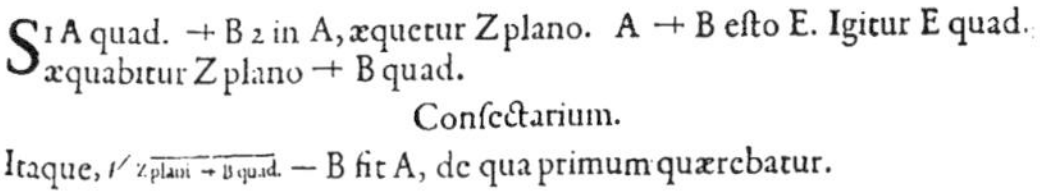

図 1　代数記号の来歴[5]

[4] ［訳註］EU（欧州連合），つまりヨーロッパ統合のため，高等教育における学位認定の質と水準を同レベルにするためのボローニャ協定による取り組みとしてヨーロッパ高等教育圏が作られ，そこにおける数学の分野，教科内容の参照基準，またそれを実施するプログラムといったもの．

[5] ［訳註］この 3 段目までの図が [ハイラー，ヴァンナー (1997)] の第 1.1 節にも掲載されており，その翻訳と解説が，対応する箇所の脚註にある．

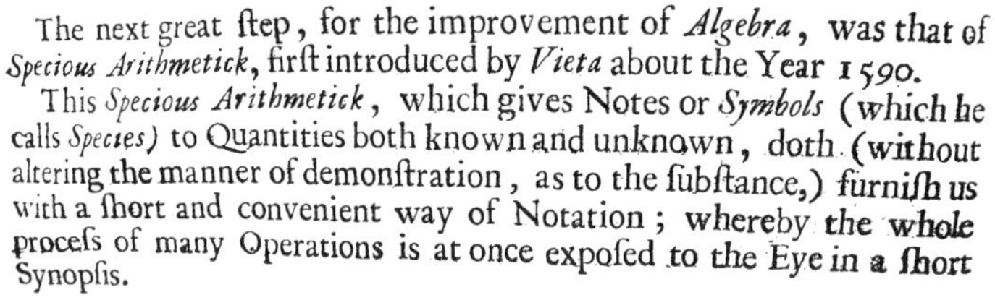

The next great ſtep, for the improvement of *Algebra*, was that of *Specious Arithmetick*, firſt introduced by *Vieta* about the Year 1590.

This *Specious Arithmetick*, which gives Notes or *Symbols* (which he calls *Species*) to Quantities both known and unknown, doth (without altering the manner of demonſtration, as to the ſubſtance,) furniſh us with a ſhort and convenient way of Notation; whereby the whole proceſs of many Operations is at once expoſed to the Eye in a ſhort Synopſis.

図 2　ヴィエートの代数に関して，ウォリス[6]（[ウォリス (1685)] から複製）

[6] ［訳註］ウォリスの文章を訳しておく．代数学の進歩にとって次の大きなステップは，1590 年頃にヴィエートによってはじめて導入された種の算術であった．

既知のまた未知の量に符号や記号（彼は種と呼ぶのだが）を与えるこの種の算術は，（実質に関して証明の方法を変えることなく）記号法を短くかつ便利にしてくれる．これによって，多くの演算のプロセス全体が短く要約されて直ちに目に飛び込んで来る．

第6章　デカルトの幾何学

6.1　デカルトの幾何学の原理

"... affin de faire voir qu'on peut construire tous les Problemes de la Geometrie ordinaire, sans faire autre chose que le peu qui est compris dans les quatre figures que i'ay expliquées. Ce que ie ne croy pas que les anciens ayent remarqué, car autrement ils n'eussent pas pris la peine d'en escrire tant de gros liures, ou le seul ordre de leurs propositions nous fait connoistre qu'ils n'ont point eu la vraye methode pour les trouver toutes, mais qu'ils ont seulement ramassé celles qu'ils ont rencontrées. [... 通常の幾何学のすべての問題の作図が可能であることを示すのには，今説明した 4 つの図に含まれるほんの少しのことしかいらない．これは古代の人々が見たこともないことだったと思っている．というのは，そうでなければ，あんなにも分厚い本を書く労力を掛けなかっただろう．その本の中の非常に長い命題の列は，彼らが偶然に見つけたすべての命題を発見する確かな方法を持っておらず，むしろ寄せ集めたということを示している．]"

（[デカルト (1637)]『幾何学』p. 304; 英訳 [スミス，ラタン (1925)]）

デカルトの『幾何学』は『方法序説』の付録として（297ページ以降．1664年にパリで最初の独立した出版がされた）1637年に出版されたが，17世紀のもっとも影響力のある科学の著作の1つであった．たとえば，それは若きアイザック・ニュートンが所有していたたった2冊の本のうちの1冊であり[1]，彼はその2冊を非常に丹念に読んだ．

デカルトは "tous les Problemes de Geometrie（幾何学のすべての問題）" に対して "connoistre la longeur de quelques lignes droites（いくつかの直線の長さを知ること）" で十分であり，[幾何学のどんな問題も容易に，作図にはいくつかの直線の長さを知ることが十分であるような言い方に帰着することができる[2]]，"souuent on n'a pas besoin de tracer ainsi ces lignes sur le papier, & il suffist de les designer par quelques lettres, chascune par vne seule. Comme pour adiouster la ligne BD a GH, ie nomme l'vne a & l'autre b, & escris $a + b$ [しばしば，こうして紙の上に線を引く必要はないが，それぞれを1つの文字で表わせば十分である．こうして，直線 BD と GH を足すときは，一方を a，もう一方を b と読んで，$a + b$ と書くのである]" と注意することから始めている．この歴史的時点から，**小文字**が（幾何的な量）を表すのに使われるようになった．さらに2ページ後に，デカルトは "C'est a dire, z, que ie prens pour la quantité inconnuë ... [つまり，未知の量を z として...]" と書いているが，これが，未知量をアルファベットの最後の方の文字を使うということの始まりである．

デカルトが述べたのは，幾何の操作と代数演算との間の辞書である（図6.1と図6.2参照）．この辞書によって，幾何の問題を代数の問題に翻訳できるし，その逆もできる．一方の定式化から他方に移ることによって，解決がより簡単になるかもしれない．以下，いくつかの例によって，この新しい方法の有利さを立証し，それによって得られる多くの新しい定理を述べることにしよう．

例． デカルト自身の例から始めよう（図6.3参照）．正方形 AD と線分 BN が与えられているとする．辺 AC を延長した線上の点 E で，直線 EB 上の線分 EF が BN と同じ長さであるものを求めたい．問題は [パッポス選集] 第

[1] 2つ目はジョン・ウォリスの『無限算術』である．
[2] ここや以降の英訳はスミスとラタン (1925) による．[訳注] もちろん，ここではその英訳の日本語訳をしていて，仏語の訳ではない．

幾何学	代数学
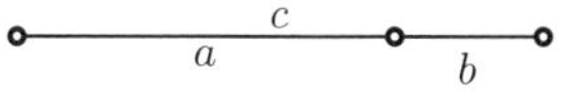 c; a, b	和　$c = a + b$
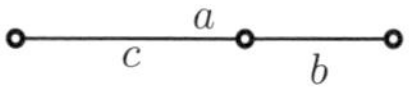 a; c, b	差　$c = a - b$
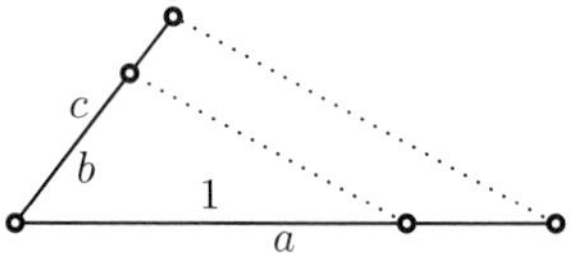 c, b; 1, a	積　$c = a \cdot b$
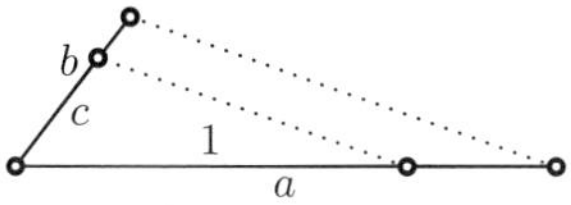 b, c; 1, a	商　$c = \dfrac{b}{a}$
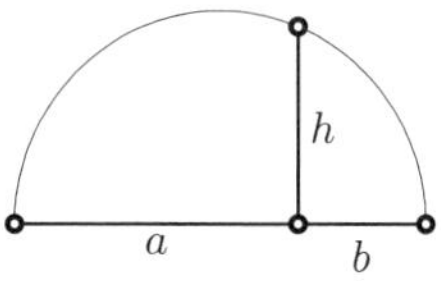 h; a, b	根　$h = \sqrt{a \cdot b}$　(ユークリッド II.14)

図 6.1　幾何図形と代数の等式との間のデカルトの辞書

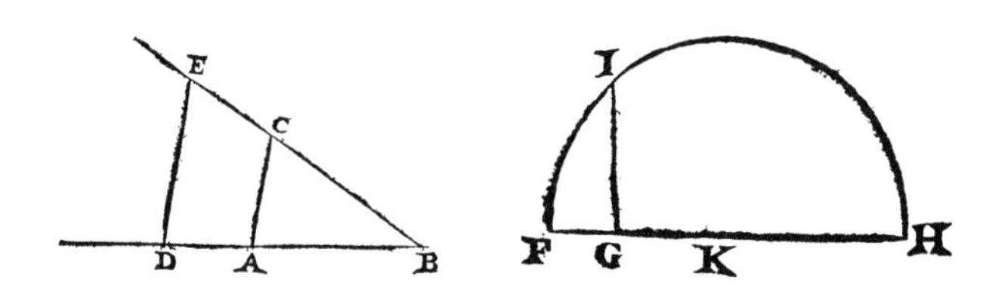

図 6.2　1664 年版からデカルトの手書きの複写

VII 巻，命題 7（また [T.L. ヒース (1921)] 第 II 巻 p.412 も参照）で扱われており，パッポスはヘラクレイトスによるものとしている．デカルトは，BD を G まで延長して，$DG = DN$ となるようにして，BG を直径とする円を描くことによって，パッポスが幾何的な解答を与えたことを認めている．しかしながら，「こんな作図に慣れていない人には発見できそうにない」とデカルトは言っている．一方，代数的方法はわかりやすい．与えられた長さ $AB = BD$ と BN をそれぞれ a と c と書き，未知の長さの一つを x と書く．たとえ

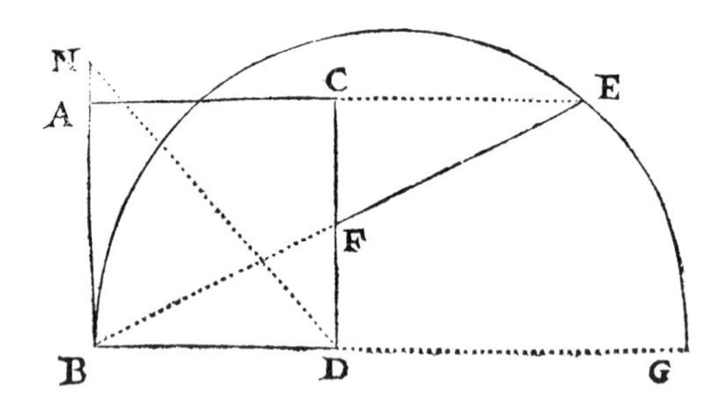

図 **6.3**　デカルトの例．1664 年版から複製

ば，$DF = x$ とすると，$BF = \sqrt{a^2+x^2}$ となる．相似な三角形 BDF と ECF に対するタレスの定理により，EF が長さ c であってほしいのだから，

$$\frac{x}{\sqrt{a^2+x^2}} = \frac{a-x}{c}$$

となる．掛け合わせると[3]

$$x^4 - 2ax^3 + (2a^2 - c^2)x^2 - 2a^3x + a^4 = 0 \tag{6.1}$$

が得られる．そのような方程式に対しては，オイラーが**対称性**を使うというエレガントなアイデアを考案した．つまり方程式を a^2x^2 で割って，

$$\frac{x}{a} + \frac{a}{x} = y \qquad \text{と置くと} \qquad y^2 - 2y - \frac{c^2}{a^2} = 0 \tag{6.2}$$

が得られる．こうして 2 つの 2 次方程式を次々と解くことになるが，それはパッポスの作図の 2 つの円に対応している（演習問題 1 参照）．

6.2　角の三等分と 3 次方程式

三角法と代数の進歩によって，角の三等分の古典的問題が 3 次方程式の解とどのように関係しているかが明らかになった．実際，(5.6) と (5.3) を繰り返し使うことによって，

[3] 図 1 と同じ記号である．デカルトの仕事以来，記号が変わっていないことがわかる．ただ，x^2 を xx と書く習慣はガウスの時代まで標準的なものとして残った．

$$
\begin{aligned}
\sin 3\alpha &= 3\sin\alpha\,\cos^2\alpha - \sin^3\alpha = 3\sin\alpha - 4\sin^3\alpha\,, \\
\cos 3\alpha &= \cos^3\alpha - 3\cos\alpha\sin^2\alpha = 4\cos^3\alpha - 3\cos\alpha
\end{aligned}
\tag{6.3}
$$

が得られる．それゆえ，$\sin 3\alpha$ か $\cos 3\alpha$ が知られていれば，$\sin\alpha$ か $\cos\alpha$ に対する 3 次方程式が得られる．また，$\operatorname{cord}\alpha = 2\sin\frac{\alpha}{2}$ と $2\cos\alpha$ に対する公式も追加しておこう[4]．それらは少し簡単になる．

$$x = \sin\alpha,\ d = \sin 3\alpha \quad \text{であれば} \quad x^3 - \frac{3}{4}x + \frac{d}{4} = 0\,, \tag{6.4a}$$

$$x = \cos\alpha,\ d = \cos 3\alpha \quad \text{であれば} \quad x^3 - \frac{3}{4}x - \frac{d}{4} = 0\,, \tag{6.4b}$$

$$x = \operatorname{cord}\alpha,\ d = \operatorname{cord}3\alpha \quad \text{であれば} \quad x^3 - 3x + d = 0\,, \tag{6.4c}$$

$$x = 2\cos\alpha,\ d = 2\cos 3\alpha \quad \text{であれば} \quad x^3 - 3x - d = 0\,. \tag{6.4d}$$

デカルトの証明. デカルトは『幾何学』(1637) の最後のページで，(6.4c) のエレガントな証明を与えた（図 6.4 参照）．この図には二等辺三角形がたくさんあるが，それらはすべて互いに相似であり，相似比は 1, x, x^2, x^3 のどれかである．図から，直ちに $d = 3x - x^3$ が見て取れる．

ヴィエートの証明. [ヴィエート (1593a)] の「命題 XVI」において，今日ヴ

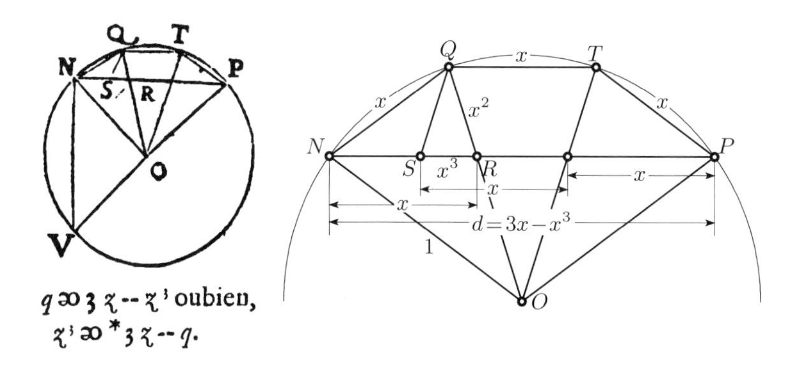

図 6.4　デカルトのイラストと (6.4c) 式の証明

[4]　［訳註］cord は弦関数で，上巻第 5 章の初めに由来も含めた解説がある．オイラーが正弦や余弦の使用を強く勧めるまで，古代から広く使われていた．

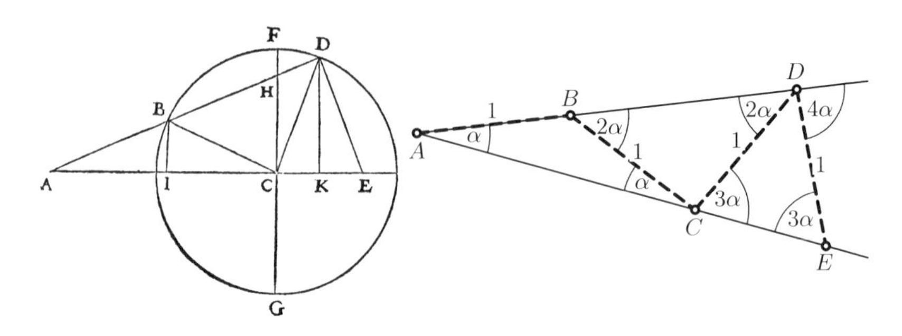

図 6.5　左:ヴィエートのイラスト (1593a)，右:ヴィエートの梯子

ィエートの梯子と呼ぶものの説明から (6.4d) に到達している（図 6.5 参照）．アルキメデスの「補題 8」（図 3.24 右図参照）とアブール=ジュードの正九角形の作図（図 6.10 参照）に隠されたアイデアは次のものである．与えられた角 $\alpha = EAD$ を，できるだけ同じ長さの線分によるジグザグ線 $ABCDE\ldots$ によって埋めていく．これによって二等辺三角形 ABC, BCD, CDE などができていき，ユークリッド I.5 を次々と適用することによって，その底角は α, 2α, 3α などとなる．

(6.4d) の証明．図 6.5 の左図で，$CE = d = 2\cos 3\alpha$, $AB = BC = BH = CD = DE = 1$ であり，$AC = x = 2\cos\alpha$ であることがわかる．そのとき，

$$CH^2 = 4 - x^2, \qquad HD \cdot 1 = 1 - CH^2, \qquad \tfrac{d}{x} = \tfrac{HD}{1}$$

(ピュタゴラス)　(H に対するユークリッド III.35)　(タレス)

となる[5]．この 3 式を合わせると，$\frac{d}{x} = 1 - 4 + x^2$ が，つまり $x^3 - 3x = d$ が得られる．

ヴィエートの例．図 6.6 に示されているのは，$d = 2\cos 60^\circ = 1$ のときに (6.4d) 式を使って，$\cos 20^\circ$ を計算することによる，ヴィエートの結果の最初の応用である[6]．

---

[5] ［訳註］タレスの定理の意味がわかりにくい人のために．$HD : 1 = HD : BH = CK : CI = d : x$ の 2 つ目の等号がタレスの定理である．また，$BH = 1$ も，$AB : BH = AI : IC = 1 : 1$ とタレスの定理を使っている．

[6] ［訳註］左の図の角に LX とあるのは 60 を意味し，右の図の底角 20(XX) と頂角の半分 70(LXX) が書かれ，左の 1 辺の長さが 100,000,000 であり，右の底辺の半分 93,969,262 が三等分された角の余弦になっている．

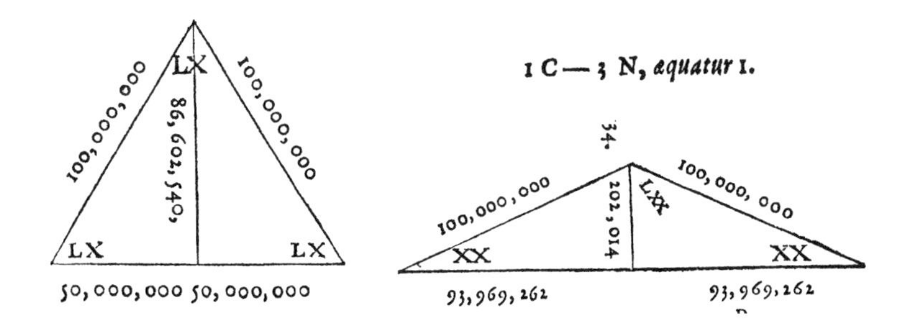

図 6.6 ヴィエート (1593a) による，$x = 2\cos 20°$ に対する方程式 $x^3 - 3x = 1$ を使って行った，角 60° の三等分．すべての数字が正しい．

3 次方程式を解くこと.

> "Quid igitur quærit à Geometris Adrianus Romanus? Datum angulum trifariam secare ... Quid ab Analystis? Datum solidum sub latere & dato coëfficiente plano adfectum, multa cubi, resolvere ... Quare quærenti Adriano licet sive in Geometricis sive in Arithmetricis satisfacere. [したがってアドリアヌス・ロマヌスは幾何学者に何を訊ねるのか？ 与えられた角を三等分するために... そして解析学者には何を？ 1 つの辺と指定された係数である底面を掛けることによって得られる立体が与えられたとき，立方体の値を求めるために，... したがって，幾何か解析かで，質問するアドリアヌスを満足させる選択をしなければならない]"
>
> ([ヴィエート (1595)] pp. 312/313)

代数学は幾何学の助けをするが，幾何学もまた代数学の助けをする．もし，たとえば，三角関数や逆三角関数を使って，どんな角も三等分することが**可能である**と仮定するなら，ある 3 次方程式を解くのに，この道具を使って迂回することができる．ファン・ルーメンの挑戦（第 6.5 節と引用参照）に刺激され，[ヴィエート (1595)] によって発見されたこのアイデアは，次のように働く．

3 次方程式

$$z^3 + az^2 + bz + c = 0 \tag{6.5}$$

が与えられたとする．カルダノ以来，$z + \frac{a}{3} = y$ と置き換えることで，y^2 の項のない方程式

$$y^3 - py + q = 0, \quad \text{ここで} \quad p = \frac{a^2}{3} - b, \quad q = \frac{2a^3}{27} - \frac{ab}{3} + c \tag{6.6}$$

に導かれる．この方程式は (6.4a)に似ている．この2つの方程式を同じにするためには，$y = \mu \sin \alpha$ とおき，(6.4a)に $x = \frac{y}{\mu}$ を代入して，μ^3 を掛ければよい．方程式を比較すると，

$$p = \frac{3\mu^2}{4} \qquad \text{かつ} \qquad q = \frac{\mu^3 \sin 3\alpha}{4} \tag{6.7}$$

となる．最初の条件は μ を定め（$p \geq 0$ であればこれは可能である），第2の条件は α を定める（$|\frac{27q^2}{4p^3}| \leq 1$ であればこれは可能である）．最終的に，(6.5) の解として，

$$z = -\frac{a}{3} + 2\sqrt{\frac{p}{3}}\ \sin\left(\frac{1}{3}\arcsin\left(\frac{q}{2}\left(\frac{3}{p}\right)^{\frac{3}{2}}\right) + \frac{2k\pi}{3}\right), \quad k = 0, 1, 2 \tag{6.8}$$

が得られる．

6.3　正七角形と正九角形

古代バビロニアと古代ギリシャ文明が正三角形，正方形，正五角形，正六角形の秘密を明らかにした一方（第1章参照），もっと角数の多い正多角形はアラビア時代やヨーロッパ・ルネサンスでのさらなる代数学の進歩を待たねばならない．アブール=ジュード・ムハンマド・イブン・アル=レイス（Abū'l-Jūd Muḥammad ibn al-Layth，11世紀）とフランソア・ヴィエート（[ヴィエート (1593a)] 参照）が正七角形と正九角形を解くための方程式を発見した．ケプラーは世界の調和の主たる理由を正多角形に見て，[J. ケプラー (1619)]『宇宙の調和 (*Harmonices Mundi*)』の第1巻全体を，*quæ proportiones harmonicas pariunt*（調和の割合を生み出す）これらの図形に捧げている．正多角形に関してより詳細については [ポーニック (2006)]（セルビア語）による標準的な文献を勧めておく．

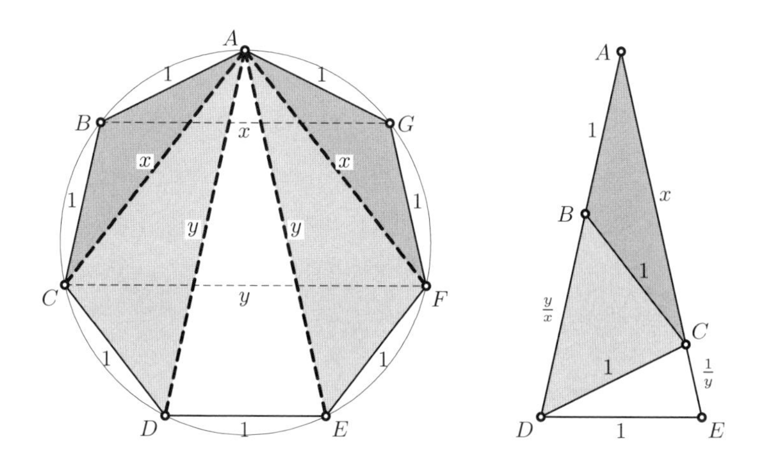

図 6.7 左：芸者の扇としての正七角形，右：それを畳んだもの

正七角形. 辺の長さが例えば1である正七角形の対角線 x と y を計算したい（図 6.7 左図参照）.

解答. A における角は，ユークリッド III.21 により，すべて $\frac{\pi}{7}$ である．ヴィエートの梯子で $\alpha = \frac{\pi}{7}$ と置くと，図 6.7 右図が得られる．すると，三角形 ABC, BCD, CDE はそれぞれ左の図の三角形 BAG, CAF, DAE と相似になる．こうして，タレスの定理によって，梯子の中の距離が $AC = x$, $BD = \frac{y}{x}$, $CE = \frac{1}{y}$ と定まる．しかし，この図形は，左側の図形の中の正七角形を，A を通る破線に沿って**芸者の扇**[7]**を折り畳んだもの**と考えることもできる．したがって，（再度）$AC = x$ であり，$AD = AE = y$ である．だから，

$$1 + \frac{y}{x} = y \qquad \text{かつ} \qquad x + \frac{1}{y} = y \tag{6.9}$$

が得られる．この2つの方程式で x か y を消去することができ，

$$y^3 - 2y^2 - y + 1 = 0 \qquad \text{または} \qquad x^3 - x^2 - 2x + 1 = 0 \tag{6.10}$$

という，奇妙に似ている2つの3次方程式が得られる．もしどちらかが解け

7 ［訳註］扇子のこと．英語圏で，扇子が芸者の持ち物と認識されていることに感慨をもつ必要はない．

たなら，(6.9) からもう一つの量が得られる．第8章で，これらの方程式の（正の）解がユークリッドの道具では作図できないことを見るが，ヴィエートの時代以来（[ヴィエート (1600b)] 参照），好きなだけの精度で数値的に計算することができて，

$$\begin{aligned} y &= 2.24697960371746706105\ldots \\ x &= 1.80193773580483825247\ldots \end{aligned} \tag{6.11}$$

となる．

正七角形のアルキメデスの解答． アラビアの時代には，サービト・イブン・クッラのアラビア語訳で，正七角形に関するアルキメデスの稿本が流布していた．それはさらに，[ホーゲンディイク (1984)] によってコメントつきで英語に翻訳された．いくつかの対角線を引く（図 6.8 参照）．すると，ユークリッド III.21 により，A, E, D, F におけるすべての角は $i = \frac{\pi}{7}$ であるか，その整数倍 $ii, iii, iv...$ となる（記号はヴィエートから借りた）．それから，ユークリッド I.32（1つの三角形の中のローマ整数の和は vii にならねばならない）とユークリッド I.15 によって定まる．まず，ACE, AEB, EBD が二等辺三角形であること，つまり，$EC = AC = a$ かつ $BD = EB = AE = 1$ がわかる．さらに，$EAC \sim BAE$ と $ECB \sim DCE$ が2対の相似三角形であることがわかる．タレスの定理により，

$$\begin{aligned} \frac{EA}{AC} = \frac{AB}{EA} \;&\Leftrightarrow\; BD^2 = AC \cdot AB \;\Rightarrow\; 1 = a(a+b), \quad (A_1) \\ \frac{EC}{CB} = \frac{CD}{EC} \;&\Leftrightarrow\; AC^2 = CB \cdot CD \;\Rightarrow\; a^2 = b(b+1) \quad (A_2) \end{aligned} \tag{6.12}$$

が得られる．

これらの条件とアルキメデスが持っていた道具とでは，彼は νεύσεις（ネウセイス，近づいていく）ことによって解を示唆すること以上にあまり進むことはできなかった（章末 35 ページの演習問題 3 参照）．この後のギリシャの幾何学者たちは方程式 (A_1) と (A_2) が (a,b) 平面の2つの双曲線を表すと言うようになり，それだから，第8章の用語でいう「立体」作図が得られるだろう．

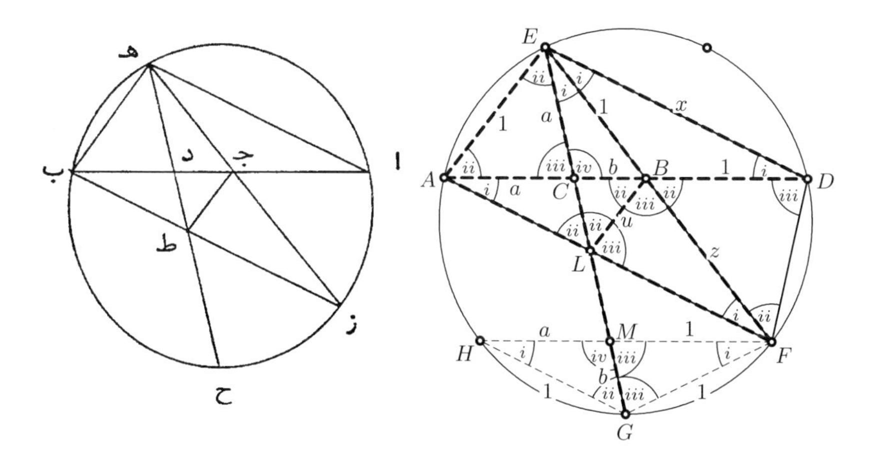

図 6.8　正七角形のアルキメデスの解答．左図は [ホーゲンディイク (1984)] から

ヴィエートとデカルトの現代的な代数を使って，2 つの方程式から a か b かを消去すると，

$$a^3 + 2a^2 - a - 1 = 0 \quad \text{または} \quad b^3 - b^2 - 2b + 1 = 0 \tag{6.13}$$

が得られ，その解は $a = 0.8019377358...$ と $b = 0.4450418679...$ である．(6.10) から，b と x は同じ方程式の異なる解となる．

それでも，アルキメデスの図をもう少し利用することにして，変数 $z = BF = AB = a + b$ と $u = BL$ を導入する．これから以下の素敵な式が得られる．

$$\begin{gathered} z = \frac{y}{x}, \quad z + 1 = y, \quad a + 1 = x, \quad b + 1 = \frac{x}{z}, \\ a = \frac{1}{z}, \quad u = \frac{1}{x}, \quad b = \frac{1}{y}. \end{gathered} \tag{6.14}$$

証明． $z = \frac{y}{x}$ は $EBD \sim FBA$（これはまた (6.9) 式の第 1 式）から導かれ，$a = \frac{1}{z}$ は (A_1) であり，$z + 1 = EF = y$ は図からわかる．さらに，対角線 $x = HF$ を引く．同じ三角形 ECB と HMG を比較することによって，

$HM = a$ と $MG = b$ がわかる．だから，$a + 1 = HF = x$ となり，$AFE \sim LFB \sim GFM$ から $b = \frac{1}{y}$ がわかり，$u = \frac{z}{y} = \frac{1}{x}$ もわかる．最後に，$\frac{b+1}{x} = \frac{1}{z}$ は $GCD \sim BDF$ から導かれる．

ここで，なぜ，b に対する方程式が，y に対する方程式を y^3 で割って符号を変えたものになるのかが理解される．同じように，a と x に対する方程式に転じると，

$$z^3 + z^2 - 2z - 1 = 0 \qquad と \qquad u^3 - 2u^2 - u + 1 = 0 \tag{6.15}$$

が得られ，その解は $z = 1.2469796037...$ と $u = 0.554958132...$ である．

注意． z, x, b に対する方程式は [ヴィエート (1593a)] と [ヴィエート (1593b)] で得られ，解かれた（図 6.9 参照）．b の値は単位円に内接する正 14 角形の辺の長さ (*latus tessere-decagoni circulo inscripti*) を表しており，その正 14 角形は 14 個の三角形 GFM からなっている．z に対する方程式は，1 の 7 乗根の実部の 2 倍である η に対して，第 8.4 節で再度現れる．

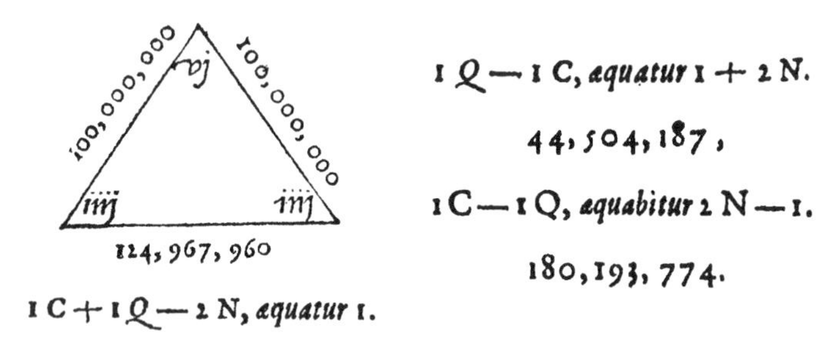

図 6.9　正七角形に対するヴィエートの結果．左：ヴィエート (1593a) から三角形 BDF とヴィエートの記号での z に対する方程式，C = Cubos（立方），Q = Quadrato（平方），N = Numero（数）（z に対する数値は 2 つの数字が入れ替わっている）．右：ヴィエート (1593b)「第 7 章」から b に対する方程式（符号が間違っている）と x に対する方程式とその正しい数値

正九角形． 求める対角線の長さを x, y, z と書いて，今度はヴィエートの梯子で $\alpha = \frac{\pi}{9}$ と取る．今度は折り畳んだ後，タレスの定理から $AC = x$, $BD = \frac{z}{x}$, $CE = 1$, $DF = \frac{1}{z}$ が得られる．距離 $AD = y$, $AE = AF = z$ は折り畳ん

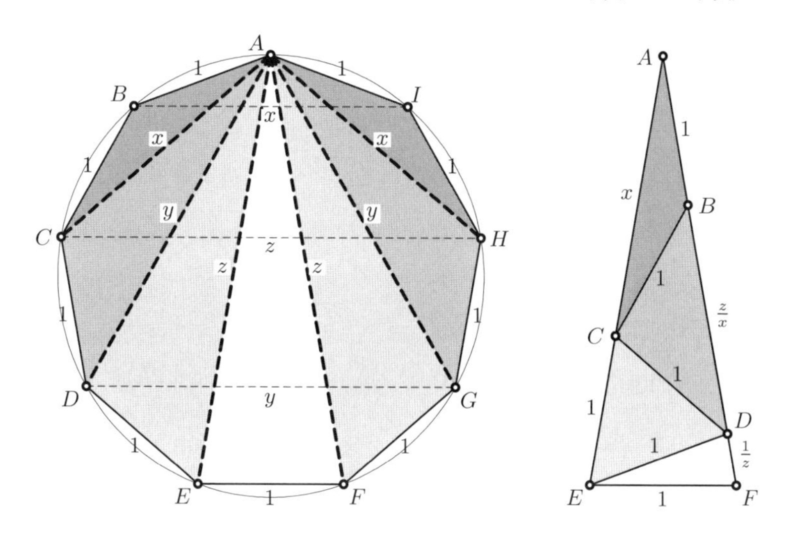

図 6.10　左：芸者の扇としての正九角形，右：折り畳んだもの

でも変わらないので，

$$1+\frac{z}{x}=y, \qquad x+1=z, \qquad y+\frac{1}{z}=z \tag{6.16}$$

となる．さまざまな代数的操作によって，

$$x^3-3x-1=0 \quad \text{または} \quad y^3-3y^2+3=0 \quad \text{または} \quad z^3-3z^2+1=0 \tag{6.17}$$

という，これも互いに非常に似ている方程式が得られる．11 世紀にアブール=ジュードによって発見された（たとえば [M. カントール (1894)] p. 715 参照）そのような方程式が，閉じた形での 3 次方程式の解が熱心に求められた理由の一つであった．正七角形に関しては，方程式は数値的に

$$z=2.8793852415718167681082185 5\ldots$$
$$y=2.5320888862379560704047853 0\ldots$$
$$x=1.8793852415718167681082185 5\ldots$$

と解かれる．

6.4 単位円内の正多角形

問題. 与えられた円に内接する正多角形を作図せよ．この円を単位円に取る．

解答. (6.3) を n の任意の（奇数）値に対する $\sin(n\alpha)$ に拡張するために，$\sin((n \pm 2)\alpha)$ に対する (5.6) 式で与えられる表示を足すことによって得られる

$$\sin((n+2)\alpha) + \sin((n-2)\alpha) = 2\sin(n\alpha)\cos(2\alpha) \tag{6.18}$$

から始める．ここで，$\cos(2\alpha) = \cos^2\alpha - \sin^2\alpha = 1 - 2\sin^2\alpha$ を代入すると，

$$\sin((n+2)\alpha) = (2 - 4\sin^2\alpha)\sin(n\alpha) - \sin((n-2)\alpha) \tag{6.19}$$

が見つかる．単位円に内接する正多角形に興味があるので，弦関数 (5.4) に移ると，

$$x = \operatorname{cord}\alpha = 2\sin\frac{\alpha}{2}, \qquad d_n = \operatorname{cord}(n\alpha) = 2\sin\frac{n\alpha}{2} \tag{6.20}$$

となって，(6.19) からさらに簡単な式

$$d_{n+2} = (2 - x^2)\cdot d_n - d_{n-2} \qquad (n = 1, 3, 5, \ldots) \tag{6.21}$$

が得られる．この等式により，$d_{-1} = -x$, $d_1 = x$ から始めて，n のすべての奇数値に対して，弦 $d_n = \operatorname{cord}(n\alpha)$ を再帰的に計算することができて，その結果は

$$\begin{aligned}
d_1 &= +x^1 \\
d_3 &= -x^3 + 3x^1 \\
d_5 &= +x^5 - 5x^3 + 5x^1 \\
d_7 &= -x^7 + 7x^5 - 14x^3 + 7x^1 \\
d_9 &= +x^9 - 9x^7 + 27x^5 - 30x^3 + 9x^1 \\
d_{11} &= -x^{11} + 11x^9 - 44x^7 + 77x^5 - 55x^3 + 11x^1 \\
d_{13} &= +x^{13} - 13x^{11} + 65x^9 - 156x^7 + 182x^5 - 91x^3 + 13x^1
\end{aligned}$$

$$d_{15}=-x^{15}+15x^{13}-90x^{11}+275x^9-450x^7+378x^5-140x^3+15x^1$$
$$d_{17}=+x^{17}-17x^{15}+119x^{13}-442x^{11}+935x^9-1122x^7+714x^5-204x^3+17x^1 \tag{6.22}$$

となり，さらに順に限りなく続けられる (*et eo infinitum continuando ordine*)．図 6.11 参照.

2 — 1 Q	Æquabitur	Basi	Anguli	Dupli.
3 N — 1 C		Perp.		Tripli.
2 — 4 Q + 1 QQ		Basi		Quadrupli.
5 N — 5 C + 1 QC		Perp.		Quintupli.
2 — 9 Q + 6 QQ — 1 CC		Basi		Sextupli.
7 N — 14 C + 7 QC — 1 QQC		Perp.		Septupli.
2 — 16 Q + 20 QQ — 8 CC + 1 QCC		Basi		Octupli.
9 N — 30 C + 27 QC — 9 QQC + 1 CCC		Perp.		Noncupli.

図 6.11 ヴィエートの『解答』(*Responsum*, 1595) から多重角の弦の表，ファン・スホーテン版 (1646)，p. 319 から複製．ヴィエートはまた偶数の n に対する弦も与えている．これらは余弦を含んでいる．つまり，“Perp.” が “Basi” に置き換えられる

注意. n が素数でない，たとえば $n = m \cdot k$ であるなら，d_n は d_k を d_m に代入することによって得ることができる．つまり，角 α をまず k 倍して，それから m 倍するのである．たとえば，$d_9 = -(d_3)^3 + 3d_3 = -(-x^3+3x)^3 + 3(-x^3+3x)$ とするのである．

$\boldsymbol{n = 3}$. $\alpha = \frac{2\pi}{3}$ であれば $d_3 = 0$ であるので，$x^3 - 3x = 0$ となる．この等式を x で割って $x^2 = y$ と置けば，$y = 3$ となるので，**単位円に内接する正三角形の辺の長さは $\sqrt{3}$** であるとなって，この結果は第 1.7 節の表 1.1 の公式 $R = \frac{\sqrt{3}}{3}$ と一致する．

$\boldsymbol{n = 5}$. ここで，$d_5 = x^5 - 5x^3 + 5x = 0$ を解いて，対角線の 2 乗 $y = x^2$ に対する方程式 $y^2 - 5y + 5 = 0$ が得られる．それゆえ，**単位円に内接する正五角形の辺の長さの 2 乗は $(5 \pm \sqrt{5})/2$** である．特に，辺の長さは $\sqrt{\frac{5-\sqrt{5}}{2}} = \sqrt{3-\Phi}$ となって，これまた表 1.1 と一致する．この結果は，既に

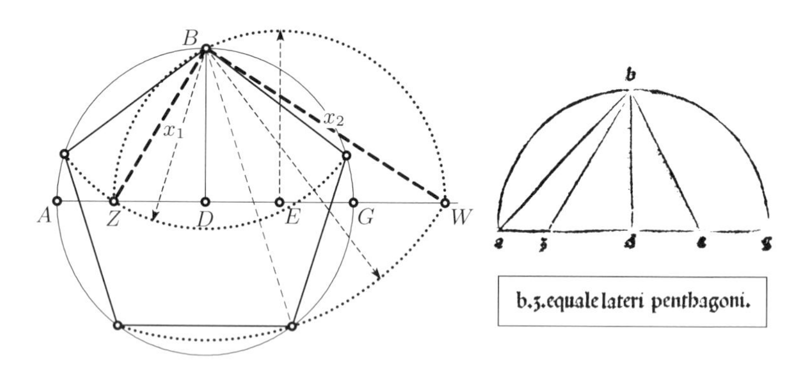

図 **6.12**　内接五角形のプトレマイオスの作図．右：プトレマイオス–レギオモンタヌス (1496) から複製

プトレマイオスに知られていた図 6.12 に示されている作図に持ち込むことができる．ADG を直径とし，E を D と G の中点とし，B を D の垂直上方の点とする．E を中心とし，B を通る円を描き，直径 AG との交点を Z と W とする．すると，BZ と BW は直径である．表 1.1 の公式 $R = \Phi$ から，$\boldsymbol{ZD}$ **が内接 10 角形の辺であること**もわかる．

$\boldsymbol{n = 7}$. 円に内接する正七角形の 3 本の対角線の長さに対する方程式 $d_7 = -x^7 + 7x^5 - 14x^3 + 7x = 0$ は，独立にヴィエートのものであるが，[J. ケプラー (1619)] によって公表され，ケプラーはヨスト・ビュルギ[8]によるものとしている．図 6.13 参照．こうして，対角線の長さの 2 乗は $y^3 - 7y^2 + 14y - 7 = 0$ の 3 つの根となる．数値計算ののちに，これらの対角線は

0.8677674782351　　1.5636629649361　　1.9498558243636　　**86, 677, 748**

となる．最後の値は，*latus heptagoni circulo inscripti*（円に内接する七角形の長さ）に対して [ヴィエート (1593b)] p. 364 で与えられたもので，計算は正しいのだが，3 つの数字が取り違えられて印刷されている．

8　“... sic procedit *Justus Byrgius*, Mechanicus Caesaris et Landgravij Hassiae; qui in hoc genere ingeniosissima et inopinabilia multa est commentus.（こうして皇帝とヘッセン方伯の機械技師**ユースタス・ビュルギウス**は多くのとても巧妙で驚くべき発見をした）”
［訳註］もちろん，ユースタス・ビュルギウスはヨスト・ビュルギのラテン語名である．

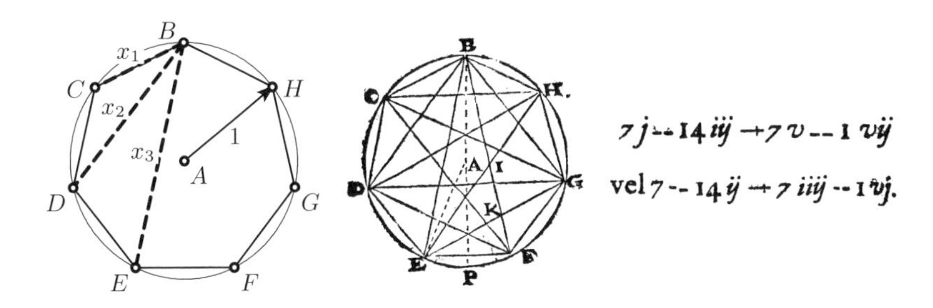

図 6.13 単位円に内接する正七角形の対角線．右：ケプラーの手書きの図と方程式（ケプラー，1619）

6.5 ファン・ルーメンの有名な挑戦

その著書『多角形の方法 (*Methodus polygonorum*)』の中で，フランドルの数学者アドリアン・ファン・ルーメン（ラテン語名はアドリアヌス・ロマヌス）は，「世界中のすべての数学者」に向かって，次の方程式を解くようにと挑戦をした．

$$\begin{aligned} & x^{45} - 45x^{43} + 945x^{41} - 12300x^{39} + 111150x^{37} - 740259x^{35} + 3764565x^{33} \\ & \quad - 14945040x^{31} + 46955700x^{29} - 117679100x^{27} + 236030652x^{25} \\ & \quad - 378658800x^{23} + 483841800x^{21} - 488494125x^{19} + 384942375x^{17} \\ & \quad - 232676280x^{15} + 105306075x^{13} - 34512075x^{11} + 7811375x^{9} \\ & \quad - 1138500x^{7} + 95634x^{5} - 3795x^{3} + 45x = \sqrt{\tfrac{7}{4} - \sqrt{\tfrac{5}{16}} - \sqrt{\tfrac{15}{8} - \sqrt{\tfrac{45}{64}}}} \end{aligned} \tag{6.23}$$

（図 6.14 も参照）．彼はさらに，問題を解くことができるかもしれない 10 人の傑出した数学者のリストを挙げることもしている．三人のドイツ人，二人のイタリア人，三人のオランダ人，一人のデンマーク人，一人のフランドル人だが，フランス人は誰も挙げなかった（この問題についての詳しい説明は論文 [P. アンリ (2009)] を参照）．フランス王（アンリ IV 世）はこれを聞いて喜ばず，ヴィエートに問題を解きに来るように命じた．3 時間後，ヴィエートは王に最初の解答を示した．

PROBLEMA MATHEMATICVM OMNIBVS ORBIS MA- "
THEMATICIS AD CONSTRVENDVM PROPOSITVM. "
Si duorum terminorum prioris ad posteriorem proportio ſit, ut 1 (1) ad "
45 (1) − 3795 (3) + 9,5634 (5) − 113,8500 (7) + 781,1375 (9) − 3451,2075 (11) + 1, "
0530,6075 (13) − 2,3267,6280 (15) + 3,8494,2375 (17) − 4,8849,4125 (19) "
+ 4,8384,1800 (21) − 3,7865,8800 (23) + 2,3603,0652 (25) − 1,1767,9100 "
(27) + 4695,5700 (29) − 1494,5040 (31) + 376,4565 (33) − 74,0459 (35) + "
11,1150 (37) − 1,2300 (39) + 945 (41) − 45 (43) + 1 (45) deturque terminus "
poſterior, invenire priorem.

図 **6.14**　ファン・ルーメンの挑戦．ヴィエート全集のファン・スホーテン版 (1646), p. 305 から複製

2次や3次の方程式が辛うじて解けるだけのわれわれのようなものは，そのような問題を解こうというヴィエートの大胆さの前には言葉を失って立ち尽くすことになる．しかしながら，上の方程式は45次のどれでもといった方程式ではなく，非常に特別なものなのである．

(a)　(6.23) の左辺は (6.22) の d_{45} である．

(b)　右辺は cord (24°) である．これは表 5.2 の値から $\sin(12°) = \sin(30° - 18°)$ を計算することによって確かめられる．

だから，アンリ IV 世に提示された最初の解答は $x = \mathrm{cord}\,(\frac{24}{45}^\circ) = \mathrm{cord}\,(32')$ で "quæsita fit $\frac{930{,}839}{100{,}000{,}000}$（これが求めていたものである)"（[ヴィエート (1595)] p. 213 参照）．問題の残りの 22 個の正の解を求めるために，もう数時間考える必要があった．もし，$\alpha = 32'$ から $\frac{2\cdot 360}{45}^\circ = 16°$ だけ増やせば，$\sin\frac{45\alpha}{2}$ と対応する弦はまた同じ値を持つ．したがって，2番目の解は $x = \mathrm{cord}\,(32' + 16°)$ であり，3番目の解は $x = \mathrm{cord}\,(32' + 32°)$ などとなり，$x = \mathrm{cord}\,(32' + 352°)$ となるまで続く．これらは正45角形の他のすべての頂点である（図 6.15 参照）．

6.6　フェルマーの幾何定理

次の定理は，K. ディグビーへのフェルマーの手紙 (1658年6月) の中で，通常通り証明なしで述べられている．その手紙は "Illustrissimos Viros Vice-

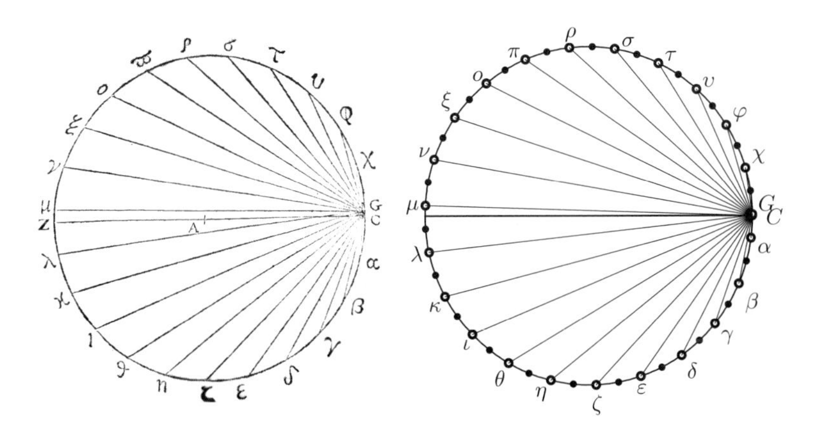

図 6.15 ヴィエートの，ファン・ルーメンの問題の 23 個の正の解．左：ファン・スホーテン版 (p. 313) のヴィエートの描いたもの，右：現代のコンピュータがプロットしたもの．点 C と G はたった $32'$ しか離れていないので，区別することができない

comitum Brouncker et Johannem Wallisium（輝かしきブラウンカー州執政長官とヨハネス・ウォリシウム）[9]” 宛てになっていて，この（“quae Angliam invisere non erubescent（英国を訪れることを恥じにさせない)”）英国人に “numeros integros（整数)” においてだけでなく，“Geometria（幾何学)” においても自分の能力を誇らかに示したかったのだろう[10].

定理 6.1 AMB を，高さが $\sqrt{2}$ の長方形 $EFBA$ の水平の辺上に描かれた，半径 1 の半円とする．この半円上の任意の点 M に対して，直線 ME，MF と直径 AB との交点を R, S とする（図 6.16 左図参照）．そのとき，

$$AS^2 + RB^2 = AB^2 \tag{6.24}$$

となる．

---

[9] ［訳註］W. ブラウンカーとジョン・ウォリスのこと．二人は共同研究することが多かった．

[10] 彼は，同じときに，15 歳のイギリスの少年が，数年後に，アルキメデス以来最大の科学者になろうとしていたことを推測する由もなかった．（［訳注］この少年とはもちろんニュートンのことである．）

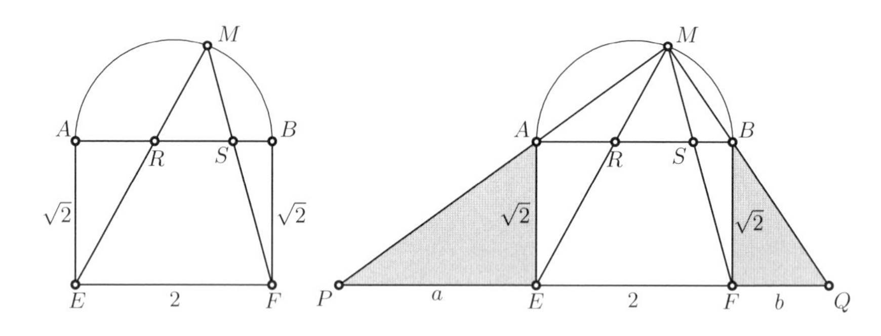

図 **6.16**　左：フェルマーの定理，右：オイラーの証明

証明. フェルマーがどのようにしてその結果を発見したかはわからない．オイラーのエレガントなアイデアは次のようなものである（[オイラー (1750)] 参照）．線分 MA, MB, EF を延長すると（ユークリッドの公準2である．これを忘れてはいけない），MBA に相似な2つの三角形 EAP と FQB が得られる（図 6.16 右図参照）．それゆえ，タレスの定理により

$$\frac{a}{\sqrt{2}} = \frac{\sqrt{2}}{b} \qquad \text{つまり} \qquad ab = 2 \tag{6.25}$$

となる．またもタレスの定理によって，比 AS/PF, RB/EQ, AB/PQ は等しいので，(6.24) は $PF^2 + EQ^2 = PQ^2$ と同値であり[11]，デカルトの辞書により，これはまた

$$(a+2)^2 + (2+b)^2 = (a+2+b)^2$$

と同値であり，これは掛け算を実行すると，(6.25) と同じになる．　□

6.7　三角形の面積に対するヘロンの公式

問題. 三角形の3辺 a, b, c が与えられたとき，その面積 $\mathcal{A}$ を求めよ．答はアレクサンドリアのヘロン（紀元10年頃–70年頃）の有名な公式によって与えられる．

[11] オイラーの証明のこの簡単化を教えてくれたベルナール・ギサンに感謝する．

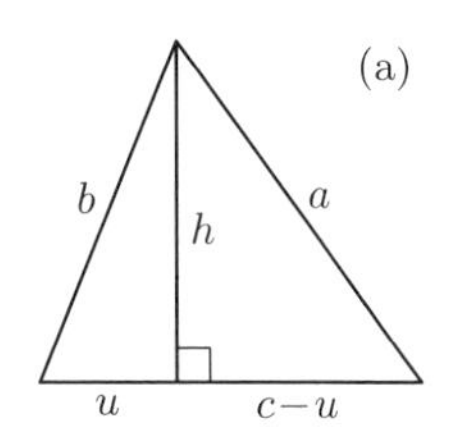

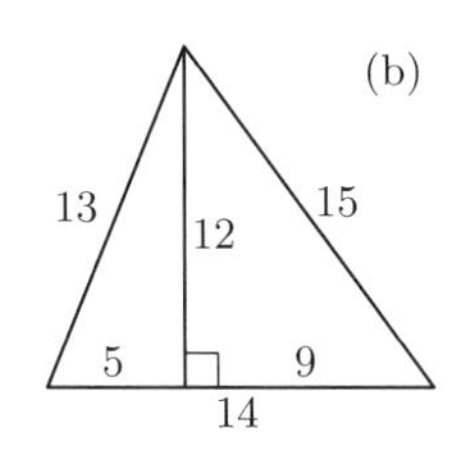

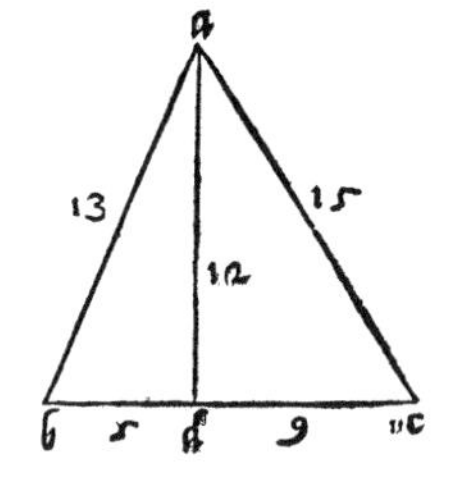

図 **6.17** ヘロンの問題の中世の解．右：[タルターリア (1560)] から複製

定理 6.2（ヘロンの公式） 辺が a, b, c の三角形の面積 $\mathcal{A}$ は

$$\mathcal{A} = \sqrt{s(s-a)(s-b)(s-c)} \tag{6.26}$$

で与えられる．ここで，$s = \dfrac{a+b+c}{2}$ は半周長である．また，

$$4\mathcal{A} = \sqrt{(a+b+c)(-a+b+c)(a-b+c)(a+b-c)} \tag{6.27}$$

でもある．

証明. 後でヘロンのもとの証明を与える．ずっと易しいアプローチがアラビアやルネサンス期の数学者によって発見された．特にピサのレオナルドの『実用幾何 (Practica geometriae)』(1220) p. 35 やタルターリアの「数と計測」に関する大部な論説（[タルターリア (1560)] “quarta parte”（第 4 部））を参照のこと．

ユークリッド I.41 により，高さ h がわかれば面積が得られる（図 6.17 (a) 参照）．量 u を計算することから始めればより簡単で，その u はユークリッド II.13（上巻第 2.1 節の (2.2) 式参照）により，$2uc = b^2 + c^2 - a^2$ として与えられる．それから，ピュタゴラスの定理により，h が $h^2 = b^2 - u^2$ として求まる．

古代の著者たちがみな扱った標準的な例は，辺が 13, 14, 15 の三角形である（図 6.17 (b) 参照）．c として 14 を選ぶと（計算が簡単になって），（タルターリアからの複製と見比ると）

$$\begin{aligned} u &= \tfrac{169+196-225}{28} \\ &= \tfrac{365-225}{28} \\ &= \tfrac{140}{28} = 5 \end{aligned} \tag{6.28}$$

169. & l'altro 196. la cui ſumma ſara 365.
(che ſara 225) reſtara 140.
partendo adunque 140 per 28. ne venira 5.

が得られ，ピュタゴラスの定理により $h = 12$ となる．この三角形は，長さ 12 の辺でくっついた 2 つの直角三角形からなり，その面積は $\mathcal{A} = 14 \cdot 6 = 84$ である．

「現代的な」代数的記号で掛かれた同じアルゴリズムは，次のようにユークリッドの最初の 2 巻にある命題の列に帰着される[12]．

$$\begin{aligned} 16\mathcal{A}^2 &= 4h^2c^2 && \text{(ユークリッド I.41)} \\ &= 4b^2c^2 - 4u^2c^2 && \text{(ユークリッド I.47)} \\ &= 4b^2c^2 - (b^2 + c^2 - a^2)^2 && \text{(ユークリッド II.13)} \\ &= (2bc + a^2 - b^2 - c^2)(2bc - a^2 + b^2 + c^2) && \text{(ユークリッド II.5)} \\ &= (a^2 - (b-c)^2)((b+c)^2 - a^2) && \text{(ユークリッド II.4)} \\ &= (a-b+c)(a+b-c)(b+c-a)(b+c+a) && \text{(ユークリッド II.5)}\square \end{aligned} \tag{6.29}$$

ヘロンのもとの証明. [T.L. ヒース (1926)] 第 2 巻，pp. 87–88 で与えられているこの証明は次のようなものである．

上巻の (5.18) を使うと，内接円の半径に対して，

$$\rho = \sqrt{\frac{(s-a)(s-b)(s-c)}{s}} \tag{6.30}$$

がわかれば，(6.26)が証明されることがわかる．x, y, z をそれぞれ，内接円の接点から頂点 A, B, C までの距離とする（図 6.18 参照）．$y+z = a, x+z = b, x + y = c$ なので，$x + y + z = s$ であり，それゆえ，$x = s - a, y = s - b, z = s - c$ となる（上巻第 4.2 節の図 4.2 参照）．

そこで，主要なアイデアは，C で CB への垂線と，I で BI への垂線を引くことである．この 2 つの垂線の交点を L とする．それから，BL を直径とする円を描き，中心を M とする．この円は I と C を通る．

[12] この証明の示し方についてのクリスティアン・エービとの議論が役に立ったことを感謝したい．

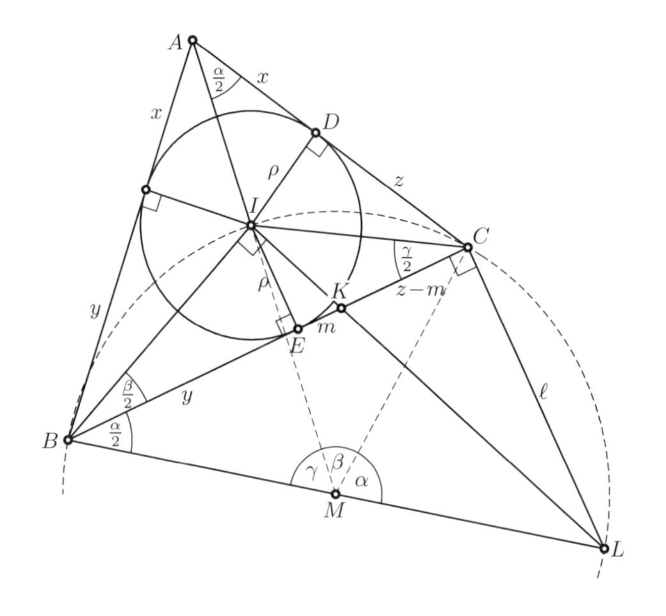

図 6.18 ヘロンの公式のヘロンの証明

$\frac{\beta}{2}$ と $\frac{\gamma}{2}$ が円周角であることがわかるので，M における対応する中心角は β と γ である（ユークリッド III.20）．ユークリッド I.32 により，中心 M における第 3 の角は α である．またもユークリッド III.20 により，B における対応する円周角は $\frac{\alpha}{2}$ である．それゆえ，三角形 BCL と AID は相似である．また三角形 IEK と LCK も相似である．タレスの定理を 2 回使うと，

$$\frac{y+z}{x} = \frac{\ell}{\rho} = \frac{z-m}{m}$$

が得られる．両辺に 1 を足すと，

$$\frac{x+y+z}{x} = \frac{s}{x} = \frac{z}{m} \qquad \Rightarrow \qquad m = \frac{xz}{s}$$

となる．最後に，ρ は直角三角形 BIK の高さである．(1.10) により，

$$\rho^2 = ym = \frac{xyz}{s}$$

が得られるが，これが欲しかった (6.30)である． □

系 6.3（[リューリエ (1810/11)]）　三角形の面積は

$$\mathcal{A} = \sqrt{\rho \cdot \rho_a \cdot \rho_b \cdot \rho_c} \tag{6.31}$$

で与えられる．ここで，ρ_a, ρ_b, ρ_c は傍接円の半径である．

証明． $\rho_a \cdot \rho_b \cdot \rho_c$ に対する (4.22) を使うことによって，ρ に対する上の (6.30) を掛けると，(6.26) の根号の中の表示が得られる．□

注意． (i) 異なる補助の三角形を使った，ヘロンの公式の同様な証明が [オイラー (1750)] E135, §8 で与えられている．
(ii) 三角関数の恒等式に基づいた証明では，

$$\rho = x \cdot \tan\frac{\alpha}{2} = (s-a) \cdot \tan\frac{\alpha}{2}$$

を使い（図 6.18 参照），第 5 章の演習問題 5 の (5.58) の第 3 式を代入する．もう一つのやり方は，(5.58) の最初の 2 式を掛ければ，(5.8) から，

$$\sqrt{s(s-a)(s-b)(s-c)} = bc\sin\frac{\alpha}{2}\cos\frac{\alpha}{2} = \frac{bc}{2}\sin\alpha = \frac{hc}{2}$$

とすることである．

(iii) 行列（「グラム行列」）を使う証明については 210 ページの (10.15) を参照せよ．

(iv) ユークリッドとアポロニウスのファン向けの，テボーの 2 つのエレガントな証明が，39 ページの章末の演習問題 11 と 12 に与えられている．

6.8　円に内接する四辺形に対するオイラー・ブラーマグプタの公式

円に内接する四辺形に対して，ヘロンの公式の美しい類似物がある．

定理 6.4（[オイラー (1750)] **E135, §12;** ブラーマグプタ）　辺の長さが a, b, c, d である，円に内接する四辺形の面積 $\mathcal{A}_q$ は

$$\mathcal{A}_q = \sqrt{(s-a)(s-b)(s-c)(s-d)} \tag{6.32}$$

で与えられる．ここで，$s = \dfrac{a+b+c+d}{2}$ は半周長である．

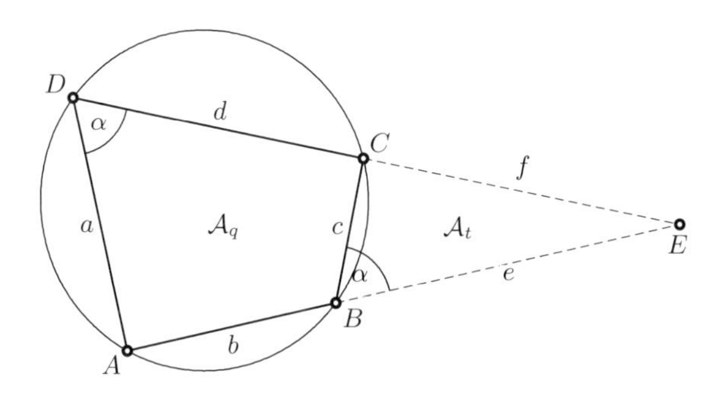

図 6.19 円に内接する四辺形の面積

証明. ここで与える証明はオイラーの論文のアイデアに従ったものである．ヘロンの公式を使わない別証については章末の演習問題 14 を参照のこと．

AB と DC を延長して交点を E とする（図 6.19 参照）[13]．ユークリッド III.22（第 2.2 節の図 2.15(a) 参照）により，三角形 ADE と CBE は相似なので，

$$\frac{e}{c} = \frac{f+d}{a}, \qquad \frac{f}{c} = \frac{e+b}{a}$$

となる．これは e と f に対する線形系である．2 つの等式を引いたり足したりすると，それぞれ $e-f$ と $e+f$ に対する簡単な表示式が得られる．整理すると，

$$\frac{e-f}{c} = \frac{d-b}{a+c}, \qquad \frac{e+f}{c} = \frac{d+b}{a-c} \tag{6.33}$$

となる．問題の四辺形と三角形 CBE の和集合の三角形 ADE は CBE と相似で，相似比は $\frac{a}{c}$ である．こうして，ユークリッド VI.19 により，

$$\mathcal{A}_q + \mathcal{A}_t = \mathcal{A}_t \cdot \frac{a^2}{c^2} \;\Rightarrow\; \mathcal{A}_q = \mathcal{A}_t \cdot \left(\frac{a^2-c^2}{c^2}\right) = \mathcal{A}_t \cdot \frac{a+c}{c} \cdot \frac{a-c}{c} \tag{6.34}$$

となる．ここで，$\mathcal{A}_t$ は三角形 CBE の面積である．辺の長さが c, e, f のこの

[13] AB が DC に平行で，AD が BC に平行であれば，E のような点は存在しない．しかし，その場合は四辺形は長方形なので，定理は自明である．

三角形の面積について，(7.50) の最後から 2 つ目の表示を代入すると，

$$
\begin{aligned}
16\mathcal{A}_q^2 &= 16\mathcal{A}_t^2 \cdot \frac{(a+c)^2}{c^2} \cdot \frac{(a-c)^2}{c^2} && \text{((6.34) から)} \\
&= \frac{(a+c)^2}{c^2} \cdot (c^2-(e-f)^2) \cdot \frac{(a-c)^2}{c^2} \cdot ((e+f)^2-c^2) \\
& && \text{((7.50) から)} \\
&= ((a+c)^2-(d-b)^2) \cdot ((d+b)^2-(a-c)^2) && \text{((6.33) から)}
\end{aligned}
$$

が得られる．ユークリッド II.5 を使って最後の式を整理すると，

$$
16\mathcal{A}_q^2 = (a+c+d-b)(a+c-d+b)(d+b+a-c)(d+b-a+c)
$$

となり，これは (6.32)である．最後から 2 つ目の公式も，既に素敵な結果である． □

6.9　クラメール・カスティヨンの問題

「私が若かったとき，. . . 高齢の幾何学者が，この領域での私の力を確かめるためにあなたに見せた問題を解くように言ったのだが，やってみたまえ，どんなに難しいかわかるだろう (Dans ma jeunesse... un vieux Géometre, pour essayer mes forces en ce genre, me proposa le Problème que je vous proposai, tentez de le résoudre et vous verrez, combien il est difficile).」

（G. クラメール，1742. [オイラー全集]，第 26 巻 xxv ページに引用されている）

「とても難しいと思われている平面幾何の問題について (Sur un problème de géométrie plane qu'on regarde comme fort difficile)」

（J. カスティヨン, 1776. 彼の著書のタイトル）

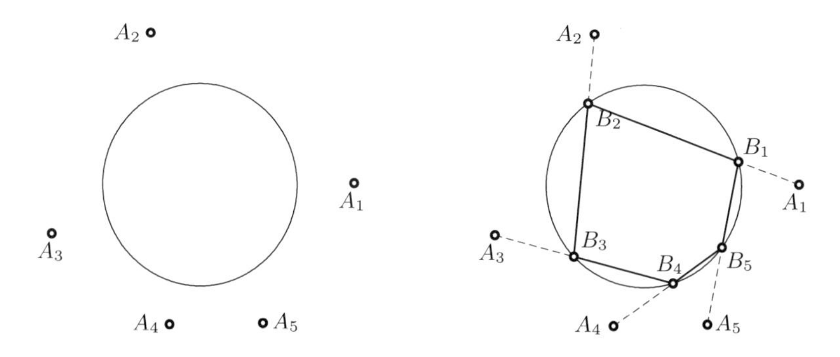

図 6.20 左：クラメール・カスティヨンの問題，右：一つの解答

「円とその円に内接する三角形で，各辺が与えられた 3 点を通るものに関する問題の私の解答を私がアカデミーで読み上げた翌日に，ラグランジュ氏は私に次の代数的な解答を送ってきた．(Le lendemain du jour dans lequel je lus à l'Académie ma solution du Problème concernant le cercle et le triangle à inscrire dans ce cercle, en sorte que chaque côté passe par un de trois points donnés, M. de la Grange m'en envoya la solution algébrique suivante)」

（J. カスティヨン，1776．**ラグランジュ全集**，第 4 巻 335 ページ参照）

平面上に 1 つの円と n 個の点 $A_1, A_2, \ldots, A_n$ が与えられたとき（図 6.20 左図参照），円上に n 個の頂点 $B_1, B_2, \ldots, B_n$ を持つ**多角形**で，各 i に対して，辺 B_iB_{i+1}，もしくはその延長が A_i を通るものを見つけるというのが問題である．ただし，$B_{n+1} = B_1$ とする（図 6.20 右図参照）．

この問題には長い歴史がある．詳しい解説が [ヴァンナー (2006)] にある．$n = 3$ に対する特殊な場合はパッポスに遡る（[パッポス選集] 命題 VII.117）．一般の場合は，知られていない「高齢の幾何学者 (vieux Géometre)」によってクラメールに提示された．クラメール自身はこの問題を（「どんなに難しいかわかるだろう」と（最初の引用参照）），1742 年に若いカスティヨンに示した．カスティヨンが 1776 年に**幾何的な**解答を発見するまでに 30 年以上もかかり，問題は非常に難しいという評判を持ち続けた（第 2 の引用）．

カスティヨンがベルリン・アカデミーに報告した後，ラグランジュは**一晩**で解析的な解答を発見した（すぐ前の引用）．これは，解析的方法の威力を示す本当に驚くべき例になっている．ラグランジュの解は，後にカルノーによって簡単化され，任意の n に対して一般化された（[カルノー (1803)]）．

メビウス変換

> "Wenn man den schlichten, stillen Mann [Möbius] vor Augen hat, muss es einen einigermassen in Erstaunen setzen, dass sein Vater ... den Beruf eines Tanzlehrers ausübte. Um die Verschiedenheit der Generationen vollends vor Augen zu führen, erwähne ich, dass ein Sohn des Mathematikers der bekannte Neurologe ist, der Verfasser des vielbesprochenen Buches 'Vom physiologischen Schwachsinn des Weibes'. [この静かで控えめな人（メビウス）のことを考えると，その父親がダンス教師であったことを聞けば少し驚くかもしない．しかし，世代間の違いをさらにもっと印象的に示すために，数学者の息子の一人が良く知られた神経学者で，「女性の生理的精神薄弱について」という大変話題になった本の著者であることを述べておく.]"
>
> （[F. クライン (1926)] p. 117）

クラメール・カスティヨンの問題のカルノーの解の主要な道具は**メビウス変換**

$$u \mapsto v = \frac{pu+q}{ru+s} \tag{6.35}$$

である．ここで，p, q, r, s は与えられた量である．

カルノーはこのような2つの変換

$$u_2 = \frac{p_1 u_1 + q_1}{r_1 u_1 + s_1}, \qquad u_3 = \frac{p_2 u_2 + q_2}{r_2 u_2 + s_2} \tag{6.36a}$$

の**合成**がまたメビウス変換

$$u_3 = \frac{p u_1 + q}{r u_1 + s} \tag{6.36b}$$

となることを発見した．ここで．

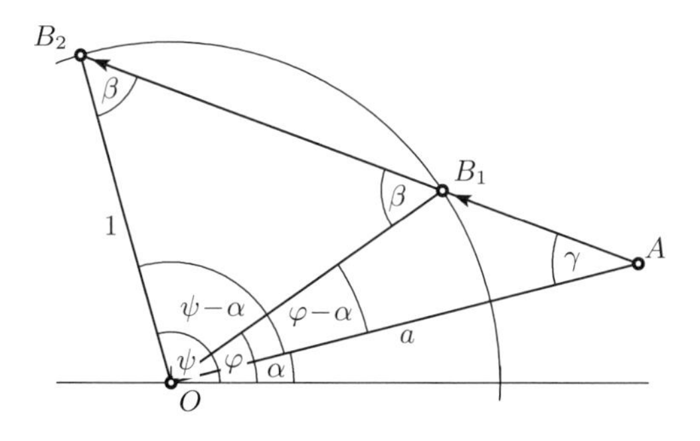

図 **6.21** (6.38)の幾何的証明

$$
\begin{aligned}
p &= p_2p_1 + q_2r_1\,, & q &= p_2q_1 + q_2s_1\,, \\
r &= r_2p_1 + s_2r_1\,, & s &= r_2q_1 + s_2s_1
\end{aligned}
\tag{6.36c}
$$

である．行列の言葉では（第 10 章参照），これらの関係は

$$
\begin{bmatrix} p & q \\ r & s \end{bmatrix} = \begin{bmatrix} p_2 & q_2 \\ r_2 & s_2 \end{bmatrix} \begin{bmatrix} p_1 & q_1 \\ r_1 & s_1 \end{bmatrix}
\tag{6.37}
$$

によって表すことができる．これは，2 つの行列係数の**積**である．同じように，**逆写像**もまたメビウス変換で，係数行列は**逆行列**である．したがって，$ps - qr \neq 0$ を満たす変換は合成に関して**群**をなす．

クラメール・カスティヨン問題の解析的解． スケールの議論により，与えられた円の半径は 1 に取ってもよい．ガウスの示唆（[ガウス全集] 第 4 巻，p. 393，「補遺 5(Zusatz V)」参照）を使って，カルノーの証明を少し簡単にする．

補助問題． 円からの距離 a と，水平線上の角 α によって与えられる点 A を考える（図 6.21 参照）．それから，水平線上の角 φ によって円上に与えられた点 B_1 に対して，A と B_1 を通る直線と円との（もう一つの）交点を B_2 とする．B_2 に対応する角 ψ を定めたい．

解答． β と書かれている 2 つの角は，ユークリッド I.5 により等しい．三角

形 AB_2O に正接法則 (5.63) を適用すると

$$\frac{a-1}{a+1}=\frac{\tan\dfrac{\beta-\gamma}{2}}{\tan\dfrac{\beta+\gamma}{2}}$$

が得られる．上巻の (1.2) 式（β は AB_1O の外角）と，OAB_2 に適用したユークリッド I.32 とから

$$\frac{\beta-\gamma}{2}=\frac{\varphi-\alpha}{2}\qquad と \qquad \frac{\beta+\gamma}{2}=90^\circ-\frac{\psi-\alpha}{2}$$

が得られる．最後に，$\tan(90^\circ-\delta)=1/\tan\delta$ であるから，上の式は

$$\frac{1}{\tan\dfrac{\psi-\alpha}{2}}\cdot\frac{a-1}{a+1}=\tan\frac{\varphi-\alpha}{2} \tag{6.38}$$

となる．ここで，$\dfrac{a-1}{a+1}$ は与えられた定数である．今度は，(6.38)の両辺の tan に加法定理 (5.6) を使う．α を固定すれば，両辺は $u_1=\tan\frac{\varphi}{2}$ と $u_2=\tan\frac{\psi}{2}$ に対するメビウス変換になっている．こうして，群の性質により，与えられた定数 p_1,q_1,r_1,s_1 の関係式 (6.36a) が存在する．

クラメール・カスティヨンの問題の解． 未知の $u_1=\tan\frac{\varphi_1}{2}$ を持つ任意の点 B_1 から始めて，上で説明された点 B_2 を定める．それから，同じようにして $B_3,B_4,\ldots$ を計算して，最後には条件 $B_{n+1}=B_1$ を満たさねばならない．次々と (6.36c) を適用すると，

$$u_{n+1}=u_1=\frac{pu_1+q}{ru_1+s} \tag{6.39}$$

が得られ，新しい行列係数は

$$\begin{bmatrix}p & q\\ r & s\end{bmatrix}=\begin{bmatrix}p_n & q_n\\ r_n & s_n\end{bmatrix}\cdots\begin{bmatrix}p_2 & q_2\\ r_2 & s_2\end{bmatrix}\begin{bmatrix}p_1 & q_1\\ r_1 & s_1\end{bmatrix} \tag{6.40}$$

となる．関係式 (6.39)は u_1 に対する 2 次方程式で，一般には 2 つの解がある．

上のメビウス変換を得るもう一つの方法が章末の演習問題 15 で与えられ，特殊例が演習問題 16 で与えられる．

6.10 演習問題

1. 図 6.3 のパッポスの解法を，彼の作図と方程式 (6.2) の同値性を示すことによって確かめよ．

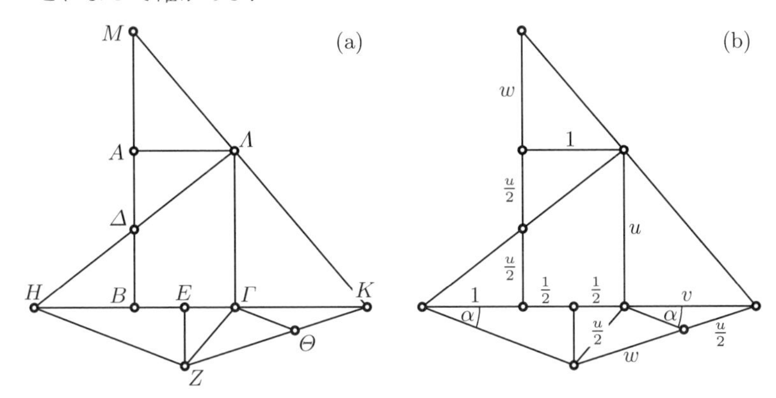

図 6.22 立方体の倍化に対するニコメデスの作図．(a) パッポスの命題 IV.24，(b) その証明

2. [パッポス選集] の命題 IV.24 の形での立方体の倍化に対するニコメデスの作図は次のように述べられる．「$AB\Gamma\Lambda$ を長方形とし，Δ が AB を 2 等分し，E が $B\Gamma$ を 2 等分するとする．直線 $\Lambda\Delta H$ と垂線 EZ を引き，$\Gamma Z = A\Delta$ であるようにする．それから，Θ と K を，$\Gamma\Theta$ と HZ が平行で，$\Theta K = A\Delta$ であるように作図せよ（図 6.22 (a) 参照．この最後の作図にはコンコイドを使う必要がある）．そのとき，

$$MA^3 : A\Lambda^3 = \Lambda\Gamma : A\Lambda \tag{6.41}$$

となる.」ヴェル・エックのフランス語版では，証明は 3 ページもの文章と脚註での説明からなっている．現代的な記号を使って（図 6.22 (b) 参照），5 行で証明をせよ．

3. アルキメデスは，人類で最も古い非線形方程式系と考えてもよい，彼の方程式 (6.12) を定木とコンパスで解くことができなかった．こうして彼は νεύσεις（ネウセイス，近づいていく）による作図を提案した．正方形 $ABEG$ と対角線 AE を描き，辺 $a + b$ を任意に選んでおく．それから

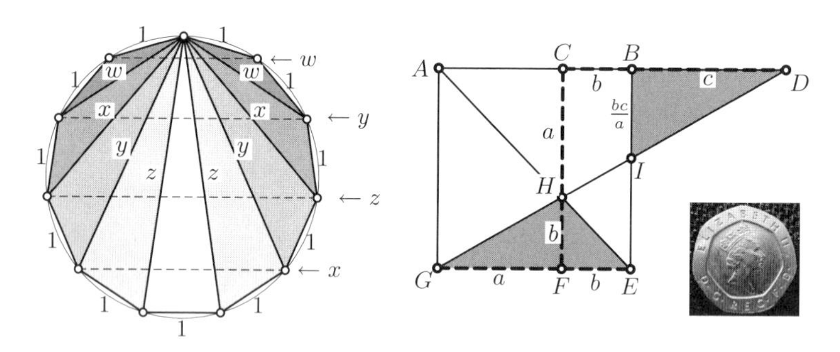

図 **6.23**　左：正11角形に対する（恐らく）アブール=ジュードの解．
右：正7角形に対するアルキメデスの解

直線 $GHID$ を引き，D を AB の延長線上に，H を対角線 AE 上に取って，2つの影の付いた三角形の面積が同じになるようにする．図の中で a, b, c と書いた長さは，$c = 1$ として，アルキメデスの方程式を満たす．これを証明せよ．

注意． このアルキメデスの仕事によって，英国の貨幣鋳造者は，既に美しい王家の肖像をさらに壮麗で威厳ある枠に収めることができるようになった（図6.23の一番右の図参照）．

4. アラビアの史料は正11角形に対するアブール=ジュードの（失われた）解に言及している（[ホーゲンディイク (1984)] 第5.5.5節と，図6.23左図参照）．彼が得たかもしれないことを再構成するために，対角線 w, x, y, z の計算に対する芸者の扇の方法を適用してみよ．

5. ラマヌジャンのノートブックにある次の等式を証明せよ（[ラマヌジャン (1957)] 第II巻 p. 263 参照）．ABC が直角三角形で，A を中心とし AC を半径とする円を描き，B を中心とし BC を半径とする円を描けば（右の図参照），

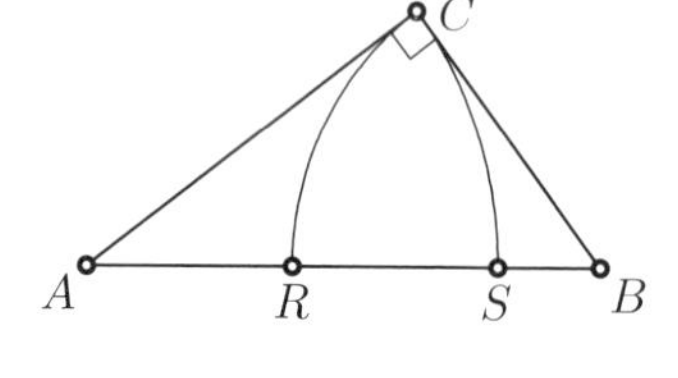

$$RS^2 = 2 \cdot AR \cdot SB$$

となる．

6. アーラウ州立高校 (*Aargauische Kantonsschule*) における，1896 年 9 月の，アインシュタインの卒業試験 (*Maturitätsexamen*) の次の問題を解け（[フンツィカー (2001)] 参照）. 三角形の頂点の内心 I からの距離 $AI = 1$, $BI = \frac{1}{2}$, $CI = \frac{1}{3}$ が与えられたとき，内接円の半径 ρ を求めよ.
ヒント. (5.59) を使え.

7. 次の，フェルマーの「第 3 のポリズム」([フェルマー (1629c)], 全集（フランス語版）第 I 巻 p. 79）を証明せよ（右の図を参照）. 直径 AB とそれに平行な割線 NM を固定すると，AB の上方の半円上に C をどのように選んでも，比 $(AR \cdot SB)/(AS \cdot RB)$ は同じである.

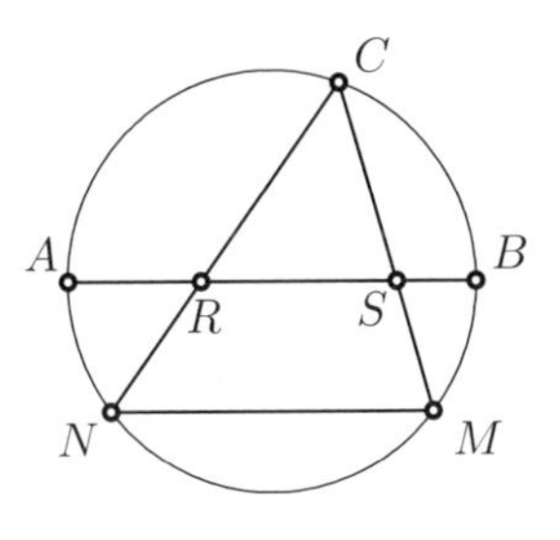

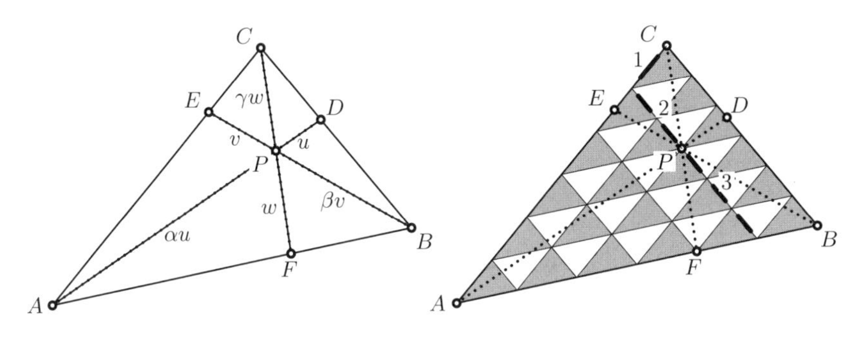

図 6.24 左：オイラーの恒等式，右：その石器時代証明

8. ユークリッド幾何に関するオイラーの最後の論文（1780 年に書かれ，[オイラー (1815)] として出版された）の 3 つの恒等式を証明せよ. 三角形 ABC において，直線 AD, BE, CF が一点 P で交わるならば（図 6.24 左図参照）以下が成り立つ.

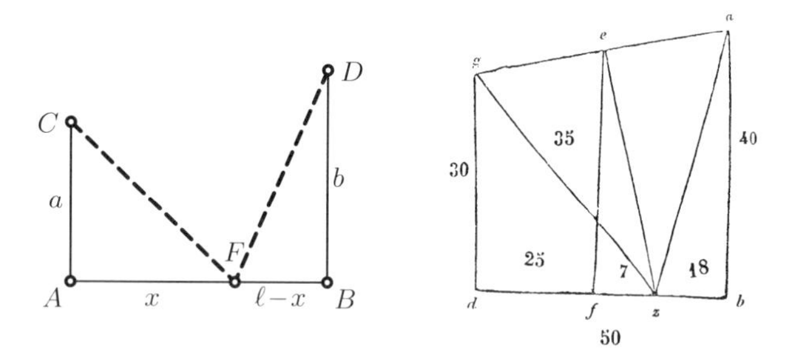

図 6.25　ピサのレオナルドの問題．右：1857 年版の『算盤の書』から複写

$$\frac{PD}{AD}+\frac{PE}{BE}+\frac{PF}{CF}=1, \qquad \frac{1}{\alpha+1}+\frac{1}{\beta+1}+\frac{1}{\gamma+1}=1,$$

$$\frac{AP}{AD}+\frac{BP}{BE}+\frac{CP}{CF}=2, \qquad \frac{\alpha}{\alpha+1}+\frac{\beta}{\beta+1}+\frac{\gamma}{\gamma+1}=2, \qquad (6.42)$$

$$\frac{PA}{PD}\frac{PB}{PE}\frac{PC}{PF}=\frac{PA}{PD}+\frac{PB}{PE}+\frac{PC}{PF}+2, \quad \alpha\beta\gamma=\alpha+\beta+\gamma+2$$

ヒント．最初の関係式を証明せよ．それから，$\alpha=\frac{PA}{PD}$，$\beta=\frac{PB}{PE}$，$\gamma=\frac{PC}{PF}$ と置いて，左の列の公式を右の列の α,β,γ を含む代数的な表示に変換し，これらが同値であることを示せ．

9. フィボナッチと呼ばれるピサのレオナルドの有名な『算盤の書 (*Liber Abaci*)』の問題と，C. エービ[14]によるその 3 つの変形問題を解け．それぞれ高さが 30 と 40 フィートの 2 つの塔 AC と BD が，50 フィート離れて建っている（図 6.25 参照）．この塔の間に泉 F がある．2 羽の鳥がそれぞれの塔の頂上から飛び立ち，同時に泉目掛けて，同じ速さで直線的に進み，同時に泉に着いた．泉の中心はそれぞれの塔からどれだけ離れているか？[15]

変形 1．鳥は泉から塔に戻るのだが，いつも同じ速さで，それぞれの塔

[14] 私信

[15] "In quodam plano sunt due turres, quarum una est alta passibus 30, altera 40, et distant in solo passibus 50; infra quas est fons, ad cuius centrum uolitant due aues pari uolatu, descendentes pariter ex altitudine ipsarum; queritur distantia centri ab utraque turri."（これが『算盤の書』，1857 年版，第 1 巻，398 ページの原文である．）

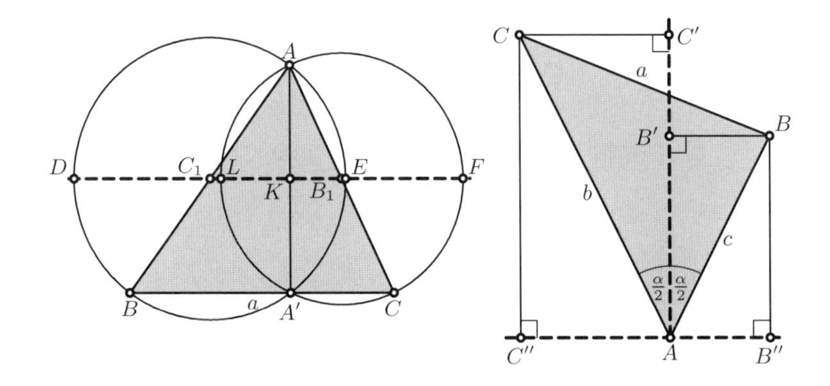

図 6.26　ヘロンの公式のテボーの証明

の根元に戻るとする．同じときに**そこ**に着いたとする．今度は泉はどこにあるか？

変形 2. 鳥が泉から塔に戻るとき，まずそれぞれの塔の根元に行ってから最後に頂上に戻り，同じときに**そこ**に着いたとする．言い換えれば，三角形 CFA と DFB の周長が同じであるとする．今度は泉はどこにあるか？

変形 3. 三角形 CFA と DFB の面積が同じであれば，泉はどこにあるか？

10. 図 6.17 から思いついたのだが，辺と面積が整数であるような，小さい鈍角三角形を見つけよ．
11. 整数論と幾何学で数千の独自の問題を作り，そのうちの一つが特に有名になった（次章の第 7.11 節参照）ヴィクトール・テボー (1882–1960) はまた，ヘロンの定理の 2 つの非常にエレガントな証明も発見した．[テボー (1931)] にある 1 つ目の証明は図 6.26 左図に説明されている．AB と AC を直径とする円を描くと，それぞれ中心が C_1 と B_1 で，半径が $\frac{c}{2}$ と $\frac{b}{2}$ であり，AKA' は根軸である．ユークリッド I.41 を使うと $\mathcal{A} = AK \cdot 2C_1B_1$ が得られるので，公式を 2 乗しておく．証明の鍵となるのはユークリッド III.35 と，右の円に関する D のベキの計算である．
12. ヘロンの公式のテボーの 2 つ目の証明（[テボー (1945)]，図 6.26 右図参照）を再構成せよ．この証明はアポロニウスの讃美者向けのものである．

点 B と C を，点 A の内角と外角の二等分線（これは直交している）へ直交射影する．そのとき，$\mathcal{A}$ は辺の長さが AB'' と AC' の長方形の面積に等しく，また辺の長さが AB' と AC'' の長方形の面積に等しい．そのとき，証明の鍵となるのはアポロニウス III.42 の系（上巻の (3.33)）である．

13. 球面三角形の 3 本の角の二等分線が内心 I という一点で交わることを示せ．内接円の半径 ρ が

$$\tan\rho = \sqrt{\frac{\sin(s-a)\sin(s-b)\sin(s-c)}{\sin s}}, \quad \text{ここで} \quad s = \frac{a+b+c}{2}$$

で与えられることを示せ．

14. オイラー・ブラーマグプタの公式 (6.32) の，ヘロンの公式を使わない直接証明を与えよ．

ヒント． 図 6.19 で対角線 AC を引き，三角形 ACB と ACD に余弦法則を 2 回使って，その長さを計算せよ．四辺形の面積を 2 つの三角形の面積によって表わせ．

15. デカルト座標を使って，図 6.21 の写像 $B_1 \mapsto B_2$ に対するメビウス変換を得る第 2 の方法を導け．点 A のデカルト座標を (a_1, b_1) とし，B_1 と B_2 に対しては上巻 (1.12) の座標，つまり，$\left(\frac{1-u_1^2}{1+u_1^2}, \frac{2u_1}{1+u_1^2}\right)$ と $\left(\frac{1-u_2^2}{1+u_2^2}, \frac{2u_2}{1+u_2^2}\right)$ を代入する．A, B_1, B_2 が一直線上にあることをタレスの定理を使って表わし，

$$u_2 = \frac{b_1u_1 + a_1 - 1}{(a_1+1)u_1 - b_1} \quad \text{で，行列が} \quad \begin{bmatrix} b_1 & a_1 - 1 \\ a_1 + 1 & -b_1 \end{bmatrix} \tag{6.43}$$

となることを示せ．

16. 座標が

$$(1.8, 0.8), \quad (-1.4, 1.7), \quad (-0.4, -0.2), \quad (-1.8, -0.4)$$

である 4 点 $A_1, \ldots, A_4$ を与えて，対応するクラメール・カスティヨンの問題の解を求めよ[16]．

[16] この例は F. シグリスト（ヌーシャテル大学）に教えてもらった．

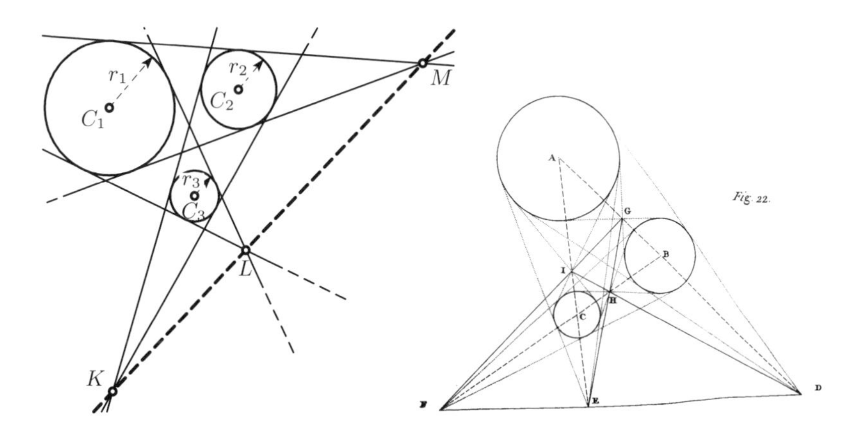

図 6.27 モンジュの定理（右：モンジュ (1795) からのもともとのイラスト

17. （1994 年 7 月 12 日から 19 日に香港で行われた）第 35 回国際数学オリンピックで，アルメニア・オーストラリアによって提案された問題．ABC は $AB = AC$ である二等辺三角形である．(i) M が BC の中点で，O は直線 AM 上にあって，OB と AB が直交する．(ii) Q は，線分 BC 上の，B と C と異なる任意の点である．(iii) E が直線 AB 上にあり，F が直線 AC 上にあって，E, Q, F がすべて異なり，一直線上にある．OQ と EF が直交するのは，$EQ = QF$ のとき，かつそのときに限ることを証明せよ．

18. この演習問題は π *in the Sky* 誌 (Pacific Inst. Math. Sciences) の 2005 年 12 月 9 日号の**数学の挑戦**の 1 つである．AA', BB', CC' を三角形 ABC の角の二等分線とする[17]．もし $B'A'C' = 90°$ であれば，角 BAC を求めよ．

19. （モンジュの定理 (1795).）3 つの円が与えられ，K, L, M を，対ごとに取ったこれらの円の共通接線の交点とする．そのとき，これらの点は共線である（一直線上にある，図 6.27 参照）．

[17] ［訳注］右の図では間違った印象を与えるかもしれない．つまり，A', B', C' が内接円の接点のように見えるが，文章にあるように，角の二等分線が対辺と交わる点である．

この結果を証明せよ.

注意. ピュイサンはその著 [ピュイサン (1801)] の中で，数ページの公式のジャングルからなる，解析的証明を与えた．モンジュは空間における球面を考えることによって定理を発見した．簡単な証明が [シュタイナー (1826b)] によって与えられた.

次の 8 つの演習問題は楽しめる幾何の円に関する問題 (“problematum ad circulum pertinentium”) である．それらはオイラーによって，その『無限解析入門 (*Introductio*)』 [オイラー (1748)] 第 II 巻の第 XXII 章のために考案された．これらの問題はすべて非常に自然なものだが，解くのが難しい方程式に導くもので，もちろん，幾何的に扱える希望はない.

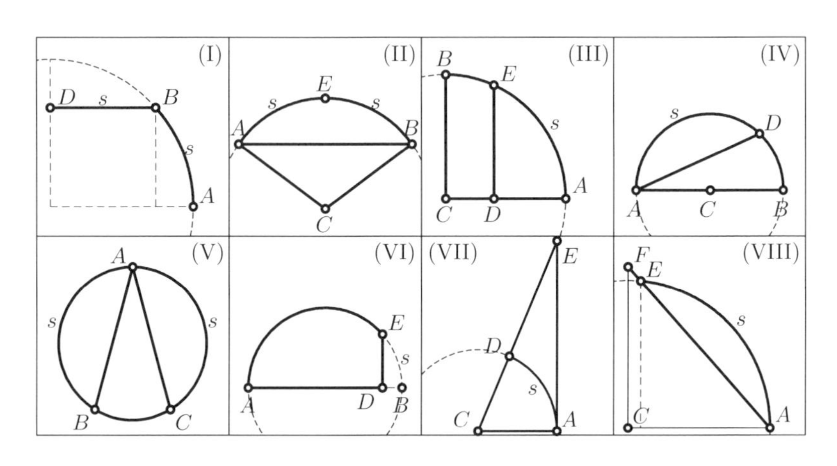

図 **6.28**　オイラーの問題

20. 弧 AB が BD と同じ長さ s であるような，4 分の 1 円上の点 B を求めよ（図 6.28 (I) 参照）

21. 弦 AB によって等しい面積の 2 つの部分に分かれるような扇形 $ACBE$ を求めよ（図 6.28 (II) 参照）.

22. 4 分の 1 円 ABC を垂直な直線 ED によって等しい面積の 2 つの部分に分けよ（図 6.28 (III) 参照）.

23. 半円 $ABDA$ を直線 AD によって等しい面積の 2 つの部分に分けよ（図 6.28 (IV) 参照）.

24. 円を 2 直線 AB, AC（ここで，A は円上にある）によって，等しい面積の 3 つの部分に分けよ（図 6.28 (V) 参照）.
25. 半円に対し，弧 AE が折れ線 ADE と同じ長さになるような，弧 s を見つけよ（図 6.28 (VI) 参照）.
26. 直角三角形 CAE で，円 CDA が等しい面積の 2 つの部分に分けるようなものを見つけよ（図 6.28 (VII) 参照）.
27. 4 分の 1 円に対して，弧 AE で，その長さ s が距離 AF と等しいようなものを見つけよ（図 6.28 (VIII) 参照）.

第7章　デカルト座標

“C’est à l’aide de ce secret que Descartes, à l’âge de vingt ans, parcourant l’Europe dans le simple appareil d’un jeune soldat volontaire, résolvait d’un coup d’œil, et comme en se jouant, tous les problèmes géométriques que les mathématiciens de divers pays s’envoyaient mutuellement ... [飾り気のない若い志願兵の服装でヨーロッパ中を旅していた20歳のデカルトが，さまざまな国の数学者たちが互いに挑戦しあうすべての幾何学的な問題を，あたかもゲームでもするかのように，一目で解いたのにはこの秘密の方法があった...]”

（J.-B. ビオ『解析幾何学論 (*Essai de Géométrie analytique*)』1823, p. 75）

平面の点の位置を定めるのに使われる，いわゆる**デカルト座標**[1]が最初に現れたのは（いくぶん隠れた形でだが），パッポスの問題（下記参照）のデカルトの解においてである．それが一般的に使われるようになるのはほんの数十年後のことである．重要な簡単化がニュートンによってなされたが，彼は係数や座標に**負の**値を自由に使っている．明解な解説は [オイラー (1748)] の『入門 (*Introductio*)』第 II 巻 §1–4 で与えられる．

---

[1] ルネ・デカルト (René Descartes) のラテン語名はレナトゥス・カルテシウス (*Renatus Cartesius*) である．
［訳注］デカルト座標を英語で，Cartesian coordinates と書くことへの説明として．

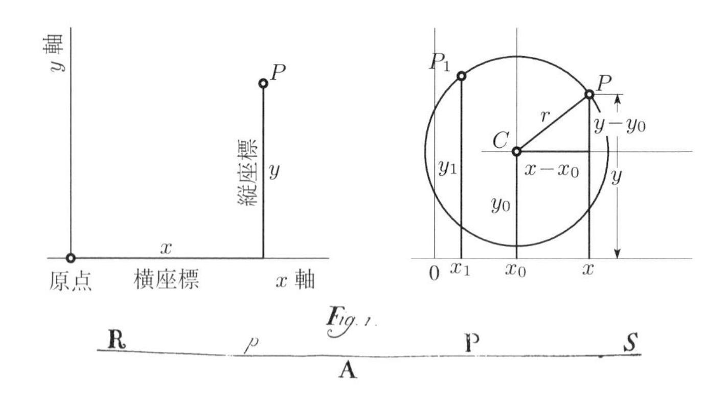

図 7.1　デカルト座標と円の方程式．下：[オイラー (1748)] は座標軸が印刷物で現れた最初のもの（A は原点，R, S は直線の端，P は正の座標点，p は負の座標の点）

7.1　直線と円の方程式

円の方程式. ユークリッドの公準 3 を代数的に言い換えると，次のようになる．中心が $C=(x_0,y_0)$ の，与えられた点 $P_1=(x_1,y_1)$ を通る円上の点 P の座標 x,y は，ピュタゴラスの定理により，

$$(x-x_0)^2+(y-y_0)^2=r^2, \tag{7.1}$$

を満たす．ここで $r^2=(x_1-x_0)^2+(y_1-y_0)^2$ である（図 7.1 右図参照）．

直線の方程式.

直線の方程式はタレスの定理を代数的に具現化したものである．p を直線の**勾配**と言う．次の 4 つの関係（括弧の中は与えられたもの）は役に立つ（図 7.2 参照）．

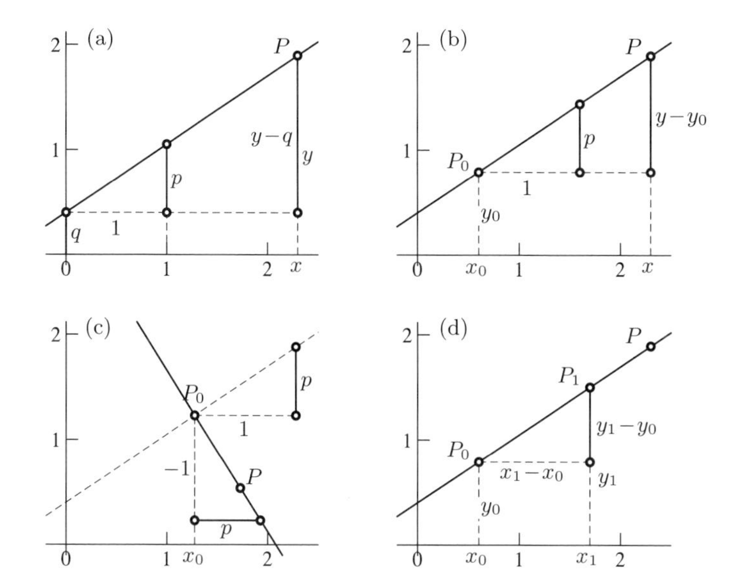

図 **7.2** デカルト座標での直線の方程式

$$y = px + q \qquad \text{(原点での縦座標 } q \text{ と勾配 } p\text{)} \qquad (7.2a)$$

$$y = y_0 + p(x - x_0) \qquad \text{(点 } P_0 \text{ と勾配 } p\text{)} \qquad (7.2b)$$

$$y = y_0 - \frac{1}{p}(x - x_0) \qquad \text{(} P_0 \text{ を通り，勾配 } p \text{ に垂直)} \qquad (7.2c)$$

$$y = y_0 + \frac{y_1 - y_0}{x_1 - x_0}(x - x_0) \qquad \text{(2 点 } P_0, P_1\text{)} \qquad (7.2d)$$

点の直線からの距離. 点 P_0 の座標を x_0, y_0 とする．この点から直線 $y = px + q$ までの距離 d を計算したい．図の灰色の三角形は相似なので，タレスの定理により

$$d = \frac{|px_0 + q - y_0|}{\sqrt{1 + p^2}} \qquad (7.3)$$

となる．

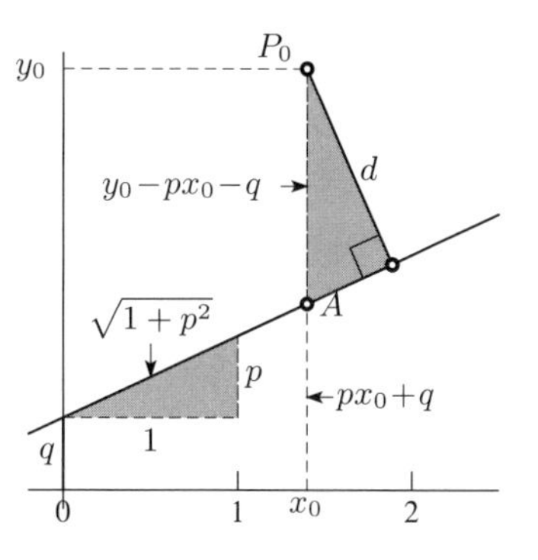

7.2 パッポスの問題

ここにあるのは，4,5 週間の間デカルトを虜にしたその歴史的問題であり，彼の幾何学の源になったものである．“La question donc qui auoit esté commencée a resoudre par Euclide, & poursuiuie par Apollonius, sans auoir esté acheuée par personne, estoit telle（だからユークリッドが解きはじめ，アポロニウスが追及したものの，誰も解き終えることのなかった問題がこれである．)”（[デカルト (1637)] p. 306）

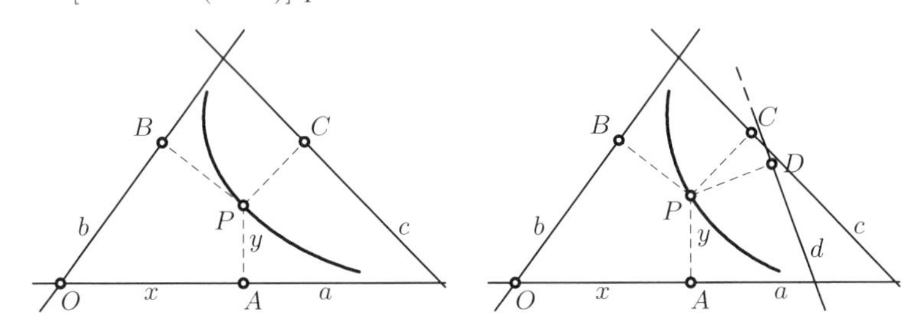

図 **7.3**　左：3 本の線に対するパッポスの定理，右：4 本の線に対するもの

問題を述べる[2]．3（または 4）本の直線 a, b, c (と d) が与えられたとする．点 P に対して，これらの直線への距離を PA, PB, PC (と PD) と書く．

$$PA \cdot PB = (PC)^2 \qquad \text{または} \qquad PA \cdot PB = PC \cdot PD \tag{7.4}$$

を満たすすべての点 P の軌跡を定めたい．この問題を 5，6，7 本，さらにもっと多くの直線に一般化することができる．(『全集』第 VII 巻の序文で）パッポスは 3 本か 4 本の直線に対しては “est unam ex tribus conicis sectionibus (3 つの円錐曲線の一つである)” が，5 本以上の直線に対しては “non adhuc cognitos（まだわかっていない)” と主張している．

パッポスの問題を解くために，デカルトは点 P の位置を，一つは $x = OA$ とし，もう一つは $y = AP$ とすることによって固定することを提案している[3]

[2] もとの問題を，本質を変えずに少し変形した．
[3] 未知数を扱うのでアルファベットの終わりの方の文字を取る．文字 z は既に使っていたので，x と y を使う．

（"Que le segment de la ligne AB, qui est entre les poins A & B, soit nommé x, & que BC soit nommé y（点 A と B の間の直線 AB の部分を x と呼び，BC を y と呼ぼう.）"）．こうして**デカルト座標**が誕生した．

(7.3)により，(7.4)の中の PA, PB, PC などの因子はそれぞれ $a_i x + b_i y + c_i$ の形をしている．3本か4本の場合に積を掛けると，条件 (7.4)は

$$ax^2 + 2bxy + cy^2 + 2dx + 2ey + f = 0 \tag{7.5}$$

という形になる．ここで，a, b, c, d, e, f は既知の定数である．そこでデカルトは次のように進める．y をどのような値に固定しても2次方程式

$$\alpha x^2 + 2\beta x + \gamma = 0 \qquad \Rightarrow \qquad x = \frac{-\beta \pm \sqrt{\beta^2 - \alpha\gamma}}{\alpha} \tag{7.6}$$

は曲線上の2点（または1点，または点がない）を定める．このように，無数の異なる場合を仕分けして，デカルトは曲線が実際に円錐曲線であることが示されると主張している．この証明は [G. クラメール (1750)][4]とオイラー（[オイラー (1748)] 第II巻第V章）によって見直されている．

この理論の最終的な，そして最も重要な簡単化は**固有値と固有ベクトル**を体系的に使用した18世紀や19世紀にさかのぼる（ラグランジュ，ケイリー）．第10章で，この問題に戻ることにする．

7.3　円錐曲線：極，極線，接線

円錐曲線（放物線，楕円，双曲線）を扱った第3章で既にデカルト座標を使っている．

$$y^2 = 2px\,, \qquad \frac{x^2}{a^2} + \frac{y^2}{b^2} = 1\,, \qquad \frac{x^2}{a^2} - \frac{y^2}{b^2} = 1 \tag{7.7}$$

それぞれ (3.3), (3.10), (3.14) を参照．ここでは，この方法での新しい証明と結果が得られる．アポロニウス III.52 の解析的な証明から始める．つまり，

---

[4] クラメールは20ページほどの計算をしたのちに，"On voit par cet échantillon, quelle variеté de Cas se présenteroit dans les Lignes des Ordres supérieurs ...（この例からわかるように，場合が多様なときには高次の曲線になってしまうだろう）" と絶望気味に認めている．

$$\ell_1 = \sqrt{(x+c)^2 + y^2}\,, \quad \ell_2 = \sqrt{(x-c)^2 + y^2}\,, \quad c^2 = a^2 - b^2$$

として，$l_1 + l_2 = 2a$ を示す．直接に確かめるのは厄介である．しかしながら，[オイラー (1748)] 第II巻 §128 では次の単純な公式の存在が発見されている[5]．

$$\ell_1 = a + ex\,, \quad \ell_2 = a - ex\,, \qquad e^2 = 1 - \frac{b^2}{a^2} \tag{7.8}$$

ここで，e は第3章の (3.9) の離心率である．たとえば $(x+c)^2 + y^2 = (a+ex)^2$ に対して，これらの式を確かめるのは，(3.9) の $c = ae$ を使えば，簡単な計算である．

極と極線． 極と極線の概念はアポロニウスの第2巻で展開されている．この理論は解析的な背景では特にエレガントである．

定義 7.1　$P_0 = (x_0, y_0)$ を与えられた点とする．円錐曲線の3つの方程式(7.7)を，それぞれ次の規則で，

$$y_0 \cdot y = px_0 + px\,, \quad \frac{x_0 \cdot x}{a^2} + \frac{y_0 \cdot y}{b^2} = 1\,, \quad \frac{x_0 \cdot x}{a^2} - \frac{y_0 \cdot y}{b^2} = 1 \tag{7.9}$$

に置き換えよ．2次の項をそれぞれ半分に分け，1つを P に，1つを P_0 とする．1次の項も半分に分け，1つを P に，1つを P_0 とする．結果として得られる方程式(7.9)は直線を定める．これらの直線は，与えられた円錐曲線に関する，与えられた**極** P_0 の**極線**と呼ばれる．

定理 7.2　もし点 P_0 が円錐曲線上にある，つまり，

$$y_0^2 = 2px_0 \qquad \text{か} \qquad \frac{x_0^2}{a^2} + \frac{y_0^2}{b^2} = 1 \qquad \text{か} \qquad \frac{x_0^2}{a^2} - \frac{y_0^2}{b^2} = 1 \tag{7.10}$$

を満たせば，対応する極線は，P_0 における円錐曲線の接線である．

証明． P_0 の極線上の別の点を $P = (x, y)$ とする（図 7.4 左図参照）．そのとき，放物線の場合なら，$(y - y_0)^2 = y^2 - 2yy_0 + y_0^2$ を使って $y^2 - 2px$ を計算し，(7.9) と (7.10) に代入して整理すれば，

[5] 上巻第5章の (5.46) として既に出てきているものである．

$$y^2 - 2px = (y - y_0)^2$$

が得られる．この平方は $y \neq y_0$ のときには正だから，極線のほかのすべての点は曲線の同じ側にあることになり，それゆえ曲線は接線とならねばならない．楕円の場合なら，同じような計算によって

$$\frac{x^2}{a^2} + \frac{y^2}{b^2} - 1 = \frac{(x - x_0)^2}{a^2} + \frac{(y - y_0)^2}{b^2} > 0$$

となって，同じ結論が得られる．双曲線の場合の議論は少し複雑になる．なぜなら，この場合，

$$\begin{aligned} \frac{x^2}{a^2} - \frac{y^2}{b^2} - 1 &= \frac{(x - x_0)^2}{a^2} - \frac{(y - y_0)^2}{b^2} \\ &= \left(\frac{x - x_0}{a} - \frac{y - y_0}{b}\right) \cdot \left(\frac{x - x_0}{a} + \frac{y - y_0}{b}\right) \end{aligned}$$

となる．この最後の表示が常に負になるのは，双曲線上の点の極線は両方の漸近線よりも急勾配だからである．したがって，最後の表示の 2 つの因子は異なる符号を持つ．□

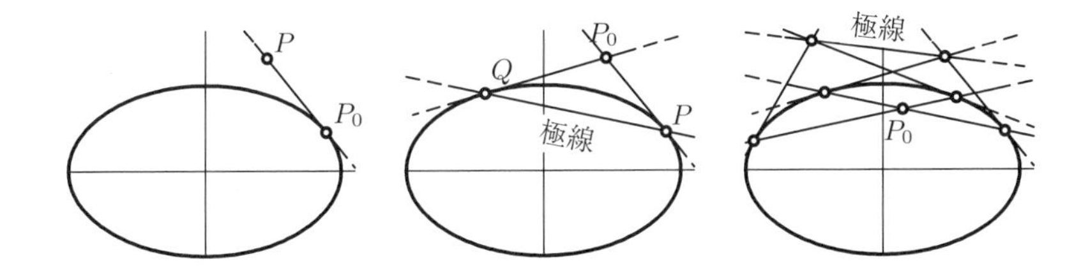

図 7.4　極と極線

定理 7.3　もし P_1 が P_0 の極線上にあれば，P_0 は P_1 の極線上にある．

証明． 両方の性質は，条件

$$y_0 \cdot y_1 = px_0 + px_1\,, \quad \frac{x_0 \cdot x_1}{a^2} + \frac{y_0 \cdot y_1}{b^2} = 1\,, \quad \frac{x_0 \cdot x_1}{a^2} - \frac{y_0 \cdot y_1}{b^2} = 1$$

の一つと同値であり，これは完全に対称である．□

この結果と定理 7.2 とを合わせると，次の 2 つの新しい定理が導かれる（図

7.4 中図と右図参照).

定理 7.4　もし点 P_0 が円錐曲線の外側にあれば，P_0 の極線は，P_0 から円錐曲線への接線の接点である 2 点を通る直線である.

定理 7.5　もし点 P_0 が円錐曲線の内側にあれば，P_0 の極線は，その極線が P_0 を通るような点すべての集合である.

直線が接触するための条件. 問題は，直線 $y = px + q$ が楕円 (7.7) の接線になるための条件を求めることである．この問題を解くために，方程式を $-\frac{p}{q}x + \frac{1}{q}y = 1$ の形に書いて，(7.9) と比較すると，

$$\frac{x_0}{a^2} = -\frac{p}{q} \qquad \text{かつ} \qquad \frac{y_0}{b^2} = \frac{1}{q}$$

でなければならないことがわかる．2 乗すると，$\frac{x_0^2}{a^2} = \frac{p^2}{q^2} \cdot a^2$ かつ $\frac{y_0^2}{b^2} = \frac{1}{q^2} \cdot b^2$ となる．点 (x_0, y_0) が楕円上にあるのは，この 2 つの項の和が 1 であればよく ((7.10) 参照)，次が得られる.

定理 7.6　方程式 $y = px + q$ を持つ直線が楕円 (7.7) に接するのは，

$$a^2p^2 + b^2 = q^2 \tag{7.11}$$

のとき，かつそのときに限る.

長軸の端点の上方での $y = px + q$ の値を $h = q - pa$ と $h' = q + pa$ と書くと，条件 (7.11) はエレガントな式

$$h \cdot h' = b^2 \tag{7.12}$$

になる．これはアポロニウス III.42 の解析的証明である（第 3 章の演習問題 11 参照)．([オイラー (1748)] 第 II 巻 §121 で）この結果を再発見したオイラーはこれを “egregia proprietas（素晴らしい性質)” と呼んだ.

与えられた点からの接線. 楕円の外側に位置する，x_0, y_0 を座標とする点 P_0 を固定する．P_0 を通る直線が楕円に接するとき，勾配はいくつか？　(7.2b) から，この直線は $y = y_0 + p(x - x_0)$ という形をしている．つまり，$y = px + q$, $q = y_0 - px_0$ である．これを (7.11) に代入すると，次の定理が得られる.

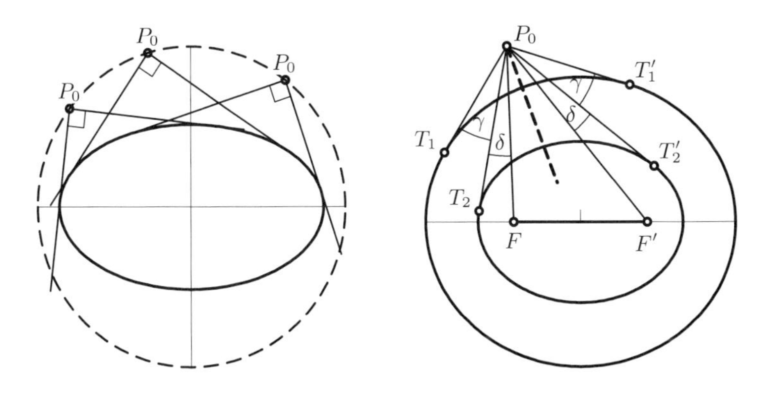

図 7.5 左：モンジュの円，右：ポンスレの「第 2 の定理」

定理 7.7 与えられた点 $P_0 = (x_0, y_0)$ を通る，楕円への 2 本の接線の勾配 p_1 と p_2 は 2 次方程式

$$(a^2 - x_0^2)\,p^2 + 2x_0 y_0\,p + (b^2 - y_0^2) = 0 \tag{7.13}$$

の解である．それゆえ，「ヴィエートの公式」と呼ばれる代数の結果[6]により，

$$p_1 + p_2 = -\frac{2x_0 y_0}{a^2 - x_0^2}, \qquad p_1 p_2 = \frac{b^2 - y_0^2}{a^2 - x_0^2} \tag{7.14}$$

を満たす．

モンジュの円[7]．そこから楕円が直角で見込まれる点の集合は，半径が

$$R = \sqrt{a^2 + b^2} \tag{7.15}$$

で，中心が楕円の中心と同じである円となる．これを**モンジュの円**と言う（図 7.5 左図参照）．

証明． $p_1 p_2 = -1$ であれば，接線は直交する（図 7.2 (c) 参照）．これを (7.14) の 2 番目の式に代入すると，$x_0^2 + y_0^2 = a^2 + b^2$ が得られる． □

ポンスレの第 2 の定理． P_0 を通る 2 本の直線が y 軸となす角を α_1, α_2 と

---

[6] ［訳註］日本では，根と係数の関係と呼ばれることが多い．

[7] G. モンジュ (1746–1818) は有名なフランスの "géomètre"（幾何学者）で，L. カルノーはパリのエコール・ポリテクニクの創立者である．

し，$\tan\alpha_1 = p_1$, $\tan\alpha_2 = p_2$ とする．角 $\frac{\alpha_1+\alpha_2}{2}$ は，角 TP_0T' の二等分線と直交する方向を与える（図7.5右図参照）．(5.6) 式を使って $\tan(\alpha_1+\alpha_2)$ を計算すると，(7.14) から，

$$\tan(\alpha_1+\alpha_2) = \frac{p_1+p_2}{1-p_1p_2} = \frac{-\frac{2x_0y_0}{a^2-x_0^2}}{1-\frac{b^2-y_0^2}{a^2-x_0^2}} = \frac{-2x_0y_0}{a^2-b^2-x_0^2+y_0^2} \tag{7.16}$$

となる．この表示は $c^2 = a^2 - b^2$ だけに，つまり焦点の位置だけに依り，a, b の個々の値には依らない．こうして，「与えられた点 P_0 から2つの共焦な楕円への接線の角の二等分線は同じである」ことが結論される．離心率が1に近づく極限の場合，楕円は線分 FF' に近づき，次が得られる．

定理 7.8（ポンスレの第2の定理） 点 P_0 から楕円への2本の接線の間の角と，焦点と P_0 を結ぶ2直線の間の角の二等分線は同じになる．

注意. 人によってはこれを「ポンスレの第1の定理」と呼んでいる．幾何の美しい定理というだけでなく，最近，作用素論におけるエレガントな証明に用いられた（(4.2) を使って，[クルーゼイ (2004)] p. 473 参照）．

7.4　最大最小問題

量の最大最小を求める問題の主な創始者はアポロニウス（第8章の演習問題5の解を参照）とピエール・ド・フェルマー (1601–1665) であった[8]．フェルマー自身が書いたものが出版されたのは，彼の死後の1679年に息子によってである．ほかの人（ニュートンとライプニッツ）はその間に，同じアイデアを発展させ，強力な微積分学に入っていった．これは幾何的な問題から進化していったもう一つの数学の分野である．後に，ベルヌーイ兄弟とオイラーとラグランジュの手によって，この微積分学は現代科学の柱の一つになった．ヤーコプ・シュタイナーはベルリン大学における1838–1839年のコース全体を最

[8] M. カントール（[M. カントール (1900)] p. 239，または，[デリー (1933)] の英語版の問題94参照）はレギオモンタヌスの（1471年のクリスティアン・ローダー宛ての）書簡の中で，ギリシャ時代の後の，おそらく最も古い最大値問題が述べられている．この問題を変形したものが107ページの演習問題4で扱われている．

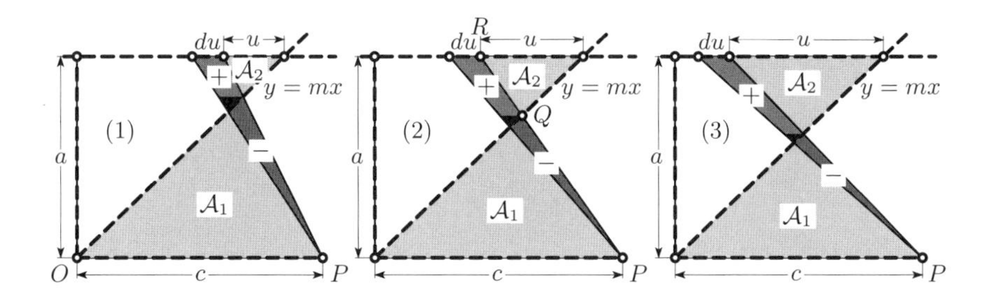

図 **7.6**　フェルマーの面積問題の解

大と最小に捧げ[9]，**クレレ誌**に 2 編の長い論文（[シュタイナー (1842)]）を書いた．そこで彼は，複雑な解析的計算はもとの幾何的なアイデアと，問題の本当の性質を与えてくれる直接的な洞察を隠してはならないと主張している．

固定された直線と動く直線の間の三角形．（J.E. ホフマン『数学基礎』誌 11 (1956), p. 114 では，フェルマーのものとされる）．O から距離 c にある点 P と，OP に平行な直線で距離 a にあるものと，O を通る勾配 m の直線が与えられたとき（図 7.6 参照），どんな距離 u に対して，面積の和 $\mathcal{A}_1 + \mathcal{A}_2$ が最小になるか求めよ．

解答． u を小さい量 du だけ増やす[10]．u が小さいとき（図 7.6 (1) 参照），比較的大きい面積⊟が取り除かれ，小さい面積⊞が付加される．だから，全面積は減少する．一方，u が大きいと（図 7.6 (3) 参照），面積⊞は⊟より大きくなり，全面積は増加する．こうして，面積の和が**最小**の値になるのは，ちょうど，増える面積と減る面積，つまり⊞と⊟が**等しく**なるときに起こる（図 7.6 (2) 参照）．これを，面積⊞と⊟の和が面積⊟の 2 倍という条件に置き換える．これらは相似な三角形であり，ユークリッド VI.19 により，$RP = RQ + QP = \sqrt{2} \cdot QP$ と結論され，それゆえタレスの定理によって，

$$u + c = \sqrt{2} \cdot c \qquad \text{つまり} \qquad u = (\sqrt{2} - 1) \cdot c \tag{7.17}$$

となる．

9　このコースのコピーがベルンの**バーガー図書館**に保存されている．

10　これはライプニッツの天才的な記号である．フェルマーは小さい量を表すのに E か e を使っている．

注意. 上の証明には少しずさんなところがある．実際，小さい黒い三角形を無視している．微積分学を理解する秘密は，どんな量 (“Elisis deinde superfluis... (打ち消した後残ったものを. . .)”) なら無視してもよいか，そして無視してはいけないかを知ることにある．長い論争の後で，フェルマーはメルセンヌとデカルトへの手紙（1638 年 6 月，[フェルマー全集（フランス語版)] vol. 2, p. 157）で，“Divisons le reste par E et ôtons ensuite tout ce qui se trouvera mêlé avec E; ...（E で残りを割って，E と繋がっているものをすべて無視する...)” と，これの説明をしている．その後で，デカルトは，“que si vous l’eussiez expliqué au commancement en cette façon, je n’y eusse point du tout contredit, ...（最初からそのように説明してくれていたなら，論争などしなかったのに...)” と返事をしている．次の例はこれらのアイデアをよりずっと良く理解する助けになるだろう．“alia exempla addere（ほかの例を追加する)” 必要もなく，“hæc sufficiunt（これで十分である)” と思う．

屈折のフェルマーの原理.

> “... et trouver la raison de la réfraction dans notre principe commun, qui est que la nature agit toujours par les voies les plus courtes et les plus aisées.”(... そして，自然は常に最も単純かつ容易な仕方で振る舞うという，われわれの共通の原理の中に，屈折の理由を見出す)”
>
> （フェルマーからマラン・クロー・ド・ラ・シャンブルへの手紙，1657 年）

光の屈折の法則は，ウィルブロード・スネル・ファン・ロイエン（ラテン語名はスネリウス）とデカルト（ラテン語名はカルテシウス）によって独立に発見されたが，“rationem experientiæ（実験的な理由)” でだけであった．こうしてフェルマーは，いくつかの論文（[フェルマー全集（フランス語版)] 第 I 巻の p. 170 と p. 173 の “Methodus ad Disquirendam Maximam et Minimam（最大値と最小値を求める方法)” の VIII 号と IX 号，1662 年にマラン・クロー・ド・シャンブルに送った手紙）において，“naturam operari per modos et vias faciliores et expeditiores”（自然はもっとも単純で素早い仕方で振る舞う）という数学的「Synthesis（総合判断)」を発見したと主張している．

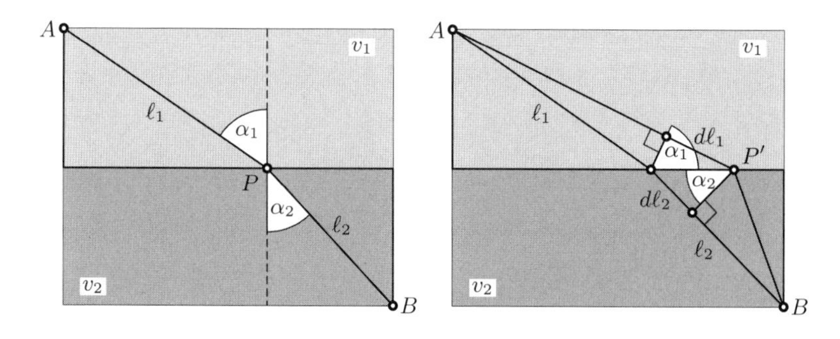

図 7.7 屈折のフェルマーの原理の説明

与えられた2点 A, B を固定し，2つの媒体があり，x 軸の上側の媒体の中での光速が v_1 で，下側の媒体の中での光速が v_2 であるとする．A から B へ進む光にとって，かかる時間が最も短くなるような点 P を定めたい（図 7.7 左図参照）．点 P を P' まで，少しの距離 dx を動かせば，2つの小さい直角三角形が作られ（図 7.7 右図参照），そこの中に2つの角 α_1 と α_2 が再登場する[11]．距離 ℓ_1 は $d\ell_1 = \sin\alpha_1 \cdot dx$ だけ増え，ℓ_2 は $d\ell_2 = \sin\alpha_2 \cdot dx$ だけ減少する．だから，上側の領域では時間は $dx \cdot \sin\alpha_1/v_1$ だけ余分にかかり，下側の領域では $dx \cdot \sin\alpha_2/v_2$ だけ少なくて済む．上の例でのように，P が最適の位置にあるのは，この2つが釣り合うとき，つまり

$$\frac{\sin\alpha_1}{v_1} = \frac{\sin\alpha_2}{v_2} \tag{7.18}$$

であるときであり，これはまさに，経験から観察された法則である．

上述の原稿 IX におけるフェルマーのもとの証明は同様のものなのだが，エレガントな記号がないので，5ページ以上も掛かっている．解析的な証明は，1684年にライプニッツにより誇らかに “in tribus lineis”（3行で）行われている（[ハイラー，ヴァンナー (1997)] p. 93 参照[12]）．

球の中の，最大表面積の円柱． もっと難しい例で，フェルマーは “triplicatas”（3重の）変数を使って説明している．この場合，ライプニッツ

---

[11] ［訳註］もちろん，dx が有限の値ならば等しくはなく，dx が無限小のときは等しいということである．そこが，微積分前夜での論争点だったのだろう．

[12] ［訳註］日本語訳では 112 ページ，第 II 章 2.1 節．

の記号はそのパワーを発揮することになる．1642年11月10日にフェルマーがメルセンヌに送った，次の問題に関してこのことを実証する（[フェルマー全集（フランス語版）] 第I巻，p. 167 の論文）．

問題． 半径1の与えられた球の中に，半径 y で高さ $2x$ の円柱で，**表面積最大の**ものを内接させよ（図7.8 左図参照）．言い換えれば，表面積 $2y^2\pi + 2x \cdot 2y\pi$（(2.11) 参照）を 2π で割ると，

$$\begin{array}{ll} x^2+y^2=1 & \text{の条件の下で} \\ y^2+2xy & \text{を最大化せよ} \end{array} \quad \text{解} \quad \begin{array}{r} 2x\,dx+2y\,dy=0\,, \\ 2y\,dy+2y\,dx+2x\,dy=0 \end{array} \tag{7.19}$$

となる．解は，x と y をそれぞれ $x+dx$ と $y+dy$ で置き換えることによって，条件を定義する量と同様，最大化される量が増えも減りもしないという原理を使って，展開して，“negligiblios（ごくわずかな)” 小さい項を無視して求められる．こうして得られる方程式において，上の式を使って，下の式から dx を消去して，$2x\,dy$ で割れば，

$$\left(\frac{y}{x}\right)^2 - \frac{y}{x} - 1 = 0 \tag{7.20}$$

が得られるが，これは**黄金比**に対する方程式 (1.3) である．

2点からの距離の和の最小． この問題から，シュタイナーは1838年のコースを始めた．固定した直線 CD の同じ側に，2点 A, B が与えられたとする．この直線上の点 P で，距離の和が $\ell_a + \ell_b =$ 最小 となるようなものを見つけよ（図7.8 右図参照）．答は，上の屈折の原理（$v_1 = v_2 = 1$ として）から導かれるのと同じようにすることができる．これから，(7.18) のときと同じように条件

$$\sin\alpha_a = \sin\alpha_b\,, \qquad \text{つまり} \qquad \alpha_a = \alpha_b \tag{7.21}$$

が得られる．最適な解は反射する光のように振る舞う．自然の作用に関するフェルマーの原理に従う光の「知性」に，またも感心することになる．この問題を扱うもう一つのアイデアは，点 B の CD に関する鏡映 B' を取ることである．すると，最短経路は直線であり（ユークリッド I.20），ユークリッド I.15 により，角は等しい．

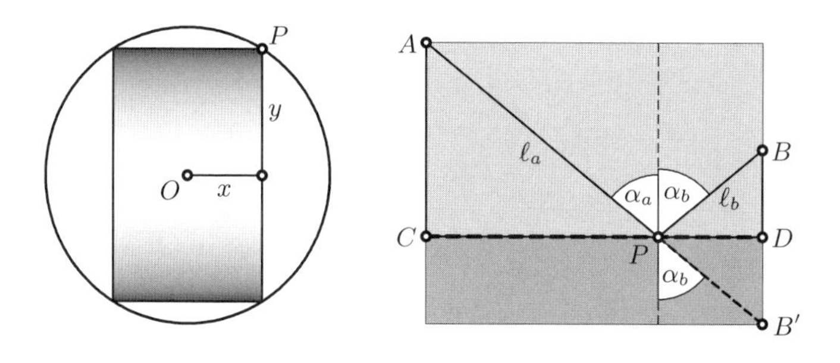

図 7.8　左：球の中の，最大表面積の円柱，右：2 点からの距離の最小の和

三角形のフェルマー点． *"Datis tribus punctis, quartum reperire, a quo si ducantur tres rectæ ad data puncta, summa trium harum rectarum sit minima quantitas"*，つまり，翻訳すれば，**3 点 A, B, C が与えられたとき，第 4 の点 F で，F から与えられた点まで引かれた 3 本の直線に対して，その長さの和**

$$\ell_a + \ell_b + \ell_c = \text{最小} \tag{7.22}$$

ができるだけ小さくなるようなものを求めよというものである．これが，三角形のフェルマー点についてフェルマーが書いたことのすべてである．それは，1640 年頃メルセンヌに宛てた長い記事の最後の 2 行に書かれていた ([フェルマー全集（フランス語版)] 第 I 巻 147–153 ページの第 IV 項)．それは E. トリチェリへの挑戦を意図したものであった．それに答えることが第 4 章演習問題 8 のテーマであった．新しい原理を使った最初の（長い）証明は [ファニャーノ (1779)] によって与えられた（図 7.9 左図参照)．以下に述べる，より短い証明はシュタイナーの 1838 年のコースで示されたものである．

ここでの困難は，動かすことのできる点の自由度は 2 なのに，**3 つの項の和**を最小にしないといけないという点にある．

アイデア． F を直線の 1 つ，たとえば FB に対して**直角**の方向に動かす（図 7.9 右図参照)．すると，（小さな運動に対し）和の 2 つの項だけが変わり，前と同じ状況に戻る．こうして，(7.21) から，条件 $\omega_{ab} = \omega_{bc}$ が得られる．も

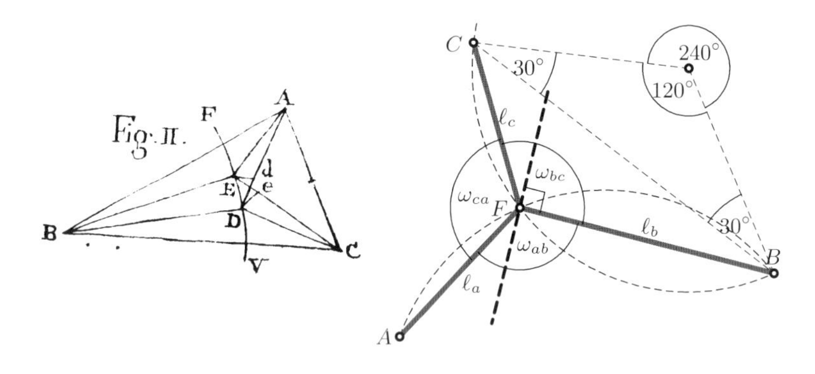

図 **7.9**　三角形のフェルマー点．左：ファニャーノの手書きの図 (1779)

し FA や FC のどちらかに直交した別の動きを選べば（他のすべての動きはこの2つの合成である），最終的にすべての角が等しい $\omega_{ab} = \omega_{bc} = \omega_{ca}$ という結論を得る[13]．こうして次が得られる．

定理 7.9　距離 $\ell_a + \ell_b + \ell_c$ を最小化する点 F は $\omega_{ab} = \omega_{bc} = \omega_{ca} = 120°$ によって特徴づけられる．

角 AFB と BFC がともに 120° であることがわかっているので，F の位置は，中心角が 240° である2つの円の交点として得られる（図 7.9 右図とユークリッド III.20 参照）[14]．

シュタイナーの挑戦． q がどんな指数であったとしも，今度は $\ell_a^q + \ell_b^q + \ell_c^q$ を最小にしてみよう．$(\ell + d\ell)^q = \ell^q + q\ell^{q-1}\,d\ell + \ldots$（二項定理）から，同じようにして，$\ell_a^{q-1} \sin\omega_{ab} = \ell_c^{q-1} \sin\omega_{bc}$ かつ $\ell_b^{q-1} \sin\omega_{bc} = \ell_a^{q-1} \sin\omega_{ca}$ となる．それゆえ，

定理 7.10（[シュタイナー (1835a)]）　冪和 $\ell_a^q + \ell_b^q + \ell_c^q$ を最小にする点 P は次式によって特徴づけられる．

13　三角形の角の一つが 120° 以上のときはこの議論がうまくいかないことに注意すること．その場合には，最小化する点は鈍角である頂点になる．

14　［訳註］図 7.9 右図の円の中心は，BC を1辺とする正三角形の重心として作図できる．上巻第4章演習問題 8 も参照．

$$\frac{\sin \omega_{bc}}{\ell_a^{q-1}} = \frac{\sin \omega_{ca}}{\ell_b^{q-1}} = \frac{\sin \omega_{ab}}{\ell_c^{q-1}} . \tag{7.23}$$

系 7.11（ファニャーノ，1779） $\ell_a^2 + \ell_b^2 + \ell_c^2$ を最小にする点 P は重心 G である．

証明． この結果は，上の定理（$q = 2$ と置いて）から，図 4.4 (a) の 6 つの小三角形に正弦法則 (5.11) を適用し，中線の足の左右の角の正弦の値が同じであり，中線の足の左右の辺の長さが同じであるという事実から導かれる[15]． □

[シュタイナー (1835a)] のこの次の項目 5 には，次の挑戦が挙げられている．「指数 q が連続的に $q = 1$ から $q = 2$ に，それから $q \to \infty$ に変わっていけば，フェルマー点 F から重心 G を通って，外心 O へ至る曲線をたどる，(7.23) の解の点 P に何が起こるかを定めよ．」シュタイナーは，この曲線の "eigenthümliche Beziehung（特別な関係）" が何を意味しているかは何も示していない．図 7.10 の三角形に対して，数値的に計算してみたものを図示しておく．

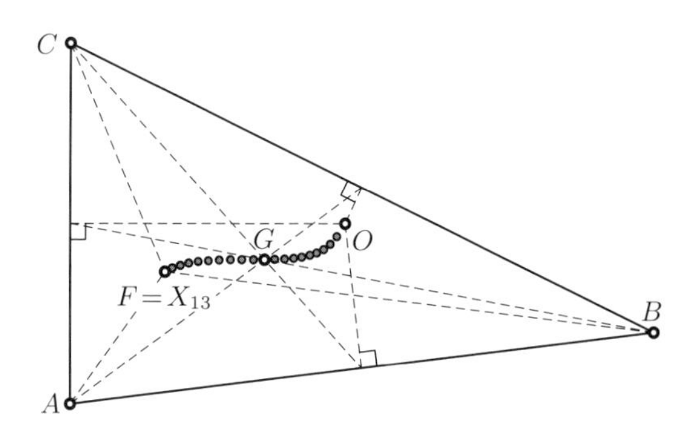

図 7.10　$q = \frac{1}{1-\lambda}$, $0 < \lambda < 1$ に対するシュタイナーの挑戦を，$\frac{1}{20}$ のステップで

[15]　［訳註］若干の補足をしておく．図 4.4 (a) は 3 頂点からの中線を引いたものだが，重心の回りの 6 つの角に名前を付けると，2 つずつは対頂角だから同じであり，3 種類になる．(7.23) 式に現れる角は，その 3 種類のうちの 2 つを足した角になるが，それは 3 つ目の角と 2π に関する補角なので，正弦の値は同じになる．

4点からの距離の最小和. 凸な四辺形を作るような4つの点 A, B, C, D が与えられたとき，頂点への距離の和 $\ell_a + \ell_b + \ell_c + \ell_d$ が最小になるような点 F を求めよ．答は驚くほど単純である．

定理 7.12（[ファニャーノ (1779)]） 距離の和 $\ell_a + \ell_b + \ell_c + \ell_d$ を最小にする点 F は，2本の対角線 AC と BD の交点である（図 7.11 左図参照）．

証明. 最小にする和を $(\ell_a + \ell_c) + (\ell_b + \ell_d)$ と書く．最初の項は，A, F, C が1直線上にあればできるだけ小さくなるし，第2の項は B, F, D が1直線上にあれば最小になる．　□

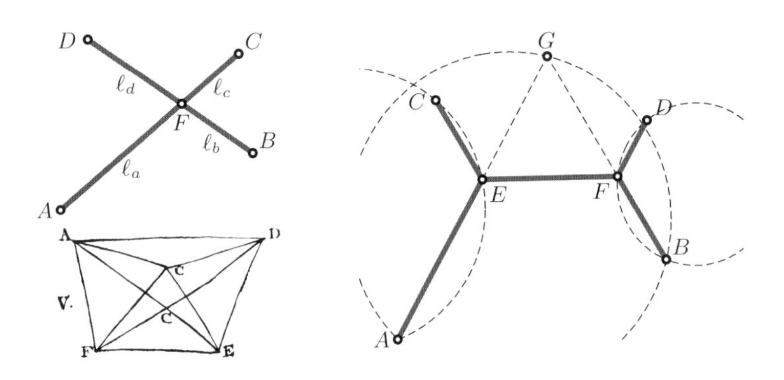

図 7.11　左：4点に対するファニャーノの問題（ファニャーノ (1779) のもとの手書きの絵），右：シューマッハ・ガウスの問題

最小連結グラフ. ガウスは1836年3月21日付けのシューマッハへの手紙の中でさらに興味ある問題 (“kürzestes Verbindungssystem, ...eine ganz schickliche Preisfrage für unsere Studenten (最短接続システム... われわれの学生のためのまったく適当な懸賞問題)”) を示唆している（『全集』第10巻 p. 461 参照）．「与えられた数点を結ぶ，全長が最短の旅程を見つけよ．」ガウスは，ハールブルク，ブレーメン，ハノーファー，ブラウンシュヴァイクを結ぶ最短の鉄道接続を考えていて，この問題を思いついた．この特定の問題の解答は図 7.11 右図に描かれている．自由に動かすことができる分岐点 E と F がある．それぞれの点は，定理 7.9 により，グラフの残りの部分と $120°$ をなす3本の線分で結ばれていれば，最適の位置にあることになる．ユークリッ

ド III.20 によって，いくつかの円を描けば，解を作図する役に立つだろう．

しかしながら，解がいつもこの形をしているわけではない．もしもドイツの地図を取り，上に述べた 4 つの町を見てみれば，最良の解はブラウンシュヴァイクとハノーファを結ぶ直線と，ハノーファー，ブレーメン，ハールブルクに対するフェルマー点とからなるものになる．

五角形と六角形． 同じアルゴリズムが，正五角形を作るように並べられた 5 点に対する素敵な解に導くのだが（図 7.12 (a) 参照），正六角形に対する「素敵な」解（図 7.12 (b) 参照）の全長は $3\sqrt{3} = 5.196\ldots$ であって，最短接続（図 7.12 (c) 参照）の長さは 5 である．

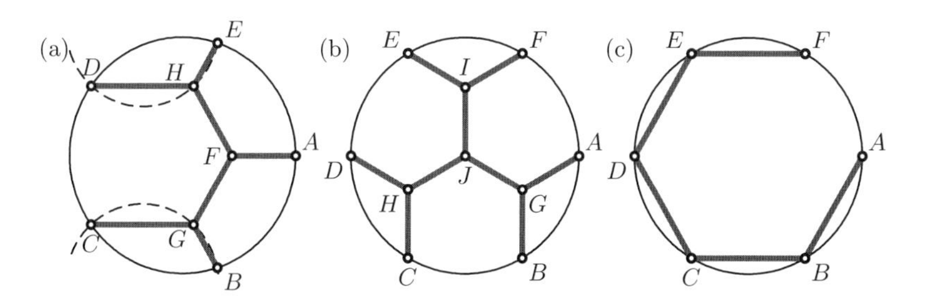

図 7.12 シューマッハ・ガウスの問題．(a) 正五角形，(b) 正六角形（局所的なだけの最小），(c) 大域的な最小

7.5 有名な曲線とその接線

"L'un des plus féconds rapprochements que l'on ait faits dans les sciences est l'application de l'algèbre à la théorie des courbes... La recherche de ces propriétés a conduit à l'analyse infinitésimale dont la découverte a changé la face des mathématiques."（われわれの科学において成し遂げられた最も多産な関連付けの一つは曲線の理論に代数を応用することである... この性質の探索は無限小解析に繋がっており，そのことの発見は数学の顔を変えた．）"

（ラプラス．共和国第 III 年プリュヴィオーズ（雨月）1

日，**エコール・ノルマル**「のプログラム」）

「微分は相変わらずつかみどころがない」

（アメリカ数学月報 65 (1958) p. 641 の書評から）

デカルトは彼の『幾何学』の第2冊 (Livre II) の序文で，彼の方法では研究できるが，「古代人」が定木とコンパスに，またときに円錐曲線に制限することによって考えることを控えた，広い分野の新しい曲線を誇らかに論じている．ここでは，重要さや美しさのおかげで有名ないくつかの曲線の性質を示すことにする．興味深い曲線の総合カタログは [ローリア (1910/11)] と [テイシェイラ (1905)] として出版されている．いくつかの重要な曲線の性質はまた，[ローレンス (1972)] においても見つけることができる．

デカルトの葉線. 最初の具体的な例は方程式

$$x^3 + y^3 - 3xy = 0 \tag{7.24}$$

によって定義される曲線であった．フェルマー宛てのものだが，メルセンヌ神父に送られた（1638年1月18日付けの）手紙の中で，デカルトは，この曲線の接線を求めるよう，フェルマーに挑戦した．引き出しの中に既に原稿 [フェルマー (1629b)] を持っていたフェルマーは，デカルトが難しいと判断したことが実際には容易にかつ美しく行うことができると述べた[16]．これらのフェルマーの計算は，ニュートンやライプニッツの微分計算とは，本質的には記号と一般性への試みの点で異なっているだけである．

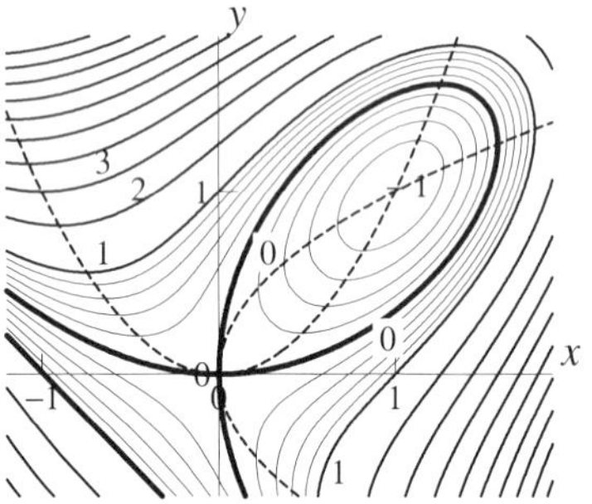

ライプニッツの記号では，“elegantissima（エレガントな）” 解は次の通りである．点 (x, y) が (7.24) を満たすと仮定し，非常に小さい dx と dy に対して，近くの点 $(x + dx, y + dy)$ が，どんな条件の下で，また (7.24) を満たすかを問うのである．代入し

[16] “quem difficilem judicabat D. DesCartes, cui nihil difficile, elegantissima ...（デカルトが難しいと考えたことは，難しいこともなく美しいもので...）”

て掛けて，高次の項 dx^2，$dx\,dy$，$dy^2, \ldots$ を無視して引けば，

$$(x^2 - y)\,dx + (y^2 - x)\,dy = 0 \tag{7.25}$$

が得られる．こうして接線の勾配は $\frac{dy}{dx} = -\frac{x^2-y}{y^2-x}$ となる．曲線 $x^3+y^3-3xy = C$ が水平になる点（$dy = 0$）は放物線 $x^2 = y$ 上にあり，この曲線が垂直になる点 ($dx = 0$) は放物線 $x = y^2$ 上にある（図参照）．

ニコメデスのコンコイド． コンコイドはフェルマーが最初に考えた曲線の一つだった[17]．点 A を原点に置き（図 7.13 参照），点 C に座標 (x, y) を与えると，タレスの定理により，

$$\frac{y-c}{c} = \frac{b}{\sqrt{x^2+y^2}-b}$$

となり，それから

$$(y-c)\sqrt{x^2+y^2} = by \quad \text{つまり} \quad (y-c)^2(x^2+y^2) = b^2y^2 \tag{7.26}$$

が得られる．こうして曲線は「代数化」されたので，上の方法によって扱うことができる．ヨハン・ベルヌーイ (1691) 版での述べ方では，結果は以下のようになる．

定理 7.13　M を，A を通る AC への垂線と，D を通る固定直線に平行な C を通る直線 t の交点とする．そのとき，ニコメデスのコンコイドの C における接線は，MD に平行である．

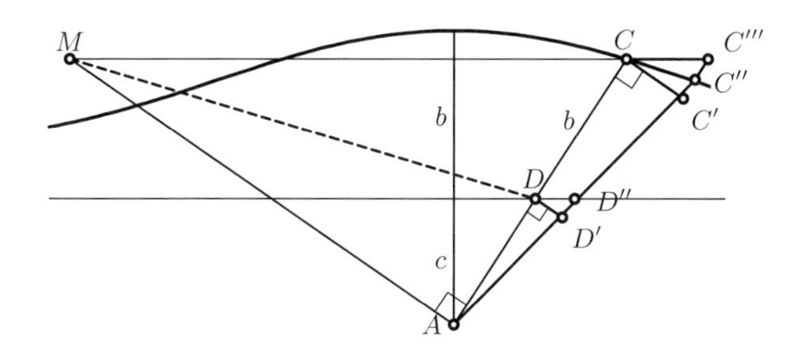

図 7.13　ニコメデスのコンコイドの接線

[17]　［訳注］上巻 3.8 節に定義がある．

証明. ロベルヴァルとトリチェリ (1644) の，**合成運動**のアイデアに基づいた幾何的証明を与える．最初に直線 DC を A の周りに，$D'C'$ の位置まで，小さい角だけ回転する（図 7.13 参照）．しかし，D' は，そうあるべき，水平線上にはない．だから，2 番目の運動で，線分を上の方に押し上げて，$D'D''$ $= C'C''$ となるように，$D''C''$ とする．そのとき，三角形 $DD'D''$, $CC'C'''$, CAM は相似である．さらに，$C'''C'/C''C' = C'''C'/D''D' = CA/DA$ であるから，三角形 DAM と $C''C'C$ も相似であり，これが欲しかった結果である．□

サイクロイド. この曲線はガリレオ・ガリレイによって考案され，その幾何学的性質は 17 世紀初頭の最も優れた科学者たち，デカルト，フェルマー，パスカル，ロベルヴァル，ウォリス，トリチェリと仲介者としてのメルセンヌ神父の間の論争における最も挑戦的な問題の一つであった．1645 年に，才気あふれる 16 歳のオランダ人の少年，クリスティアン・ホイヘンスがこの輪の中に加わった．

定義 7.14 （半径 1 の）円が直線 DAE の上を転がっているとし（図 7.14 参照），P をこの円周上の固定点とする．P が描く曲線 $DGPE$ を**サイクロイド**と呼ぶ．距離 AB を t と書き（これはまたラジアンで測った角 PCH である），点 A を原点に取ると，P の座標は

$$\begin{aligned} x &= t + \sin t \\ y &= 1 + \cos t \end{aligned} \qquad (-\pi \le t \le \pi) \tag{7.27}$$

となる．

方程式 (7.27) は，この曲線の（t をパラメータとする）**パラメータ表示**であり，幾何的な性質を解析的な方法で確かめることができる（たとえば，[ハイラー，ヴァンナー (1997)] の II.3 節，II.4.5 節，II.7 節，II.7.2 節 参照）．しかしながら，C. ホイヘンスは 微積分の最初の出版の何年も前に，幾何学的結果からこれらの性質を導き出した [ホイヘンス (1673)][18]．

[18] この本の重要さは誇張してもし過ぎることはない．というのも，一年後，若きライプニッツがパリ滞在中に，ホイヘンスから現代数学への手ほどきを受けたからである．それから 2 年後に，ライプニッツの微分解析が生まれた．

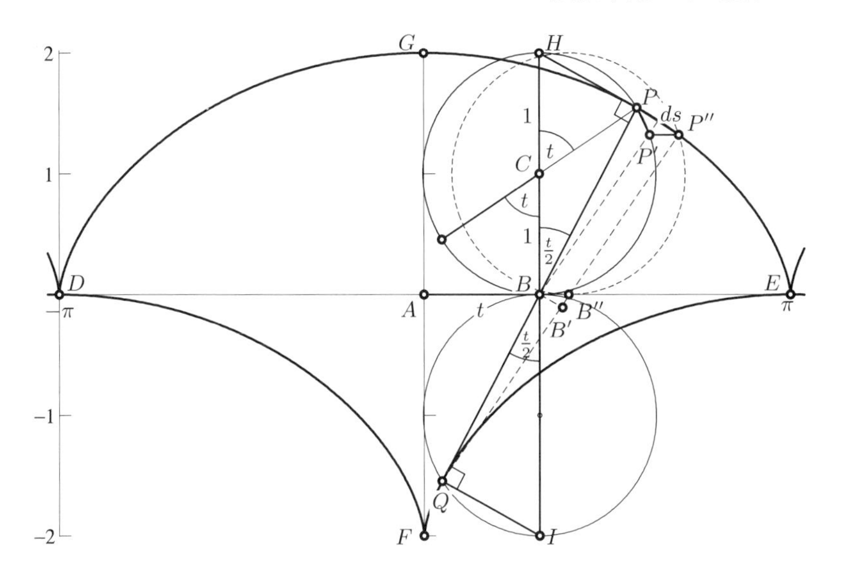

図 7.14 サイクロイドの接線

定理 7.15 図 7.14 の記号を使う.

(a) P におけるサイクロイドの接線は BP と直交する，つまり，H を通り，

$$\frac{dy}{dx} = -\tan\frac{t}{2} \tag{7.28}$$

となる.

(b) 弧 PP'' の無限小長は

$$ds = 2\cos\frac{t}{2}\,dt \tag{7.29}$$

である.

(c) $DAEGD$ の面積は 3π，つまり，円の面積の 3 倍である.

(d) 曲線の近接する法線 PB と $P''B''$ は，$QB = BP$ となる点 Q で交わる．この点は曲率中心であり，第 2 のサイクロイド FE の上にある.

(e) 弧長 QE は距離 QP に等しい（サイクロイド FE は曲線 GE の「縮閉線」であると言う）.

(f) 弧 DGE の全長は 8 である.

証明.

(a) ここでも，合成運動のアイデアを使う（すぐ前の証明参照）．小さい増分 dt に対して，点 P を P' に，角 dt だけ円を回転し，それから P' を P'' に，水平に移動し，B を B'' に距離 dt だけ動かす．すると，辺 PP' と $P'P''$ は同じ長さで，それぞれ PC と CB に直交する．こうして，三角形 $PP'P''$ は二等辺三角形で，三角形 PCB と相似比 dt で相似であり，直交している．それゆえ，PP'' と PB は直交する．

(b) ユークリッド III.20 により，角 PBC は $\frac{t}{2}$ であり，BPH は直角三角形である．それゆえ $BP = 2\cos\frac{t}{2}$ であり，(7.29) が得られる．

(c) dt が 0 に近づけば，直線 BP' は三角形 $PP'P''$ の高さに近づき，PP'' を二等分し，それゆえ，$BB'P''P$ の面積は，三角形と長方形からなり，ともに底辺は $\frac{ds}{2}$ で高さは $2\cos\frac{t}{2}$ である．したがって，(1.6) により，サイクロイドの面積は，三角形だけからなる円の面積の 3 倍になる．

(d) BB' は PP'' の半分だから，2 本の法線 PB と $P''B''$ は，$QB = BP = 2\cos\frac{t}{2}$ となるような点 Q で交わる．$QI = 2\sin\frac{t}{2} = 2\cos\frac{t-\pi}{2}$ であるから，Q は位相が π だけ小さいサイクロイド上を動く．このサイクロイドの接線 QP は，QI と直交する．この性質は，次節の 7.6 節で見るように，Q が曲率中心であることを意味している．

(e) C. ホイヘンス自身はこのことを図 7.15 左図にある図によって納得していた．積分法を使えば，単に $2\sin\frac{t}{2}\,dt$（(7.29) 参照）を積分して同じ結果

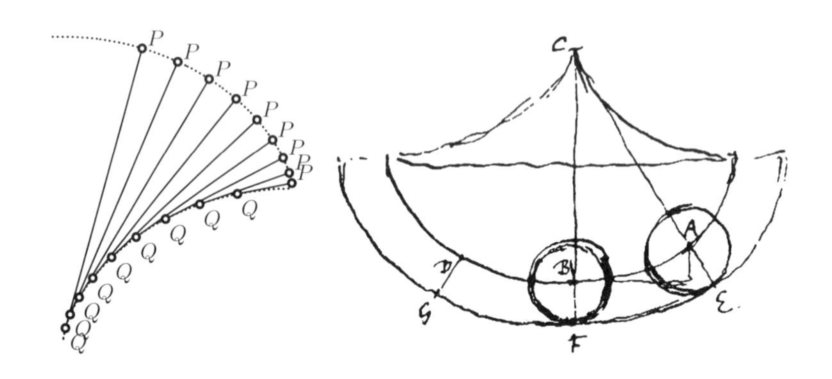

図 **7.15**　左：弧長の決定，右：ホイヘンスの自筆の図 (1692/93)

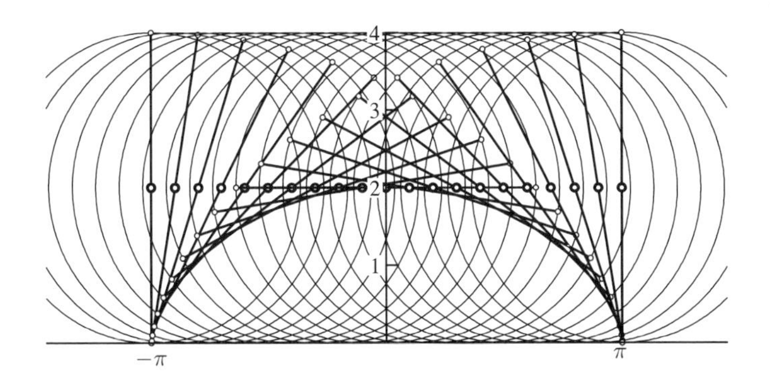

図 **7.16**　サイクロイドの接線

を得ることができる.

(f)　このことは，弧長 DGE が弧長 FE の 2 倍であり，FE が $FG = 4$ であることから導かれる. □

今や，上の結果を使えば，等速降下線であることを直接確かめることができる（たとえば，[ハイラー，ヴァンナー (1997)] 第 II.7.2 節の (7.29) 参照）．それによりホイヘンスはサイクロイドを使って，その時代で最も精確な時計を設計することができた．また，最速降下線であること（[ハイラー，ヴァンナー (1997)] 第 II.7 節参照）も得られるが，そのことは変分法発展の幕開けとなった.

定理 7.16　サイクロイドは，直線上を回転の速さの半分で，つまり定理 7.15 の円と同じ水平方向の速さで（図 7.16 参照），転がる円の直径の包絡線としても得ることができる.

証明. 図 7.14 の直線 PH を延長すれば，回転角 $\frac{t}{2}$ で転がる，半径 2 の円の直径となる．この円が直線 DE に沿って転がれば，この時点では基点 B のまわりを回転する．この直径は，直径が垂直方向の速さを持たない，つまり，直径が B で垂直である点で，この曲線に接する．これがまさに点 P である．こうして，図 7.16 の曲線は図 7.14 の曲線と同じである. □

シュタイナーのデルトイド． 以下で，ヤーコプ・シュタイナーの発見（定理 7.25 参照）のもともとの動機を説明しよう．点 Q をある円周上を回転させ，直線をこの点にくっつけて，**反対方向に半分の速さで回転させる**，つまり $\tau = \frac{t}{2}$ とする．こうして，もしこの直線が，たとえば $t = 0$ のときにこの円に直交していれば，次には $t = 120°$ のときに，三度目には $t = 240°$ のときに直交する．これらの直線を延長すれば，**シュタイナーのデルトイド** (1857) と呼ばれる美しい直線が得られる[19]．

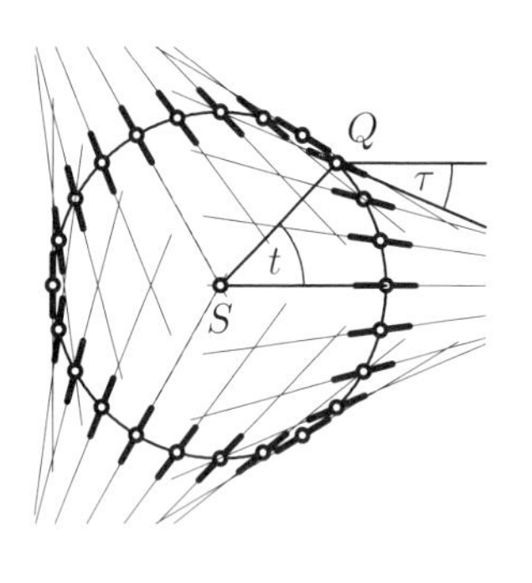

半径 2 の円を半径 3 の円の内側を転がすと，転がる円の直径はまさに求められる運動をなし，**デルトイドはこれらの直径の族の包絡線となる**（図 7.17 下図と図 7.28 参照）．さらに，サイクロイドに関しては（定理 7.16），大きい円の内側を**回転する半径 1 の円周上の点の運動から**同じ曲線が得られている（図 7.17 上図参照）．角 t が与えられると，ほかのすべての角は，弧 DP, DU, DA が同じであること，つまり，円が転がっていることから定まる．

もう一つ驚くことがあるが，それもシュタイナーによって注意されたことである．転がる長さ 4 の接線の端点 U と V が両方とも，デルトイドの上に留まり，逆方向に半分の速さで動く．このことを見るために，破線 SQV から平行四辺形を作る，つまり，Q に関する V の相対的な位置と，S に関する Q の相対的な位置を交換する．すると，点 P に関して，速さ t を $-\frac{t}{2}$ に置き換えて，同じ構成が得られる．

方程式． 図 7.17 左図の点 C と P の位置を見ることによって，(7.27) のように，デカルト座標でのデルトイドのパラメータ表示

$$\begin{aligned} x &= 2\cos t + \cos 2t \\ y &= 2\sin t - \sin 2t \end{aligned} \qquad (0 \le t \le 2\pi) \tag{7.30}$$

が得られる．シュタイナーはその論文のタイトルの中で，理由の説明なしに，

19　ほとんどの出典は 1856 年のこととしているが，これはアカデミーで発表したときであって，論文がクレレ誌で出版されたのは 1857 年である．

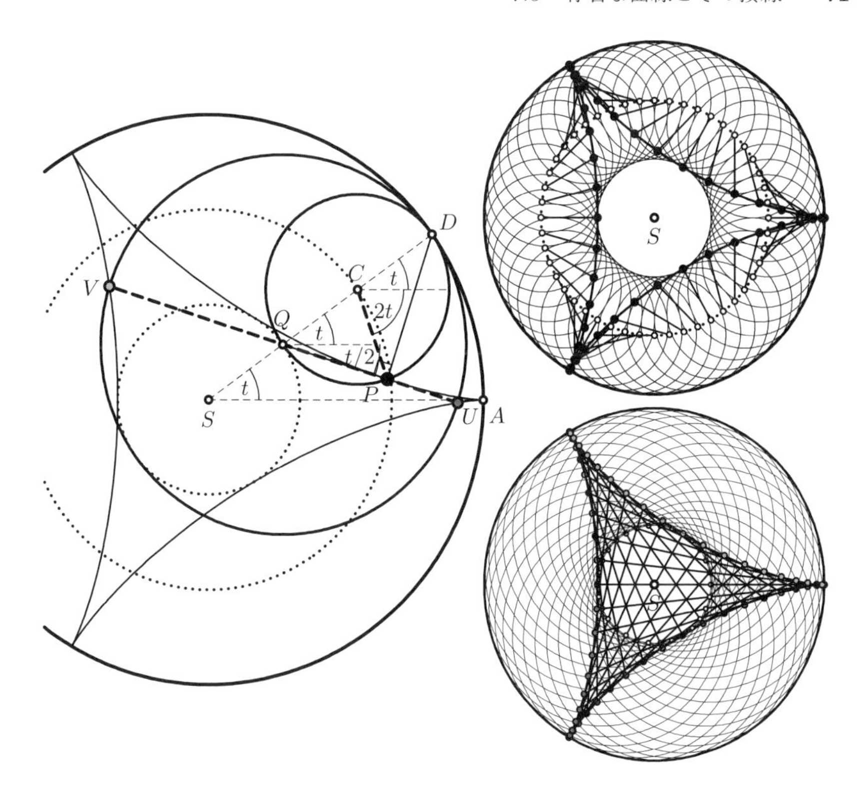

図 7.17　転がる円によって生成されるシュタイナーのデルトイド．上：円周上の点の軌跡として，下：対角線の包絡線

曲線が「4 次」であると主張している．実際，(7.30)から，2 乗して足して，(5.6) を使って整理すると，関係式

$$x^2 + y^2 = 5 + 4\cos 3t \tag{7.31}$$

が得られ，これは既に曲線の $120°$ の対称性を示している．$u = \cos t$ と置くと，(7.30) の第 1 式は

$$u^2 + u - \frac{x+1}{2} = 0$$

となる．これは $u = \cos t$ に対する 2 次方程式であり，x に関する u の代数的表示

$$u = -\frac{1}{2}\left(1 \mp \sqrt{2x+3}\right)$$

が導かれる．$\cos 3t = \cos^3 t - 3\cos t$ を使うと，(7.31)の右辺は

$$5 + 4u(4u^2 - 3) = -9 - 12x \pm 2(2x+3)\sqrt{2x+3}$$

と書くことができる．これを (7.31) に代入することによって，

$$(x^2 + y^2 + 9 + 12x)^2 = 4(2x+3)^3 \tag{7.32}$$

であることが分かり，実際，これは 4 次の代数方程式である．（ユークリッド II.4 を使って最初の項を）展開することによって，この方程式を

$$(x^2 + y^2 + 9)^2 = 8x^3 - 24xy^2 + 108 \tag{7.33}$$

に変換することができ，この形では曲線の 120° の対称性が容易に見てとれる．

> “A l’egard des lignes de Mr. Bernoulli, vous avés raison, Monsieur, de ne pas approuver qu’on s’amuse à rechercher des lignes forgées à plaisir. [先生，ベルヌーイ氏の曲線について，気まぐれに作った曲線のこの研究を認めないとは，あなたは本当に正しいですね．]”
>
> （ライプニッツからホイヘンスへの書簡，1691 年 9 月 $\frac{11}{21}$，ブラウンシュヴァイクにて）

レムニスケートとカッシーニの曲線． ヤーコプ・ベルヌーイは

$$x^2 + y^2 = a\sqrt{x^2 - y^2} \tag{7.34}$$

という式を与えることによってレムニスケートを導入した．ここで，a は（正の）パラメータである．**極座標**

$$x = r\cos\varphi \qquad y = r\sin\varphi \tag{7.35}$$

で書けば，(5.8) を使うと，この方程式は

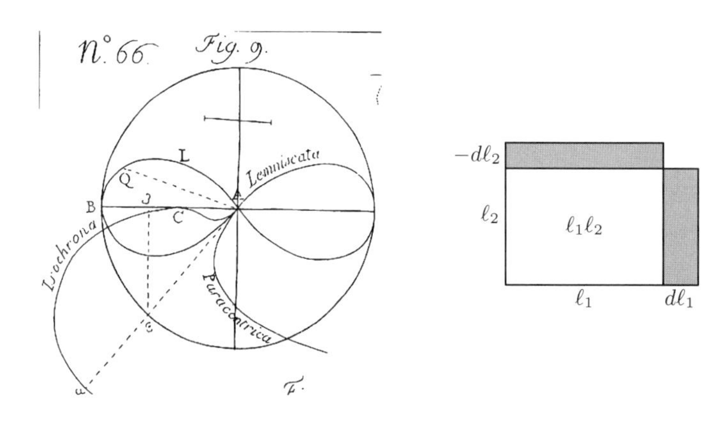

図 7.18　左：ヤーコプ・ベルヌーイ (1695) によるレムニスケート（ほかの興味ある曲線とともに）の線描，右：定面積の長方形

$$r^2 = ar\sqrt{\cos^2\varphi - \sin^2\varphi} \qquad \text{つまり,} \qquad r = a\sqrt{\cos 2\varphi} \tag{7.36}$$

となる．

この曲線に対するもともとの動機は幾何学的なものではなく，ベルヌーイ（"Curvam Accessus & Recessus... (接近し離脱する曲線)"）によって，その弧長が難しい積分を計算し，*Isocrona Paracentrica* などの伸び縮みする曲線に対する微分方程式を解くために使われた（"... hujus Problematis omnium facillimam per rectificationem curvæ algebraicæ, quam *Lemniscatam* voco...（この問題は，私がレムニスケートと呼んだ代数曲線を最も易しく求長することである）"，章末の演習問題 21，図 7.18 左図，[ヤーコプ・ベルヌーイ (1694)]）と [ヤーコプ・ベルヌーイ (1695)] 参照，またさらに詳しくは [ホフマン (1956)] を参照）．

特異点． (7.34) の両辺を二乗すると，

$$(x^2 + y^2)^2 + a^2y^2 - a^2x^2 = 0 \tag{7.37}$$

となる．x, y を 0 に近づけると，4 次の項は無視でき，方程式は $y^2 - x^2 = (y - x)(y + x) \approx 0$ に近づく．これが，曲線が原点で漸近的に 2 直線 $y = \pm x$ になる理由である（図 7.20 の太線の曲線参照）．曲線の形はこうして "refert jacentis notæ octonarii ∞, ... sive lemnisci, *d'un noeud de ruban* Gallis（∞の8の字の形... もしくはフランスの赤いリボンの縁飾りとなる)".

レムニスケートの接線. 次の注目すべき性質は，[ローリア (1910/11)], p. 217 によれば，数学者ヴェヒトマン (*Diss. inaug. phil. de curvis lemniscatae*, Göttingen 1843) によるものとされる.

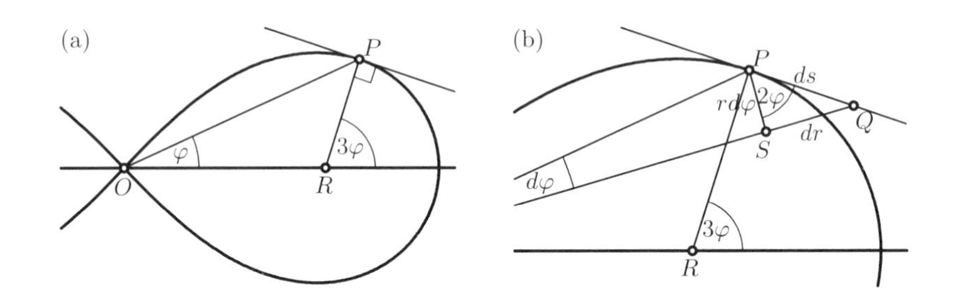

図 7.19　レムニスケートの接線

定理 7.17　点 P におけるレムニスケートの接線の垂線は x 軸と角

$$3\varphi \tag{7.38}$$

をなす．ここで，φ は，直線 PO が x 軸となす角である（図 7.19 (a) 参照）.

証明. 角 OPR が 2φ であることを証明する．それから (1.2) により，三角形 ORP の外角は $\varphi+2\varphi=3\varphi$ となる．直交角により（図 1.7 と図 7.19 (b) 参照），これは $\tan 2\varphi = \frac{dr}{r\,d\varphi} = \frac{r\,dr}{r^2 d\varphi}$ を意味する．しかしこれは，$r^2 = a^2\cos 2\varphi$ とそれを微分した $r\,dr = a^2 \sin 2\varphi\,d\varphi$ から導かれる．　□

カッシーニの曲線. 今度は，(7.37) で $a^2 = 2$ と置いて，両辺に 1 を足し，$-2x^2 = 2x^2 - 4x^2$ と書く．すると，$(x^2+y^2+1)^2 - 4x^2 = 1$ となり，ユークリッド II.5 を使うと，

$$((x+1)^2+y^2)((x-1)^2+y^2) = 1, \quad \text{つまり,} \quad \ell_1 \cdot \ell_2 = 1 \tag{7.39}$$

となる．ここで，ℓ_1 と ℓ_2 はそれぞれ，点 (x,y) から，点 $F_1 = (-1,0)$ と F_2

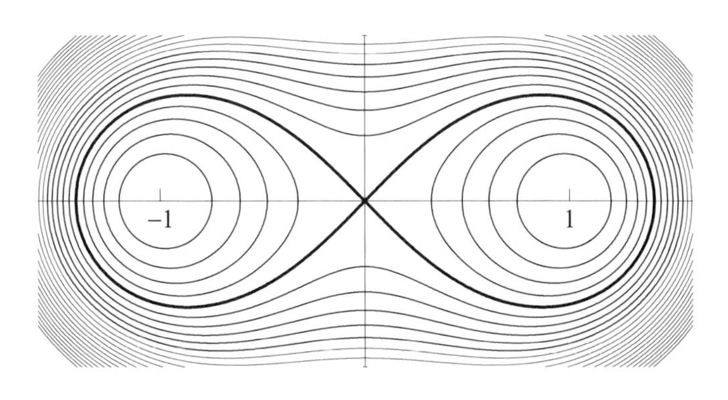

図 7.20 レムニスケートと，$C = 0.2, 0.4, 0.6, 0.8, \mathbf{1}, 1.2, 1.4, \ldots$ の値に対して描かれたカッシーニの曲線 $\ell_1 \cdot \ell_2 = C$

$= (1, 0)$ への距離である．このレムニスケートの非常に素敵な性質は，ヤーコプ・ベルヌーイにもオイラー（[オイラー (1748)] 第 II 巻第 XXI 章）にも気づかれていない．上にあるような計算ならオイラーには半秒も掛からないだろうという事実にも関わらずである．レムニスケートのこの特徴づけを一般化して，任意の正の定数 C に対して，いわゆる**カッシーニの曲線**に対する方程式

$$\ell_1 \cdot \ell_2 = C \qquad \text{もしくは} \qquad (x^2 + y^2 + 1)^2 - 4x^2 = C^2 \tag{7.40}$$

が得られる[20]（ほかの曲線は図 7.20 に描かれている）．

極座標では，(7.40) の右側の方程式は $(r^2 + 1)^2 - 4r^2 \cos^2 \varphi = C^2$，もしくは

$$r^4 - 2r^2 \cdot \cos 2\varphi + (1 - C^2) = 0\,, \qquad r = \sqrt{\cos 2\varphi \pm \sqrt{\cos^2 2\varphi + C^2 - 1}} \tag{7.41}$$

となる．r^2 に対するこの 2 次方程式は，C と φ によって，正の解の個数は 2 か，1 か，0 かになる．

定理 7.18（[**シュタイナー (1835b)**]） カッシーニの曲線の接線は次の性質を持っている．α_1 と α_2 を，それぞれ，P における接線の法線と，P を F_1 と

20　有名な天文学者ジョヴァンニ・ドメニコ（またはジャン・ドミニク）カッシーニ (1625–1712) は，しばらくの間，惑星がそのような曲線上を動くと考えた．こうして，これらの美しい曲線の発見のせいで誤った天文学的予想が生まれた．

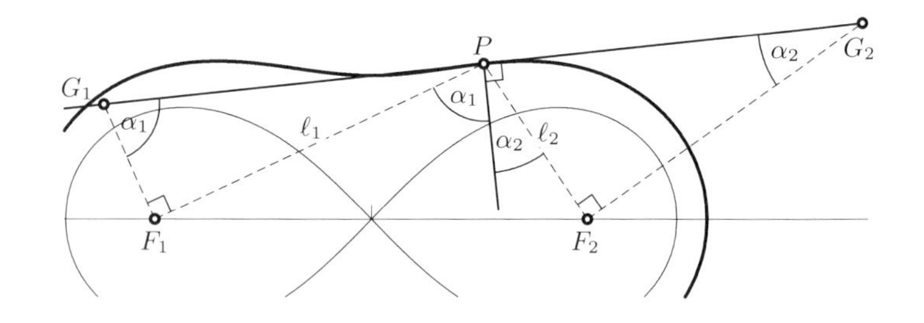

図 7.21　カッシーニの曲線の接線

F_2 を結ぶ直線とがなす角とすると（図 7.21 参照），

$$\frac{\sin\alpha_1}{\sin\alpha_2} = \frac{\ell_1}{\ell_2} \tag{7.42}$$

となる．これは，「光速」が ℓ_1 と ℓ_2 のときの光の屈折に対するスネリウス・デカルトの法則のたぐいのものである．もし G_1 が接線上の点で，G_1F_1 が F_1P に直交すると（し，G_2 に対しても同様であると）すると，$G_1P = PG_2$ となる．

証明． 点 P を接線に沿って，厳密には図 7.7 でのように，ほんの少し ds だけ動かせば，ℓ_1 は $d\ell_1 = ds\sin\alpha_1$ だけ増加し，ℓ_2 は $d\ell_2 = ds\sin\alpha_2$ だけ減少する．しかし，ℓ_1, ℓ_2 を辺とする長方形の面積は変わらないので（図 7.18 右図参照），2 つの影の付いた長方形の面積は同じであり，それは $\frac{d\ell_1}{d\ell_2} = \frac{\ell_1}{\ell_2}$ を意味する．これから (7.42) が導かれる．

最後の主張は，α_1 と α_2 がそれぞれ G_1 と G_2 における直交角として再現することから，$G_1P = \ell_1/\sin\alpha_1$ かつ $PG_2 = \ell_2/\sin\alpha_2$ となるという事実から導かれる． □

注意． $\alpha_1 = \alpha + \gamma$ かつ $\alpha_2 = \alpha - \gamma$ とおけば（つまり，2α が直線 PF_1 と PF_2 の間の角で，γ は角の二等分線からの法線の偏差である），(7.42) は，(5.6) と (5.7) を代入すれば，関係式

$$\tan\gamma = \tan\alpha \cdot \frac{\kappa - 1}{\kappa + 1}, \qquad ここで \qquad \kappa = \frac{\ell_1}{\ell_2} \tag{7.43}$$

と変わる．楕円の場合（(3.6) 式参照），$\kappa = 1$ であり，$\gamma = 0$ となる．これは，アポロニウス III.48 の別証となっている．

7.6 曲率

「これよりもエレガントな，もしくはその性質により大きな洞察を与えるような，曲線に関する少数の問題がある.」

（I. ニュートン (1671)，英語版 (1736), p.59）

与えられた曲線の与えられた点における曲率の尺度を求める問題が非常に面白い問題であるということについて，ニュートンに同意する（引用参照）．ニュートンはこの問題を [ニュートン (1671)] の問題 V と VI で取り扱っている.

解答．P を通り接線に垂線を引く（図 7.22 参照）．それから，P を近くの点 Q に動かし，また，接線に垂線を引く．小さな変位に対して，これらの垂線が交わる点 C が**接触円**の中心であり，その半径 $r = PC$ が P における**曲率半径**である．その逆数 $\kappa = \frac{1}{r}$ が P における**曲率**である.

例：楕円．半軸が a, b の楕円上の点 P の座標を (ac, bs) と書く．ここで，$c = \cos u$ かつ $s = \sin u$ である．そのとき，(7.9) により，点 P での接線の勾配は $-\frac{bc}{as}$ であるので，(7.2c) により，P での垂線の方程式は $y = bs + \frac{as}{bc}(x - ac)$ となる．計算を簡単にするため，この方程式に定数 $\frac{b}{a}$ を掛けると,

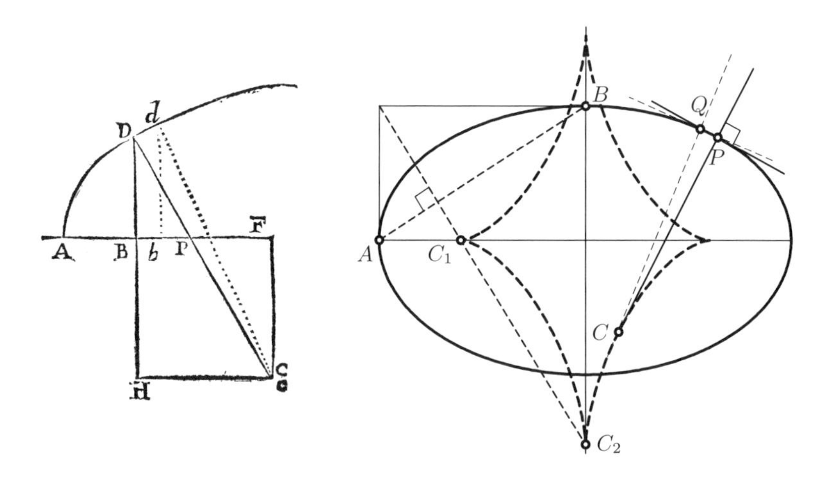

図 7.22　楕円の曲率．左：ニュートン (1671) の手稿，1740 年のフランス語版から再製

$$\frac{b}{a}y=\Big(\frac{b^2}{a}-a\Big)s+tx\,,\qquad \text{ここで}\quad s=\sin u,\ t=\tan u \tag{7.44}$$

が得られる．もし今 u が少しの量 δ だけ増加すると，s は δc だけ増え（第 5.2 節の (5.6) 式（加法公式）参照），t は $\frac{\delta}{c^2}$ だけ増える（111 ページの演習問題 17 の (7.66) 式参照）．こうして，（Q における）第 2 の垂線の方程式は

$$\frac{b}{a}y=\Big(\frac{b^2}{a}-a\Big)(s+\delta c)+\Big(t+\frac{\delta}{c^2}\Big)x \tag{7.45}$$

となる．(7.45)から (7.44)を引けば，交点 C の横座標 x_C に対して，

$$0=\Big(\frac{b^2}{a}-a\Big)\delta c+\frac{\delta}{c^2}x_C\ \Rightarrow\ x_C=c^3\Big(a-\frac{b^2}{a}\Big),\ y_C=s^3\Big(b-\frac{a^2}{b}\Big) \tag{7.46}$$

が得られる（y_C に対する結果は対称性から得られる）．これらの公式はニュートンにより，記号は異なるが，彼の「流率」計算によって発見された．もし，u が $0\le u\le 2\pi$ の範囲を動けば，点 C は，図 7.22 にあるような，4 つのカスプを持つ，ダイヤモンドのような形を描く．この曲線は（引き延ばされた）**アステロイド**である．

点 A と B でのそれぞれ，最小と最大の半径 $r_1=\frac{b^2}{a}$ と $r_2=\frac{a^2}{b}$ は，タレスの定理により，点 $(-a,b)$ から AB への垂線を使って作図することができる（図 7.22 右図参照）．$r_1=p$ がラトゥス・レクトゥム（通径）と一致することに注意せよ．

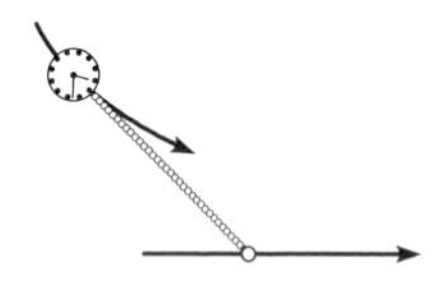

トラクトリックスとその曲率． 17 世紀の終わりにかけて，数学者たちは完全に新しいタイプの曲線の研究を始めた．代数的な式で曲線を定義し，たとえばその接線などのその性質を研究するデカルトとその後継者たちとは違って，今度は接線のある性質を**知っている**と仮定して，逆に曲線の方程式を求めようとするのである．動く点（「流率」）を扱うのに慣れるほど，「無限に小さい」量に対する恐れが少なくなり，数学者は「超越的」[21]という名前のついたこれら新しい曲線に精通するようになる．トラクトリックス（牽引曲線）は 1670 年頃，有名なフランスの建築家で医師のクロード・ペローによって，

[21] Unde *triplices* habemus *quantitates: rationales, Algebraicas, & transcendentes*（したがって，有理的，代数的，超越的と，3 種類の量がある）．（[ライプニッツ (1693)], p. 385）

パリとトゥールーズの多くの数学者に対し，次の問題の解として提案された(図 7.23 (b) 参照)．長さ a を与えたとき，

各接線上で，接点 $\boldsymbol{P}$ から，
$\boldsymbol{x}$ 軸との交点 $\boldsymbol{A}$ までの距離が一定の長さ $\boldsymbol{a}$ である

を満たす曲線を求めよ．この問題を説明するために，彼は銀の懐中時計(horologio portabili suae thecae argenteae)を取りだし，時計の鎖を持って，テーブルの上を引っ張って見せた．最初に解答を発表したのは [ホイヘンス(1692)] と [ライプニッツ (1693)] である．より詳しい解析的な取り扱いについては，[ハイラー，ヴァンナー (1997)] 第 II.7 節参照．また，理論全体の豊富で完全な説明が [トゥールネ (2009)] にある．ここでは，簡単な幾何学的な議論によって，この曲線の多くの性質を導くことにする．

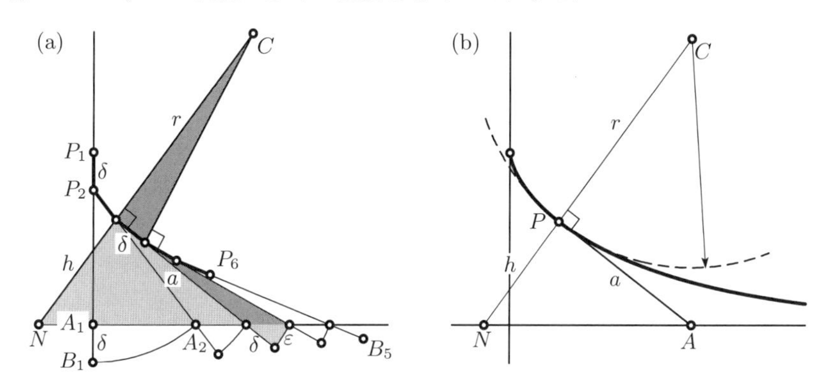

図 7.23 トラクトリックスとその曲率．左：$\delta = 0.22a$，右：$\delta = 10^{-3}a$

『学術論叢』の 1693 年 9 月号に発表された図を図 7.24 左図に再現しておく．ライプニッツは木版画家のこの作品には満足せず，11 月号にいくつか「訂正(*Corrigenda*)」を挿入して，より明確に手続きを説明している（図 7.23 (a) 参照)．長さ a の時計の鎖が最初は x 軸に垂直であり，P_1 から A_1 であるとする．それから A_1 から B_1 に，鎖の方向に小さな距離 δ だけ引っ張ると，時計は P_1 から P_2 まで同じ距離だけ動く．それから，点 B_1 を x 軸まで，P_2 を中心とする円弧に沿って振り戻して A_2 とする．ここから続けて，鎖の方向にもう δ だけ引っ張って，x 軸まで戻す．これを続ける．こうして時計は破線

$P_1, P_2, P_3, \ldots$ を描く．δ がどんどん小さくなれば，この折れ線はある曲線に近づき，これがトラクトリックスである（図 7.23 (b) 参照）．

トラクトリックスの曲率． 与えられた点 P における曲率半径 r を求めるために，破線に連続した垂線を引く（図 7.23 (a) 参照）．長さ h の垂線 PN を追加して，N を x 軸上に取ると，2 対の相似な三角形が得られ，タレスの定理により，

$$\frac{r}{\delta} = \frac{a}{\epsilon} \text{ (濃い灰色)}, \quad \frac{\delta}{\epsilon} = \frac{a}{h} \text{ (薄い灰色)} \quad \Rightarrow \quad r = \frac{a^2}{h} \tag{7.47}$$

が得られる．こうして，トラクトリックスは**積 $\boldsymbol{rh}$ が曲線に沿って一定である**という顕著な性質を持つ．

トラクトリックスの下の面積． クリスティアン・ホイヘンスは（[ホイヘンス (1692)] §IV で）解析的な計算により，

$$\textbf{トラクトリックスの下の面積が } \boldsymbol{\frac{a^2\pi}{4}} \textbf{ である} \tag{7.48}$$

ことを発見した．

証明． 図 7.23 (a) のライプニッツのアルゴリズムは，$\delta \to 0$ とすればするほど，この面積は半径 a の扇形で満たされていく．これらの扇形を，その頂点を原点に平行移動すれば（図 7.24 右図参照），直ちに，この面積が半径 a の 4 分の 1 円を表すことがわかる[22]．□

トラクトロイド． ホイヘンスの次のアイデアは図 7.24 右図の絵を，x 軸のまわりを回転することであった．そのとき，トラクトリックスは**トラクトロイド**と呼ばれる回転面を生成する．次の結果が得られる（[ホイヘンス (1692)] §V）．

$$\textbf{トラクトロイドの体積は } \boldsymbol{\frac{a^3\pi}{3}} \textbf{ である．} \tag{7.49}$$

[22] 著者たちはこのアイデアを，R. L. フット，M. レヴィ，S. タバチニコフによる論文 *Tractrices, Bicycle Tire Tracks, Hatchet Planimeters, and a 100-year-old Conjecture*（トラクトリックス，自転車のタイヤトラック，ハチェット・プラニメーターと 100 年予想）を読むことで得た．そこではより一般的な結果が解析的に証明されている．
［訳注］この論文は https://www.math.psu.edu/tabachni/prints/FLT8.pdf で読むことができる．

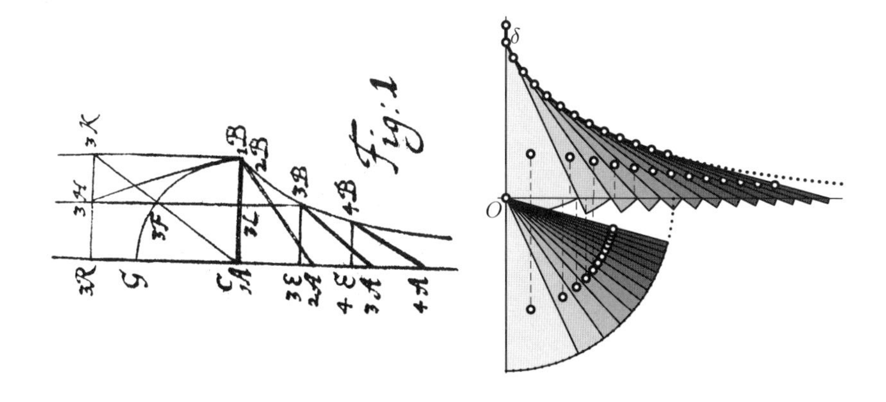

図 **7.24** 左：ライプニッツ (1693) におけるトラクトリックスの図，右：トラクトリックスの下の面積とトラクトイドの体積

証明. 回転体の体積を決定するために選ぶ方法は**ギュルダンの規則**であり，後の 162 ページで説明する．$\delta \to 0$ とすると，図 7.24 の扇形は狭い二等辺三角形に近づいていく．x 軸を取り除けば，上半分からトラクトロイドが作ら

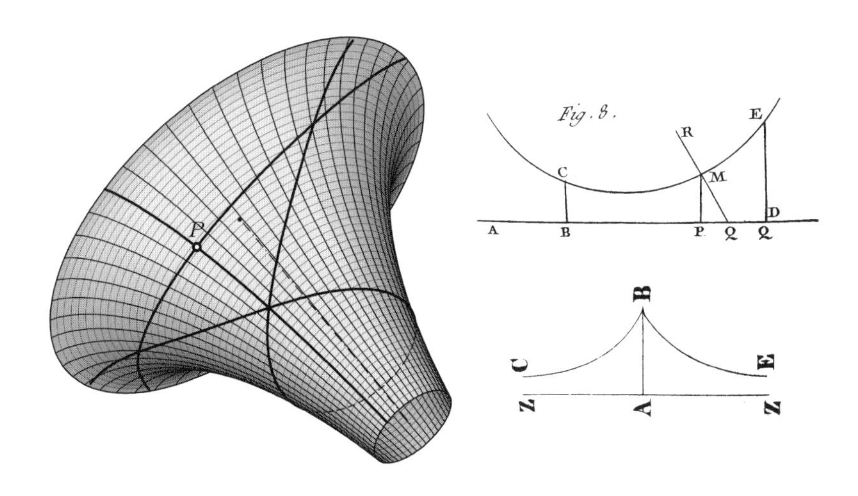

図 **7.25** 左：トラクトロイド，3 本の測地線とユークリッド I.32 の成り立たない三角形．右：上：回転面の曲率を説明するムーニエの図 (1785)，下：ミンディングによるトラクトロイド（こう呼んではいないが）の図 (1839)

れ，下半分からは半径 a の半球が作られる．アルキメデスの発見（(9.16) 参照）により，回転軸から下の重心の距離は，上の重心の **2 倍**である．こうして，トラクトイドの体積は半球の体積の**半分**である．これで (7.49) が得られる．□

トラクトイドの曲率. [オイラー (1767b)](E333)，[ムーニエ (1785)]，[ガウス (1828)] などの古典的な論文によって始められた曲面の曲率の理論にはずっと多くの解析が必要である．結果は，与えられた点 P に対し，各方向に異なる曲率があるが，互いに直交する 2 つの主方向があって，それぞれ**最小曲率** κ_1 と**最大曲率** κ_2 である．これらがほかのすべての方向の曲率を定める．いわゆる**ガウス曲率**は $\kappa = \kappa_1 \cdot \kappa_2$ によって定義され，互いに変形することができる曲面の研究において重要な役割を果たす．これらの理論が本書の範囲をはるかに越えるという事実にもかかわらず，図 7.25 において，トラクトロイドに対して $\kappa_2 = \frac{1}{r}$（母線のトラクトリックスの曲率）であり，$\kappa_1 = -\frac{1}{h}$ が反対の符号である（h は N に中心がある P で接する球面の半径である）ことが見て取れる．(7.47) から，$\kappa = -\frac{1}{a^2}$ が P の位置によらない，つまり，**トラクトロイドは負の定曲率を持つ**ことが結論される（[ミンディング (1839)]）．最後に，トラクトロイド上の「測地線」(すなわち，ユークリッド幾何での直線に対応する，最短距離の曲線）が非ユークリッド幾何を作るのに使うことができるというベルトラミの発見 [ベルトラミ (1868)] を述べておく[23]．これは図 7.25 に，描かれた 3 本の測地線が，ユークリッド I.32 を満たさない 2 つの三角形を作っている，として説明されている．

7.7　オイラーによるオイラー線

「幾つかの難しい幾何の問題の易しい解答 (*Solutio facilis problematum quorundam geometricorum difficillimorum*)」という論文 [オイラー (1767a)] には，既に上巻の第 4.6 節に出てきた，「オイラー線」という素晴らしい発見が述べられている．この珍しい論文の表題に，解析的方法の力に抱いたオイ

[23] "... nous appellerons *pseudospheriques* les surfaces de courbure constante négative (... 負定曲率曲面を**擬球面**と呼ぶ)"，ベルトラミ，フランス語訳，p. 259.

ラーの感激がうかがえる．さらなる驚きにも導いてくれるこの計算を追ってみることにしよう．

定理 7.19　辺の長さが a, b, c の三角形 ABC が，A を原点に，B を正の x 軸上，A から距離 c の所にあるように置かれているとする．そのとき，三角形の特徴的な 4 点の座標は

$$O\ (\text{外心})\quad x_O = \frac{c}{2} \qquad y_O = \frac{c}{8\mathcal{A}}(a^2+b^2-c^2)$$

$$I\ (\text{内心})\quad x_I = \frac{c+b-a}{2} \qquad y_I = \frac{2\mathcal{A}}{a+b+c}$$

$$G\ (\text{重心})\quad x_G = \frac{b^2+3c^2-a^2}{6c} \qquad y_G = \frac{2\mathcal{A}}{3c}$$

$$H\ (\text{垂心})\quad x_H = \frac{b^2+c^2-a^2}{2c} \qquad y_H = \frac{(b^2+c^2-a^2)(a^2+c^2-b^2)}{8\mathcal{A}c}$$

となる．ここで，$\mathcal{A}$ は三角形の面積である．ヘロンの公式 (6.27) は $\mathcal{A}$ の平方

$$16\mathcal{A}^2 = 2a^2b^2 + 2a^2c^2 + 2b^2c^2 - a^4 - b^4 - c^4 \tag{7.50}$$

を与えてくれる．

証明．垂心 *H*． 図 4.5 の記号を使うことにする．$x_H = AF = b\cos\alpha$ に対して余弦法則 (5.10) を使うと，公式が得られる．BD に対しても同様な式 $BD = c\cos\beta$ が得られ，面積の公式 (1.6) から

$$AD = \frac{2\mathcal{A}}{a} \tag{7.51}$$

が得られる．最後に，タレスの定理から，$y_H = FH = \frac{AF \cdot BD}{AD}$ が得られて，主張されている表示が得られる．

重心 *G*． (7.51) と同じようにして，C の座標は $x_C = x_H, y_C = \frac{2\mathcal{A}}{c}$ と計算される．B の座標は $(c, 0)$ であり，A の座標は $(0, 0)$ である．G の座標はそれらの算術平均である．

外心 *O*． 外接円と内接円の半径に対する 2 つの重要な公式 (5.16) と (5.18)

$$R = \frac{abc}{4\mathcal{A}}, \qquad \rho = \frac{2\mathcal{A}}{a+b+c} \tag{7.52}$$

思い起こそう．図5.9左図から $x_O = \frac{c}{2}$ と $y_O = R\cos\gamma$ がわかる．これに R を代入し，余弦法則を使えば，述べた結果が得られる．

内心 *I*: $x_I = s - a$ の値は図4.2で与えられ，$y_I = \rho$ である．□

距離． 一旦オイラーにこれらの値がわかれば，(7.1) でと同じように，彼にはそれらの間の距離を直接ピュタゴラスの定理から計算することができた．たとえば，H と O との距離は

$$\begin{aligned} HO^2 &= (x_H - x_O)^2 + (y_H - y_O)^2 \\ &= \Big(\frac{b^2 - a^2}{2c}\Big)^2 + \Big(\frac{2c^4 - (a^2+b^2)c^2 - (a^2 - b^2)^2}{4\mathcal{A}\cdot 2c}\Big)^2 \end{aligned}$$

と得られる．今はこれを掛けたり整理してはいけない．(7.50) を使って，オイラーは（通分してから $4c^2$ で割って）素敵な公式

$$HO^2 = \frac{9a^2b^2c^2}{16\mathcal{A}^2} - a^2 - b^2 - c^2 = 9R^2 - a^2 - b^2 - c^2 \tag{7.53}$$

を得た．他の距離については，6ページもの "facilis（易しい）" 計算によって．最終的に§19において，（われわれの記号で書けば）次の結果に到達した．

定理 7.20　定理7.19の三角形 ABC において，$P = (a+b+c)^2$ と置くと，距離が

$$\begin{aligned} IO^2 &= R^2 - 2R\rho, \\ IH^2 &= 4R^2 - \tfrac{1}{4}P + 4R\rho + 3\rho^2, \\ HO^2 &= 9R^2 - \tfrac{1}{2}P + 8R\rho + 2\rho^2 \end{aligned} \tag{7.54}$$

のように求まる．また，$HG = \frac{2}{3}HO$ かつ $GO = \frac{1}{3}HO$ となる．

最後の2つの結果から，オイラーは H, G, O が共線的であるという結論に達した．

ここで，上の公式群のもう2つの結果を与えておく．最初に，W. チャプル (1746) によって独立に発見された，(7.54) の第1式が R と ρ だけに依存する

が，a, b, c の個別の値には依らないことに気づく．これには最初の帰結として次のポリズムがある．これは最初に [リューリエ (1810/11)] によって注意されており，[ポンスレ (1822)] の閉包定理の特別の場合である．定理 11.7 参照．

定理 7.21 2 つの円 $\mathcal{C}_1$，$\mathcal{C}_2$ が与えられ，$\mathcal{C}_2$ が $\mathcal{C}_1$ の内側にあり，半径がそれぞれ R と ρ であるとする．それらの中心の間の距離 d が $d^2 = R^2 - 2R\rho$ を満たすとする．そのとき，$\mathcal{C}_1$ の任意の点 A から始めて，$\mathcal{C}_1$ 上の点 B，C，D を，次々と $\mathcal{C}_2$ への接線を引くことによって作図すると，常に $D = A$ となる．

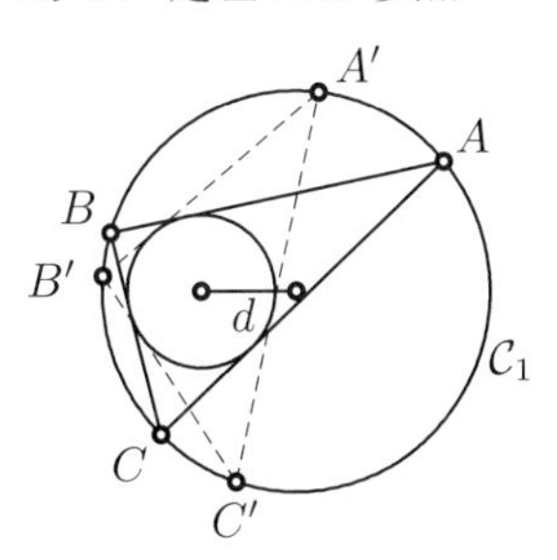

次の応用は [フォイエルバッハ (1822)] の発見だが，既に上巻の図 4.18 で注意している．

定理 7.22 三角形の内接円とフォイエルバッハの円（九点円）は互いに接する．

証明． フォイエルバッハの円の九点中心 N は線分 HO の中点であり，（図 4.18 参照）その半径は $R/2$ である．上巻 4.4 節のパッポスの公式 (4.8) を使って距離 IN を計算すると，$IN^2 = \frac{1}{2}IO^2 + \frac{1}{2}IH^2 - \frac{1}{4}HO^2$ となる．(7.54) の値を代入して整理すると，$IN = \frac{R}{2} - \rho$ となる．これで結果が証明される．□

注意． 実際フォイエルバッハはさらに**九点円は 3 つのすべての傍接円とも接していることも**証明している．

ナゲル線． 定理 7.19 のオイラーの公式のおかげで，フォン・ナゲルの興味深い発見の易しい証明が得られる（[バプティスト (1992)], p. 77 ff 参照）．ナゲル点 X_8 が，頂点とその対辺と傍接円の接点とを結ぶ直線の交点であったことを思い出しておこう（定理 4.14 参照）．AB 上の F_c をこの接点の 1 つとし，F を AB の中点とする．内心 I と F を結ぶ直線と，C と F_c を結ぶ直線の傾きを計算すると

$$\frac{y_I}{x_I - \frac{c}{2}} = \frac{y_C}{x_C - x_{F_c}} = \frac{4\mathcal{A}}{(a+b+c)(b-a)}$$

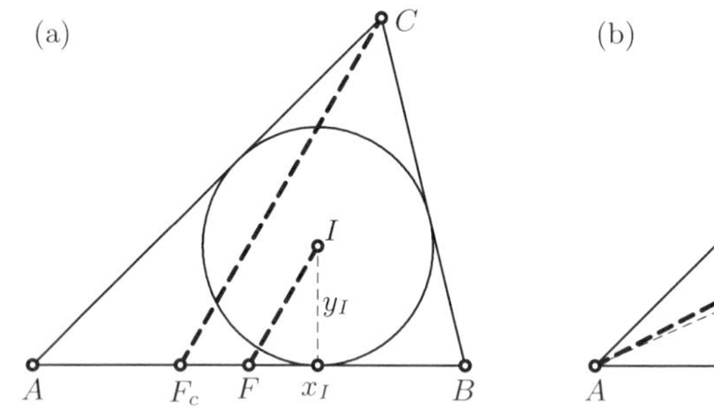

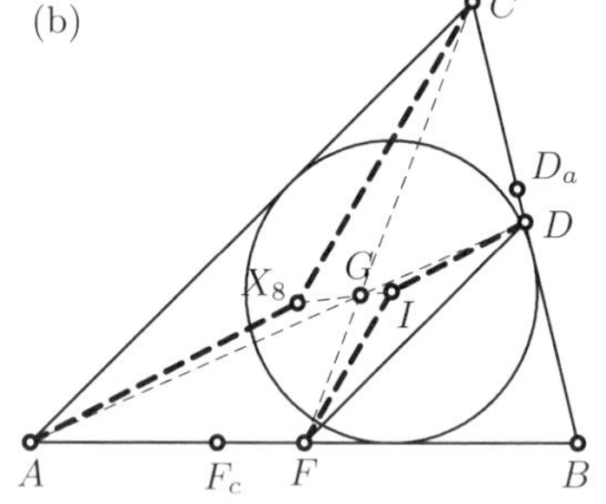

図 7.26　ナゲル線の存在

となる．ここで，上巻 (4.21) の $x_{F_c} = s - b = \frac{c-b+a}{2}$ を使い，定理 7.19 のほかの値を代入し，式を整理した．**この 2 直線は平行である**（図 7.26 (a) 参照）．ここでこういう直線の対を 2 つ描けば（図 7.26 (b) 参照），三角形 AX_8C と DIF が相似で，相似比は 2 : 1 であり，相似の中心は G である．これで次が証明された．

定理 7.23（ナゲル 1836）　ナゲル点 X_8 と重心 G と内心 I は同一直線（この直線を**ナゲル線**という）上にある．G は線分 X_8I を 2 : 1 に内分する．

7.8　シムソン線とスツルムの円

シムソン線は，1797 年にウィリアム・ウォレスによって発見された（[H.S.M. コクセター，S.L. グレイツァー (1967)]，p. 41 参照）．それは「実用幾何学」に関する論文 [F.-J. セルヴォア (1813/14)] の中で再発見され，そこでセルヴォアは誤ってロバート・シムソン (1687–1768) によるものとした（“le théorème suivant, qui est, je crois, de Simson（次の定理はシムソンによるものと思われる)”）．セルヴォアはフランス軍に在籍した，その当時，有名な数学者の一人だった．「実用的な」問題とは，接近できない障害物の背後にある直線（恐らくは大砲の玉の軌跡）の位置を特定することであった．

定理 7.24　P を三角形 ABC の外接円上の点とし，D, E, F を三角形の 3 辺（延長したものかもしれない）への P からの垂線の足とする（図 7.27 (a) 参照)．そのときこの3点は同一直線上にある．この3点を通る直線を ABC に関する P の**シムソン線**と言う．さらに，この垂線のうちの1つ，たとえば（AB に直交する）PF が外接円に点 R で交われば，P のシムソン線は CR と平行である．

証明． PA, PB, PC を直径とする円を描くと，これらの円それぞれの上には D, E, F における直角のうちの2つが乗っている（図 7.27 (b) 参照）．点 P における2つの角 δ はユークリッド III.22 によって等しい．なぜなら，それらは，それぞれ円に内接する四辺形 $PEAF$ と $PCAB$ における，A における角 α の対角だからである．それから角 $\angle FPC$ を引くと，P における2つの灰色の角もまた等しい．ユークリッド III.21 を2回使うと，この2つの灰色の角は点 D に現れる（そしてこれもまた等しい）．仮定により CDB は直線だから，（ユークリッド I.15 の逆により）EDF もまた直線である[24]．

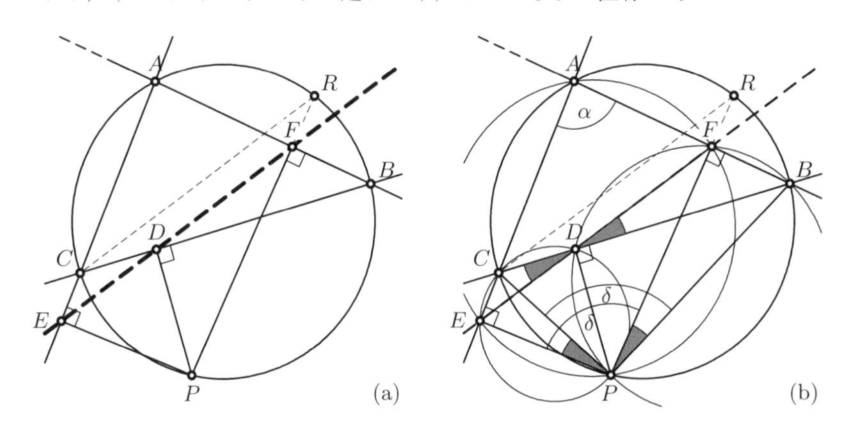

図 7.27 シムソン線．定理と証明

最後に，ユークリッド III.20 により，灰色の $\angle BPR$ は5回目に点 C における $\angle BCR$ として再現する．それゆえ，ユークリッド I.27 により，直線 CR はシムソン線に平行である．□

[24] これはまさにセルヴォアのエレガントな証明である．次のものは，定理の最初の部分に対するより簡単な証明である（ジョン・シュタイニヒからの私信による）．ユークリッド III.21 を3回使って，$\angle PED = \angle PCD = \angle PCB = \angle PAB = \angle PAF = \angle PEF$ を示す．

定理 7.25（[シュタイナー (1857)]）点 P が三角形 ABC の外接円上を動くなら，対応するシムソン線は，九点円に接する，シュタイナーのデルトイドを作る．その接点は，三角形の外側にある九点円の弧を三等分する（図 7.28 参照）．

注意． ABC のシュタイナーのデルトイドの方向は，同じ三角形のモーレーの三角形の方向に関係する．

証明． シュタイナーのもとの論文は7ページものこの曲線の詳細な記述だが，ほとんどが太字であり，証明のヒントすらなかった．彼の意図したことを推測させる言葉はほんの少ししかない．九点円と外接円は，垂心 H を相似の中心として，相似比が 1 : 2 の相似の位置にある（図 4.18 参照）．特に，九点

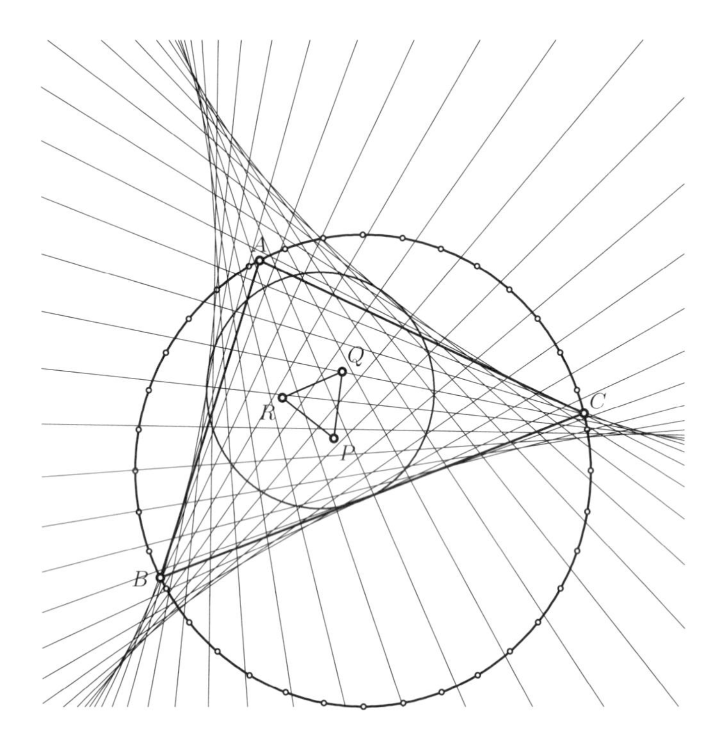

図 7.28　三角形 ABC の外接円上を回転する点のシムソン線と，モーレーの三角形

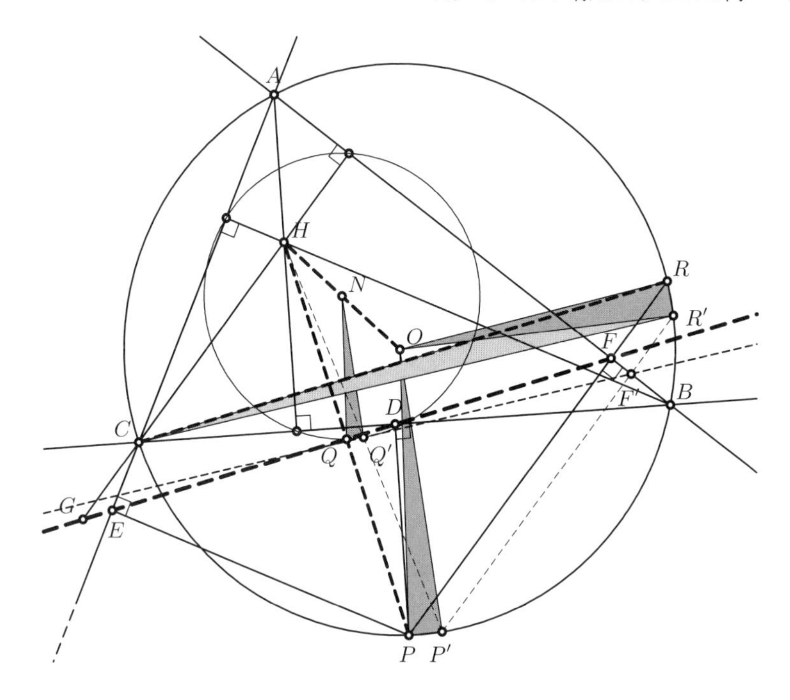

図 7.29　シムソン線とデルトイドについてのシュタイナーの定理の証明

円は線分 HA, HB, HC を二等分する．

決定的な事実は，相似により九点円上にある，H と外接円上の P との中点 Q がシムソン線上にあることである．これは，P が三角形の頂点 A, B, C の 1 つである場合にも成り立つ．なぜならそのとき，シムソン線は三角形の辺の 1 つと一致するからである（この性質は P が頂点の対点であり，シムソン線が三角形の辺の 1 つと一致するときにも成り立つ）．任意の点 P に対しては，3 つの方向の高さのうちどれを選んでもよい．たとえば，HC を選べば PF と平行である．そのとき，証明したいのは $PF = HG$ である（図 7.29 と第 2 章の演習問題 10 を参照）．定理 7.24 の最後の主張から $FR = GC$ である．今度は P を P' に動かす．そのとき，$P'F'$ が PF と平行になるのは，両方とも AB と直交するからである．結果として，逆に，$R'F'$ は $P'F'$ と同じだけ減少する．CH は変わらないので，$P'F'$ はまた $HG' = HC + F'R'$ に等しい．

今や，結果は非常に速く導かれる．$\angle POP'$ は $\angle QNQ'$ にも，$\angle ROR'$ に

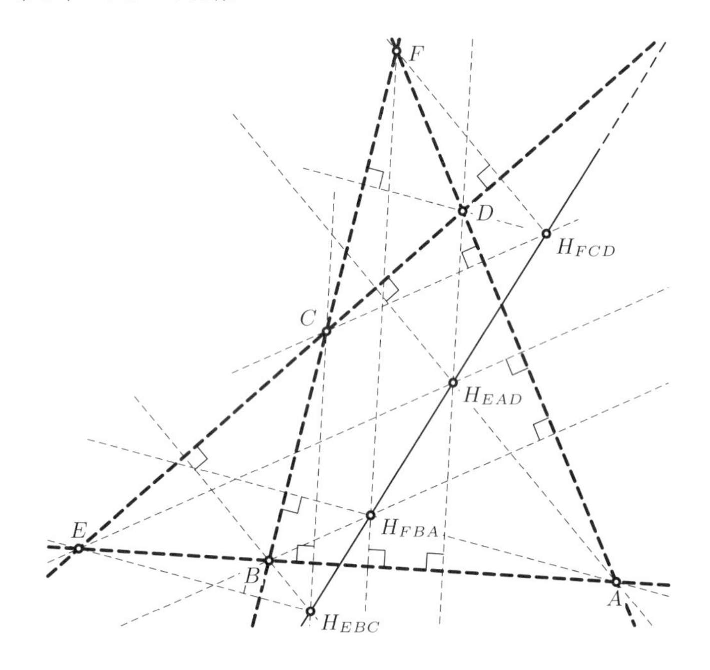

図 7.30　完全四辺形のシュタイナーの垂心線

も等しい（向きは逆だが）．こうして，ユークリッド III.20 から，円周角 $\angle RCR'$ は $\angle QNQ'$ の半分の大きさである．つまり，Q が九点円の中心 N のまわりを周るとき，Q を通り，常に CR と平行なシムソン線は**反対方向に半分の速さで周る**ことになる．これがまさに，デルトイドを定義する性質であった．　□

注意. シュタイナーの説明が簡潔なため，これまでに多く別証明が公表されてきた．特に初等的なものとして [グスマン (2001)] を挙げるが，短い証明ではなく，追加の文献もない．

完全四辺形のシュタイナーの垂心線. 上の結果はシュタイナーのもう一つの驚くべき発見のエレガントな証明を与えてくれる．

定理 7.26（[シュタイナー **(1827/1828)**]）　完全四辺形の4つの三角形の垂心は一直線上にある（図 7.30 参照）．

証明. 定理 4.17 から，4 つの三角形の外接円は共通の点 M を持つことが分かっている（図 4.22 参照）．4 つの外接円すべての上にあるこの点には，そのそれぞれの三角形に対するシムソン線がある．しかし，これらの直線のどの 2 つにも共通の 2 点があるから，これらすべてのシムソン線は一致する．定理 7.25 の証明から，M と 4 つの垂心との中点はすべてこの直線の上にあることになる．それゆえ，タレスの定理により，4 つの垂心は同一直線上にあり，その直線は上の直線と平行で，M からの距離が 2 倍の位置にある． □

注意. シュタイナーのこの重要な論文の，翻訳と完全な証明のついた，優れた説明が [エールマン (2004)] にある．

スツルムの円. シャルル・フランソワ・スツルム (1803–1855) は，代数におけるスツルム列と解析におけるスツルム・リウヴィル理論で有名になる前に，ジェルゴンヌ誌に初等幾何学に関する非常に見事な論文を書いている．次の [スツルム (1823/24)] の結果はシムソン線に関するセルヴォアの論文に刺激を受けたものである．

ABC を三角形とし，P を ABC の内側か外側かの任意に選んだ点とする．ABC の各辺（延長線上でもよい）への垂線 PD, PE, PF を引き，DEF を P の**垂足三角形**と呼ぶ（ペダル三角形とも言う）．その面積を求めたい（図 7.31 (b) 参照）．

定理 7.27 垂足三角形 DEF の面積 $\mathcal{A}'$ は，P が ABC の外心 O を中心に持つ円上を動くとき変わらない．より正確には，この面積は

$$\mathcal{A}' = \frac{\mathcal{A}}{4}\left(1 - \frac{d^2}{R^2}\right) \tag{7.55}$$

で与えられる．ここで，R は外接円の半径で，d は距離 PO であり，$\mathcal{A}$ は ABC の面積である．

証明. スツルムのもとの証明は，[シュタイナー (1826b)] によって，以下のように簡単化（され，n 角形に一般化）された．頂角 α を持つ頂点 A と垂線 PF, PE だけを考える（図 7.31 (a) 参照）．そのとき

$$\square - 2\,\triangle = PA^2\,\frac{\sin 2\alpha}{4} \tag{7.56}$$

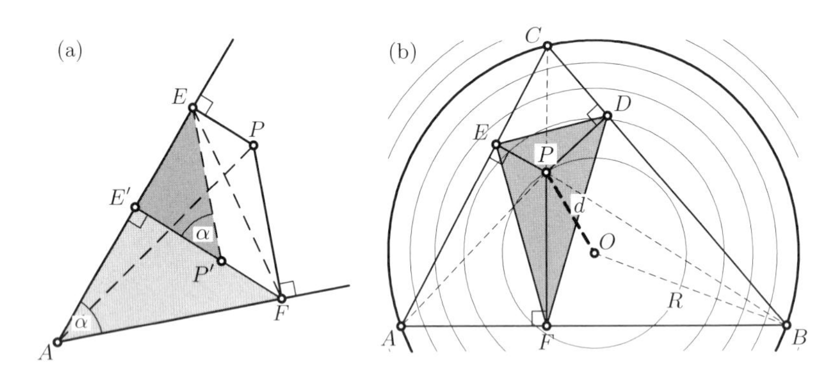

図 7.31　(a) シュタイナーの公式の証明，(b) スツルムの定理

となる．ここで，□ は四辺形 $AFPE$ の面積で，△ は三角形 FPE である．このシュタイナーの公式を，三角形 FPE を面積が 2△ の平行四辺形 $FPEP'$ に広げることによって示す．そのとき，□ − 2△ は 2 つの灰色の三角形 AFE' と $P'EE'$ の和であり，それぞれの面積は $AF^2\,\frac{\sin\alpha\cos\alpha}{2}$ と $FP^2\,\frac{\sin\alpha\cos\alpha}{2}$ である．今や，公式 (7.56)はピュタゴラスの定理と (5.8) から導かれる．3 つの頂点すべてに対する (7.56)を足し合わせると，

$$\mathcal{A} - 2\,\mathcal{A}' = PA^2\,\frac{\sin 2\alpha}{4} + PB^2\,\frac{\sin 2\beta}{4} + PC^2\,\frac{\sin 2\gamma}{4} \tag{7.57}$$

となる．今度は，三角形 ABC と，角と面積を固定したと考え，点 $P = (x, y)$ を面積 $\mathcal{A}'$ とともに変数と考える．$PA^2 = (x - x_a)^2 + (y - y_a)^2$ と，PB^2 と PC^2 に対する類似の式を代入して整理すると，

$$\mathcal{A}' = -T(x^2 + y^2) + 2x_o x + 2y_o y + U = -T((x - x_o)^2 + (y - y_o)^2) + V$$

が得られる．ここで，T, x_o, y_o, U, V は定数である．こうして，このレベル曲線は (x_o, y_o) を中心とする同心円となる．P が頂点の一つに動けば，垂足三角形は面積 0 の線分に縮まる．頂点を通るレベル曲線は外接円であり，中心は外心 $(x_o, y_o) = O$ でなければならない．こうして，

$$\mathcal{A}' = V - Td^2 \tag{7.58}$$

が得られる．最後に，$d = 0$ とおく．このとき，DEF は図 4.4 (b) の中点箇

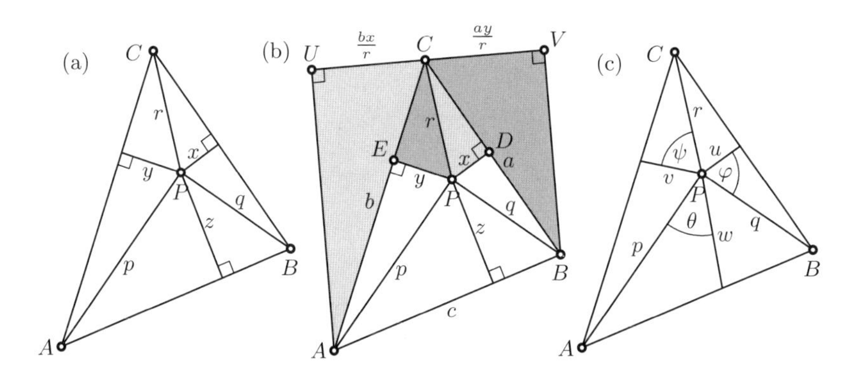

図 **7.32**　(a+b) エルデシュ・モーデルの不等式，(c) バロー

約の三角形となり，その面積は $\mathcal{A}$ の 4 分の 1 となる．これと，$d = R$ のときに $\mathcal{A}' = 0$ であることを合わせると，公式 (7.55) が得られる．　□

注意. (a) これはまた，シムソン線の存在に対する第 2 の解析的証明を与える．

(b) スツルムはその発見のすぐ後に，ジェルゴンヌ誌に "Addition（追加）" を送っている．点 P を内心 I に置くことによって，平行四辺形 $FPEP'$ は菱形になり，$\mathcal{A}' = \frac{\rho^2}{2}(\sin\alpha + \sin\beta + \sin\gamma)$ となる．これを (7.55) と (5.19) と合わせると $2R\rho = R^2 - d^2$ が導かれ，内心と外心の間の距離に対するとチャプル・オイラーの公式のエレガントな証明となる．

7.9　エルデシュ・モーデルの不等式とシュタイナー・レームスの定理

今は昔のことだが，P. エルデシュのような数学者が初等幾何の問題を『アメリカ数学月報』に提起し，L.J. モーデルのような数学者がその解答を提案したものだった．そのころ，問題 3740 は次の有名な定理になった．より強い結果が，デイヴィッド・F. バローによる第 2 の解としての貢献として得られた（定理 7.29 参照）．これらの定理の多くの修正や一般化がのちに出版されている（たとえば，[オッペンハイム (1961)] と [サトノイアヌ (2003)] を参照）．

定理 7.28（[エルデシュ，モーデル，バロー (1937)]） P を三角形 ABC の内部の点とし，p,q,r を頂点 A,B,C からの P の距離とし，x,y,z を3辺から P の距離とする（図 7.32 (a) 参照）．そのとき，

$$2(x+y+z) \leq p+q+r \tag{7.59}$$

となる．

証明. モーデルの証明は長く，初等的でない．短い証明が発見されるまで何十年もの時が経った．ここでは [アルシナ，ネルセン (2007)][25]の証明を示す．この論文にはほかの証明に対する多くの参考文献も載っている．

CDP に相似な三角形 AUC を辺 b にくっつけ，CEP に相似な三角形 BVC を辺 a にくっつける（図 7.32 (b) 参照）．すると，タレスの定理により，$UC = \frac{bx}{r}$ かつ $CV = \frac{ay}{r}$ となる．C のまわりの角を足すと $180°$ になるので，UCV は直線で，平行線 UA と VB に直交する．$UV \leq AB$ と結論されるが，これは

$$\frac{bx+ay}{r} \leq c \qquad \text{つまり} \qquad \frac{bx+ay}{c} \leq r$$

であることを意味する．3辺すべてに対して対応する不等式を足し上げると

$$\left(\frac{b}{c}+\frac{c}{b}\right)x + \left(\frac{c}{a}+\frac{a}{c}\right)y + \left(\frac{a}{b}+\frac{b}{a}\right)z \leq r+p+q$$

が得られる．上巻 4.1 節の「幾何-算術」不等式 (4.4) により，括弧内はそれぞれ ≥ 2 である．なぜなら，それぞれに対して2つの分数の相乗平均は1である．これで (7.59) が示された． □

定理 7.29（バロー，**1937**） p,q,r を三角形 ABC の頂点から P までの距離とし，u,v,w をそれぞれ角 BPC, CPA, APB の二等分線の長さとする（図 7.32 (c) 参照）．そのとき，

$$2(u+v+w) \leq p+q+r \tag{7.60}$$

となる．

[25] 著者はこの論文を教えてくれたマシュー・ベイリフに感謝する．

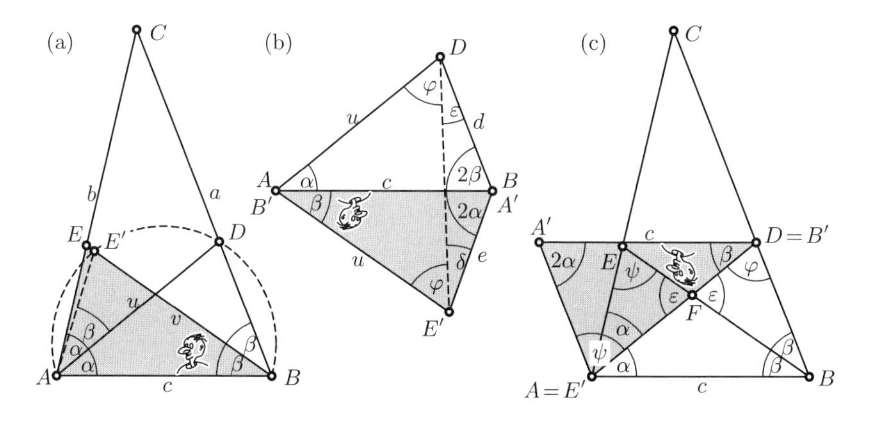

図 **7.33** シュタイナー・レームスの定理．(a) テボーの証明，(b) シュタイナーの証明，(c) ヘッセの証明

証明．ここでもまたバローのもとの証明は長い．ここで与える証明はリューの証明 [リュー (2008)] を簡単化して得られたものである．

θ を線分 p, w の間と w, q の間の角とすると，上巻 5.3 節の (5.21) から

$$w = \frac{2}{\frac{1}{p} + \frac{1}{q}} \cdot \cos\theta \ \leq \ \sqrt{pq} \cdot \cos\theta \tag{7.61}$$

が得られる．最後の不等式は上巻 4.1 節の「調和-幾何」不等式である．

目的は $p + q + r - 2u - 2v - 2w \geq 0$ を証明することである．(7.61) と，u と v に対する類似の評価を使えば，

$$p + q + r - 2\sqrt{rq}\cos\phi - 2\sqrt{rp}\cos\psi - 2\sqrt{pq}\cos\theta \ \geq 0 \tag{7.62}$$

せば十分である．どこかで $\varphi + \psi + \theta = \pi$ を使わねばならない．このことを $\cos\varphi = -\cos(\pi - \varphi) = -\cos(\psi + \theta) = -\cos\psi\cos\theta + \sin\psi\sin\theta$ と書くことで使う．これを (7.62) の左辺に代入して整理すると，

$$(\sqrt{p} - \sqrt{q}\cos\theta - \sqrt{r}\cos\psi)^2 + (\sqrt{q}\sin\theta - \sqrt{r}\sin\psi)^2 \tag{7.63}$$

が得られるが，これは 2 つの平方の和であり，実際に非負である． □

シュタイナー・レームスの定理．1840 年に，レームスは次の結果の初等的

な証明を求めた.

定理 7.30（シュタイナー・レームス）　三角形の角の二等分線のうち2本の長さが同じであれば，二等辺三角形である.

ユークリッドの第I巻の命題であってもいいようなこのような単純な幾何の結果が幾何的な手段で証明するには難しそうに見えるという事実は，何十年もの間数学者に挑戦し続けてきた．そのような証明を考案したシュタイナーは公表するだけの価値はないと考えた．そうこうする間，ほかの多くの証明が現れたので，ついに論文 [シュタイナー (1844)] を公表することになり，そこで彼の証明がもっとも簡単なものであると主張している.

代数的証明. 上巻4.4節のスチュアートの定理の系の (4.11) を使えば，この定理のあっという間の代数的証明が得られる．もし角 α と β の二等分線の長さが等しければ，この2つの長さに (4.11) 式を適用することによって,

$$a : b = \left(1 - \left(\frac{a}{b+c}\right)^2\right) : \left(1 - \left(\frac{b}{a+c}\right)^2\right)$$

が得られる．この代数方程式は $a = b$ という解しか許さない．たとえば，$a > b$ であれば左辺は1より大きいが，右辺は1より小さくなる.　□

テボーの証明. テボーによる証明はユークリッド第III巻を使っている（[H.S.M. コクセター，S.L. グレイツァー (1967)] も参照)．この証明と次の証明では，角 BAC と CBA をそれぞれ 2α と 2β と表わす．まず，ADB を通る円を描き（図 7.33 (a) 参照)，EB とこの円との交点として E' を定義する. $\beta < \alpha$ であれば，この点は E と B の間にあり，ユークリッド III.20 により，この点は円 ADB 上，弧 AE' と弧 $E'D$ が等しく，弧 DB よりも短い位置にある．それゆえ，弧 AD は弧 $E'B$ より短い．こうして，ユークリッド III.20 と I.18 により，$E'B > AD$ となり，なおさら $EB > AD$，つまり，$v > u$ となる.　□

シュタイナーの証明. この証明では，$u = v$ と $\alpha > \beta$ を仮定し，ユークリッドの第I巻の結果だけを使う．それから，“zur bequemeren Übersicht”（より見やすくするために）三角形 AEB を逆向きの位置で，同じ長さの共通

の辺 c に沿って三角形 ABD にくっつける（図 7.33 (b) 参照）．ユークリッド I.5 により，2 つの角 φ は等しく，ユークリッド I.24 により $e < d$ となり（詳しくは論じないが），ユークリッド I.18 により $\varepsilon < \delta$ となる．今度は 2 つの三角形に対してユークリッド I.32 を書くと，

$$\alpha + \varphi + \varepsilon + 2\beta = \beta + \varphi + \delta + 2\alpha \quad \Rightarrow \quad \varepsilon + \beta = \delta + \alpha$$

となるが，これは上の不等式に矛盾する． □

ヘッセの証明． [デリー (1943)], §43 で O. ヘッセのものとされている，この証明はもっと直接的に見える．今回は，三角形 AEB を，同じ長さ u の角の二等分線に沿って ABD にくっつける（図 7.33 (c) 参照）．角 ADB を φ と書き，角 $A'E'B'$ と等しい角 AEB を ψ と書く．ユークリッド I.15 により，F における 2 つの角 ε は等しい．ユークリッド I.32 を三角形 AFE と BFD の両方に適用すると，$\alpha + \varphi = \beta + \psi$ となる．それゆえ，同じ長さの辺 c を対辺に持つ四辺形 $ABB'A'$ は，また同じ大きさの対角を持っている．結局，これは平行四辺形であって，もう一対の対角も等しくなければならない．つまり，$2\alpha = 2\beta$ であり，$\alpha = \beta$ となる． □

7.10 蝶

「この単純に見える定理は，驚くほど証明が難しい．」
（[バンコフ (1987)]p. 198 に引用された，R. ジョンソン (1929) の言葉．）

この問題に対する古典的な参考文献は [バンコフ (1987)] である[26]．L. バンコフは（「蝶と私の恋愛は 30 年前に始まった...」），この問題の起源を『紳士の日記』[27]の中に，W.G. ホーナー（有名なホーナー）と R. テイラー（有名なテイラーではない）による解答と一緒に発見した．

定理 7.31 図 7.34 左図で，FF' が CO に垂直であれば，C は FF' を二等分

[26] 著者はこの参考文献について，D. ポーニックに感謝している
[27] ［訳註］The Gentleman's Diary は Mathematical Repository とも言われ，数学の問題を含む，18 世紀末にイングランドで出版された年鑑．

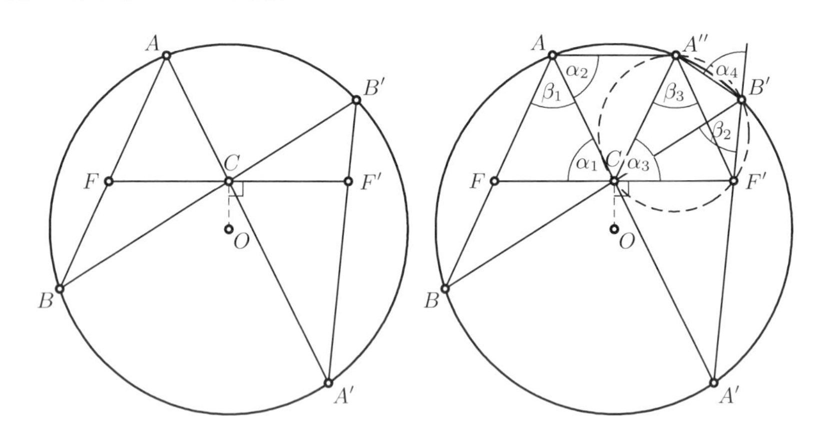

図 7.34　左：蝶，右：バンコフの証明

する．

証明.（L. バンコフ (1955)，[バンコフ (1987)] で再出版）．FF' に平行な弦 AA'' を引く（図 7.34 右図参照）．すると，

$\beta_2 = \beta_1$	(弧 BA' に対するユークリッド III.21),
$\alpha_3 = \alpha_2 = \alpha_1$	(ユークリッド I.29 を 2 回[28]),
$\alpha_4 = \alpha_2$	(円に内接する四辺形 $A'B'A''A$ に対するユークリッド III.22),
$F'B'A''C$ は円に内接	($\alpha_4 = \alpha_3$ であるからユークリッド III.22 を逆に),
$\beta_3 = \beta_2$	(弧 $F'C$ に対してユークリッド III.21).

こうして，三角形 CAF と $CA''F'$ は合同であり，$CF = CF'$ となる．　□

注意. 追加の解法の「ファンタスティックな多様さ」については [バンコフ (1987)] を参照のこと．パッポスの定理を使った最もエレガントな証明は，後に 11.3 で与えることとする．ユークリッド III.21 とユークリッド III.35 とタレスの定理だけを使った特に初等的な証明が，[H.S.M. コクセター，

[28]　[訳註] ここで，FF' が CO に垂直という条件を使っている．AA'' は FF' と平行だから，OC と直交している．O が円の中心だから，OC は AA'' の垂直二等分線であり，$CA = CA''$ となり，$\angle\alpha_2 = \angle AA''C$ となる．証明の最終行の合同性でも，$CA = CA''$ を使っている．

S.L. グレイツァー (1967)], p. 46 に与えられている．これでもまだ十分でないなら，メビウス変換の公式 (6.36c) を写像 $A \mapsto B \mapsto B' \mapsto A' \mapsto A$ に対して適用したものを使ったもう一つの証明を追加することができる．点 F, C, F' に対してそれぞれ (d,w), $(d,0)$, $(d,-w)$ をデカルト座標として選べば，(6.43) に従って，どんな初期点に対しても，この写像が A に戻るように，行列の掛け算

$$\begin{bmatrix} w & d-1 \\ d+1 & -w \end{bmatrix} \begin{bmatrix} 0 & d-1 \\ d+1 & 0 \end{bmatrix} \begin{bmatrix} -w & d-1 \\ d+1 & w \end{bmatrix} \begin{bmatrix} 0 & d-1 \\ d+1 & 0 \end{bmatrix} = C \begin{bmatrix} 1 & 0 \\ 0 & 1 \end{bmatrix}$$

をしなければならない（最初の 2 つと最後の 2 つの行列を掛けることから始めるように）．ここで，C は定数である．

7.11 テボーの定理

「このコンピュータ証明はシンボリックス 3600[29] の CPU で 44 時間くらい掛かった (. . .)．この定理はほとんどグレブナー理論のベンチマーク問題の立場にあった．」

[シェイル (2001)]

1938 年に予想された（[テボー (1938)] 参照）テボーの定理は最初の証明に 30 年も要するような顕著な性質を持っている．その証明には 24 ページもの計算が必要であった．後になって，より短いがより易しいわけではない証明群が，主に『数学基礎』誌（[シュテルク (1989)] と [ターンヴァルト (1986)] 参照）とオランダの雑誌に発表された．これらの証明とそのほかの証明についての完全な報告については [エーム (2003)] と [クラーニン，ファインシュテイン (2007)] を挙げておく．

定理 7.32 ABC を内心 I を持つ三角形，D を線分 AB 上の任意の点とする．そのとき，(a) 直線 CD と (b) 直線 AB と (c) ABC の外接円に接する円の中心 P と P' は，I と同じ直線上にある（図 7.35 右図参照）．

[29] ［訳註］3600 プロセッサは，1983 年に発表されたシンボリックス社の LISP マシーンで，当時としては画期的な設計のコンピュータであった．

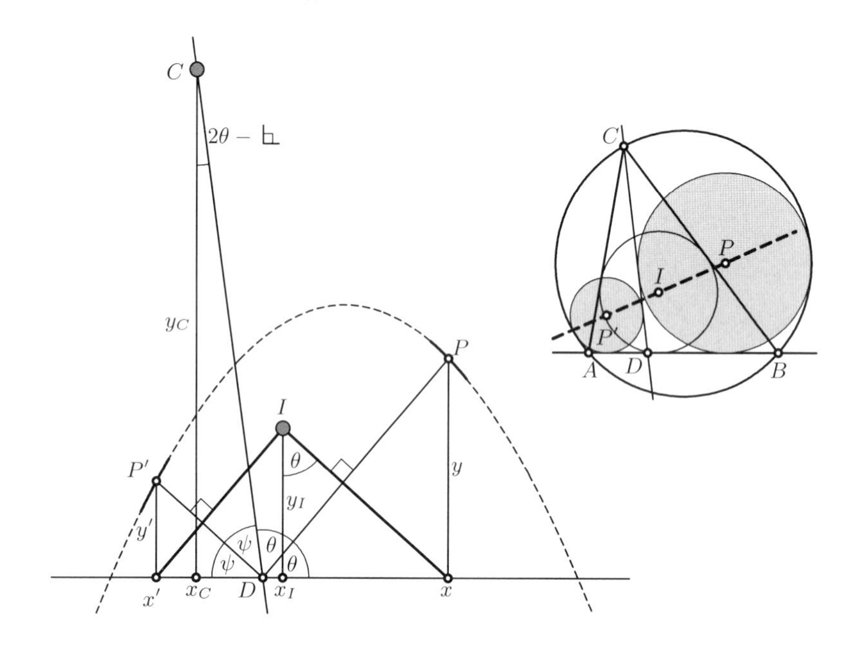

図 7.35　左：TTT 機械，右：テボーの定理

以下に示す（[オスターマン，ヴァンナー (2010)] による）証明は発見するのは難しかったが（上の注意参照），一旦発見されてみれば，楽しく証明をたどれるように思う．証明は次の「機械」に基づいている（図 7.35 左図参照）．

定義 7.33（TTT 機械）[30]　平面上で，x 軸を固定し，2 点 C と I を，$y_C > 2y_I$ であるように，固定したとする．この x 軸上で点 D を動かし，直線 CD が C のまわりを回転するようにする．機械は，CD と x 軸の間の角の（たがいに直交する）二等分線を作図するものとする．点 I を x 軸の上に，これらの二等分線と直交するように射影して，点 x と x' を作る．そのとき，点 P と P' は，これらの点の上方（つまり，x と x' で x 軸と直交する直線上）と，それぞれの角の二等分線上にある．

[30] 最初の T はテボー (Thébault) を，2 つ目の T はターンヴァルト (Turnwald) を表している．彼がテボーの公式を修正したものがここでの主たる動機になっている．3 つ目の T はジャン・ティンゲリー (Jean Tinguely) と我々の証明の力学的な考察の強調を表している．
[訳注] ジャン・ティンゲリー (1925.5.22-1991.8.30) はスイスの現代美術家で，特に廃物を利用した動く彫刻で有名．

より多くのインスピレーションを得るために，錆びた鉄の部品からそのような機械を作り，騒音を立てて回転させせることもできるし，より静かに，Java アップレット（Bernard Gisin（ベルナール・ギサン），`www.juggling.ch/gisin/geogebra/Thebault_theorem.html`）を書くこともできる．

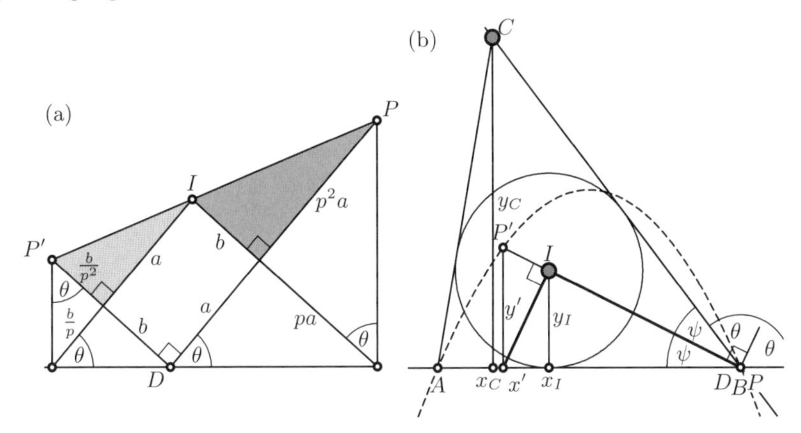

図 7.36 (a) なぜ $P'IP$ が一直線なのか，(b) なぜ I が内心なのか

補題 7.34 *DC が C のまわりを周るとき，TTT 機械の点 P と P' は同じ放物線を描き，その垂直な軸は下向きに開いている．点 $P'IP$ は常に一直線であり，$p \cdot P'I = \frac{1}{p} \cdot IP$ となる．ここで，$p = \tan\theta$ である．*

補題の**証明**. I の座標を (x_I, y_I) と書き，C の座標を (x_C, y_C) と書いて，DP の傾き $p = \tan\theta$ をパラメータと取る．D での角 θ は直交角や平行角としてもう 3 回現れ，図 7.36 (a) の 4 つの白い相似な三角形をなす．対角線 DI を持つ長方形の辺を a, b と書き，この 4 つの三角形にタレスの定理を適用すると，その図に書き込んだ長さが得られ，2 つの灰色の三角形が相似で，相似比が p^2 であることがわかる．PI と IP' は平行なので，これから第 2 の主張が得られる．

同じ角 θ がまた I での直交角として現れる（図 7.35 参照）．こうして，タレスの定理により，

$$\text{(I)} \qquad x = x_I + p\, y_I\,, \qquad\quad y = p\,(x - x_D)\,,$$
$$\text{(II)} \qquad x' = x_I - \frac{1}{p}\, y_I\,, \qquad y' = -\frac{1}{p}\,(x' - x_D)$$

となる．CD の下の直角三角形から D の横座標を計算すると，

$$x_D = x_C + y_C \tan(2\theta - \llcorner) = x_C + y_C\, \frac{p^2 - 1}{2p} = x_C + \frac{y_C}{2}\left(p - \frac{1}{p}\right)$$

となる（なぜなら $\tan 2\theta = \frac{2p}{1-p^2}$．(5.6) の第 3 式参照)．$x_D$ に対するこの式を (I) に代入すると，

$$y = px - px_D = px - px_C - \frac{y_C}{2}(p^2 - 1)$$

が得られる．$p = \frac{x - x_I}{y_I}$ を使って p を消去すると，y に対する表示が得られる．これは x の 2 次式になる．(3.3) から知っているようにこれは放物線を表している．p と $-\frac{1}{p}$ を交換すると，x_D は変わらないが，(I) 式は (II) 式に変わる．したがって，y' に対する x' の式は，y に対する x の式と同じ 2 次式となり，同じ放物線が得られる．$y_C > 2y_I$ であるので，この放物線は下向きに空いている．□

定理の証明． 補題の点 I, P, P' が定理で要求されている性質を持つ点であることを示さねばならない．上の機械を巧みに走らすことによって，このことを 3 段階に分けて示すことにする

第 1 段階． 放物線が x 軸と交わる点を A, B と書く（図 7.36 (b) 参照)．まず点 D を B に向かって動かす．点 P' が，それゆえ点 I もまた，角 ABC の二等分線上にあることがわかる．それから，D を A に向かって動かすことで，**点 $\boldsymbol{A}$ と $\boldsymbol{B}$ が，$\boldsymbol{I}$ が三角形 $\boldsymbol{ABC}$ の内心であるという性質を持つ**という結論に達する．

第 2 段階． 今度は，放物線上の点 P に中心を持ち，x 軸に接する円，つまり半径 $PQ = PU = y$ の円の族を考える（図 7.37 (a) 参照)．この円の族の包絡曲線は，放物線の焦点 O に中心を持つ円になる．これはパッポス以来知られていた結果の逆である（上巻第 3 章の演習問題 3 に対する説明参照)．この円はそれぞれ，OP 上に作図される点 Q で包絡円に接する．

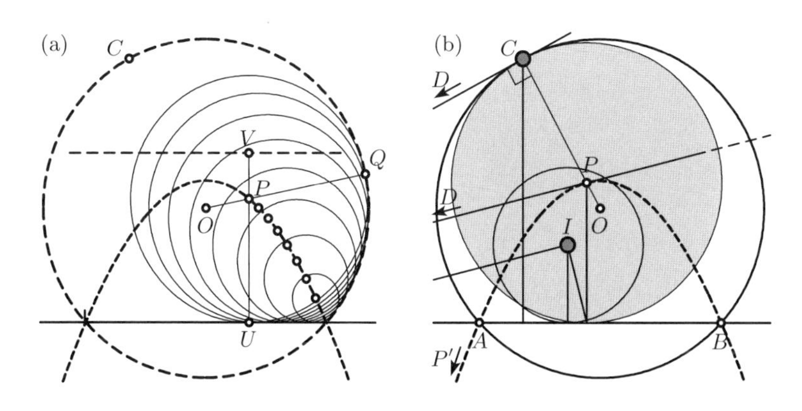

図 **7.37**　(a) 包絡円，(b) 外接円

第 3 段階. 作図により，点 P と P' は CD と x 軸の間の角の二等分線上にあるので，P と P' に中心を持ち，x 軸に接する円は CD にも接する．今度は機械を，C のまわりを接線 CD が CO に直交するまで，走らせる（図 7.37 (b) 参照）．この場合，P を中心とする円は直線 CD とは点 $Q = C$ でしか接せず，それゆえ包絡円は C を通らなければならない．それはまた A と B も通る（ここではすべての距離は 0 になる）ので，**この円は三角形 ABC の外接円と一致する**という結論になる．　□

注意. この証明の特殊な場合で素敵なものについては，章末の演習問題 27 と 28 を参照すること．

7.12　楕円の中のビリヤード

楕円の形をしたビリヤードのテーブルを考える（図 7.38 参照）．上巻の 3.3 節でわかっていることだが，焦点を通るボールは反射してもう一つの焦点を通る．ボールが F（または F'）を離れるときの角 φ_1 が与えられたときに，F'（または F）に戻りつくときの角 φ_2 を求めたい．

この問題を解くために，楕円の焦点の横座標が -1 と 1 であると仮定してよい．そのとき，半長軸は $a = \frac{1}{e}$ となる．ここで，e は離心率である．そのとき，公式 (7.8) は

$$\ell_{1,2} = \frac{1}{e} \pm ex$$

となる．ここで，x は P の横座標である．そこで，$c_i = \cos\varphi_i$ と置くのがアイデアである．余弦の定義から，

$$c_1 = \frac{x+1}{ex+\frac{1}{e}}, \qquad c_2 = \frac{x-1}{-ex+\frac{1}{e}}$$

となる．これはメビウス変換である．c_2 を c_1 の関数として表わすために，最初のメビウス変換の逆を取り，第2のものに代入する．行列を使うと，

$$\begin{bmatrix} 1 & -1 \\ -e & \frac{1}{e} \end{bmatrix} \begin{bmatrix} 1 & 1 \\ e & \frac{1}{e} \end{bmatrix}^{-1} = \frac{1+e^2}{1-e^2} \cdot \begin{bmatrix} 1 & -\theta \\ -\theta & 1 \end{bmatrix}, \qquad \theta = \frac{2e}{e^2+1}$$

が得られる．定数倍を無視すると，

$$c_2 = \frac{c_1 - \theta}{-\theta\, c_1 + 1} \qquad \text{となり，行列は} \qquad A = \begin{bmatrix} 1 & -\theta \\ -\theta & 1 \end{bmatrix} \tag{7.64}$$

となる．以降の角 φ_3, φ_4 などは，A の冪（ベキ）によって定まる．この行列の固有ベクトルは ${}^t[1,1]$ と ${}^t[-1,1]$ で，固有値は $1 \mp \theta$ である．自明でない場合（楕円が円でなく，$\varphi_1 \neq 0$ のとき），ベクトル ${}^t[c_n, 1]$ は最大固有値の固有ベクトルに近づいていく．つまり，$n \to \infty$ に対して，$c_n \to -1$ となり，角 φ_n は π に収束する．

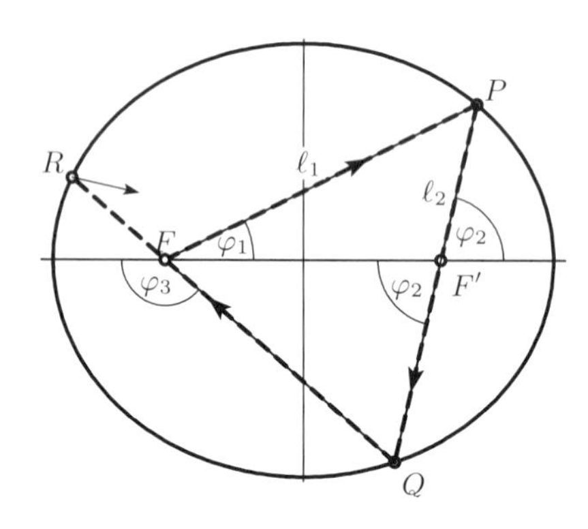

図 **7.38**　楕円の中のビリヤード

7.13 アーカートの「ユークリッド幾何のもっとも初等的な定理」

「アーカートはこれが直線と距離の概念しか含んでいないので，“もっとも初等的な定理”と呼んでいる．この定理の証明は純幾何的な方法によるが，初等的なものではない．アーカートがこの定理を発見したのは，特殊相対性理論の基本的な概念のことを考えていたときのことだった．」

（D. エリオット，オーストラリア数学会誌 (1968), p. 129）

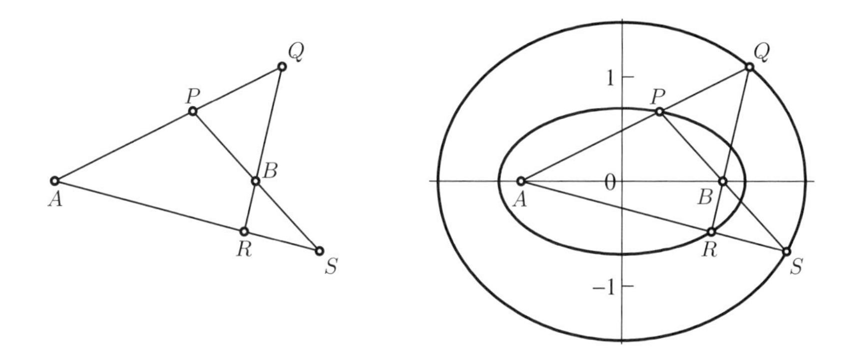

図 **7.39** アーカートの定理

M.L. アーカート (1902–1966) はオーストラリアのいくつかの大学で数学と物理学の講義を行い，高く評価されたが，自身の数学的発見については数人の友人にしか伝えなかった．次の定理はエリオットによる彼の死亡広告 [エリオット (1968)] によって知られるようになり，ビリヤードに関する著書 [タバチニコフ (1995)] によってより広い人気が得られるようになった[31]．

定理 7.35（アーカート） 点 A, B, P, Q, R, S を図 7.39 左図のように配置する．そのとき，

$$AP + PB = BR + RA \quad \Rightarrow \quad AQ + QB = BS + SA \tag{7.65}$$

が導かれる．

[31] 著者は，アーカートの定理とタバチニコフの著書に注意を向けてくれたピエール・ド・ラ・アープに感謝する．

証明．逆向きの証明をする．つまり，(7.65) の**両方**の関係式が満たされていると仮定して，S, R, A が一直線上にあることを結論付けるのである．これらの関係式は点 P, R と Q, S が，A, B を焦点とする2つの共焦楕円上にあることを意味している（図7.39右図参照）．これらの楕円の「ビリヤード」は，楕円の2つの離心率から決まる2つの異なる定数 θ_1 と θ_2 によって決まってくる．それでもやはり軌跡

$$A \mapsto P \mapsto B \mapsto S \mapsto A \qquad と \qquad A \mapsto Q \mapsto B \mapsto R \mapsto A$$

が同じ角 φ_3 の下で A に戻るのは，行列

$$\begin{bmatrix} 1 & -\theta_1 \\ -\theta_1 & 1 \end{bmatrix} \qquad と \qquad \begin{bmatrix} 1 & -\theta_2 \\ -\theta_2 & 1 \end{bmatrix}$$

が可換だからである． □

7.14　演習問題

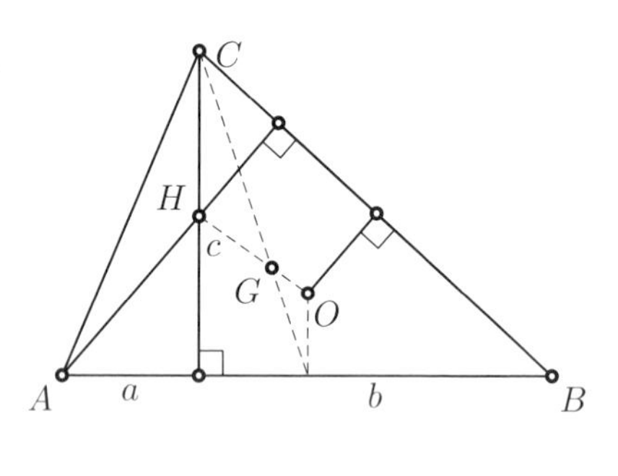

1. 高さの性質（上巻第4章の定理4.2）とオイラー線（上巻第4章の定理4.12）の解析的別証明を，x 軸上に辺 AB を置き，y 軸上に頂点 C を置くことによって，与えよ．A の座標を $(-a, 0)$，B の座標を $(b, 0)$，C の座標を $(0, c)$ とする．

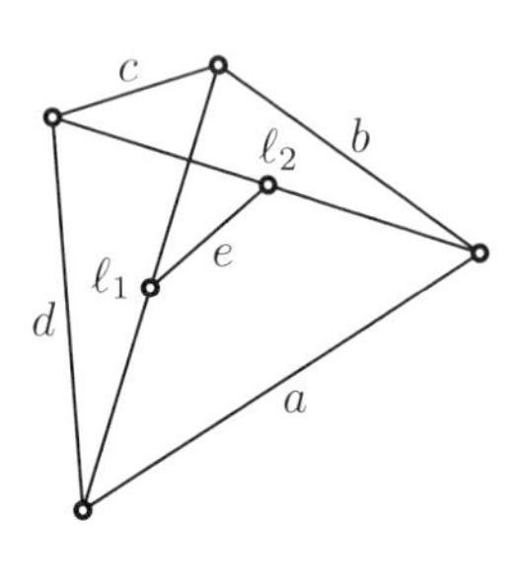

2. （オイラーの恒等式，[オイラー (1750)] §30）平面（または空間の）どんな凸四辺形に対しても

$$a^2 + b^2 + c^2 + d^2 = \ell_1^2 + \ell_2^2 + 4e^2$$

が成り立つ．ここで，ℓ_1 と ℓ_2 は対角線の長さで，e は対角線の中点の間の距離である（図参照）．

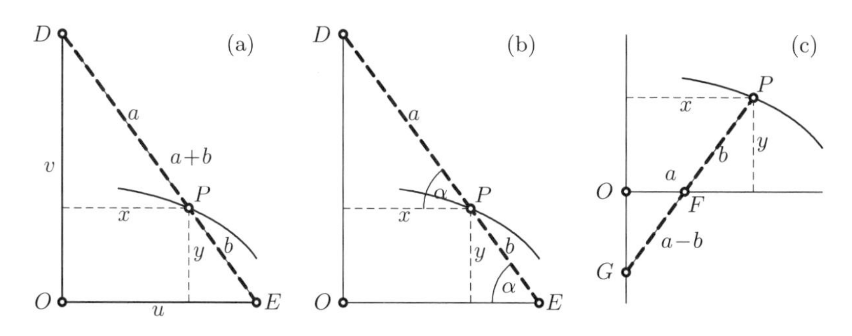

図 7.40 プロクロスの作図の解析的証明

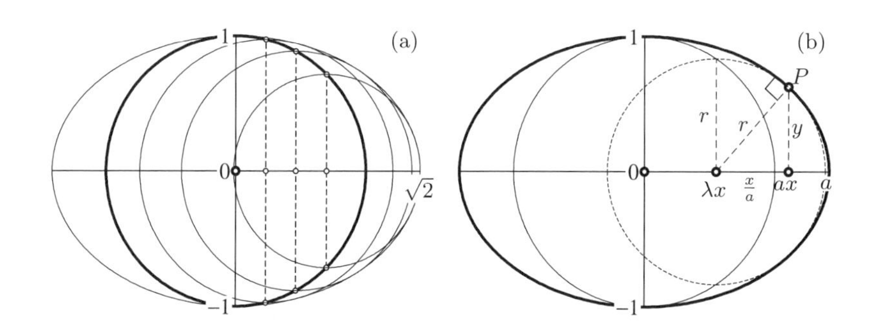

図 7.41 アインシュタインの試験から，楕円に接する円

3. 上巻 3.3 節の図 3.9 の「棒を使った」プロクロスの楕円の作図の解析的証明で，(a) タレスの定理とピュタゴラスの定理を使ったものと，(b) 三角関数の計算を使ったもの（図 7.40 参照）を与えよ．また，I. ニュートンがその数学研究の本当の最初期に発見した，点 P が軸に沿って端点が滑る線分 GF の外側にある場合の「長円コンパス作図」(c) を確かめよ．
4. （**ナポレオン・ボナパルトのものとされる形でのレギオモンタヌスの最大値問題.**）皇帝の高さ h の銅像が，目の高さから上に s の高さにある台石の上に立っている．台石からどれだけの距離 d 離れると，皇帝を見る角が最大になるか？ また，皇帝を見る角の二等分線の性質を求めよ．
5. 1896 年のアインシュタインの**卒業試験** (*Maturitätsexamen*) のもう一つの問題を解け（[フンツィカー (2001)] 参照）．半径 1 の円を平行な線分で切り（図 7.41 (a) の破線），これらの線分を直径とする円を描け．これらの円が，共通の包絡線として，半軸が $\sqrt{2}$ と 1 の楕円を持つことを示せ．

6. **13 本のワインボトルの定理**の証明を見つけよ[32]．直径 d の 13 本のワインボトルが，$3d \leq w \leq (2+\sqrt{3})d$ を満たす任意の幅 w の長方形状の箱の中に置かれれば，一番上の 3 本のボトルはすべて同じ高さになる（図 7.42 左図参照）．

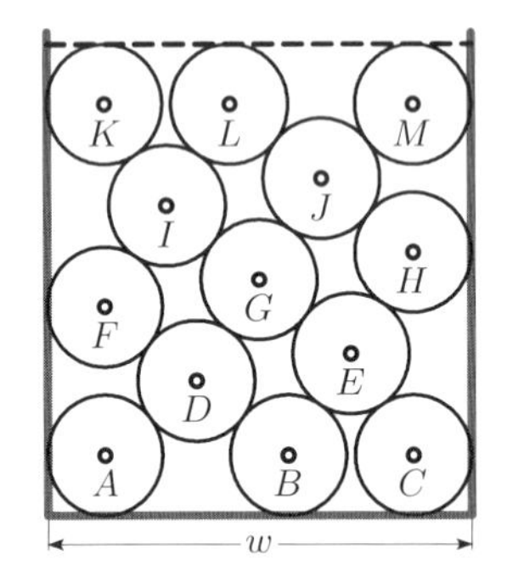

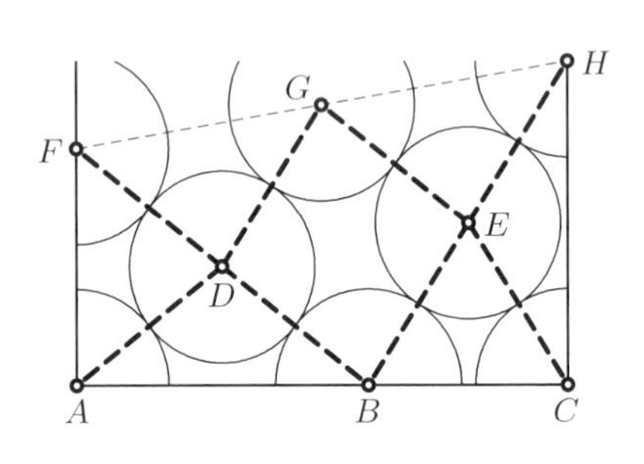

図 **7.42**　13 本のワインボトルの定理

7. （[フェルマー全集（フランス語版)], vol. I, pp. 157–158 の論文 V の第 3 問題，またヨハン・ベルヌーイにもよる（[ハイラー，ヴァンナー (1997)] 演習問題 II.2.3 参照）．図 7.43 (I) の最大面積の長方形を決定せよ．ここで，点 (x, y) は半径 1 の円上にある．
8. （フェルマー『全集』第 1 巻 p. 167 の論文 VII における，最大面積の円柱問題を解くための予備的問題）．円に内接する，全長が最大の "H" を求めよ（図 7.43 (II) 参照）．
9. （D. ラウグヴィッツ，『数学基礎』33, 1978，課題 815）．黄金比にはまだまだ驚かされる．円に内接する最大面積の「スイス十字」を求めよ（図 7.43 (III) 参照）．
10. 与えられた球面に内接する最大体積の円柱を求めよ（図 7.43 (IV) 参照）．
11. 与えられた球面に内接する最大体積の円錐を求めよ（図 7.43 (V) 参照）．
12. （[フェルマー全集（フランス語版)] 第 I 巻，pp. 155–157，論文 V の第 2

[32] この問題を示唆してくれた，バリャドリッド大学の J.M. サンスセルナに感謝する．

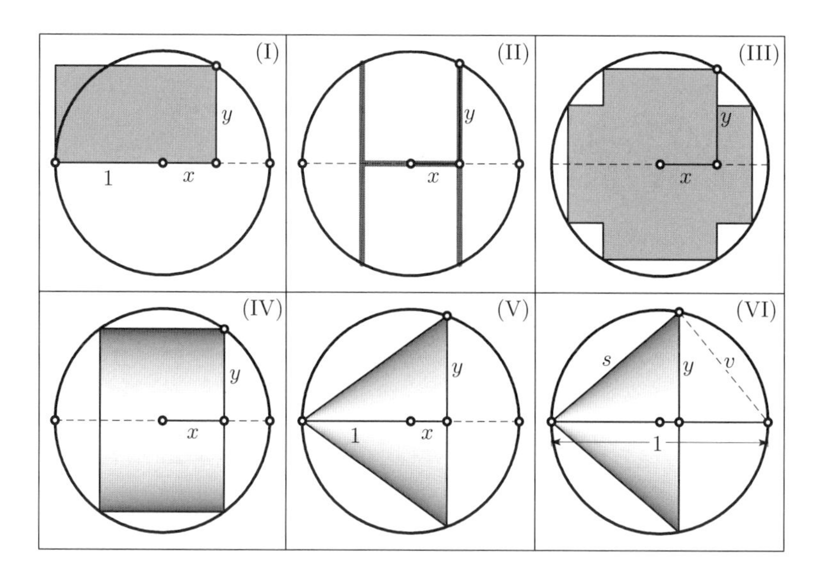

図 7.43 ミニマックス問題．(I) 最大面積の長方形，(II) 最大長さの "H"，(III) 固定された円に内接する最大面積のスイス十字架，(IV) 最大体積の円柱，(V) 最大体積の円錐，(VI) 固定された球面に内接する最大面積の円錐

の問題.）与えられた球面に内接する表面積最大の円錐を求めよ（図 7.43 (VI) 参照）.

ヒント. これはフェルマーによって解かれた最も難しい問題である．なぜなら，円錐の表面積は s によるが，s は x と y に平方根で関係する．特別な注意を払わないと，厄介な計算に迷い込んでしまうだろう．フェルマーはエレガントにこの罠を避ける方法を発見した．図の距離 v を未知の量として使うこと.

13. [ファニャーノ (1779)] の問題の 4 番目のものを解け（図 7.44 (a) 参照）. つまり，鋭角三角形 ABC が与えられたとき，辺上の点 D, E, F で，三角形 DEF の周長が最小のもの，すなわち，図に記された角 $\delta, \varepsilon, \zeta$ がそれぞれ等しいようなものを求めよ.

14. (『数学基礎』65 (2010), p. 37 で，M. ハッジャと P. クラソプーロスによって提案された問題). 三角形 ABC が与えられている（図 7.45 (a) 参

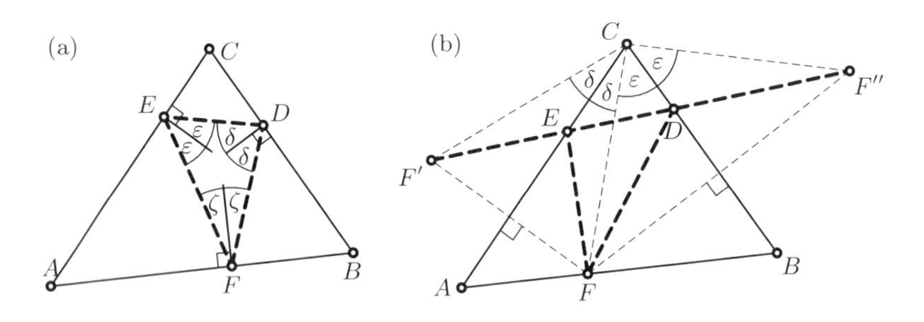

図 7.44　第4ファニャーノ問題. (a) 最小の周長を持つ三角形, (b) フェイエールによる解

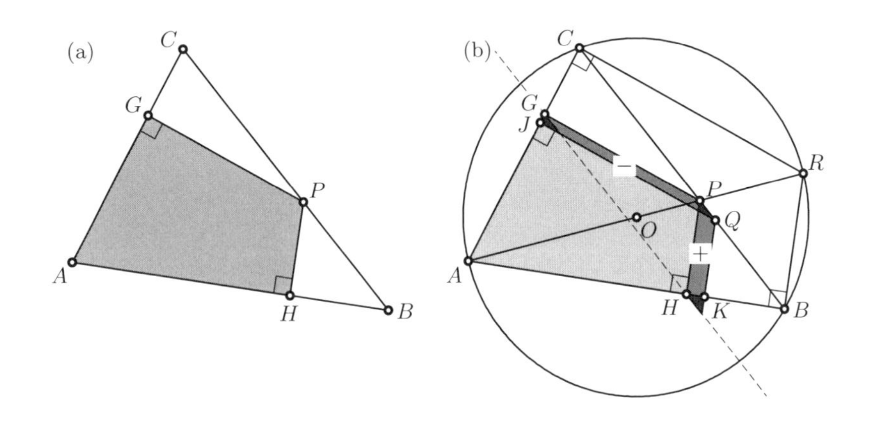

図 7.45　三角形の中の最大面積の四辺形

照). P を BC 上の点とし, H と G をそれぞれ AB と AC の上への直交射影[33]とする. 四辺形 $AHPG$ が最大面積となる P の位置を求めよ.

15. 与えられた曲げの角 γ を持つ上巻5.7節の図5.21の**カルダンジョイント**に対して, 変位 $|a-b|$ が最大になる, a と b の値を求めよ ((5.42) 式を満たさないといけない). この最大変位 $|a-b|_{\max}$ を γ の関数として表わせ.
16. デカルトの葉線は簡単な代数方程式 $x^3+y^3=3xy$ によって定義するこ

[33]　[訳註] 日本では, 直交射影のことを正射影と呼ぶ習慣がある.

とができるものの（64 ページ参照），その**面積**を計算することは非常に長い間，難題としてあった．ヤーコプ・ベルヌーイの計算ですら正しくなかった（[ホフマン (1956), p. 20] 参照）．いくつかの積分公式の知識をもとに，第 1 象限 ($x > 0$ かつ $y > 0$) 内の曲線の内部の面積を求めよ．
ヒント． C. ホイヘンス（図 7.46 左図の自筆の素描参照）に従って，v を θ の関数として表わすことによって計算を簡単化できる（解 (b)）．原点を通る直線の族によって葉線を切ることによって，もっともエレガントな解 (c) が得られる．

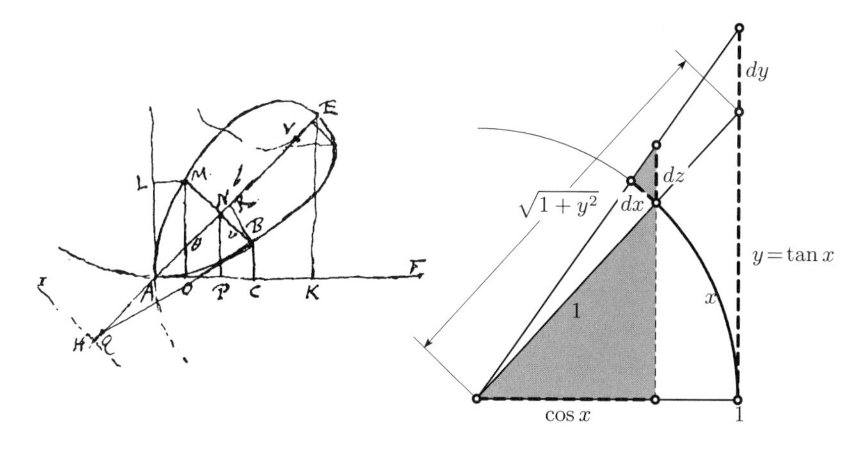

図 7.46 左：デカルトの葉線をホイヘンスが描いたもの (1691)，右：tan と arctan の微分

17. 微積分学で，微分公式

$$\begin{aligned} y = \tan x \qquad &\Rightarrow \qquad y' = \frac{1}{\cos^2 x} = 1 + \tan^2 x \\ y = \arctan x \qquad &\Rightarrow \qquad y' = \frac{1}{1+x^2} \end{aligned} \tag{7.66}$$

を学ぶ．これらの公式の幾何学的説明を与えよ．

18. 与えられた 2 点 F_1, F_2 と，距離 $\ell_1 = PF_1$, $\ell_2 = PF_2$ に対して，条件 $\ell_1 + \ell_2 = C$ からは楕円ができ，条件 $\ell_1 - \ell_2 = C$ からは双曲線ができ，条件 $\ell_1 \cdot \ell_2 = C$ からはカッシーニの曲線ができるが，条件 $\ell_1/\ell_2 = C$ からはどんなすごい曲線ができるのだろうか？

19. レムニスケート (7.34)，または (7.36) のほうが良いが，その内側の面積を求めよ．

20. (a)「等辺」双曲線 $x^2 - y^2 = 1$ を極座標 (ρ, φ) で表わせ．それから，ρ を $r = \frac{1}{\rho}$ と置換せよ．つまり，双曲線の点 P を，単位円に関して調和の位置にある点 Q に写せ．この点 Q がすべてあるレムニスケート（同じもの）の上にあることを示せ．

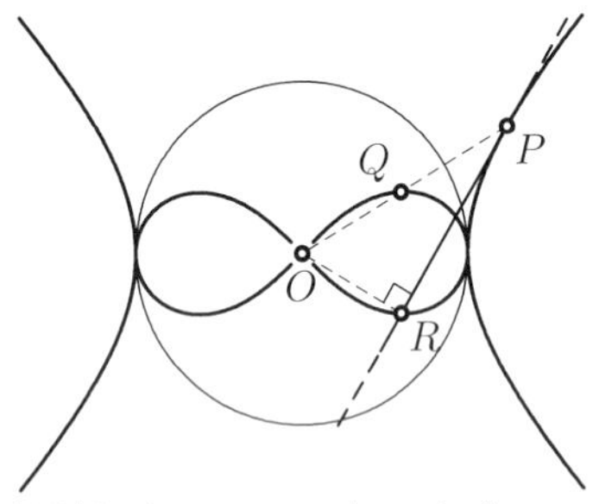

(b) R を，P での接線の上への原点の正射影とする．この点 R がすべてレムニスケート上にあることを示せ．

21. (**ヤーコプ・ベルヌーイのもとの動機.**) レムニスケート (7.34) を原点からの距離 r ($x^2 + y^2 = r^2$) でパラメータ付けをする．そのとき，レムニスケートの（無限小の）弧長が

$$ds = \frac{a^2}{\sqrt{a^4 - r^4}}\, dr \tag{7.67}$$

を満たすことを示せ．これが，後に**楕円積分**の名前で有名になったものの最初の例となった．

22. ドイツの "Gymnasialprofessors（ギムナジウムの教授）" のための古い雑誌[34]の中で D. ポーニックが発見した，ヒポクラテスの月形の素敵な拡張（図 7.47 参照）

$$\mathcal{L}_a + \mathcal{L}_b + \mathcal{L}_c = \mathcal{A} + \mathcal{E}_{R',\rho'} \tag{7.68}$$

を証明せよ．ここで，月形は，三角形の辺上に描かれた半円から外接円を引いて作られたもので，$\mathcal{A}$ は三角形の面積，$\mathcal{E}_{R',\rho'}$ は，半軸が垂足三角形 DEF の外接円の半径 R' と内接円の半径 ρ' であるような楕円の面積である．

ヒント. ギムナジウムの教授たちであるベーゼカ，メンテル，メルテンス，プラホボ，ステーグマンは (5.62) を含む一連の三角関数の恒等式を

[34] Zeitschrift für mathematischen und naturwissenschaftlichen Unterricht（数学と理科教育のため雑誌）37 (1906), p. 534; 解答 39 (1908), p. 377.

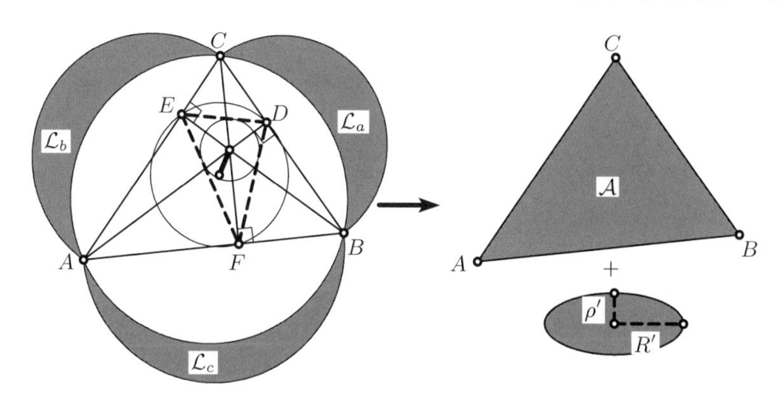

図 7.47 ハーバーランドの拡張されたヒポクラテスの月形

使ってこれを解いた．オイラーの公式 (7.53) と，(7.54) の最初の方程式を使えば，より簡単に近づけるだろう．

23. この演習問題の目的はオイラー線上の距離 HO に対する素敵な公式

$$HO^2 = R^2(1 - 8\cos\alpha\cos\beta\cos\gamma) \tag{7.69}$$

を証明することである．

ヒント． R. ミュラーのエレガントな解法がある [ミュラー (1905)]（図 7.48 左図参照）．以下を示していく．(a) $HC = 2R\cos\gamma$, (b) $HF = 2R\cos\alpha\cos\beta$, (c) $HF = FM$（ここで，M は，延長された高さと外接円との交点である）．それから，ユークリッド III.35 を使う．

オイラーの距離公式 (7.53) を (5.12) と (5.62e) と使えば，別証ができる．

P が垂心で，$d = HO$ である場合に，スツルムの定理 (7.55) を使えば，上の結果が，垂足三角形の面積に対する (5.68) と同値であることが分かる．

24. 上巻第 1 章の演習問題 26 のアルキメデスの結果を一般化するため，ある円の中の固定点 C のまわりをまわるあらゆる星形正 n 角形に対して，半直線の長さの 2 乗の和が常に一定で，C の位置にも回転角にもよらないかどうかを問題にする．たとえば，$n = 6$ に対しては，これは

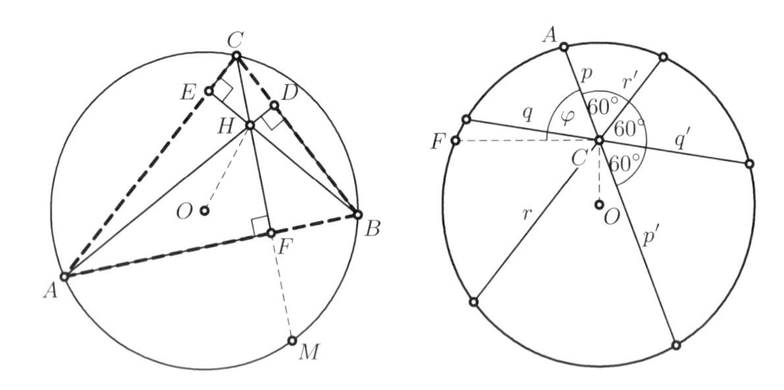

図 7.48　左：ミュラーの公式の証明，右：アルキメデスの「補題 11」の一般化

$$p^2 + p'^2 + q^2 + q'^2 + r^2 + r'^2 = 6R^2 \tag{7.70}$$

であることを意味している（図 7.48 右図参照）．コンピュータの数値でのシミュレーションでは，$n = 4, 6, 8, 10, 12, 14, \ldots$ のときには成り立つが，$n = 2$ と n が奇数のときは成り立たない．解析的な証明を与えよ．

25. ジューリオ・ファニャーノの次の恒等式を証明せよ（[ファニャーノ (1750)] 第 II 巻，付録．*Nuova et generale proprietà de' Poligoni*（多角形の新しい一般性質），系 II）．G を三角形 ABC の重心とすれば，

$$GA^2 + GB^2 + GC^2 = \frac{1}{3}(AB^2 + BC^2 + CA^2)$$

となる．

26. （2007 年国際数学オリンピックのハノイ大会で，ルクセンブルグによって提案された挑戦問題．）5 つの点 A，B，C，D，E で，$ABCD$ が平行四辺形で，$BCED$ が円に内接する四辺形であるようなものを考える．ℓ を，A を通る直線とする．ℓ が線分 DC の内部の点 F で交わり，直線 BC と G で交わって，$EF = EG = EC$ であるとする．ℓ が角 DAB の二等分線であることを証明せよ．

27. （$h/2$ 円．）TTT 機械を巧妙に動かすことによって次を示せ．三角形の内

心が上方に高さの半分まで動き[35]，それに従い内接円の半径が大きくなれば，得られる円は外接円に接する．

28. 与えられた三角形の 2 辺と外接円に接する円を求めよ．

ヒント．TTT 機械を使え．

29. 楕円の中でビリヤードをして，P から出発して Q, R, S などで反射する「ボール」が焦点を通ることがないなら，ボールの挙動はよりカオス的になる（図 7.49 左図参照）．しかしながら，百回の反射までを描いてみると（図 7.49 右図参照），ボールの軌跡はその包絡線として神秘的な曲線を描く．この曲線の形を推測して，あなたの予想を証明せよ．

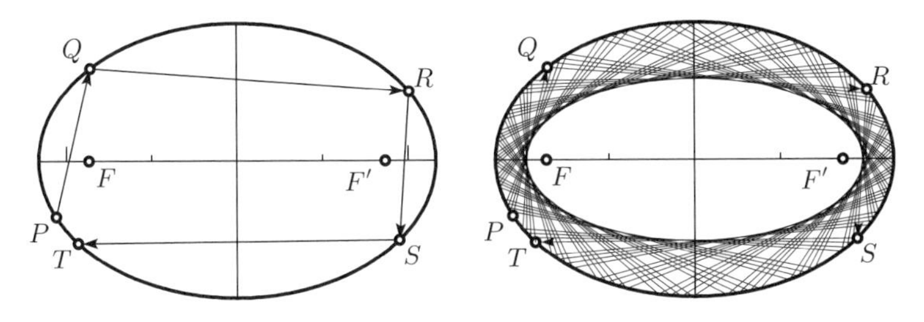

図 7.49 楕円の中の，よりカオス的なビリヤード

[35] ［訳註］$\boldsymbol{AB}$ に接するという条件だけを保ち，円の中心を上方に動かす（図 **A.22** (a) 参照）．

第8章　作図できるか，それともできないか

"Magnopere sane est mirandum, quod, quum iam Euclidis temporibus circuli divisibilitas geometrica in tres et quinque partes nota fuerit, nihil his inventis intervallo 2000 annorum adiectum sit, ... ［ユークリッドの時代から，円を3または5つの部分に幾何学的に等分することが知られていたのに，その発見から2000年の間なにも追加されなかったのは大いなる驚きである...］"

（C.F. ガウス『算術研究 (Disquisitiones Arithmeticae)』，1801, Art. 365）[1]）

デカルトに従えば，彼の新しい幾何学は（ユークリッド，アポロニウス，パッポスを含む）ギリシャ人たちの「厚い本」のすべてに置き換わるべきものであった（第6章の引用参照）．ただし，タレスの定理とピュタゴラスの定理だけは例外である．

きわめて予想外なことに，数学的問題の作図可能性に関する古代ギリシャの問題は，何人かの第一級の数学者（ヴィエート，ガウス）の情熱を掻き立て続け，さらなる数学の発展に重要な影響を与えた．実際，パッポスは彼の『選集』の第III巻において，（彼にとっても）「古代の人々」は3つのタイプの "Problematum geometricum（幾何の問題）" を区別したと説明している．

---

[1] ［訳注］ウォーターハウスとクラークの英訳 (Springer-Verlag, 1986) が付されて，ここではその英訳から和訳した．

(a) ユークリッドの公準1,2,3に従い，定木とコンパスによって(“rectas lineas, & circuli circumferentiam”)解くことができるもの．これらは「平面」問題と呼ばれる（$\varepsilon\pi\acute{\iota}\pi\varepsilon\delta\alpha$［エピペダ］）．
(b) 解決に円錐曲線(“coni sectione”)が必要となるものは「立体」問題と呼ばれる（$\sigma\tau\varepsilon\rho\varepsilon\acute{\alpha}$［ステレア］）．
(c) 解決にさらに複雑な曲線（螺旋（らせん），コンコイド，シッソイド）が必要なものは「グラミカル」と呼ばれる（$\gamma\rho\alpha\mu\mu\iota\kappa\acute{\alpha}$［グラミカ］[2]）．

たとえば，（ユークリッドI.1における）正三角形の作図や，（上巻第2章の図2.40(a)の）正五角形のユークリッドの作図は平面作図である．円に内接する正五角形のプトレマイオスの作図に対しても同じことが言える（20ページの図6.12参照）．一方，立方体の倍積に対するヒポクラテスの解法（上巻第3.1節の(3.2)式）や，（上巻3.8節の図3.27における）角の三等分に対するパッポスの解法は立体作図である．図3.25（コンコイドを使った角の三等分）や，図3.28（アルキメデスのらせんを使った三等分）や上巻第3章演習問題の図3.40（シッソイドを使った立方体の倍積）にグラミカルな作図の例が見られる．

しかし，古代の人々がこれら後者の問題に対する平面作図を発見しなかったという事実は，そのような作図が**存在し得ない**という事実を**証明**しているわけではない．19世紀のもっとも素晴らしい発見にはそのような証明があり，以下本章でそれを見ていくことにしよう．

しかしながら，**1つの**壮大な新しい平面作図が若いガウスによってなされ，この発見が幾何学と代数学における顕著な結果をもたらすことになる．1796年3月29日，ガウスは正17角形が定木とコンパスによって作図可能であることを発見した．これが，この分野において2000年の間での**最初の**新しい結果であることに深く心を動かされ，彼は数学者になるという決心をしたのである．彼はこの発見の翌日，*Notizenjournal*（ノートジャーナル，数学日記のようなもの）を書き始めた[3]．そこに彼は多くの発見と孤独な研究の短いノート

---

[2] 古いラテン語への翻訳では “quod lineare appellatur（それは線形と呼ばれる）” と言った．時とともに “linear（線形）” という言葉がまったく異なる意味を持つようになったので，ギリシャ語の”grammical“を選ぶことにした．
[3] F. クライン（『数学年報』57 (1903), pp. 1–34）によって初めて出版された．

を残した. “Principia quibus innititur sectio circuli, ac divisibilitas eiusdem geometrica in septemdecim partes &c. (円を 17 の部分に幾何学的に等分できることを支える原理など)” というのが, 彼のノートの一番最初に書かれたことである (図 8.1 参照).

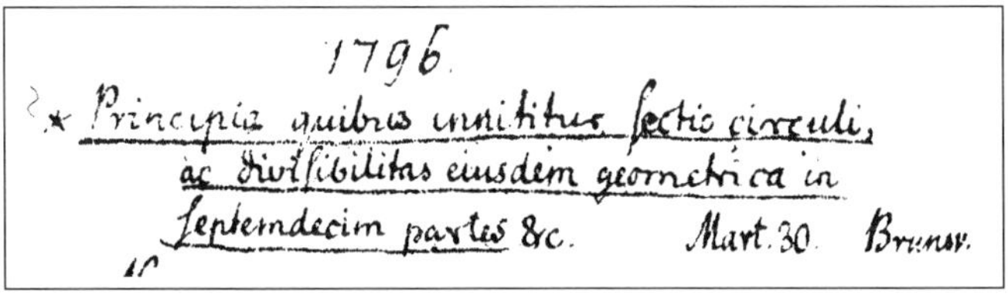

1796
Principia quibus innititur sectio circuli,
ac divisibilitas eiusdem geometrica in
septemdecim partes &c. Mart. 30. Brunsv.

図 8.1 正 17 角形の作図に関するガウスの *Notizenjournal* の初めの複製

8.1 定木とコンパスによる作図

デカルト幾何学の光の下で, 定木とコンパスによる作図を次のように特徴づけることができる.

補題 8.1 ユークリッド幾何における定木とコンパスによるあらゆる作図はデカルト幾何学における有理演算と平方根の合成に対応し, 逆も成り立つ.

証明. そのような作図はどれもが次のものを作り出すだけである.

1. 2 点を通る直線 (ユークリッドの公準 1).

$$y = y_0 + \frac{y_1 - y_0}{x_1 - x_0}(x - x_0) \qquad \Rightarrow \qquad y = px + q\,.$$

2. 2 直線の交点.

$$\begin{aligned} y &= p_1 x + q_1 \\ y &= p_2 x + q_2 \end{aligned} \qquad \Rightarrow \qquad x = \frac{q_2 - q_1}{p_1 - p_2}\,, \quad y = p_1 x + q_1\,.$$

3. 直線と円の交点.

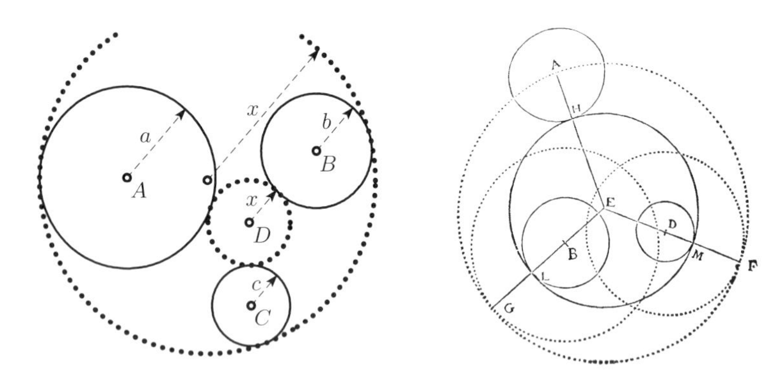

図 **8.2**　アポロニウスの三円問題．右はファン・スホーテン版 (1646) からヴィエートのイラスト

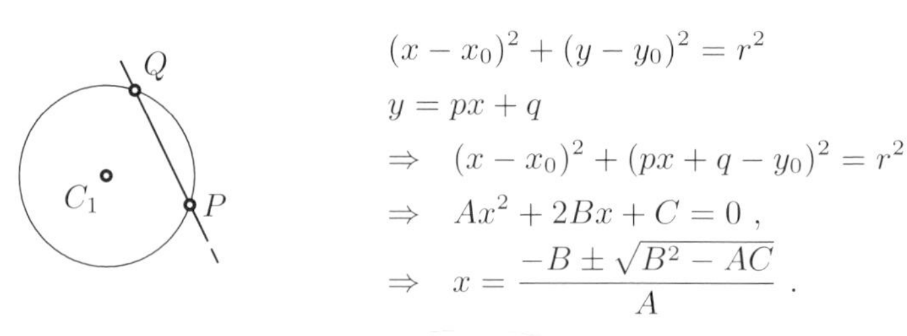

$$(x-x_0)^2+(y-y_0)^2=r^2$$
$$y=px+q$$
$$\Rightarrow\quad (x-x_0)^2+(px+q-y_0)^2=r^2$$
$$\Rightarrow\quad Ax^2+2Bx+C=0\ ,$$
$$\Rightarrow\quad x=\frac{-B\pm\sqrt{B^2-AC}}{A}\ .$$

4.　2 円の交点．

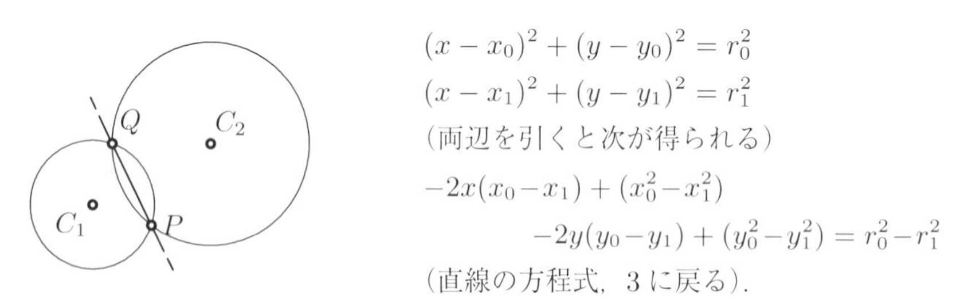

$$(x-x_0)^2+(y-y_0)^2=r_0^2$$
$$(x-x_1)^2+(y-y_1)^2=r_1^2$$
（両辺を引くと次が得られる）
$$-2x(x_0-x_1)+(x_0^2-x_1^2)$$
$$-2y(y_0-y_1)+(y_0^2-y_1^2)=r_0^2-r_1^2$$
（直線の方程式，3 に戻る）．

逆に上の代数演算は定木とコンパスに対応する．これはデカルトの辞書（図 6.1 参照）を右から左に読めば分かる．　□

注意．上の証明の 4 で得られた直線は 2 つの円の**根軸**である（上巻第 2 章の演習問題 8 参照）．

8.2 アポロニウスの三円問題

問題.（点，直線，円から）3つの対象が与えられたとき，その3つすべてに触れる（接する）ような1つの（またはそれ以上の）円を見つけよ（“datarum contingat”, 図 8.2 参照）.

パッポスは第 VII 巻の序文で，アポロニウスはこの問題に関して多くの “propositiones”（命題）を含む *On Contacts*（接触について）という2巻本（今日では失われている）を書いたと述べている．そして，その命題群をパッポスは 10 の場合（点–点–点，点–点–直線，...，一番難しい円–円–円まで）帰着した．この古典的な問題は何世紀にもわたって数学者たちを魅了した．ヴィエートは，アドリアン・ファン・ルーメンの問題を解いた後（第 6.5 節参照[4]），*Responsum*（解答）[ヴィエート (1593b)] の最後で，ファン・ルーメンにアポロニウスのこの問題で挑戦した．それから**アドリヌス・ロマヌス**は 1596 年に上巻第 3 章の演習問題 4 の双曲線を使った解答を示した．ヴィエートは [ヴィエート (1600)] で，皮肉を聞かせて (“... clarissime Adriane, acsi placet Apolloni Belga（...いとも明敏なるアドリアヌスはベルガのアポロニウスを喜ばせ)”)，そのような作図はユークリッドとその学派の人々には拒絶されるだろう (“Reclamaret Euclides, & tota Euclideorum schola”)[5]，なぜなら “Problema quod proposui planum est（平面作図として提案されている問題)” なのだから，と異議を唱えている．それから，ヴィエートはパッポスの 10 ある場合の “planum（平面的な)” 解を，1 つずつ示した（上巻図 1.5 のヴィエートの絵は最後の場合のものである).

三円問題のデカルトの解. 1640 年代の初め，デカルトはボヘミアの王女エリーザベトと多くの書簡を交換した[6]．内容は，科学や哲学，また人間の精神

---

[4] ［訳註］アドリヌス・ロマヌスはファン・ルーメンのラテン名である．6.5 節にあるように彼はその著書の中で，ヨーロッパ中の数学者に挑戦した．当時，著書はラテン語で書く習慣であり，ヴィエートの解答はラテン語でのアドリアヌスへの返答であり，さらにお返しとして彼に挑戦をしたのである．

[5] しかしながら，章末の演習問題 1 を参照のこと！

[6] ［訳註］交換書簡は 60 通に及び，その日本語訳が『デカルト=エリザベト往復書簡』（山田弘明訳）講談社学術文庫 (2001) として出版されている．中には両者の共通の友人である Alphonse Pollot(1602–1668) を介したものもある．直接には 1643 年 5 月 16 日付けでエリーザベトから送られたものが最初で，最後は 1649 年 12 月 4 日付けのもの，デカルトは翌年 2 月 11 日に亡くなっている．

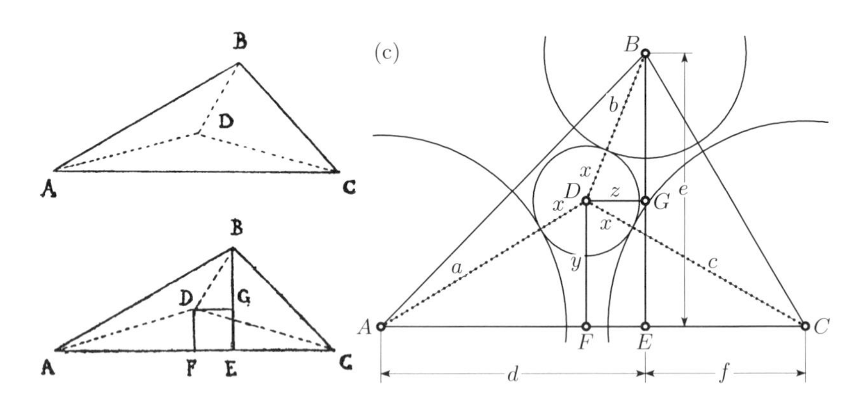

図 8.3　左：三円問題に対するデカルトの図（1901 年版の彼の『全集』第 4 巻 p. 39, BGE Ca1227/4 から複写），右：デカルトの座標の選択

を養うための挑戦的な質問に関するもので，最良の治療法は数学問題を解くことであり，手近にあった最善の問題がアポロニウスの三円問題であった．しばらくの間王女が返事をしなかったので，デカルトは後悔して，問題があまりにも難しいので，シュタンピオーエンから代数学を学んだ（そして彼から学ばなかった）天使でさえ奇跡によってしか解答に到達することがないだろうと書き送った[7]．それで，別の手紙で[8]，通常でない気の配りをして（彼女は王女だった！！），彼がどのように問題を “demesler” する（解きほぐす）ことになるかを説明した．

すべてが直線からなる図 8.3 の第 1 の図を，面積に関するヘロンの公式と使ってみようとすれば，多分恐ろしい計算に入りこみ，3 か月くらいでは結果に到達しないだろう．それゆえ，その下の図のように平行線と垂線を引くことにする[9]．これによって 3 つの三角形 AFD, BGD, CFD が得られ，ピュタゴラスの定理によって

$$\begin{aligned} a^2 + 2ax + x^2 &= d^2 - 2dz + z^2 + y^2 \\ b^2 + 2bx + x^2 &= e^2 - 2ey + y^2 + z^2 \\ c^2 + 2cx + x^2 &= f^2 + 2fz + z^2 + y^2 \end{aligned} \tag{8.1}$$

7　ポロ (Pollot) 宛ての 1643 年 10 月 21 日付の手紙 CCCXX,『全集』4, p. 25–27.
8　エリーザベト宛ての 1643 年 11 月付の手紙 CCCXXV,『全集』4, p. 37–42.
9　ここでわれわれは，直交デカルト座標の揺籃期に立つことになる．

が得られる．ここで，x は第4の円の半径で，未知数 y, z が D の位置を定める．与えられた円の半径 a, b, c と AE, EB, EC に対する量 d, e, f は，図 8.3 右図のように与えられている．

3つの方程式を互いに引けば，多くの項が打ち消し合う．一番よいのは，第3式から第1式を引くことである．なぜなら，その2式には y の1次の項がなく，z に対する

$$z = g + hx \tag{8.2}$$

というタイプの等式が得られるからである．それから，もう一度引き算をして (8.2) を使えば，

$$y = k + \ell x \tag{8.3}$$

が得られる．両方の結果 (8.2) と (8.3) を (8.1) のどれかの式に代入すると，最終的に

$$px^2 + qx + r = 0 \tag{8.4}$$

というタイプの方程式に導かれる．ここで，定数 p, q, r は定数 a, b, c, d, e, f から計算されるので，"le Probleme est plan（問題は平面的である）" ことが分かる．しかし，これらの面倒な計算を実際に行うのは既に "ennuyeux à Vostre Altesse（殿下をうんざりさせていて）"，人間の知性の養成にも慰みのためにももはやこれ以上の関心はない．

上記の式のほかの符号の組み合わせでは，互いに中からと外から接する円となる解に導かれる（図 8.2 右図参照）．

ヴィエート，デカルト，ニュートンのほかにも，オイラー（[オイラー (1790)] E648）やガウス（[ガウス全集] 第4巻 p. 400，注意 VI）がこの問題に魅了され，三角関数の恒等式の助けを借りた解答を与えた．ジェルゴンヌはデカルトの計算を最後まで実行し，J. シュタイナーの解答（[シュタイナー (1826a)] 課題 II, p. 175）に似た，エレガントな幾何学的解答に到達した [ジェルゴンヌ (1813/14)]．

「接触円」に対するデカルト・シュタイナー・ソディの公式． 数日後デカル

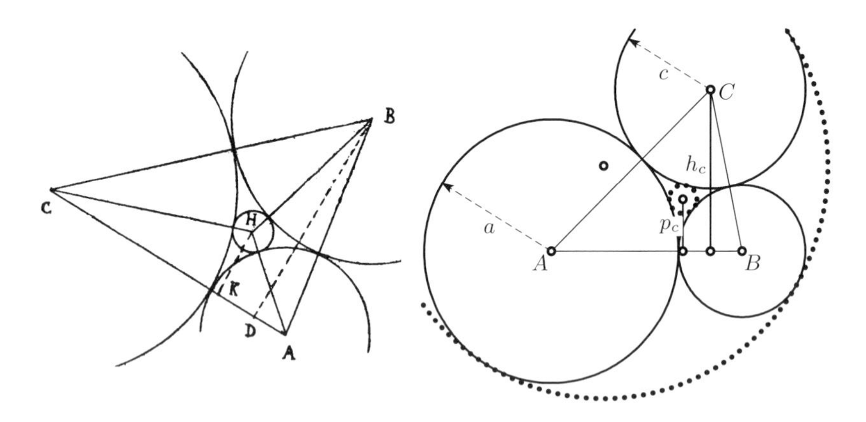

図 **8.4** 左：接触円に対するデカルトの描画（『全集』第4巻 p. 48, BGE Ca1227/4 から複写），右：シュタイナーの証明

トは王女にもう一通の手書きを書き[10]，代わりに，与えられた3円が互いに接しているという，よりやさしい場合をやってみるように勧めた．ここでデカルトは「殿下」は次の方程式

$$a^2b^2c^2 + a^2b^2x^2 + a^2c^2x^2 + b^2c^2x^2 = \\ 2\left(abc^2x^2 + ab^2cx^2 + a^2bcx^2 + ab^2c^2x + a^2bc^2x + a^2b^2cx\right) \tag{8.5}$$

に到達しただろうと言っている[11]．証明は述べていない．この方程式を $a^2b^2c^2x^2$ で割ると，

$$\frac{1}{a^2} + \frac{1}{b^2} + \frac{1}{c^2} + \frac{1}{x^2} = 2\left(\frac{1}{ab} + \frac{1}{ac} + \frac{1}{bc} + \frac{1}{ax} + \frac{1}{bx} + \frac{1}{cx}\right) \tag{8.6}$$

が得られる．これは $\frac{1}{x}$ に対する2次方程式で，

$$\frac{1}{x} = \frac{1}{a} + \frac{1}{b} + \frac{1}{c} \pm 2\sqrt{\frac{1}{ab} + \frac{1}{bc} + \frac{1}{ca}} \tag{8.7}$$

という解を持つ．+ 符号は3円の内側の小さい円を与え，− 符号は外側から接する大きい円を与える．もしこの半径が負になったら，この円は図8.4右図

[10] 1643年11月付のエリーザベトへの手紙 CCCXXVIII.『全集』4, p. 45–50.
[11] ここでの記号は，x 以外は，デカルトの最初の手紙の記号のもので，第2の手紙のものではない．また [H.S.M. コクセター (1968)] 参照．

のように内側から接することになる．また，(8.6 の右辺を平方完成することができ，素敵な公式

$$\frac{1}{a^2}+\frac{1}{b^2}+\frac{1}{c^2}+\frac{1}{x^2}=\frac{1}{2}\left(\frac{1}{a}+\frac{1}{b}+\frac{1}{c}+\frac{1}{x}\right)^2 \tag{8.8}$$

が得られる．この形の公式は，有名な著者である，ノーベル賞受賞者（1921 年にアイソトープの発見に関して）フレデリック・ソディによって再発見された（[ソディ (1936)]）．彼はこれらすべての半径をその逆数，つまり円の**曲率**に置き換えて，それらを**曲がり** (bend) と呼び，分数をすべてなくすことを提案した．有名な雑誌 (Nature) の中に，美しい詩

For pairs of lips to kiss maybe	キスの唇の対には
Involves no trigonometry.	三角法は入ってこない．
'Tis not so when four circles kiss	でもそうならないのは，4 円で
Each one the other three.	それぞれ他の 3 円にキスをするとき

で始まり，(8.8) を

The sum of the squares of all four bends	4 つすべての曲がりの平方和は
Is half the square of their sum.	その和の平方の半分である

と表わしたものを公表したが，またも証明はなかった．しばらくの間，この定理と高次元への一般化は**ソディ・ゴセットの定理**と呼ばれていたが，それは 1937 年にゴセットの一般化を再発見した A. エープリがデカルトの書簡の中に円定理を発見する 1960 年までのことだった．文献と多くの一般化の広範なリストについては，論文 [ラガリアス，マロウズ，ウィルクス (2002)] を挙げておく．

シュタイナーの証明． 見たところ最もエレガントな証明は J. シュタイナーによって与えられたものである（[シュタイナー (1826b)], §29, p. 273）．パッポスの「古代の定理」（上巻 4.5 節の定理 4.10 の (4.19)）を使って，図 8.4 の量に対して，

$$\frac{p_c}{x}=\frac{h_c}{c}+2 \qquad \text{または} \qquad \frac{p_c}{h_c}=x\left(\frac{1}{c}+\frac{2}{h_c}\right) \tag{8.9}$$

が得られる．今度はこれに，円 a と b に対する類似な表示を足し合わせ，37 ページの演習問題 8 におけるオイラーの公式 (6.42) の最初のものを使うと，

$$\frac{p_a}{h_a}+\frac{p_b}{h_b}+\frac{p_c}{h_c}=1=x\left(\frac{1}{a}+\frac{1}{b}+\frac{1}{c}+\frac{2}{h_a}+\frac{2}{h_b}+\frac{2}{h_c}\right) \tag{8.10}$$

が得られる．最後に，右辺の h たちを，ユークリッド I.41 と 25 ページのヘロンの公式 (6.26)（ここで a,b,c には別の意味がある）を使って消去すると，

$$\begin{aligned}\frac{1}{x}&=\frac{1}{a}+\frac{1}{b}+\frac{1}{c}+\frac{b+c}{\mathcal{A}}+\frac{c+a}{\mathcal{A}}+\frac{a+b}{\mathcal{A}}\\&=\frac{1}{a}+\frac{1}{b}+\frac{1}{c}+\frac{2(a+b+c)}{\sqrt{(a+b+c)abc}}=\frac{1}{a}+\frac{1}{b}+\frac{1}{c}+2\sqrt{\frac{a+b+c}{abc}}\end{aligned}$$

と，方程式 (8.7) が得られる．

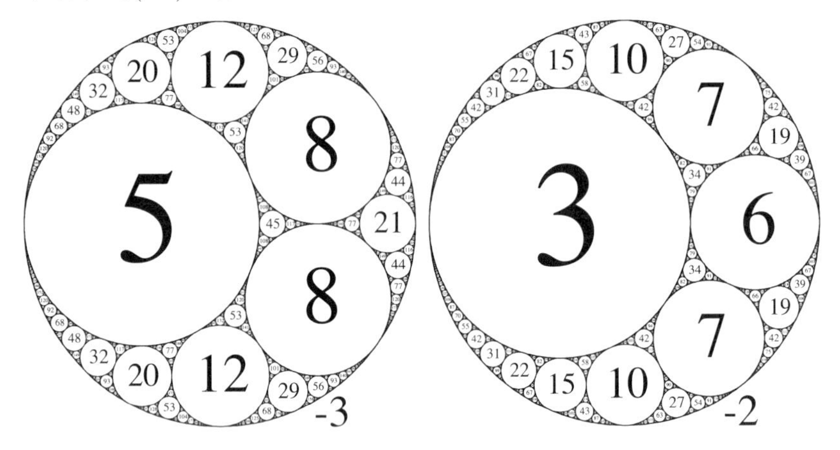

図 8.5　アポロニウス・パッキング

アポロニウス・パッキング．すべて整数の曲率を持つ，デカルトの配置の 4 円があるとする．そのとき，(8.7) の平方根は整数であり，公式を逆向きに使えば，5 番目の円の曲率もまた整数になる．どこでもよいが，もし配置の中の 6 番目の円を計算することを続けると，それもまた整数になるに違いない．もしそうでなければ，公式を逆に使って，最初の 4 円のうちの 1 つが整数でないことになる．繰り返しこれを続けていけば，円による美しいフラクタルのパッキングが得られ，すべて，面白い性質を持つ整数のもので満たされる．

[ラガリアス，マロウズ，ウィルクス (2002)] ではそれらを**アポロニウス・パッキング**と呼んでいる．そのようなものの 2 つの例が図 8.5 にある．一番外側の円は内側から接触されているが，負曲率を持つ．

8.3　複素平面と対数らせん

> 'Les *imaginaires*, en Géométrie pure, présentent de graves difficultés... [**虚数**は純粋幾何学の中に深刻な困難を引き起こす...]"
>
> （M. シャール，*Traité de Géométrie supérieure*（高等幾何学概論）第 2 版 (1880), p. xiii）

定木とコンパスでのこれまでの作図（補題 8.1 参照）を複素平面に拡張することから始める．

複素平面. 主なアイデアは実平面を

$$\mathbb{R}^2 = \big\{(x, y) \mid x, y \in \mathbb{R}\big\} \simeq \mathbb{C} = \{x + iy \mid x, y \in \mathbb{R}\} \tag{8.11}$$

と，複素平面と同一視することである（[ヴェッセル (1799)], [ガウス (1799)], [アルガン (1806)]）．i という記号がゆっくりと，

$$i = \sqrt{-1} \qquad \text{すなわち} \qquad i^2 = -1 \tag{8.12}$$

という性質を持つ「数」$\sqrt{-1}$ を表すために使われるようになっていった（1777 年にオイラーが最初に使った）．図 8.6 左図参照．与えられた複素数 $z = x+iy$ に対して，実数 x と y をそれぞれ z の**実部**と**虚部**と言う．複素数 $\overline{z} = x - iy$ は z の**複素共役**または**共役複素数**と呼ばれる．さらに，φ で，正の x 軸と原点から点 (x, y) を通る半直線の間の角を表す（符号も取る）．この角を $-\pi < \phi \leq \pi$ に正規化して，$\arg z$ と書き，z の**偏角**と呼ぶ．最後に，z から原点までの距離である非負の数 $|z| = r = \sqrt{x^2 + y^2}$ は，z の**モデュラス**，または**絶対値**と呼ばれる．この記号を使うと，**極座標**では

$$z = r\big(\cos\varphi + i\sin\varphi\big) \tag{8.13}$$

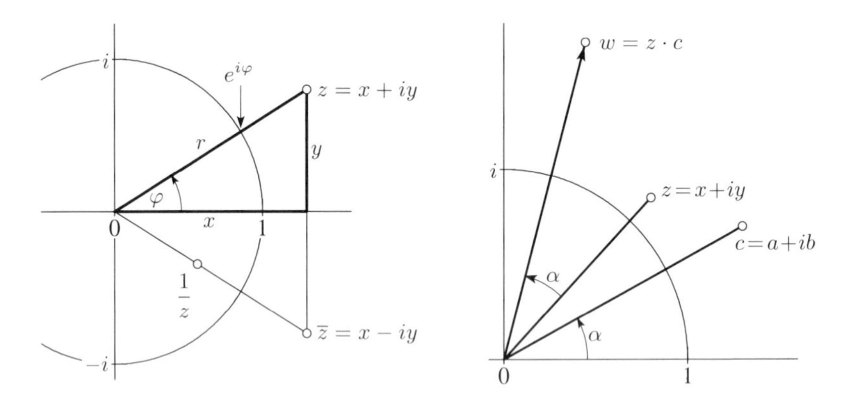

図 **8.6**　複素平面

となる．

積． (8.12)を勘定に入れると，2つの複素数の積が

$$\begin{matrix} c = a + ib \\ z = x + iy \end{matrix} \quad \Rightarrow \quad cz = ax - by + i(bx + ay) \tag{8.14}$$

となることがわかる．

商． 割り算は，(8.14) によって，積

$$z \cdot \overline{z} = (x + iy)(x - iy) = x^2 + y^2 = r^2 \tag{8.15}$$

が実数であることに基づいている．だから，分数の分子と分母に分母の複素共役を掛けるとよい．たとえば，

$$\frac{1}{6 + 2i} = \frac{6 - 2i}{(6 + 2i)(6 - 2i)} = \frac{6 - 2i}{6^2 + 2^2} = \frac{3}{20} - \frac{i}{20}$$

である．このように，あらゆる複素数は，どんな複素数 $(\neq 0)$ でも割ることができ，上の加法と乗法によって，$\mathbb{C}$ は**体**になる．

対数らせん． この美しい曲線はヤーコプ・ベルヌーイの瞑想 (meditations) の1つ（*Meditatio LI*, [ヤーコプ・ベルヌーイ (全集4巻本)], vol. 2, p. 289，1684

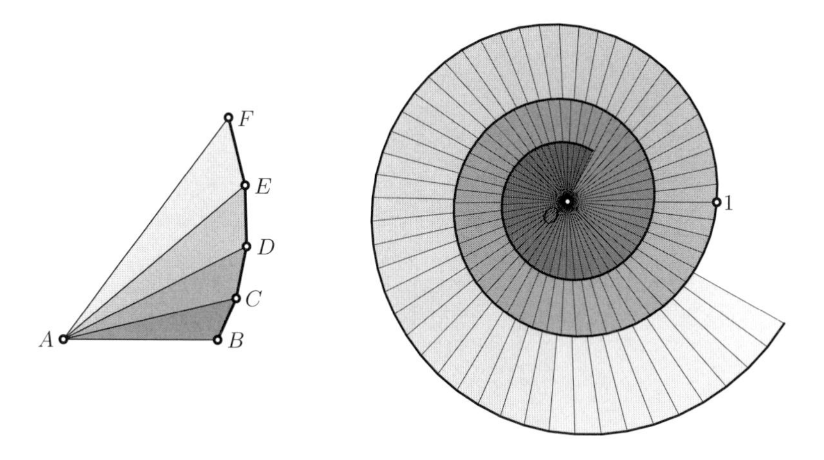

図 8.7 左：ヤーコプ・ベルヌーイの相似三角形，右：対数らせん $z = e^{ct}$, $c = 0.5 + 17.5i$, $-\frac{2}{3} \le t \le \frac{1}{3}$

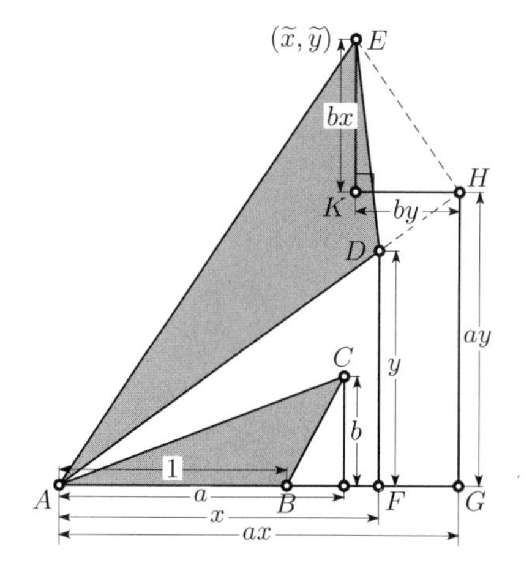

三角形 AFD と AGH は相似，
$AH/AD = a$,
$\Rightarrow AG = ax, \quad GH = ay;$
三角形 AFD と EKH は相似，
$EH/AD = b$,
$\Rightarrow EK = bx, \quad KH = by.$

図 8.8 変換公式の導出

年頃に書かれた *Linea curva infinitarum dimensionum*（無限の次元を持つ曲線））から生まれた．与えられた角を三等分する問題 (“bi-tri-quadrisectum”) に想を得て，ヤーコプ・ベルヌーイは相似な三角形の列で，それぞれの辺が一つ前のものの辺と共有するものを考えた (“triangula inter se similia & proportionalia"，図 8.7 左図参照）．

代数公式． 再帰的に点 $D, E, F, \ldots$ の座標を決定するために，三角形 ABC を，辺 $AB = 1$ が x 軸に沿うように置き，C の座標を (a, b) とする．それから，座標が (x, y) の D がこれらの三角形のどれかの下側の頂点のときに，次の点 E の座標 $(\widetilde{x}, \widetilde{y})$ を計算したい．この問題の答は図 8.8 に説明されており，

$$\begin{aligned} \widetilde{x} &= ax - by\,, & x &= \tfrac{1}{a^2+b^2}(a\widetilde{x} + b\widetilde{y})\,, \\ \widetilde{y} &= bx + ay\,, & y &= \tfrac{1}{a^2+b^2}(-b\widetilde{x} + a\widetilde{y}) \end{aligned} \tag{8.16}$$

という公式が導かれる（右の列の公式はらせんを E から D へ「下げる」ものである）．これらの公式と複素数の積と商に対する (8.14) 式には素晴らしい関係を見てとれる．こうして，図 8.6 右図に説明されている，複素数の積の幾何学的な意味（絶対値を掛けて，偏角を足す）が理解される．これらの公式は三角関数の加法定理 (5.6) と密接な関係がある．図 8.8 と上巻第 5 章の図 5.7 左図がほとんど同じものだから，このことには不思議なことはない．

解析公式． 三角形の数を増やして，頂点 A における角を小さくしていけば，折れ線 $B, C, D, E, \ldots$ は曲線に近づいていく（"... in curvam degenerabunt（曲線の中に溶けていくだろう）"，図 8.7 右図参照）．この曲線は両方向に無限に延びていき，繰り返しその形を複製する（"quae infinitarum erit dimensionum, utpote cui describendae infinitae reperiendae mediae proportionales（これが無限の広がりをもつのは，無限に見つかる比例中項と述べられるのだから）"）．とくに，この曲線は原点からのそれぞれの光線と同じ角度で交わる．とれも信心深かったヤーコプ・ベルヌーイにとって，この曲線は永遠の生命を象徴する神秘的な重要性を持っており，彼の墓碑に "eadem mutata resurgo（変われども同じように私は昇る）" と刻むように頼んでいる．

アンモナイトの多くの種の中で（図 8.9 左図），対数らせんの形での生命が，たとえ永遠ではなくても，少なくとも何百万年と続いた．図 8.9 右図は，この素晴らしい曲線が黄金比とフィボナッチ数との組み合せの中で，絵を見るという純粋な喜びを与えてくれる．

解析的公式を導くために，(8.16) で，$a \mapsto 1 + \frac{a}{N}$ と $b \mapsto \frac{b}{N}$ という置き換えをする．ここで，a と b は固定された数で，N は大きい数である．それから，

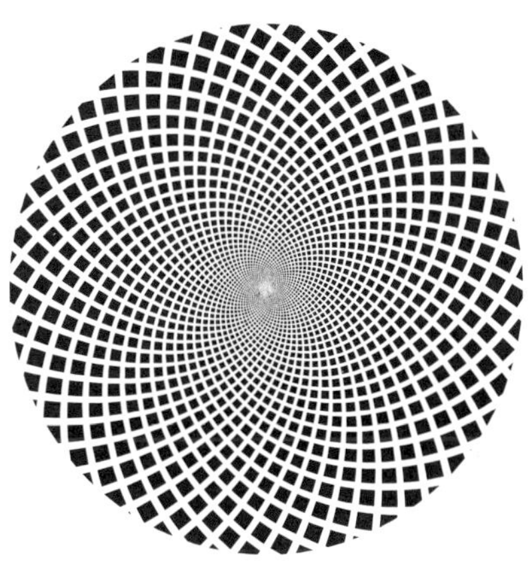

図 8.9 左：アンモナイト・ダクティリオケラス，1 億 6 千 5 百万年前のもの，右：傾き Φ の 34 対数らせんと傾き $-1/\Phi$ の 55 対数らせん

(8.16) により，らせんの J 番目の点は

$$\left(1+\frac{a+ib}{N}\right)^J = \left(1+\frac{c}{N}\right)^J, \qquad \text{ここで，} c = a+ib$$

となる．t を固定し，$J = N \cdot t$ を満たすように，N と J の両方を無限に大きくすると，これは

$$\left(1+\frac{c}{N}\right)^{N\cdot t} = \left(\left(1+\frac{c}{N}\right)^N\right)^t \rightarrow e^{ct} \tag{8.17}$$

となる．ちゃんとした解析の教科書なら，

$$e^c = \lim_{N\to\infty}\left(1+\frac{c}{N}\right)^N = 1+c+\frac{c^2}{1\cdot 2}+\frac{c^3}{1\cdot 2\cdot 3}+\dots \tag{8.18}$$

が有名な指数関数であることが書いてある．最後の等式は 2 項展開から得られる（[オイラー (1748)]，また [ハイラー，ヴァンナー (1997)] I.2.2 節を参照）．

オイラーの公式． アイデアは，(8.17)式の c を純虚数 $i\varphi$ に置き換えることである．三角形 ABC は角 B が直角になり，対数「らせん」は単位円に近づき，φ は弧長を表す（図 8.10 参照）．この図は直ちに有名なオイラーの公式

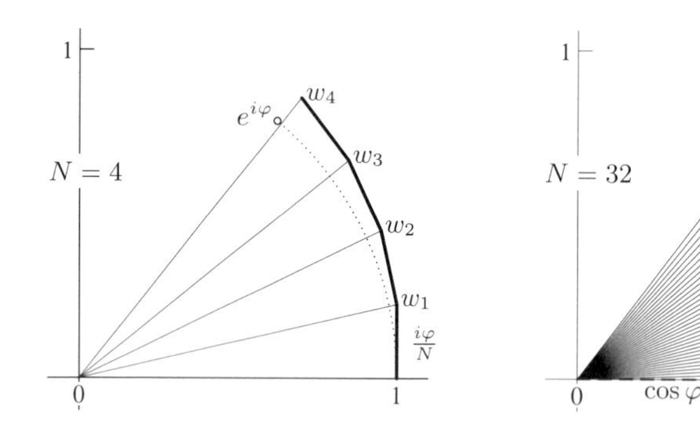

図 8.10　純虚数 $i\varphi$ に対する指数関数

$$e^{i\varphi} = \cos\varphi + i\sin\varphi \tag{8.19}$$

を表している．極座標を使えば，(8.13)は

$$z = x + iy = r \cdot e^{i\varphi} \tag{8.20}$$

と書くことができ，$z = r \cdot e^{i\varphi}$ と $c = s \cdot e^{i\alpha}$ との積は

$$cz = rs \cdot e^{i(\alpha+\varphi)} \tag{8.21}$$

となる．ここでまた，複素数の積の幾何学的意味が見えている．オイラーの公式な特別な場合が，

$$e^{\frac{i\pi}{2}} = i\,, \qquad e^{i\pi} = -1\,, \qquad e^{2i\pi} = 1 \tag{8.22}$$

である．

複素根. z を絶対値が r で偏角が φ の複素数とする．積の性質から，z の複素根 $w = \sqrt{z}$（すなわち，$w^2 = z$ の解）の絶対値は $|w| = \sqrt{r}$ で偏角は $\arg w = \frac{\varphi}{2}$ となる（図 8.11 左図参照）．しかしながら，$e^{2i\pi} = 1$ であるので，慎重にしなければならない．したがって，z の第 2 の平方根には偏角が $\frac{\varphi}{2} + \pi$ のものがある．

複素平方根は実の平方根と角の二等分によって得られるので，定木とコンパスによって作図することができる（ユークリッド I.9）．図 6.1 と合わせると，

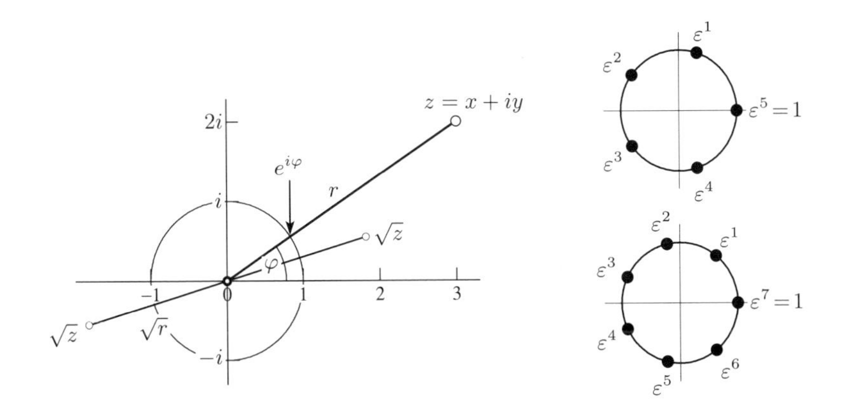

図 8.11　左：複素平方根，右：$n=5$ と $n=7$ に対する 1 のベキ根

次の結果が得られる．

補題 8.2　複素平面において，有理演算と平方根を組み合わせたものは，定木とコンパスによる作図に対応する．

***n* 乗根．** z を絶対値が r で偏角が φ の複素数とする．前と同じように，z の n 乗根の絶対値は $\sqrt[n]{r}$ で，偏角は $\frac{\varphi}{n} + \frac{2k\pi}{n}$, $k = 0, 1, \ldots, n–1$ のどれかである．特に，$z = 1$ に対しては，

$$\sqrt[n]{1} = \varepsilon^k = e^{\frac{2ki\pi}{n}}, \qquad k = 0, 1, \ldots, n-1 \tag{8.23}$$

となる．これらの値は **1 の *n* 乗根**と呼ばれる（図 8.11 右図参照）．こうして，点 ε^k は単位円に内接する正 n 角形の頂点を表わし，方程式

$$z^n - 1 = 0 \tag{8.24}$$

を解くためのどんな幾何的作図もこの正多角形の作図を与えてくれる．

8.4　ガウスとヴァンデルモンドの方法

有名な 17 角形を攻撃する前に，5 乗根を計算する，ガウスとヴァンデルモンドの方法を説明しておこう．$n = 17$ に対しても同じアイデアが使われるこ

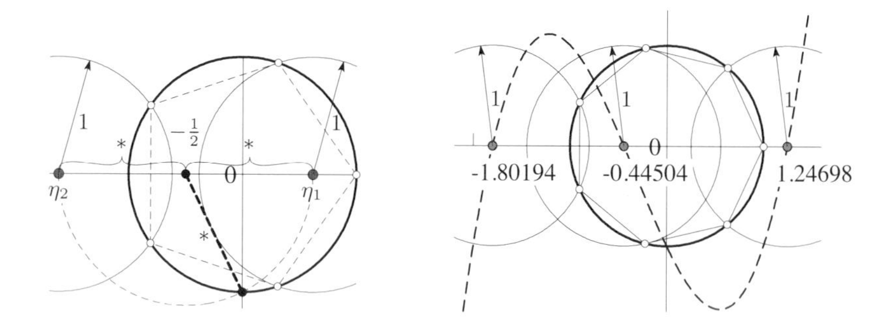

図 8.12　左：単位円に内接する正五角形の作図，右：単位円に内接する正七角形の作図)

となる．

代数方程式を解いてきた長い伝統（1545年のタルターリアとカルダノ，1770年のラグランジュ）が低次の方程式を満たす根のいくつかの組み合わせを探す動機となる．1の冪根のためには

$$\varepsilon + \varepsilon^{k} + \varepsilon^{k^2} + \ldots \tag{8.25}$$

のタイプの和を選ぶのが良い（1771年のヴァンデルモンド）．それから四半世紀経ってガウスが同じ方法を使ったが，ヴァンデルモンドに触れることはなかった．

正五角形． ここでは $\varepsilon^5 = 1$ を解きたい．(8.25)式で，$k = 4$ としてみる．すると，冪 k^j は

$$1 \to 4 \to 16 \to 64 \to 256 \to \ \ldots$$

となる．$\varepsilon^5 = 1$ であるので，これらの冪から5を法とした剰余（つまり，5で割った余り）を取ることができて，

$$1 \to 4 \to 1 \to 4 \to 1 \to \ \ldots$$

となる．このような「冪剰余」の理論は[オイラー (1761)] E262で確立された．しかし，4を選んだのがよくないのは，5を法とする（0でない）すべて

の剰余がこのリストの中に出てこないからである．しかしながら，$k=2$ を選ぶことによって，5 を法とする（0 でない）剰余の完全な列

$$1 \to 2 \to 4 \to 3 \to 1 \tag{8.26}$$

が得られる．そのような k の値は [オイラー (1774)] [E449] によって**原子根**と呼ばれた．2 は 5 を法とする原子根である．これが，この方法での良い選択ということである．項を対にして，

$$\eta_1 = \varepsilon + \varepsilon^4, \qquad \eta_2 = \varepsilon^2 + \varepsilon^3 \tag{8.27}$$

と置く．多項式 $\varepsilon^5 - 1$ のすべての根の和は 0 だから，

$$\begin{aligned} \eta_1 + \eta_2 &= \varepsilon + \varepsilon^2 + \varepsilon^3 + \varepsilon^4 = -1, \\ \eta_1 \cdot \eta_2 &= \varepsilon^3 + \varepsilon^4 + \varepsilon + \varepsilon^2 = -1 \end{aligned} \tag{8.28}$$

となる．ヴィエートにより，η_1 と η_2 は 2 次の多項式

$$\eta^2 + \eta - 1 = 0 \qquad \text{を満たすから，} \qquad \eta_{1,2} = \frac{-1 \pm \sqrt{5}}{2} \tag{8.29}$$

となり，5 次の多項式の根を求める問題を 2 次の多項式の根を求める問題に帰着できたのである．

この場合，ε^4 と ε^3 がそれぞれ ε と ε^2 に共役である．(8.27)のおかげで，η_1 と η_2 はそれぞれちょうど ε と ε^2 の実部の 2 倍になっている．このことから，図 8.12 左図に示した正五角形の作図が導かれる[12]．

正七角形． 前と同じように同じアイデアに基づいて，今度は 1 の 7 乗根を計算する．7 を法とする 2 のベキは

$$1 \to 2 \to 4 \to 1 \tag{8.30}$$

となる．この列は短すぎるから，$k=3$ でやってみると

$$1 \to 3 \to 2 \to 6 \to 4 \to 5 \to 1 \tag{8.31}$$

となる．こうして，7 を法とする原子根が得られる．残念なことに，たとえば

[12] これは図 6.12 のプトレマイオスの作図に似たものだが，厳密に同じというわけではない．

$\eta_1 = \varepsilon + \varepsilon^2 + \varepsilon^4$ と $\eta_2 = \varepsilon^3 + \varepsilon^6 + \varepsilon^5$ という分割で，η_1 と η_2 の積が ε によらないようなものが存在しないことが分かる．

したがって，**3** つの量

$$\eta_1 = \varepsilon + \varepsilon^6, \qquad \eta_2 = \varepsilon^3 + \varepsilon^4, \qquad \eta_3 = \varepsilon^2 + \varepsilon^5 \tag{8.32}$$

を定義しなければならない．簡単な計算によって

$$\eta_1 + \eta_2 + \eta_3 = -1, \qquad \eta_1\eta_2 + \eta_2\eta_3 + \eta_3\eta_1 = -2, \qquad \eta_1\eta_2\eta_3 = 1 \tag{8.33}$$

が示され，そのことは η_1, η_2, η_3 が

$$\eta^3 + \eta^2 - 2\eta - 1 = 0 \tag{8.34}$$

の根であることを意味している．後で，この方程式の根が定木とコンパスで作図できないことがわかる．それゆえ，図 8.12 右図を描くために数値計算を使った．

8.5　正 17 角形

今度はガウスの大発見である正 17 角形の作図の番である．つまり，方程式

$$\varepsilon^{17} - 1 = 0 \tag{8.35}$$

を一連の **2** 次の方程式を解くことによって解くのである．2 の冪で始め，17 を法として簡約すると

$$1 \to 2 \to 4 \to 8 \to 16 \to 15 \to 13 \to 9 \to 1$$

となる．この列は短すぎる．しかしながら，次の選択では

$$\begin{aligned} 1 \to 3 \to 9 \to 10 \to 13 \to 5 \to 15 \to 11 \to 16 \to \\ \to 14 \to 8 \to 7 \to 4 \to 12 \to 2 \to 6 \to 1 \end{aligned} \tag{8.36}$$

となる．η_1 として 1 つおきにすべての指数を取り（図 8.13 左図の黒い点），η_2 として残りの指数を取る（灰色の点）．こうすると，

$$\eta_1 = \varepsilon^1 + \varepsilon^9 + \varepsilon^{13} + \varepsilon^{15} + \varepsilon^{16} + \varepsilon^8 + \varepsilon^4 + \varepsilon^2, \quad \eta_2 = \varepsilon^3 + \varepsilon^{10} + \varepsilon^5 + \varepsilon^{11} + \varepsilon^{14} + \varepsilon^7 + \varepsilon^{12} + \varepsilon^6 \tag{8.37}$$

となる．すべての根の和が 0 なので，$\eta_1 + \eta_2 = -1$ は容易にわかる．積 $\eta_1 \cdot \eta_2$ には 64 もの項があるが（図 8.13 右図参照），それぞれの冪は「奇跡的に」ちょうど 4 回現れる．こうして，

$$\eta^2 + \eta - 4 = 0 \text{ を満たすから } \eta_1 = \frac{-1+\sqrt{17}}{2}, \quad \eta_2 = \frac{-1-\sqrt{17}}{2} \tag{8.38}$$

となる（灰色の点は左の方に多いので，符号がこうなる）．

次に

$$\mu_1 = \varepsilon^1 + \varepsilon^{13} + \varepsilon^{16} + \varepsilon^4, \quad \mu_3 = \varepsilon^3 + \varepsilon^5 + \varepsilon^{14} + \varepsilon^{12}, \quad \mu_2 = \varepsilon^9 + \varepsilon^{15} + \varepsilon^8 + \varepsilon^2, \quad \mu_4 = \varepsilon^{10} + \varepsilon^{11} + \varepsilon^7 + \varepsilon^6 \tag{8.39}$$

と置いて続けると，

$$\mu_1 + \mu_2 = \eta_1,\ \mu_1\mu_2 = -1 \text{ を満たすから } \mu_{1,2} = \frac{\eta_1 \pm \sqrt{\eta_1^2 + 4}}{2}, \tag{8.40}$$

$$\mu_3 + \mu_4 = \eta_2,\ \mu_3\mu_4 = -1 \text{ を満たすから } \mu_{3,4} = \frac{\eta_2 \pm \sqrt{\eta_2^2 + 4}}{2} \tag{8.41}$$

が得られる．次の段階では，

$$\beta_1 = \varepsilon^1 + \varepsilon^{16}, \qquad \beta_2 = \varepsilon^{13} + \varepsilon^4 \tag{8.42}$$

と置けば，

$$\beta_1 + \beta_2 = \mu_1, \beta_1\beta_2 = \mu_3 \text{ を満たすから } \beta_{1,2} = \frac{\mu_1 \pm \sqrt{\mu_1^2 - 4\mu_3}}{2} \tag{8.43}$$

が得られて，最終的に

$$\varepsilon^1 + \varepsilon^{16} = \beta_1,\ \varepsilon^1\varepsilon^{16} = 1, \text{ を満たすから } \varepsilon = \frac{\beta_1 + \sqrt{\beta_1^2 - 4}}{2} \tag{8.44}$$

となる．これが欲しかった結果である．

定理 8.3（**ガウス 1796**）　正 17 角形は定木とコンパスで作図することができる．

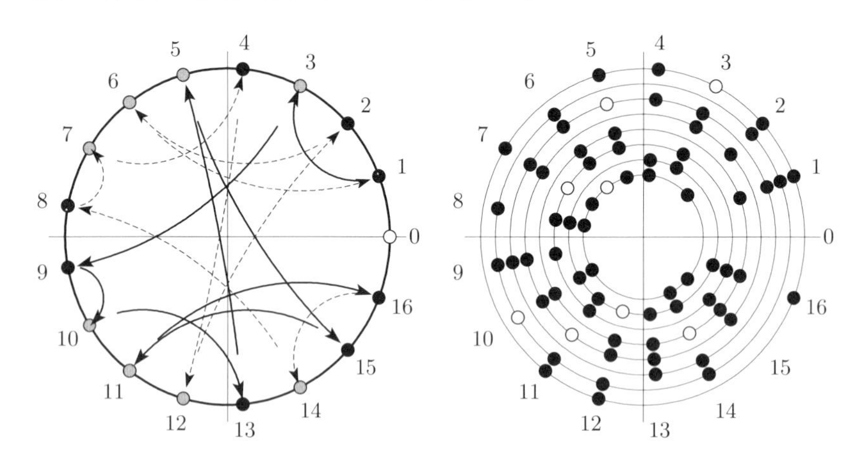

図 8.13　左：17 を法とする 1 の冪根 ε^{3^k}（黒色は平方剰余，灰色は平方非剰余），右：積 $\eta_1 \cdot \eta_2 = -4$

ガウスはまた，

$$F_k = 2^{(2^k)} + 1 \tag{8.45}$$

の形の数が素数であれば，同じ方法が働くことを知っていた．

$$F_0 = 3, \quad F_1 = 5, \quad F_2 = 17, \quad F_3 = 257, \quad F_4 = 65537 \tag{8.46}$$

がこの最初の 5 つの場合である．（“*tous* ces nombres sont des nombres premiers（これらの数はすべて素数である）” という）フェルマーの予想は，天才オイラーによって成り立たないことが証明された．オイラーは，反例 $F_5 = 2^{(2^5)} + 1 = 4294967297 = 641 \cdot 6700417$ を発見したのである．(8.46)に与えられた 5 つの数だけが，今日においても (8.45)の形の素数として知られているものである

注意.　正 257 角形に対する具体的な計算がリシュローによって実行され，84 ページも掛かっている（[リシュロー (1832)] 参照）．ヘルメスは正 65537 角形に人生を 10 年もささげており，彼の解答はゲッティンゲン大学の数学セミナーの大きな箱の中に保管されている（[ヘルメス (1895)] 参照）．

注意. これらの考察と，ユークリッド IV.16（章末の演習問題 4 参照）とユークリッド I.9 とを合わせると，

$$n = 2^{\ell} p_1 \cdots p_k \tag{8.47}$$

の形（$\ell \geq 0$ であり，p_i は (8.46)の形をした**互いに異なる**素数）のすべての n に対して，正 n 角形が定木とコンパスで作図できることは明らかである．

8.6　定木とコンパスでは不可能な作図

"Ce principe est annoncé par M. Gauss à la fin de son ouvrage, mais il n'en a pas donné la démonstration. [この原理はガウスによってその著書の最後に表明されているが，彼は証明を与えなかった.]"

（P.L. ヴァンツェル，*J. de Math.* (1837)[13]）

"... will ich Ihnen hier einen Fall vorführen – um so lieber, als im grossen Publikum so *wenig Verständnis für Beweise dieser Art* vorhanden ist. [この重要な**不可能性の証明**の例をあなたの前に示すことにしましょう，大衆には**この種の証明に対する理解**の欠如があるのでなお一層喜んで]"

（F. クライン『**高い立場から見た初等数学** (*Elementarmathematik vom höheren Standpunkte aus*)』,1924, p. 55. ヘドリックとノーブルによ英訳 (1932) p.51）

ガウスはその著書 *Disquisitiones Arithmeticae*（算術研究）の終わり近くで，大文字 ("OMNIQUE RIGORE DEMONSTRARE POSSUMUS ...（まったき厳密さで証明することができる．．．)") で，n が (8.47)の形でないとき，**どんな**正 n 角形も定木とコンパスで作図することができないと述べている．し

---

[13]　[訳註] ヴァンツェルの論文 "Recherches sur les moyens de connaître si un problème de géométrie peut se résoudre avec la règle et le compas（定木とコンパスで解くことができるかどうかを知るための方法についての研究)"，リウヴィル誌 (1837), vol. 2, pp.366–372 は倍積問題，角の三等分と本節の問題を解く一連の論文の最初のもの.

かしながら，彼は厳密な証明を与えていない．これをしたのはP.L. ヴァンツェルである（1837年，引用参照）ここでは，1つの特殊な場合だけの証明をする．

定理 8.4　正七角形は定木とコンパスで作図することはできない．

証明．この証明は，1908年にF. クラインが与えた証明を手直したものである．

第1段．方程式 (8.34) が有理根を持ち得ないことを示す．互いに素な n と m があって，$\eta = \frac{n}{m}$ であるとすれば，

$$n^3 + m(n^2 - 2nm - m^2) = 0 \tag{8.48}$$

となる．こうして，m のどんな素因数も n を割るし，その逆も成り立つ．n と m が互いに素であるから，これから $\eta = \pm 1$ となる．± 1 は確かに (8.34) の根ではないから，これは矛盾である．

第2段．(8.34) が，

$$\eta_1 = \frac{\alpha + \beta\sqrt{R}}{\gamma + \delta\sqrt{R}} \tag{8.49}$$

という形の根を持つと仮定する．ここで，$\alpha, \beta, \gamma, \delta$ と R は有理数であるとする．$\gamma - \delta\sqrt{R} \neq 0$ でなければならない．というのは，もしそうでなければ，$\sqrt{R}$ が有理数になり，そのことから η_1 が有理数になるが，これは第1段によって排除されている．(8.49) の分母分子に $\gamma - \delta\sqrt{R}$ を掛けると，

$$\eta_1 = \frac{(\alpha + \beta\sqrt{R})(\gamma - \delta\sqrt{R})}{\gamma^2 - \delta^2 \cdot R} = P + Q\sqrt{R} \tag{8.50}$$

となる．ここで，P と Q はまた有理数である．これを (8.34) に代入すると，

$$\eta_1^3 + \eta_1^2 - 2\eta_1 - 1 = (P + Q\sqrt{R})^3 + (P + Q\sqrt{R})^2 - 2(P + Q\sqrt{R}) - 1 = 0 \tag{8.51}$$

となる．展開すると，またも有理数の M と N があって，

$$M + N\sqrt{R} = 0 \tag{8.52}$$

という形の関係式が得られる．もし $N \neq 0$ であれば，$\sqrt{R} = -\frac{M}{N}$ となり，もう一度この平方根は有理数となる．それゆえ，$M = N = 0$ となり，$M - N\sqrt{R} = 0$ でもある．結果として（$\sqrt{R}$ の代わりに $-\sqrt{R}$ を使って同じ計算をすると），

$$\eta_2 = P - Q\sqrt{R} \tag{8.53}$$

もまた (8.34) の根である．しかしながら，ヴィエートの関係式から

$$\eta_1 + \eta_2 + \eta_3 = -1 \quad \text{となるので} \quad \eta_3 = -1 - \eta_1 - \eta_2 = -1 - 2P \tag{8.54}$$

は (8.34) の有理根となる．これは証明の第 1 段から不可能である．

一般の場合． さて残りは簡単である．η_1 が**いくつかの**平方根を含んでいるとすれば（多重根号でもそうでなくても），第 2 段の証明を繰り返し適用することによって，根号を 1 つずつ外していく．それをするごとに，η_1 と η_3 の役割を交換しなければならない． □

立方体の 2 倍化． さて，上巻 3.1 節の古典的なギリシャの問題に戻ろう．立方体を 2 倍にする問題は $x^3 - 2 = 0$ の実根を作図することである．この方程式は有理根を持たない．m, n が互いに素で，$n^3 - 2m^3 = 0$ であれば，n は偶数でなければならない．$n = 2\ell$ とおけば $m^3 = 4\ell^3$ となるので，m は偶数でなければならず，矛盾となる．上の証明の残りはほとんど変更することなく適用でき，**定木とコンパスで立方体を 2 倍にすることは不可能である**という結論になる．

角の三等分． 上巻 6.2 節で見たように，この問題は 3 次方程式 (6.4a)$x^3 - \frac{3}{4}x + \frac{d}{4} = 0$ に帰着する．ここで，d の**いくつかの**値に対しては作図可能な解が存在する（たとえば，$3\alpha = 90°$ ならば $d = 1$ となり，解は $x = \frac{1}{2}$ である．$3\alpha = 180°$ であれば $d = 0$ となり 2 次方程式になる）．しかしながら，定木とコンパスでは**どんな**作図も不可能な角も存在する．こうした事実にもかかわらず，定木とコンパスによる作図は常にアマチュア数学者にとって盛んな分野であり続けている．稔りのない試みの印象的なコレクションが [ダッドリー (1987)] に与えられている．

円の正方形化.

> "Ich kann mit einigem Grunde zweifeln, ob gegenwärtige Abhandlung von denjenigen werde gelesen, oder auch verstanden werden, die den meisten Antheil davon nehmen sollten, ich meyne von denen, die Zeit und Mühe aufwenden, die Quadratur des Circuls zu suchen. Es wird sicher genug immer solche geben ... die von der Geometrie wenig verstehen ... [この論文が，それによって最も利益を得るべき人々，すなわち円を正方形化しようと時間と労力を費やす人々によって読まれる，または理解されることを疑うだけの十分な理由がある．幾何学をほとんど理解していない... ような人はいつでもいるのである．]"
>
> （J.H. ランベルト，1770 年）

定木とコンパスで円を正方形化することの不可能性の証明はずっと難しい．問題は π か $\sqrt{\pi}$ に対する作図を見出すことにあり，無数の稔りのない試みがなされることになった．最後に，問題は不可能だという意見が広がった（ランベルト 1770, 引用参照）．ランベルト自身，π が無理数であることを発見した．無理数性の厳密な証明はルジャンドル (1794) による（[ハイラー，ヴァンナー (1997)], I.6 節も参照）．

無理数性だけでは十分ではない．（例えば $\sqrt{2}$ のように）無理数によっては定木とコンパスで作図することができるからである．不可能性の証明は最終的に 1882 年にリンデマンによって達成された．彼は π が**超越的**であること，つまり，(0 でない）どんな有理係数の多項式の根ではないことを証明した．彼の証明は込み入っている．

8.7　演習問題

1. **（三円問題に対するニュートンの平面的な解）**．『プリンキピア』（1726 年版の補題 XVI）においてニュートンはヴィエートよりも少し賢く，ファン・ルーメンの双曲線が定木とコンパスで解くことができることを発見した．このことが可能なのは，(a) 2 つの双曲線が同じ焦点を持つということと，(b) 両方の双曲線に対する準線の性質（パッポス VII.238, 図 3.5 左図参照）を使うことによる．

2. H.H. ヴァン・オーベル (1878)[14]か E. コリグノンのものとされる（[クリチコス (1961)] 参照），ナポレオンの定理に似た次の定理を複素解析を使って証明せよ．A_1，A_2，A_3, A_4 を任意の四辺形の頂点とし，B_1, B_2, B_3, B_4 をその辺の上に作図した 4 つの正方形の中心とする．そのとき，線分 B_1B_3 と B_2B_4 は同じ長さで，直交する．

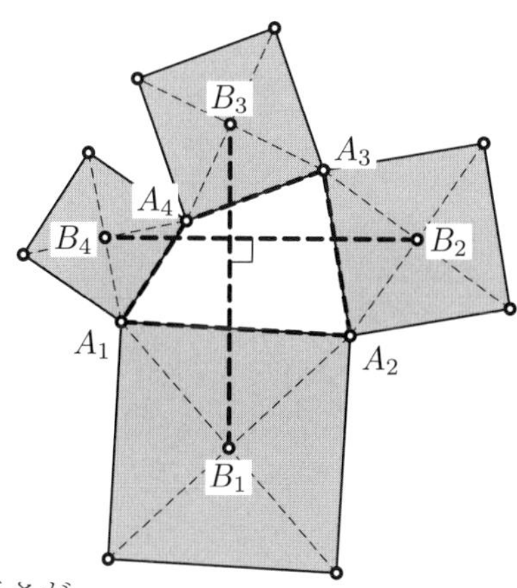

3. 単位円に内接する正 17 角形の辺の長さが

$$\frac{1}{4}\sqrt{34-2\sqrt{17}-2\sqrt{34-2\sqrt{17}}-4\sqrt{17+3\sqrt{17}+\sqrt{170-26\sqrt{17}}-4\sqrt{34+2\sqrt{17}}}}$$

であることを示せ．

4. 正 51 角形は定木とコンパスで作図することができることを示せ．

5. 非常に単純な幾何学的問題だが，定木とコンパスで作図可能でない解を持つ問題に導かれるものがある（D. ラウグヴィッツ，『数学基礎』26, 1971，p. 135）．双曲線 $x^2-y^2=1$ の，与えられた点 $P_0=(x_0,y_0)$ から最短距離にある点 $P_1=(x_1,y_1)$ を求めよ．(a) P_1 における接線に対する公式を使うことによって，また (b) 条件 $x^2-y^2=1$ の下で $(x-x_0)^2+(y-y_0)^2$ を最小化するフェルマー・ライプニッツの方法を使うことによって，問題に取り組め．その解は定木とコンパスで作図できないことを示せ．

6. 次の C. ホイヘンスの発見（[ホイヘンス (1724)], vol. 2, p. 391）を確か

[14] ［訳註］Note concernant les centres de carrés construits sur les côtés d'un polygon quelconque（任意の多角形の辺上に作られた正方形の中心に関するノート）, Nouvelle Correspondance Mathématique(1878), 4, pp. 40–44.

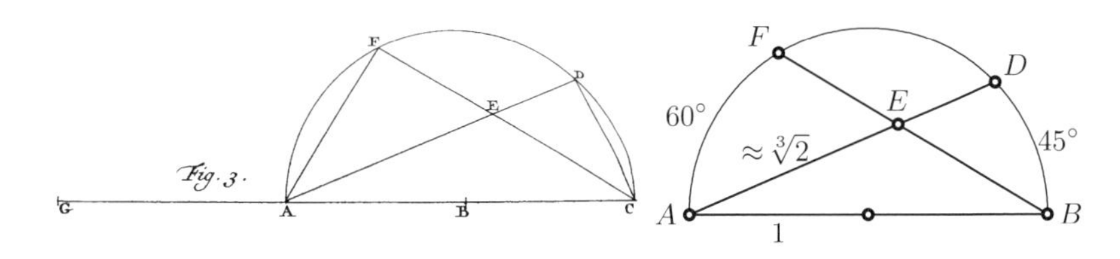

図 **8.14**　ホイヘンスの立方体の近似的2倍化．左：ホイヘンス (1724) の複写

めよ．AB を半径1の円の直径とし，角 BAD を $45°$，角 ABF を $60°$ とし[15]，E を AD と BF の交点とせよ（図 8.14 参照）．そのとき，距離 AE は立方体の倍化の問題の，$\frac{1}{2000}$ より小さい誤差での解を与える．

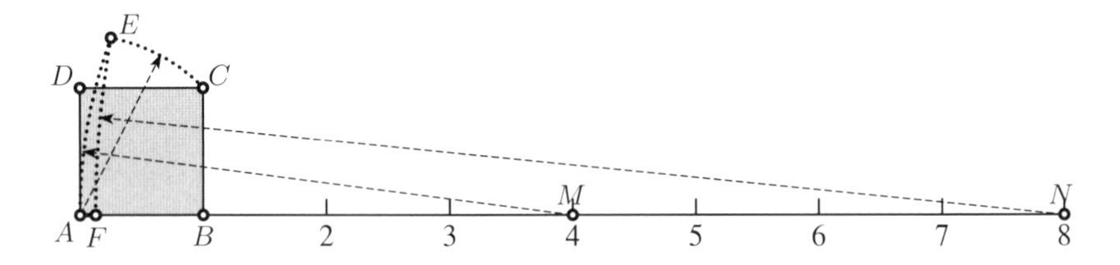

図 **8.15**　立方体の倍化に対するフィンスラーの作図

7. [P. フィンスラー (1937/38)] で与えられている，立方体の倍化に対する近似的作図を確かめよ．図 8.15 の A, B, C, D を単位正方形とし，体積を2倍にしたい立方体の面とする．M と N をそれぞれ A から距離4と8にあるとする．2つの円を描くことによって E を作図せよ．最初の円は A を中心，半径を AC とするもので，2つ目の円は M を中心，半径を AM とするものである．それから，N を中心，半径を NE とする円を描け．距離 $10 \cdot AF$ が $\sqrt[3]{2}$ の素晴らしい近似になっていることを示せ．
8. [A. シュタイナー，G. アリゴ (2008)]（"... è un bell' esercizio ...（これは美しい演習問題だ)"）から思いついたこの演習問題は4つの世紀と3つの大陸にわたっている．図 8.16 には単位円を使った3つの作図がスケ

15　[訳註] 左のホイヘンスの描いた図の記号と右の図の記号が少しだけ違っている．右の図に描き直したときに，角の指定も変えたのかもしれない．右の図での角度の描かれている位置がこの上になってることからすると，中心を O と書くとき，$\angle BOD = 45°$ で $\angle AOF = 60°$ であるべきであるようだ．解答もそのようになっている．

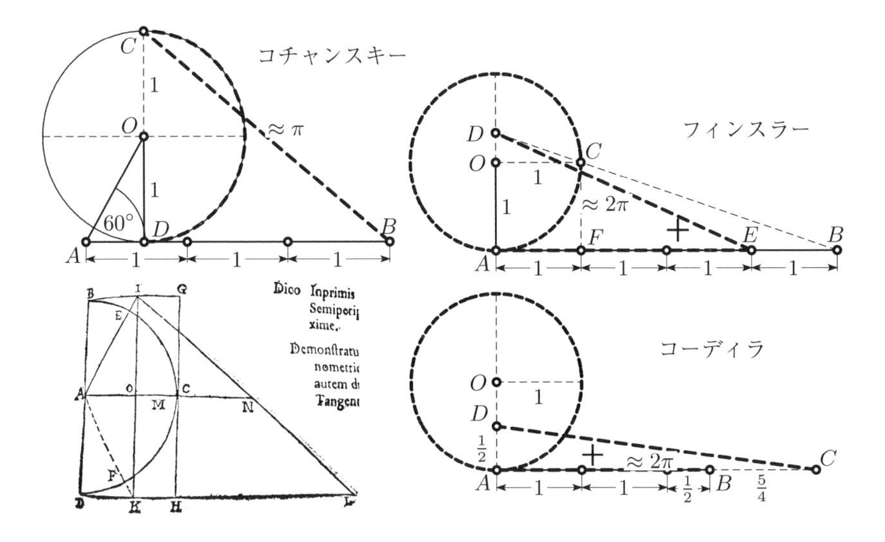

図 8.16 π の近似．左：コチャンスキーと彼のもとの作図，少し違うように整理したもの，右：フィンスラーとコーディラ

ッチされている．(a) は [A.A. コチャンスキー (1685)]（ポーランドの聖職者）による π の近似，(b) は [P. フィンスラー (1937/38)]（チューリヒ）による 2π の近似 $AE+ED$，(c) は J. コーディラ（リオ・デ・ジャネイロ，1932 年，P. フィンスラーへの手紙の中で）による 2π の近似 $AB+CD$ である．これらの作図それぞれに対して，対応する近似の $\pi = 3.14159265358979323846264338327 9\ldots$ との誤差を定めよ．この比較に (d) 近似 $\pi \approx \frac{355}{113}$（アドリアヌス・メチウス (1571–1635)）を加えよ．最後に，インドの数学者 [ラマヌジャン (1914)] によって見つけられた近似

$$\text{(e)}\quad \pi \approx \sqrt[4]{9^2+\frac{19^2}{22}}\,, \qquad \text{(f)}\quad \pi \approx \frac{63}{25}\left(\frac{17+15\sqrt{5}}{7+15\sqrt{5}}\right) \tag{8.55}$$

を追加せよ．近似 (d) と (e) は下記の演習問題 9 と 10 の作図の基になっている．

9. [ラマヌジャン (1913)] によって見つけられた，次の円の正方形化に対する作図を確かめよ．半径が 1 で，O を中心とする円が与えられ，直径を

PR とする（図8.17左図参照）．そのとき，PR 上の点 H と T を $OH = \frac{1}{2}$ と $OT = \frac{2}{3}$ となるように取り，T の垂直上方の円周上の点 Q と，$RS = TQ$ であるように円周上の点 S を取って，PS 上の点 N と M を，角 TNP と OMP が直角であるように取り，L を P の垂直下方で $PL = MN$ となるように取り，円周上の点 K を $PK = PM$ であるように取って，KR 上の点 C を $CR = HR$ であるように取り，LR 上の点 D を $DC \parallel LK$ であるように取る．そのとき，$RD = \sqrt{\frac{355}{113}}$ であることを示せ．これは上の演習問題8から $\sqrt{\pi}$ に対するメチウスの近似になっ

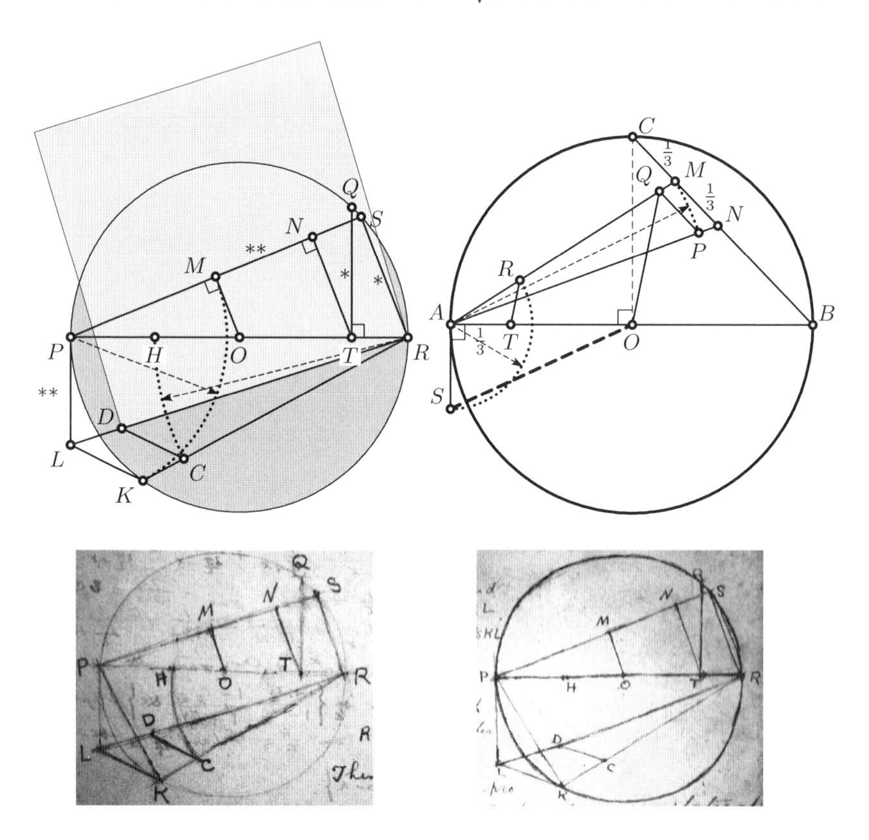

図 8.17　Constructions of Ramanujan for π の近似に対するラマヌジャンの作図．下：ラマヌジャンのノートブック（第1巻 p. 66，第2巻 p. 225，ボンベイのタタ研究所の複写出版）

ている．ラマヌジャンが明らかに自分の作図が好きだったことが，彼のノートブックから見てとれる（図 8.17 参照）．

10. 疲れを知らないラマヌジャンはまた，より良い近似である (8.55) の (e) に対しても比較的簡単な作図を見つけている（図 8.17 右上図参照）．AB を単位円の直径とし，C を「北極」とする．点 T, M, N を図に指定したように $\frac{1}{3} = AT = CM = MN$ とする．そのとき，AN 上の P を $AP = AM$ を満たすように，AM 上の Q を $PQ \parallel NM$ を満たすように定める．最後に，AM 上の R を $TR \parallel OQ$ を満たすように定め，AO への垂線上の S を $AR = AS$ を満たすように定める．そのとき，$\sqrt{SO}$ は (8.55 (e)) に対応する $\pi/3$ の近似である．

第9章　空間幾何学とベクトル代数

ベクトル **(vector)**，大きさとともに向きを持つ量（*vector* は，carry という意味のラテン語 *vehere* から由来し，carrier という意味）

（T.F. ホード『オックスフォード英語語源小辞典』）

空間幾何学はユークリッド『原論』の第 XI 巻で，定義の長いリストとうんざりするほどの命題群から始まった．解析幾何がそのフルパワーを発揮するのはここである．第 3 の変数 z を追加するだけである．2 変数の計算の仕方を知っているなら，3 変数の計算もできるだろう．

同じように，第 4 の座標，第 5 の座標などを追加するのも易しいが，1 つだけ問題があって，それは文字の個数からの制限である．こうして，座標を

$$x_1, x_2, \ldots, x_n \tag{9.1}$$

と書くのは賢いやり方である．

ベクトル記号． デカルトの革命に比べることもできる第 2 の革命は，**ベクトルの導入**とともに，19 世紀の終わりころに起こった

その頃，

$$x = (x_1, x_2, \ldots, x_n) \qquad \text{とか} \qquad a = (a_1, a_2, \ldots, a_n) \tag{9.2}$$

の n 組の座標を**新しい数学的対象**として考え始めるようになった[1]．これらの

---

[1] 多くの著者が特別な記号でスカラーと区別した．たとえば，ベクトルは $\mathbf{a}, \mathbf{x}$ や $\vec{a}, \vec{x}$ や $\overrightarrow{a}, \overrightarrow{x}$ や

対象に，和とスカラー倍を計算するような**代数演算**を，座標ごとに和と積を行うことによって，行うことができる．つまり，

$$a+b=(a_1+b_1,a_2+b_2,\ldots,a_n+b_n)\,,\qquad \lambda a=(\lambda a_1,\lambda a_2,\ldots,\lambda a_n)\quad(9.3)$$

とするのである．ベクトル記号は，ずいぶんと証明を短くかつ見通しよくしてくれる．さらに，**どんな次元**でも証明は同じになる．

ベクトルの歴史的発展． ベクトルの導入についてはいくつかの起源にさかのぼることができる．

(a) **グラスマン**（広延量 (extensive Größen)）．

> "... il est très utile d'introduire la considération des nombres complexes, ou nombres formés avec plusieurs unités, ... ［複素数やいくつかの量からなる数の考察を導入することは非常に役に立つ］"
>
> （ペアノ『数学年報』32 (1888), p. 450）

> "... e il lavoro più profondo che abbiasi su questo soggetto è senza dubbio l'*Ausdehnungslehre* pubblicato dal Grassmann ... ［そして，このテーマに関してもっとも深遠な業績は疑いもなく，グラスマンによって出版された *Ausdehnungslehre*（広延論）である］"
>
> （ペアノ 1894,『選集』III, p. 340）

ドイツ人の神学者で言語学者の H.G. グラスマン (1809–1877) は数学を独学し，1844年に *Die lineale Ausdehnungslehre*（線形広延論）という，神秘的で抽象的な考察が散在している判読しがたい著書を発表した．1862年に改訂版が出たが，さらなる注目を集めはしなかった．グラスマンのアイデアはそれからほんの20年から30年後には，数学界で広く知られるようになった．

$\underline{a}$, $\underline{x}$ や $\mathfrak{a}, \mathfrak{x}$ のように書かれることが多かった．バナッハのように（図9.2参照），われわれは上のように普通の文字を使うことにする．
［訳註］最近では $\mathbb{a}, \mathbb{x}$ のような書体を使うことがある．

(b) ハミルトン（四元数）.

> 「5 歳のときハミルトンはラテン語，ギリシャ語，ヘブライ語を読むことができた．8 歳のときイタリア語とフランス語を加え，10 歳のときアラビア語とサンスクリット語と 14 歳のときにペルシャ語を読むことができた.」
>
> （[M. クライン (1972)] p. 777）

> 「明日は四元数の 15 回目の誕生日になります．それが命を持ち，というか輝いた，成熟したのは，1843 年 10 月 16 日のことで，レディ・ハミルトンとダブリンに向かい，ブロウアム橋に来掛かったときのことでした．つまりそのときに，思考のガルヴァーニ回路が閉じたのを感じました... 問題がそのときに解かれ，少なくとも **15** 年前に私を悩ませた知的な渇望が和らげられたと感じました.」
>
> （ハミルトン．[M. クライン (1972)] p. 779 に引用）

1837 年に，有名なアイルランドの物理学者（光学，力学）で数学者であるウィリアム・R. ハミルトン (1805–1865) は複素数を実数の対

$$a + ib \;\leftrightarrow\; (a, b)$$

として導入した．この定義は今日でも使われている．後に，彼は，掛けたり割ったりできるこれらの数を **3** 次元へ一般化しようと，強く苦闘したが成功しなかった．最後に 1843 年に **4** 次元への一般化である四元数

$$a + ib + jc + kd$$

を発見した．非可換な積の規則

$$i^2 = j^2 = k^2 = -1, \qquad \begin{matrix} ij = k\,, & jk = i\,, & ki = j\,, \\ ji = -k\,, & kj = -i\,, & ik = -j \end{matrix} \tag{9.4}$$

により，2 つの四元数の積 $e \cdot f$ は（行列の記号で書くと）

$$\begin{aligned}(x_0 + ix_1 + jx_2 + kx_3)\\ \cdot (y_0 + iy_1 + jy_2 + ky_3)\end{aligned} = \begin{bmatrix} x_0 & -x_1 & -x_2 & -x_3 \\ x_1 & x_0 & -x_3 & x_2 \\ x_2 & x_3 & x_0 & -x_1 \\ x_3 & -x_2 & x_1 & x_0 \end{bmatrix} \begin{bmatrix} y_0 \\ y_1 \\ y_2 \\ y_3 \end{bmatrix} \tag{9.5}$$

となり，また四元数である．「共役」四元数との積

$$(a + ib + jc + kd) \cdot (a - ib - jc - kd) = a^2 + b^2 + c^2 + d^2$$

は実数となり，複素数の場合の (8.15) と同じようにして四元数の**割り算**を定義することができる．

ベクトルに向かって． (9.5)（灰色の部分）に歪対称行列が次元 1,2,3 のところに現れていることが見てとれる．その構造はすぐに馴染みのものになるだろう．行列のこの部分は 2 つの因子を交換すれば符号が変わる．[ハミルトン (1844)] では四元数のこの 3 次元部分

$$ix_1 + jx_2 + kx_3 \;\leftrightarrow\; (x_1, x_2, x_3)$$

を**ベクトル**と呼んでいる（「こうして彼（著者）は，多くの応用において，虚の 3 項式 $ix + jy + kz$ の 3 つの実数の成分 x, y, z を**別々に**考えることは止めて，その 3 項式 $ix + jy + kz$ を... **空間における方向を持つ直線**によって作られ，3 つの直角成分，つまり 3 本の直交軸への射影として x, y, z を持つ，ある **1 つの**文字で表わすことが役に立つことを発見して，彼は，それが表わす直線と同じく，3 項表示そのものを**ベクトル**と呼ぶようになった．」）

ハミルトン（とその後継者）は四元数の発明を非常に誇りにした．多くの数学者にとって，四元数の掛け算が，すでに [オイラー (1760)] において，整数を 4 つの平方数の和として表わす仕事に関して公表されていることを見るのは驚きであるかもしれない（E242, 図 9.1 参照）．

(c) O. ヘヴィサイド，J.W. ギブス（物理学のベクトル）．

> 「数学，とくに物理学には，2 つの非常に異なった種類の量が顔を出す．たとえば，質量，時間，密度，温度，力，点の変位，速度，加速度を考えてみよう．これらの量のうち，い

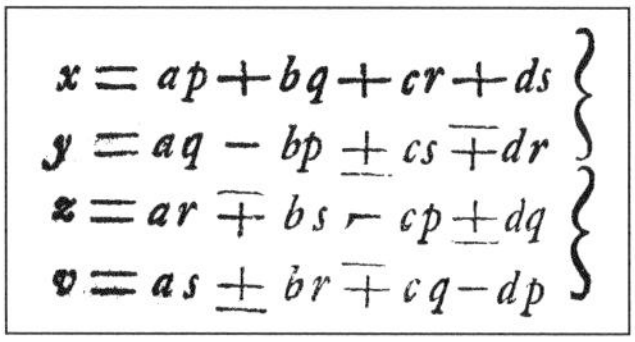

$$\begin{aligned} x &= ap + bq + cr + ds \\ y &= aq - bp \pm cs \mp dr \\ z &= ar \mp bs - cp \pm dq \\ v &= as \pm br \mp cq - dp \end{aligned}$$

図 9.1　[オイラー (1760)] における四元数の積の出版．公式 9.5 との対応は，$a = y_0$, $b = -y_1$, $c = -y_2$, $d = -y_3$, $p = x_0$, $q = x_1$, $r = x_2$, $s = x_3$ と置いて，上側の符号を取れば得られる．

くつかは 1 つの数によって適切に表すことができる... **ベクトル**は**大きさ**と一緒に**方向**を持つと考えられる量である．**スカラー**は**大きさ**を持つが方向を持たない量である．」

（[ギブス，ウィルソン (1901)]『ベクトル解析』p. 1)）

速度，力，電磁場のような物理におけるいくつかの量は何かしらの**値**だけでなく何かしらの**方向**を持っている．ハミルトンの仕事に刺激され，物理学者たちはこれらのアイデアを力学，電気，磁気に応用し始めた（W.K. クリフォード，ヘヴィサイド，ギブス）．しかしながら，彼らはベクトルの理論から四元数の痕跡のすべてを消し去る方がより良いことを発見した．この点では，彼らはハミルトンよりずっとグラスマンのアイデアの方に近い．

(d) バナッハ，ウィーナー（「一般」ベクトル空間の公理）．

"Fréchet était très excité par le fait que Banach avait donné plusieurs mois avant Wiener un système d'axiomes de l'espace vectoriel ... [フレシェは，バナッハがウィーナーより数か月前にベクトル空間の公理系を与えていたという事実に非常に興奮した...]"

（H. シュタインハウス『バナッハ全集』，p. 15）

20 世紀の前半の間に**ベクトル空間**は，ステファン・バナッハ（その著書『*Théorie des opérateurs linéaires*（線形作用素の理論）』リヴォフ (1932) の第 2 章，図 9.2 参照）とノーバート・ウィーナー（引用参照）によって独立に，最終的に公理的に定義された．

1) $x + y = y + x$,

2) $x + (y + z) = (x + y) + z$,

3) $x + y = x + z$ *entraîne* $y = z$,

4) $a\,(x + y) = ax + ay$,

5) $(a + b)\,x = ax + bx$,

6) $a\,(bx) = (ab)\,x$,

7) $1 \cdot x = x$.

図 9.2　バナッハ (1932) におけるベクトル空間の公理の最初の出版[2]

ベクトルの幾何学的意味. 標準基底 $e_1 = (1, 0)$, $e_2 = (0, 1)$ を選ぶことによって[3]，（$n = 2$ のときは）グラスマンの「代数的」な対象と物理学者の「幾何的」な対象との間の同値性

$$a = (a_1, a_2) \quad \Leftrightarrow \quad a = a_1 e_1 + a_2 e_2 \quad \Leftrightarrow \tag{9.6}$$

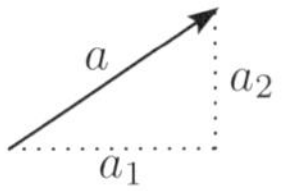

が得られる．$n = 3$ に対しては図 9.4 (a) 参照．

代数的演算の意味. (9.3)における**スカラー** λ **による積**はベクトル a を長く（したり短くしたり）する（そして $\lambda < 0$ であれば方向を反転する）．図 9.3 (a) と図 9.4 (b) 参照．2 つのベクトルの**和** $a + b$ は平行四辺形を作る（図 9.3 (b) と図 9.4 (c) 参照）．同じことだが，この和は 2 つのベクトル a と b を一緒に，一方の平行移動で頭と尻というように置くこととして見ることができる．このようにして，同じ長さと同じ方向を持つ，2 つの平行なベクトルを同一視すると便利である[4]．**差** $b - a$ は，点 a と b を結ぶベクトルである（図 9.3 (c) と図 9.5 (a) 参照）．

---

[2] ［訳註］3) は「$x + y = x + z$ から $y = z$ が導かれる」

[3] 本章と次章では，暗黙の裡に，読者が線形代数の基本概念に馴染んでいるものと仮定する．

[4] 文献によっては，これらの違いを考慮したいくつかの定義が見受けられる（「ベクトル」，「自由ベクトル」，「束縛ベクトル」，「位置ベクトル」など）．原点 O を始点とするなら，ベクトルのことを単に「点」と呼ぶ．

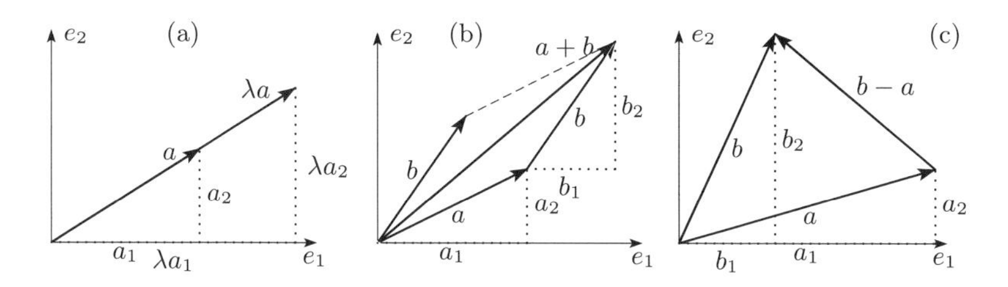

図 **9.3**　$\mathbb{R}^2$ のベクトル．(a) スカラー倍，(b) 2 つのベクトルの和，(c) 差

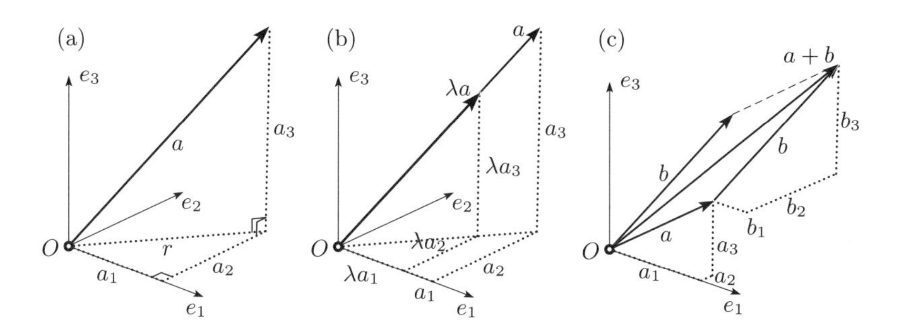

図 **9.4**　$\mathbb{R}^3$ のベクトル．(a) 座標，(b) スカラー倍，(c) 和

9.1　ベクトルの最初の応用

2 点を通る直線，パラメータ形． 2 つの異なる点 a, b を通る直線を見つけるには次のようにする．a を出発して $b-a$ の方向に歩けば，

$$x = a + \lambda(b-a) \tag{9.7}$$

が得られる．ここで，λ は直線上，点 x の位置を定めるパラメータである．$\lambda = 0$ のときは $x = a$ であり，$\lambda = 1$ のときは $x = b$ となる．線分 $[a, b]$ の中点は $\lambda = \frac{1}{2}$ と置けば得られ，

$$x = \frac{a+b}{2} \tag{9.8}$$

となる（図 9.5 (b) 参照）．

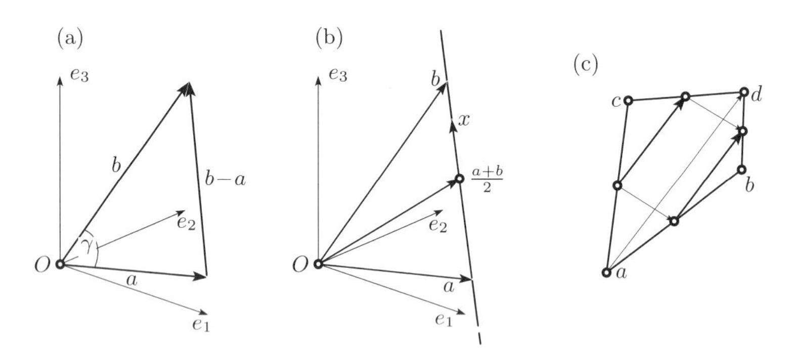

図 9.5　(a) ベクトルの差，(b) 直線の表現，(c) ヴァリニョンの定理

注意. 2次元では，(9.7)式を成分ごとに書き，第1式を使って，第2式から λ を消去すると，直線に対する通常のパラメータのない形が回復される ((7.2) の最後の式参照).

ヴァリニョンの定理. フランスにおける解析学の大玄人であるピエール・ヴァリニョン (1654–1722) は統計学の研究の中で，次の結果を得た. **$\mathbb{R}^3$ における任意の四辺形の4辺の中点は平面的な平行四辺形をなす** (図 9.5 (c) 参照).

その証明については，1対の中点は

$$\frac{a+b}{2},\quad \frac{b+d}{2}\qquad \text{で，もう1対は}\qquad \frac{a+c}{2},\quad \frac{c+d}{2}$$

で与えられることがわかる. これらの対の差は同じ $\frac{d-a}{2}$ というベクトルであ

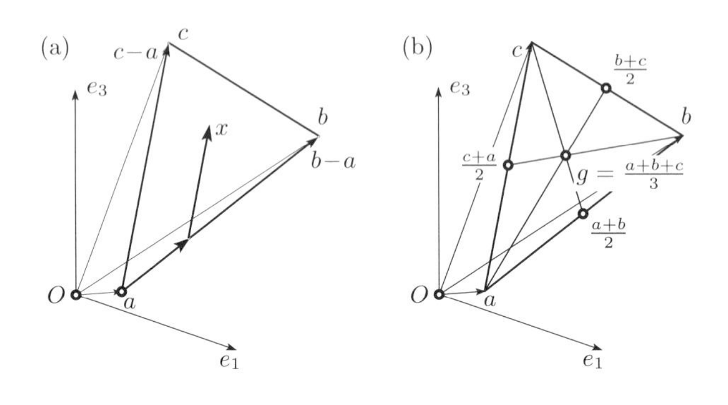

図 9.6　(a) 平面を作る，(b) 三角形の中線と重心

る． □

3点を通る平面，パラメータ形． (9.7)のアイデアを，三角形を作る与えられた3点 a, b, c に一般化すると，a を出発し，**2つの**方向 $b-a$ と $c-a$ の方向に歩くことになる．2つのパラメータ λ と μ を使うと，欲しかった平面のすべての点

$$x = a + \lambda(b-a) + \mu(c-a) \tag{9.9}$$

に到達する（図9.6(a)参照）．$\lambda = \mu = \frac{1}{3}$ に対しては

$$g = \frac{a+b+c}{3} \qquad \text{または} \qquad g = \frac{a+b}{2} + \frac{1}{3}\left(c - \frac{a+b}{2}\right) \tag{9.10}$$

が得られる（図9.6(b)参照）．この第2式と(9.7)から，g が c を通る中線上にあることが，そして対称性により，**すべての**中線上にあることが分かる．それゆえ，g は三角形の重心であり，上巻4.2節の定理4.1の別証が得られたことになる．

9.2 重心と重心座標

βάρος [バロス]　　重量，負荷，荷重，重さ，...
（リデル，スコット『ギリシャ語–英語辞書』オックスフォード）

これは，アルキメデスの素晴らしい論文の1つ，『平面の釣り合いについて』から始まったもう一つのテーマである．彼は「点Γで支えられたてこの上に置かれた2つの質点が，いつ釣り合うか？」という問題から始める（図9.7左図参照）．結果は彼の論文の命題6である．

$$\text{距離は重さと反比例していなければならない．} \tag{9.11}$$

彼の天才的な証明（図9.7右図参照）は，対称な位置を得るために単位の重さの対称的な移動を使っている．そのとき点Γは**重心** (*barycentre*)[5]，または重

[5] ギリシャ語の βάρος［バロス］は今日でも，Καθαρό βάρος **2 x 8,5 g = 17 g** のように，使われている．

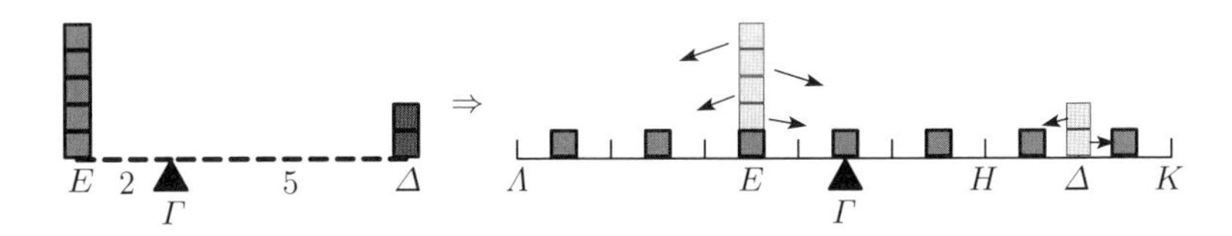

図 9.7　アルキメデスのてこの法則とその証明

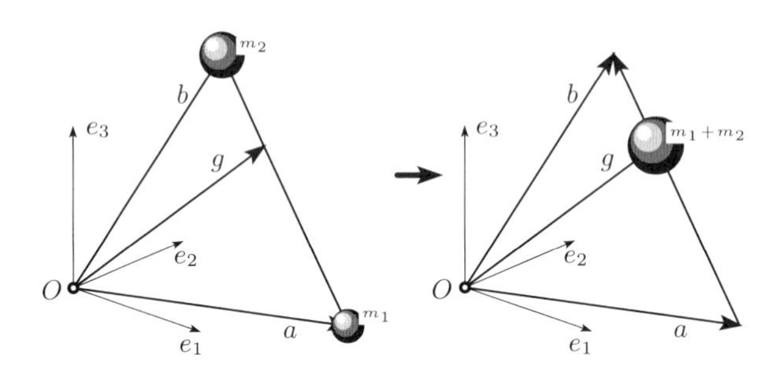

図 9.8　2 質点の重心

力中心と呼ばれ，系の静力学を変えることなく，すべての質量をこの点に集中させることができるという性質を持っている．

2 質点の重心． 質量が m_1 と m_2 の 2 質点がそれぞれ，2 つのベクトル a と b によって定められた位置にあるとする（図 9.8 参照）．この 2 質点の重心は a と b を結ぶ直線上にあるだろう．だから，$g = a + \lambda(b - a)$ か $g = b + (1 - \lambda)(a - b)$ と書かれる（(9.7) 参照）．アルキメデスの法則により，$\frac{\lambda}{1-\lambda} = \frac{m_2}{m_1}$ となり，これから $\lambda = \frac{m_2}{m_1+m_2}$ が導かれる．こうして，2 質点の重心はエレガントな公式

$$(m_1 + m_2)g = m_1a + m_2b \tag{9.12}$$

を満たす．

3 質点の重心． 今度は質量 m_1, m_2, m_3 の 3 質点がそれぞれ a, b, c の位置に置かれているとする（図 9.9 参照）．まず，質量 m_1 と m_2 をその重心 f に集中させ（第 2 の図），それからこの質量を第 3 の質点と集中させて，共通の重心 g を得る．(9.12) を 2 回使うと，

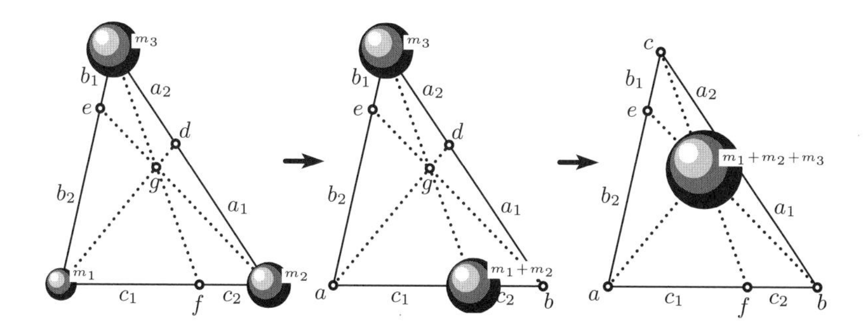

図 **9.9** 重心座標

$$(m_1 + m_2 + m_3)g = (m_1 + m_2)f + m_3c = m_1a + m_2b + m_3c \qquad (9.13)$$

が得られる．今度は同じアイデアを任意個数の質点に拡張することができる．

三角形上の重心座標. 和 $m_1 + m_2 + m_3$ を 1 に正規化すると，(9.13) はとくに簡単になる．

$$g = m_1a + m_2b + m_3c, \qquad m_1 + m_2 + m_3 = 1 \qquad (9.14)$$

は，$m_2 = \lambda$, $m_3 = \mu$, $m_1 = 1 - \lambda - \mu$ とおけば，等式 (9.9)に対応する．これらの座標 m_1, m_2, m_3 は**重心座標**と呼ばれる．これはメビウス（*Der barycentrische Calcul*（重心計算），1827[6]）によって多くの応用とともに導入された．

非負の重心座標（つまり，$m_1, m_2, m_3 \geq 0$）は以下の意味を持っている．g を (9.14) の点とする．もし

(a) $m_1 = 1$ か $m_2 = 1$ か $m_3 = 1$ であれば，g は三角形の頂点である．
(b) $m_1 = 0$ か $m_2 = 0$ か $m_3 = 0$ であれば，g は対辺上にある．
(c) $m_1 > 0$ かつ $m_2 > 0$ かつ $m_3 > 0$ であれば，g は三角形の内部にある．
(d) $m_1 = m_2$ か $m_2 = m_3$ か $m_3 = m_1$ であれば，g は中線の 1 つの上にある．
(e) $m_1 = m_2 = m_3 = \frac{1}{3}$ であれば，g は重心である．

6 ［訳註］クレレ誌に掲載．

チェヴァの定理の彼自身の証明（上巻4.3節参照）．$a_1, a_2, b_1, b_2, c_1, c_2$ を図9.9の第1の図に指定した点 b, d, c, e, a, f, b の距離とする．(9.13) の代わりに，g の到達するのに，まず質量 m_1 と m_3 を集中させて e を経由することもできるし，まず質量 m_2 と m_3 を集中させて d を経由することもできる．そのとき，アルキメデスの法則により，

$$\frac{a_1}{a_2} = \frac{m_3}{m_2}, \qquad \frac{b_1}{b_2} = \frac{m_1}{m_3}, \qquad \frac{c_1}{c_2} = \frac{m_2}{m_1} \tag{9.15}$$

が得られる．この3項をすべて掛けると，左辺は $\frac{a_1}{a_2} \cdot \frac{b_1}{b_2} \cdot \frac{c_1}{c_2}$ となり，右辺は1となる．

平面三角形の重心．[アルキメデス (250 B.C.)d]『平面の釣り合いについて』の第1部の最高点は**命題13「平面三角形の重心はすべての中線の上にある」**である．上巻の定理4.1と合わせると，

$$\textbf{平面三角形の重心は中線を } \mathbf{2:1} \textbf{ の比に分割する．} \tag{9.16}$$

彼の証明のアイデアは，今日**有限要素法**と呼ばれている．三角形を小さな同じ平行四辺形に分割する．その前の命題 (IX) で，平行四辺形の重心がその中点であることが言われている．各行の共通の重心は中線 cf 上にある（第2の図）．次の段階で，これらすべてを集中させると，結果の重心 g もまたこの直線上にある（第3の図，また図9.11左図参照）[7]．

放物線の重心．アルキメデスの『平面の釣り合いについて』の第2部は平面の放物線の重心 Θ を

命題8「**距離 $\boldsymbol{\Theta B}$ は距離 $\boldsymbol{\Theta\Delta}$ の 1.5 倍である．**」

として定めるものである（図9.11右図と図9.12参照）．証明[8]を簡単にするために，質量と放物線の高さを1に正規化する．放物線は質量 $\frac{3}{4}$ の三角形（上巻3.7節の (3.30) 式参照）と質量 $\frac{1}{4}$ の2つの放物線を合わせたものからなる．この2つの放物線を，重心を保つために，点 Z と H のまわりに対称的に，高

[7] このアイデアを厳密な証明にするために，アルキメデスが示したのは，どの重心（彼の図の点 X, Φ, Θ）もこの直線上から退(の)かせると矛盾が出ることである．

[8] アルキメデスの証明とヴェル・エックのコメントとで $2\frac{1}{2}$ ページを占めている．

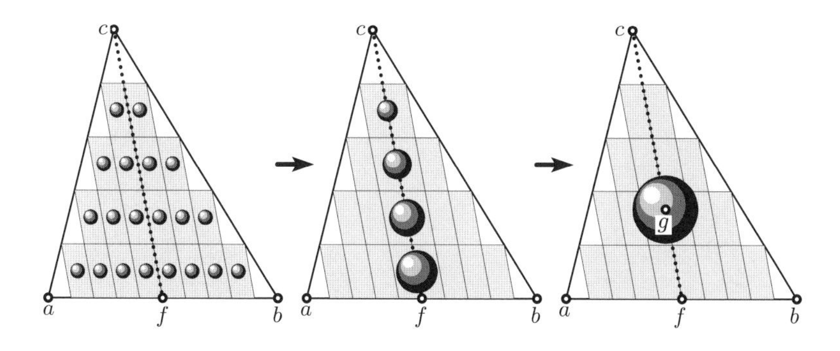

図 **9.10**　平面三角形の重心（アルキメデスの証明）

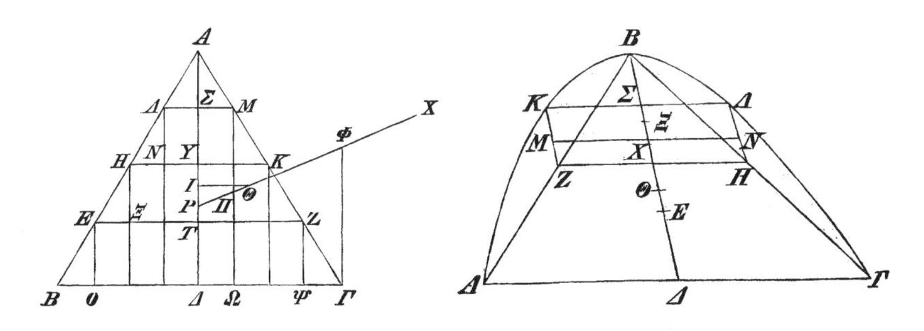

図 **9.11**　左：アルキメデスの「有限要素」(『釣り合いについて』I, 命題 13)，右：放物線の重心に対するアルキメデスの図（『釣り合いについて』II, 命題 8)，ハイベア版 (1913, BGE FL 10626/2)

さ $\frac{1}{2}$ に置き直す（図 9.12 参照）．この置き直された放物線は高さ $KZ = \Lambda H = \frac{1}{4}$（図 3.22 参照）で，その共通の重心を Ξ と書く．

ここで大切なことは，すべての放物線が同じ比 $\theta = \frac{\Theta\Delta}{B\Delta} = \frac{MZ}{KZ} = \frac{\Xi X}{KZ}$ を持っているので，$\Xi X = \frac{1}{4}\theta$ となることである．アルキメデスはこのことを別の命題 7 で証明した．より深い理由は，基本的な「命題 6」では，質量や距離の**比**だけが出てきて，質量や距離自体は出てきていないということである．

最後に，三角形の重心に対しては，(9.16) を使うと，$E\Delta = \frac{1}{3}$ であることがわかっている．これで (9.12)を使うことができるようになり，

$$\theta = \frac{1}{4}\left(\frac{1}{2} + \frac{1}{4}\theta\right) + \frac{3}{4}\cdot\frac{1}{3} \qquad \Rightarrow \qquad \boxed{\theta = \frac{2}{5}} \tag{9.17}$$

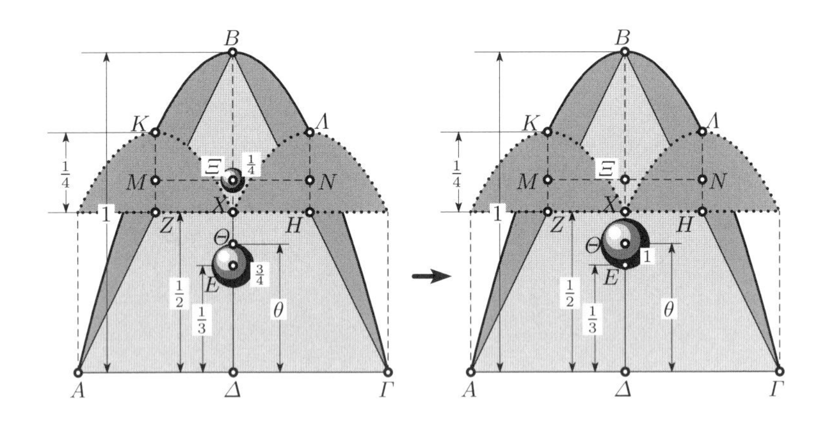

図 **9.12**　放物線の重心（アルキメデスの証明）

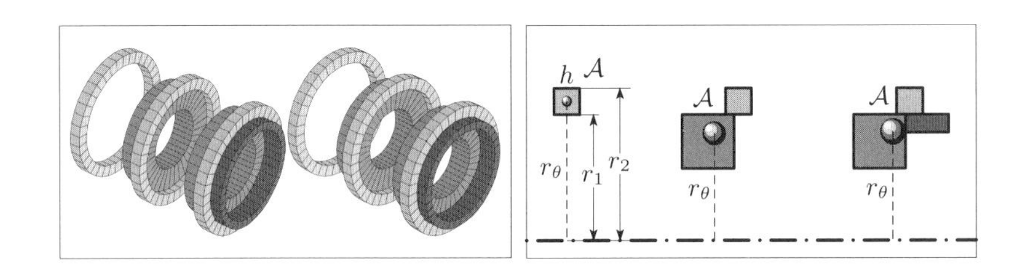

図 **9.13**　ギュルダンの規則

が得られる．これが上の主張である．□

ギュルダンの規則． この規則は**回転体の体積が，生成面の面積と重心によって描かれる道の長さの積である**というもので，

$$\mathcal{V} = 2\pi r_\theta \cdot \mathcal{A} \tag{9.18}$$

という式で表わされる．この規則は1640年に，スイス生まれのイエズス会士パウル・ギュルダンによって公表された．彼は後に剽窃（ひょうせつ）で非難された．というのはパッポスが，第VII巻の序文の最後のどこかに隠れているように，この規則を証明も説明もなく述べているからである．実際，アルキメデスにとって，以下のように，彼の「有限要素」の方法を使ってこれを証明することは易

しいことであった．回転軸に平行な1つの正方形から始める（図9.13の第1の環）．ここで，体積は2つの円柱の体積の差であり，それゆえ（右図の記号を使えば）

$$\mathcal{V} = (r_2^2 - r_1^2)\pi h = 2\pi\Big(\frac{r_2 + r_1}{2}\Big)(r_2 - r_1)h = 2\pi r_\theta \cdot \mathcal{A}$$

となる．生成面が2つの長方形なら（図9.13の第2の環），この公式を2回使って

$$\mathcal{V} = \mathcal{V}_1 + \mathcal{V}_2 = 2\pi(r_{\theta_1} \cdot \mathcal{A}_1 + r_{\theta_2} \cdot \mathcal{A}_2) = 2\pi r_\theta \cdot (\mathcal{A}_1 + \mathcal{A}_2) = 2\pi r_\theta \cdot \mathcal{A}$$

が得られる．ここで，3つ目の等式では(9.12)を使った．第3の環に対しては(9.13)を使う，などとする．もっともっと環を加えることによってどんな面も任意の精度で埋めることができる．

例． 半円の重心については，(9.18)から，球の体積と半円の面積を代入することによって次が得られる．

半円の重心は中心から
$r_\theta = \frac{4r}{3\pi}$ の距離にある． (9.19)

球面のアルキメデスの「重みづけ」． エラトステネスへの手紙『力学的定理の方法』の中で説明されているこの方法は（上巻3.6節で述べれているように），まったく異なる研究領域からのアイデアの組み合わせから得られる数学の大発見の最初の例となった．が，最後のものではない．このアイデアは，ファン・デル・ヴェルデンにとってチューリヒ大学での教授就任演説（[ファン・デル・ヴェルデン (1953)]）で長々と述べる価値のあるものであった[9]．

彼の方法を放物線で説明した後（第3章の演習問題23参照），アルキメデスは図9.14に示されたように球の体積を決定した．Aを支点とする秤の上で，円柱の内側で円錐を包み込む半球をくっつける．これと反対側の，距離$\frac{r}{2}$のところに固定点Bを置く[10]．それから，対称軸上に任意の点Σを置き，Aか

[9] 著者たちは，この文献について D. ポーニックに感謝する．
[10] アルキメデスは秤に球全体と，距離rの固定点Θを置いた．そのとき円錐の体積は8倍になる

らの距離を x とし，この軸に垂直な平面を取る．この平面は3つの立体と3円で交わり，その半径を $\rho_{\mathrm{co}} = x$, ρ_{sph}, $\rho_{\mathrm{cy}} = r$ とすると，面積はその半径の2乗に比例する．ユークリッド III.35 により $\rho_{\mathrm{sph}}^2 = x(2r - x) = 2\rho_{\mathrm{cy}}^2 \frac{x}{r} - \rho_{\mathrm{co}}^2$，つまり

$$(\rho_{\mathrm{sph}}^2 + \rho_{\mathrm{co}}^2) \cdot \frac{r}{2} = \rho_{\mathrm{cy}}^2 \cdot x$$

となる．この公式は，アルキメデスの条件 (9.11) により，固定点 B に一緒に置かれた円盤 ρ_{sph} と ρ_{co} は動点 Σ にある円盤 ρ_{cy} と釣り合うことを意味して

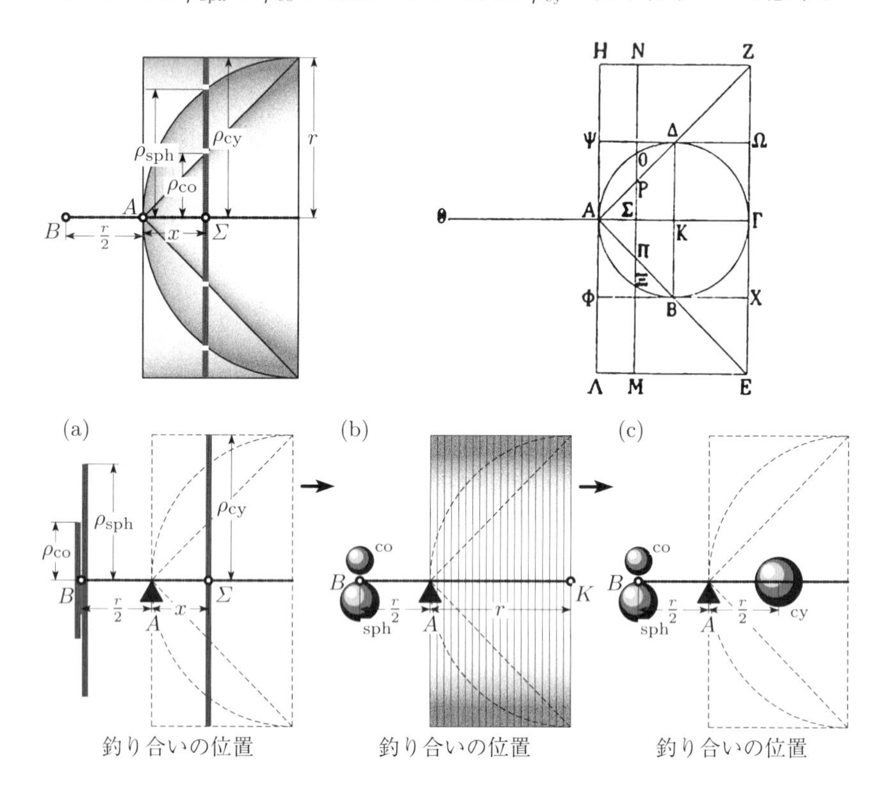

図 9.14　アルキメデスの球の重みづけ．右上：ハイベアによって再発見され，[ヴェル・エック (1921)] から複写したアルキメデスのもとの図

（右図）．

いる（図 9.14 (a) 参照）．A と K の間にあるこれらの円盤を足し上げると，点 B に置かれた円錐と球の全質量が A と K の間の円柱と釣り合うことが分かる（図 9.14 (b) 参照）．最後に，この円柱を A から距離 $\frac{r}{2}$ のところにある重力中心に集中させると，また釣り合いが得られる（図 9.14 (c) 参照）．これはまたも，(9.11) を考えると，球と円錐の質量を一緒にすると，円柱の質量になることを意味していて，上巻第 3 章の (3.24) 式そのものであった．

エラトステネスへの第 2 の挑戦．図 9.15 にあるように，円柱を基底の円の直径を通る平面で切り取った部分の体積は外接プリズムの体積の $\frac{1}{6}$ であることを示せ． アルキメデスはこの仕事は最初の問題よりも挑戦的だと考えた（上巻第 3 章の演習問題 21 参照）．なぜならその後の手稿『力学定理の方法』の中で，また重みづけによる長い証明を与えている．この物体から，A から x の距離にある任意の点 Σ を通る薄片を切り取ると高さ xh の長方形になるが，これを Σ と反対側で距離 1 のところにある固定点 B の方に動かす．そのときこれは，Σ における高さ h の円柱の薄片と釣り合う（図 9.15 (a) 参照）．すべての薄片を足し上げると，切頭円柱の全質量は，A と K の間の半円柱と釣り

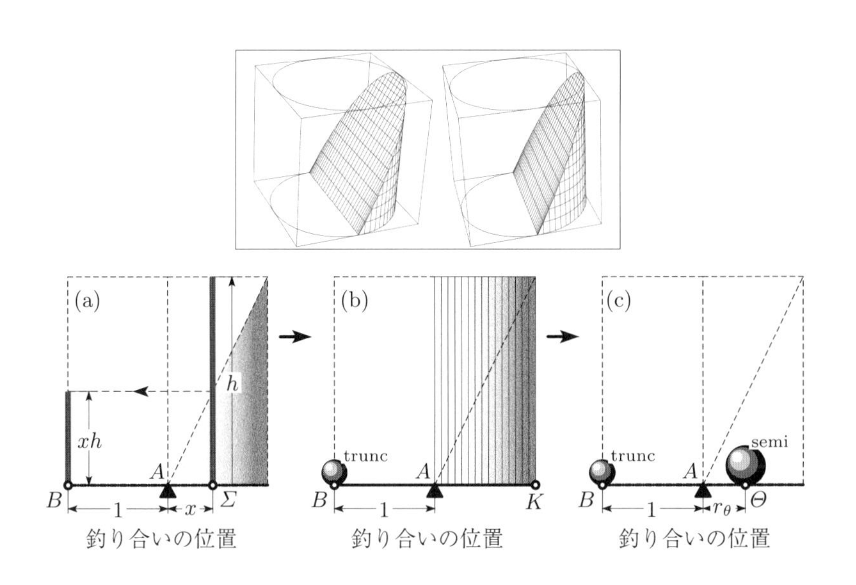

図 **9.15** アルキメデスの切頭円柱

合う（図 9.15 (b) 参照）．最後にこの半円柱をその重心に集中させると，その A からの距離は (9.19) からわかる．こうして，条件 (9.11) は

$$\mathcal{V}_{\text{trunc.cyl.}} = r_\theta \cdot \mathcal{V}_{\text{semicyl.}} = \frac{4}{3\pi} \cdot \frac{\pi h}{2} = \frac{1}{6} \cdot 4h = \frac{1}{6} \cdot \mathcal{V}_{\text{prism}}$$

となる．

注意． ギュルダンの規則を手にしていなかったアルキメデスは長い計算によって第2の等式を見つけたが，これは実際に半円の重心を定めるものだった．彼はまた，易しい原始関数を持つ積分 $\int x\sqrt{r^2 - x^2}\,dx$ の計算に対応する長い「幾何的」証明を付け加えた．

9.3　ガウスの消去法，体積と行列式

$\mathbb{R}^3$ の 3 つのベクトル a, b, c（または $\mathbb{R}^n$ の n 個のベクトル）が与えられたとき，それらが張る平行六面体の体積を定めたい．

ガウスの消去法． この問題を，これらのベクトルを行列の**行ベクトル**と考え，ガウスの消去法を実行することによって解く．線形方程式系を解くために何世紀も使われてきた，この “algorithmus expeditissimus（もっともよい解法)” は，最小 2 乗法を考えているときに，[ガウス (1809)] によって体系的に述べられた．行列はいくつかのステップで “per eliminationem vulgarem（普通の消去によって)” 簡単化される．最初のステップは，，第 1 行の何倍かを下の方の行から引いて，その最初の係数が 0 になるようにすることからなっている．つまり，

$$\begin{bmatrix} a_1 & a_2 & a_3 \\ b_1 & b_2 & b_3 \\ c_1 & c_2 & c_3 \end{bmatrix} \Rightarrow \begin{bmatrix} a_1 & a_2 & a_3 \\ 0 & b_2 - \frac{b_1}{a_1}a_2 & b_3 - \frac{b_1}{a_1}a_3 \\ c_1 & c_2 & c_3 \end{bmatrix} \Rightarrow \begin{bmatrix} a_1 & a_2 & a_3 \\ 0 & b_2 - \frac{b_1}{a_1}a_2 & b_3 - \frac{b_1}{a_1}a_3 \\ 0 & c_2 - \frac{c_1}{a_1}a_2 & c_3 - \frac{c_1}{a_1}a_3 \end{bmatrix}$$

とする．この消去ができるために 0 であってはいけない係数 a_1 は最初の**ピボット**と呼ばれる[11]．第 2 のステップは，第 2 行の第 2 のピボット $b_2 - \frac{b_1}{a_1}a_2$ を

[11] そうでなければ，行を入れ替える．
［訳註］第 1 列が 0 ベクトルでなければ，最初の係数が 0 でない行が存在するから，その行と入れ

使って，それより下の行の第2の係数を消去する．つまり，

$$\Rightarrow \begin{bmatrix} a_1 & a_2 & a_3 \\ 0 & b_2 - \frac{b_1}{a_1}a_2 & b_3 - \frac{b_1}{a_1}a_3 \\ 0 & 0 & c_3 - \frac{c_1}{a_1}a_3 - \frac{c_2 - \frac{c_1}{a_1}a_2}{b_2 - \frac{b_1}{a_1}a_2}(b_3 - \frac{b_1}{a_1}a_3) \end{bmatrix} \tag{9.20}$$

とするのである．$n > 3$ であれば，(9.20)の位置にある複雑な表示を第3のピボットとしてアルゴリズムは続いていくが，結果の代数的表示はすぐに手に負えなくなっていく．しかし，このアルゴリズムを数値で行うものは，無数の何千もの変数のある科学計算の基礎となっている．

平行多面体の体積． ガウスの消去法の幾何学的意味は $n = 2$ のときは図9.16に，$n = 3$ のときは図9.17に示されている．これらの操作のそれぞれにおいて，ベクトルの1つがほかの1つのベクトルの方に動かされ，ユークリッドI.35（またはユークリッドXI.29）によって**体積は変わらない**．(9.20)のように下方の係数を消去した後，続けて対角線の**上方の**係数を下から消去する（図9.16の最後の図，図9.17の第2行）．$n = 3$ のときは，**その稜が3つのピボットである**直方体に到達する．

定理 9.1 平行6面体の体積は（符号を除き），生成ベクトルの係数行列に適用したガウスの消去法のピボットの積に等しい．この積をその行列の行列式と

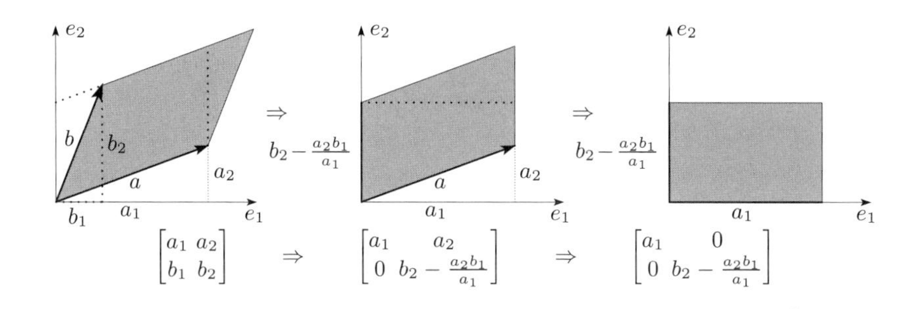

図 9.16 ガウスの消去法は2次元の体積を保つ

替えればよい．

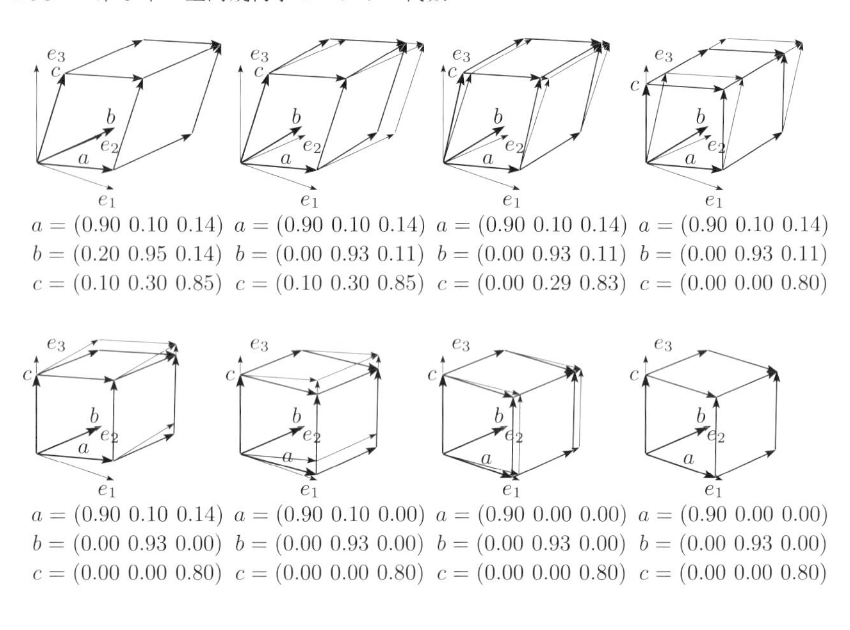

図 9.17　ガウスの消去法は 3 次元の体積を保つ

いう. [12]

> "Je crois avoir trouvé pour cela une Règle assez commode & générale, ... On la trouvera dans l'*Appendice*, N°. 1. [このためのきわめて便利で一般的な規則を発見したと信じている. ... それは付録 No. 1 で与えられる.]"
>
> ([G. クラメール (1750)], p. 60)

[12] 行列式の理論は行列の理論よりも古い. 最初の動機は代数から来た ([マクローリン (1748)], [G. クラメール (1750)] (図 9.18 参照), E. ベズー (1764)). 行列式の主要な建築家はヴァンデルモンド (1772) とラプラス (1772) であった. 体積としての幾何学的意義を発見したのはオイラー, ラグランジュ, ヤコビ (1769, 1773, 1841, 重積分を変換するため) であった. 行列式の理論の古典的な入門書には [アイトケン (1964)] がある.
[訳註] 和算について触れておこう. 関孝和の 1683 年の『解伏題之法』には終結式を用いた消去法の一般論があり, 終結式を表すために行列式にあたるものが導入されている. 記号法の問題もあるためか, 3 次と 4 次の行列式は正しい表示になっているが, 5 次の行列式には符号の誤りがあるがミスプリの類だろう.
弟子の建部兄弟がまとめた『大成算経』(1710 年以前に完成) には第 1 列に関する余因子展開もある.

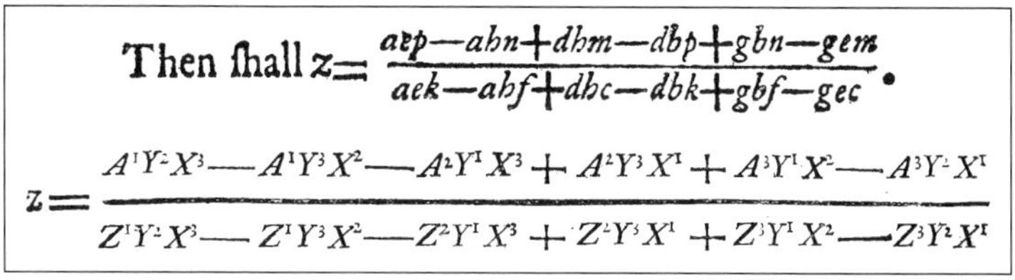

Then ſhall $z = \dfrac{aep - ahn + dhm - dbp + gbn - gem}{aek - abf + dbc - dbk + gbf - gec}$.

$$z = \frac{A^1Y^2X^3 - A^1Y^3X^2 - A^2Y^1X^3 + A^2Y^3X^1 + A^3Y^1X^2 - A^3Y^2X^1}{Z^1Y^2X^3 - Z^1Y^3X^2 - Z^2Y^1X^3 + Z^2Y^3X^1 + Z^3Y^1X^2 - Z^3Y^2X^1}$$

図 9.18 クラメールの規則と線形方程式の解の分母としての最初の行列式. 上：マクローリン (1748) から, 下：クラメール (1750) から

例. $n = 2$ のとき, (9.20) の最初の 2 つのピボットの積は, 平行四辺形の面積として

$$\mathcal{A} = a_1 b_2 - a_2 b_1 = \det \begin{bmatrix} a_1 & a_2 \\ b_1 & b_2 \end{bmatrix} \tag{9.21}$$

を与え, $n = 3$ のときは, 積を整理すると,

$$\begin{aligned} \mathcal{V} &= a_1 b_2 c_3 + a_2 b_3 c_1 + a_3 b_1 c_2 - a_3 b_2 c_1 - a_2 b_1 c_3 - a_1 b_3 c_2 \\ &= \det \begin{bmatrix} a_1 & a_2 & a_3 \\ b_1 & b_2 & b_3 \\ c_1 & c_2 & c_3 \end{bmatrix} \end{aligned} \tag{9.22}$$

となる. 行列式が初めて印刷されたものを複製した図 9.18 を参照のこと. $n = 4$ のときは対応する公式には 24 項が, $n = 5$ のときは 120 項がある.

9.4 ノルムとスカラー積

ベクトル a の長さは, **ノルム**と呼ばれて, $|a|$ と書かれ[13], 図 9.4 (a) からわかるように,

$$|a|^2 = r^2 + a_3^2 = a_1^2 + a_2^2 + a_3^2 = \textstyle\sum_i a_i^2 \tag{9.23}$$

で与えられる (ピュタゴラスの定理を 2 回使う). このノルムにより, 空間

13 また $\|a\|$ と書くことも多い.

$\mathbb{R}^3$ は**ノルム空間**となり，その結果，距離

$$d(a,b) = |b-a| = \sqrt{\sum_i (b_i - a_i)^2}$$

を持つ**距離空間**になる．

スカラー積． $c = b - a$ と置く．図 9.5 (a) のように a, b, c が三角形をなし，展開すれば

$$|c|^2 = |b-a|^2 = \sum_i (b_i - a_i)^2 = \sum_i b_i^2 - 2\sum_i a_i b_i + \sum_i a_i^2 \tag{9.24}$$

となる．

定義 9.2　上の等式の中の量 $\sum_i a_i b_i$ をベクトル a と b の**スカラー積**と呼び，

$$\langle a, b\rangle = \langle a|b\rangle = a \cdot b = \sum_i a_i b_i \quad \text{かつ} \quad \langle a, a\rangle = a \cdot a = |a|^2 \tag{9.25}$$

などと書く．$a \cdot b$ という記号は J.W. ギブスによるもので，**ドット積**ともいうことの説明になっている．

スカラー積は対称で，両方の変数に関して**線形**であること

$$\langle a, b\rangle = \langle b, a\rangle \qquad \text{かつ} \qquad \langle \lambda_1 a_1 + \lambda_2 a_2, b\rangle = \lambda_1\langle a_1, b\rangle + \lambda_2\langle a_2, b\rangle \tag{9.26}$$

がわかる．この記号で書くと，(9.24) は

$$|c|^2 = |a|^2 + |b|^2 - 2\langle a, b\rangle \quad \text{または} \quad \langle a, b\rangle = \frac{|a|^2 + |b|^2 - |c|^2}{2} \tag{9.27}$$

となる．これらの等式と，ピュタゴラスの定理とその逆定理と余弦法則（上巻第 5 章の (5.10)）と比べると 3 つの重要な結論が読み取れる．

定理 9.3　2 つの 0 でないベクトルが直交するのは，そのスカラー積が 0 になるとき，かつそのときに限る．

定理 9.4　γ を，2 つの 0 でないベクトル a と b の間の角とする．そのとき

$$\langle a, b\rangle = |a|\,|b|\cos\gamma \qquad \text{または} \qquad \cos\gamma = \frac{\langle a, b\rangle}{|a|\,|b|} \tag{9.28}$$

となる．

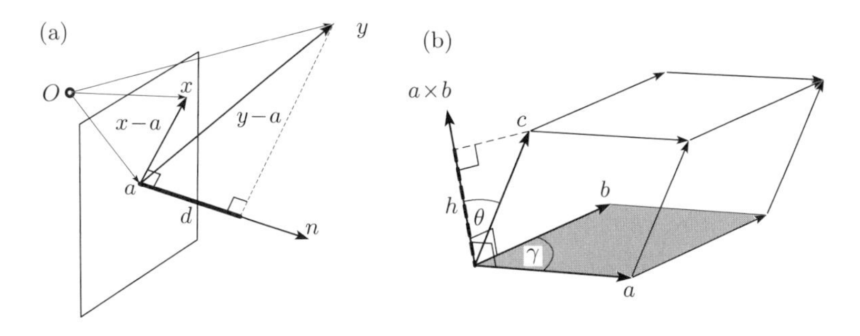

図 9.19 (a) 平面の方程式と点の距離，(b) 混合 3 重積

定理 9.5 e を単位ベクトル ($|e| = 1$) とする．そのとき，a の e の上への直交射影の長さを与える（下の図参照）．ここで，γ は a と e との間の角である．

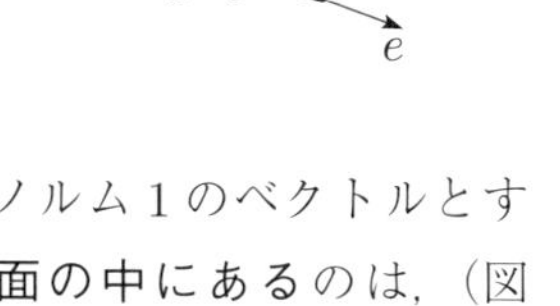

これは標準基底ベクトル e_i に対して $a_i = a \cdot e_i$ となっていることに合っている．さらに，どんな正規直交基底[14]に関しても

$$a = \sum_i \langle a, e_i \rangle \, e_i$$

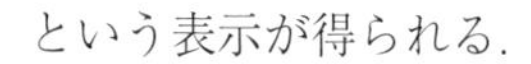
という表示が得られる．

平面のデカルト方程式. a を与えられた点，n をノルム 1 のベクトルとする．そのとき，点 x が $\boldsymbol{a}$ **を通り，**$\boldsymbol{n}$ **と直交する平面の中にある**のは，（図 9.19 (a) 参照）

$$(x - a) \cdot n = 0 \quad \text{つまり，} \quad n_1x_1 + n_2x_2 + n_3x_3 = q \tag{9.29}$$

であるとき，かつそのときに限る．ここで，$q = n_1a_1 + n_2a_2 + n_3a_3$ である．一方，方程式

$$\alpha_1x_1 + \alpha_2x_2 + \alpha_3x_3 = r \tag{9.30}$$

が与えられたとき，$(\alpha_1, \alpha_2, \alpha_3)/\sqrt{\alpha_1^2 + \alpha_2^2 + \alpha_3^2}$ はこの方程式で定義された

14 ベクトルの集合が正規直交であると呼ばれるのは，その要素が互いに直交し，長さが 1 であるときである．

平面に直交する単位ベクトルであることがわかる．

点の平面への距離． y を任意の点とする．(9.29)で定義される平面への y の距離は

$$\begin{aligned} d &= (y-a)\cdot n \\ &= (y_1-a_1)\cos\varepsilon_1 + (y_2-a_2)\cos\varepsilon_2 + (y_3-a_3)\cos\varepsilon_3 \end{aligned} \tag{9.31}$$

で与えられる（図 9.19 (a) と定理 9.5 参照）．2 つ目の表示は定理 9.4 から，$n_i = \langle n, e_i\rangle = \cos\varepsilon_i$ を代入することによって得られる．ここで，ε_i は，n と座標軸との間の角である．この形で方程式を述べたのは [ヘッセ (1861)] pp. 15–18 であり，直線に対する類似のものは [ヘッセ (1865)] pp. 14–17 で与えられた．

2 平面の間の角． 各平面に対する法ベクトルを計算し，この 2 つのベクトルの間の角を定める．

直線と平面の間の角， 直線のパラメータ形式 (9.7)がわかっていれば，直線の方向ベクトル $b-a$ と平面の法ベクトルの間の角から求める角が計算される．

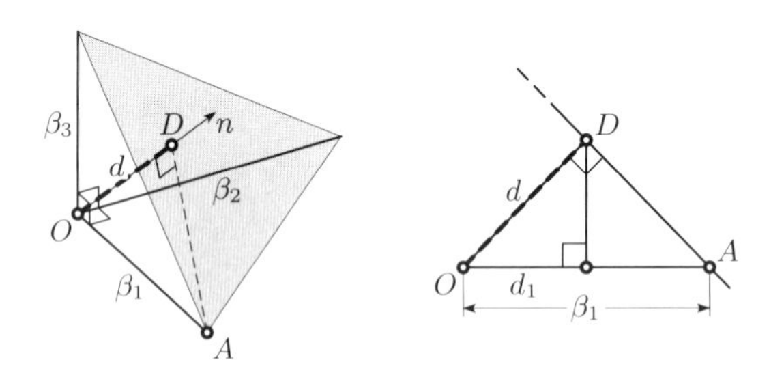

図 **9.20**　直角四面体

直角四面体． 三角形ピラミッドで，その頂上での 3 つの角がすべて直角であるものを調べる．この頂上 O を原点に置き，3 つの隣接する稜を β_1, β_2, β_3 と書く（図 9.20 参照）．タレスの定理を 3 回使うことにより（図 9.20 右図と上巻の (1.9) も参照），基点 D の座標が $d_i = d^2/\beta_i$ であることがわかる．ここ

で，d は原点からの基点の距離である．こうして，(9.23) から

$$d^2 = d^4\left(\frac{1}{\beta_1^2}+\frac{1}{\beta_2^2}+\frac{1}{\beta_3^2}\right) \quad \text{または} \quad \frac{1}{d^2}=\frac{1}{\beta_1^2}+\frac{1}{\beta_2^2}+\frac{1}{\beta_3^2} \tag{9.32}$$

がわかる．ここで，長さ d, β_1, β_2, β_3 がピラミッドのその 4 つの面への高さであることを使う．面の面積をそれぞれ $\mathcal{A}_0$, $\mathcal{A}_1$, $\mathcal{A}_2$, $\mathcal{A}_3$ と書く．$\mathcal{V}$ がピラミッドの体積であれば，ユークリッド XXII.7 から，このそれぞれの面積に対し，$3\mathcal{V}/h = \mathcal{A}$ であることが分かっている．こうして，(9.32) の右の等式のすべての項に $9\mathcal{V}^2$ を掛けると，この式は

$$\mathcal{A}_0^2 = \mathcal{A}_1^2 + \mathcal{A}_2^2 + \mathcal{A}_3^2 \tag{9.33}$$

と同じになり，ピュタゴラスの定理の 3 次元への素敵な一般化になっている．この結果は [ファウルハーバー (1622)] 第 45 章によって，聖なる数 666 に基づいた長い数値計算から発見された．ファウルハーバーは最後に "das dises ein General Kunst sein... müsse ... wie dess *Pythagoræ Inuention*"[15] と考えたが，彼には証明のための道具がなかった．ルネ・デカルトは 1620 年にウルムのファウルハーバーの弟子になり，その後，彼の代数的な道具とヘロンの公式を使って最初の証明を与えた．

注目に値するのは，どれほど多くの幾何の問題に対して，スカラー積が役に立つかがわかることである．

9.5 外積

2 つのベクトル a, b が与えられたとき，a と b によって張られた平面に直交するベクトル x を見つけたい．3 次元では，2 つの共線でないベクトルの直交補空間は O を通る直線であり，それゆえ一意的な方向ベクトルで定まる．このベクトルは，グラスマンによって，a と b の積として研究された．同じ次元のベクトルとして積が存在するのは 3 次元だけである．空間幾何と物理学におけるさまざまな応用にとって非常に重要である．

2 つの直交条件（定理 9.3）は 2 つの線形方程式

[15] 「これは，ピュタゴラスの創案のように一般的な真実であるべきであること」．著者たちはこの参照文献についてディートマー・ヘルマンに感謝する．

$$a_1x_1 + a_2x_2 + a_3x_3 = 0\,,$$
$$b_1x_1 + b_2x_2 + b_3x_3 = 0$$

を与え，ガウスの消去法によって

$$\begin{aligned} a_1x_1 + a_2x_2 \qquad\qquad + a_3x_3 \qquad\qquad &= 0\,, \\ \Bigl(b_2 - \frac{b_1a_2}{a_1}\Bigr)x_2 + \Bigl(b_3 - \frac{b_1a_3}{a_1}\Bigr)x_3 &= 0 \end{aligned}$$

に変換することができる．この最後の方程式で x_3 は自由に選ぶことができる．$x_3 = a_1b_2 - a_2b_1$ と選ぶと，x_2 と x_1 に対して特に素敵な公式

$$x_1 = a_2b_3 - a_3b_2\,, \qquad x_2 = a_3b_1 - a_1b_3\,, \qquad x_3 = a_1b_2 - a_2b_1 \tag{9.34}$$

が得られる．積

$$\begin{aligned} a \times b &= (a_2b_3 - a_3b_2,\ a_3b_1 - a_1b_3,\ a_1b_2 - a_2b_1) \\ &= \left(\det\begin{bmatrix} a_2 & a_3 \\ b_2 & b_3 \end{bmatrix}, \det\begin{bmatrix} a_3 & a_1 \\ b_3 & b_1 \end{bmatrix}, \det\begin{bmatrix} a_1 & a_2 \\ b_1 & b_2 \end{bmatrix}\right) \end{aligned} \tag{9.35}$$

は a と b の**外積**（または**クロス積**や**ベクトル積**）と呼ばれる（図 9.19 (b) 参照）．記号 $\times$ は J.W. ギブスによるもので，1 世紀ほど使われてきた．現代代数のある種の類似の構造はのちに記号 $\wedge$ に置き換えられるようになった．

混合 3 重積．外積 $a \times b$ をとって，第 3 のベクトル c との**スカラー**積を計算せよ．驚くことに，その結果は行列式 (9.22)

$$(a \times b) \cdot c = \det\begin{bmatrix} a_1 & a_2 & a_3 \\ b_1 & b_2 & b_3 \\ c_1 & c_2 & c_3 \end{bmatrix} = \mathcal{V} \tag{9.36}$$

となる．スカラー 3 重積とも箱積とも呼ばれる混合 3 重積は，こうして，ベクトル a, b, c で張られる平行六面体の体積である．混合 3 重積は巡回置換で不変である．つまり，

$$(a \times b) \cdot c = (b \times c) \cdot a = (c \times a) \cdot b \tag{9.37}$$

となる．

外積のノルム． (9.36) のスカラー積に (9.28) の関係を使えば，

$$\mathcal{V} = (a \times b) \cdot c = |a \times b| \cdot |c| \cdot \cos\theta = |a \times b| \cdot h \tag{9.38}$$

となる．ここで，h は a と b で張られる平面からの c の距離である（図 9.19 (b) 参照）．ユークリッド XI.27 ff，つまり上巻 (2.7) の公式 $\mathcal{V} = \mathcal{A} \cdot h$ と比べると，**外積のノルムは $\boldsymbol{a}$ と $\boldsymbol{b}$ で張られる平行四辺形の面積に等しい**，すなわち

$$|a \times b| = \mathcal{A} = |a| \cdot |b| \cdot \sin\gamma \tag{9.39}$$

が結論される．

3 点を通る平面． 外積を使うと，平面のパラメータ形式から，パラメータのない（デカルト）形式に変換できる．3 点 a, b, c を通る平面が

$$\begin{aligned}
0 &= (x-a) \cdot \Big((b-a) \times (c-a)\Big) \\
&= \Big((x-a) \times (b-a)\Big) \cdot (c-a) = \det\begin{bmatrix} x_1-a_1 & x_2-a_2 & x_3-a_3 \\ b_1-a_1 & b_2-a_2 & b_3-a_3 \\ c_1-a_1 & c_2-a_2 & c_3-a_3 \end{bmatrix} \\
&= \det\begin{bmatrix} x_1-a_1 & x_2-a_2 & x_3-a_3 & 0 \\ b_1-a_1 & b_2-a_2 & b_3-a_3 & 0 \\ c_1-a_1 & c_2-a_2 & c_3-a_3 & 0 \\ a_1 & a_2 & a_3 & 1 \end{bmatrix} = \det\begin{bmatrix} x_1 & x_2 & x_3 & 1 \\ a_1 & a_2 & a_3 & 1 \\ b_1 & b_2 & b_3 & 1 \\ c_1 & c_2 & c_3 & 1 \end{bmatrix}
\end{aligned} \tag{9.40}$$

という形に書けるという興味深い結果が得られる（(9.29), (9.36), (9.37)参照）．

空間における 2 本のねじれの位置にある直線の距離． a, b を $\mathbb{R}^3$ の 2 点とし，p, q を 2 つの方向ベクトルとする．直線 $a + \lambda p$ と $b + \mu q$ の間の最短距離 h を定めたい（図 9.21 (a) 参照）．

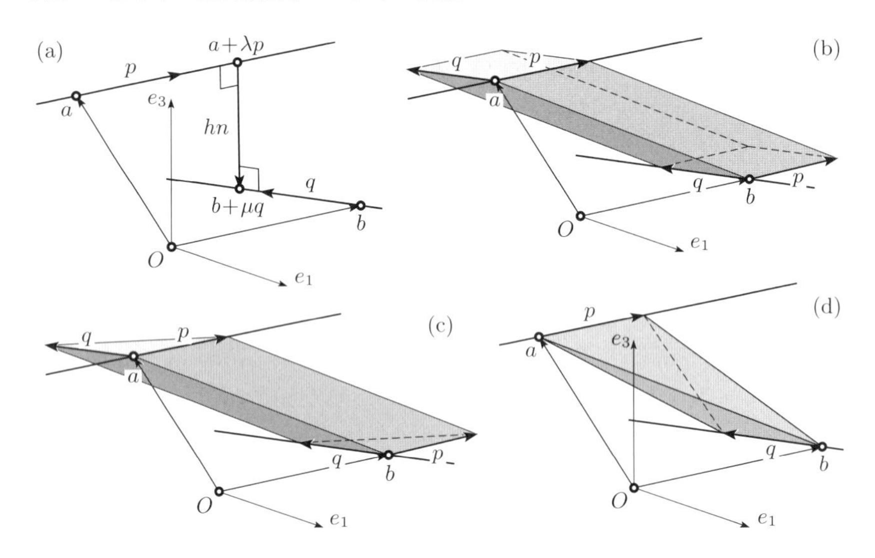

図 9.21 (a) 空間における2本のねじれの位置にある直線の距離，(b) 平行六面体の体積，(c) 三角プリズムの体積，(d) 2つのベクトルの間の四面体

解答. ベクトル p, q を平行移動することによって，ベクトル $b-a$, p, q によって張られる平行六面体が得られる（図 9.21 (b) 参照）．(9.22) により，この平行六面体の体積 $\mathcal{V}$ は

$$\mathcal{V} = \det \begin{bmatrix} b_1 - a_1 & b_2 - a_2 & b_3 - a_3 \\ p_1 & p_2 & p_3 \\ q_1 & q_2 & q_3 \end{bmatrix} \tag{9.41}$$

となる．(9.39) により，この平行六面体は面積が $\mathcal{A} = |p \times q|$ の底面を持つが，その高さ h こそが求めているものである．それゆえ，(9.41) と $\mathcal{V} = \mathcal{A} \cdot h$（ユークリッド XI.27 ff）とを比べることによって，

$$h = \frac{1}{|p \times q|} \det \begin{bmatrix} b_1 - a_1 & b_2 - a_2 & b_3 - a_3 \\ p_1 & p_2 & p_3 \\ q_1 & q_2 & q_3 \end{bmatrix} \tag{9.42}$$

が得られる．

空間における 2 つのベクトルの間の四面体．三角プリズムを得るために，底面の平行四辺形を三角形に置き換えると，体積は半分になる（図 9.21 (c) 参照）．最後に，ユークリッドの図（上巻 2.2 節の図 2.35 上図）のように，このプリズムを体積の同じ 3 つの四面体に分割する．このうちの一つは，向かい合う稜がベクトル p と q であるような四面体になる．こうして，この四面体の体積 $\mathcal{V}_{\mathrm{Tet}}$ は

$$\mathcal{V}_{\mathrm{Tet}} = \frac{1}{6}\det\begin{bmatrix} b_1 - a_1 & b_2 - a_2 & b_3 - a_3 \\ p_1 & p_2 & p_3 \\ q_1 & q_2 & q_3 \end{bmatrix} = \frac{h\cdot|p\times q|}{6} \tag{9.43}$$

となる．この最後の公式は J. シュタイナーに帰されるが（[デリー (1943)], §198 参照），これから「空間における 2 つのベクトルの間の四面体の体積は，直線上の点 a と b の選び方によらない」という興味深い結論が得られる．

2 本のねじれの位置にある直線の最短接続の位置．図 9.21 (a) の 2 本の直線の間の最短接続に対して，点 $a+\lambda p$ と $b+\mu q$ を繋ぐベクトルは p と q の両方に直交していなければならないので，$(a+\lambda p)-(b+\mu q)$ と，p と q とのスカラー積が 0 にならねばならない．これにより，

$$\begin{aligned} (p\cdot p)\,\lambda-(q\cdot p)\,\mu &= (b-a)\cdot p, \\ (p\cdot q)\,\lambda-(q\cdot q)\,\mu &= (b-a)\cdot q \end{aligned} \tag{9.44}$$

という，解くべき未知数 λ と μ に対する線形系が得られる．

向き付け．定義により，ベクトルの 3 つ組 a, b, c が**正の向き付け**を持つのは，$\det(a,b,c)$ の符号が正のときである．その結果，これらのベクトルは 3 つの基底ベクトル e_1, e_2, e_3 と同じ向きを持っている．(9.38)から，外積の符号は 3 つ組 $a, b, a\times b$ が正の符号を持つように選ばれていること（$e_1\times e_2 = e_3$ であるから）が導かれる．

ベクトルの向きによっては，体積と距離のための上の公式は負の値になることもあり得る．それゆえ，多くの著者は絶対値を取る．しかしながら，関係するベクトルの向き付けについての追加の情報を破壊しない方が好ましいことが多い．

9.6　球面三角法再論

球座標. 科学の多くの分野（地理学，天文学，球面上の解析学）で使われる球座標は，半径1の球面上の点 P の位置を測るのに，ある点 A から点 B まで**赤道**にそって**経度** ψ を，それから**子午線**にそって P に着くまで**緯度** φ を測るものである．デカルト座標の原点を球の中心に置き，A の方向に x 軸を置き，北極の方向に z 軸を置けば，P のデカルト座標が求まる（図 9.22 (a) 参照）．

解答. C を A の子午線上緯度 φ の点とすると，座標は

$$B = (\cos\psi, \sin\psi, 0) \quad と \quad C = (\cos\varphi, 0, \sin\varphi) \tag{9.45}$$

となる．三角形 OAB と $O'CP$ は相似で，相似比は $O'C = \cos\varphi$ であるので，P の x, y 座標は，タレスの定理より，B の x, y 座標にこの比を掛けたものになるが，z 座標は C の z 座標と同じである．それゆえ，球座標は

$$P = (\cos\varphi\cos\psi, \cos\varphi\sin\psi, \sin\varphi) \tag{9.46}$$

となる．

球面の余弦法則. 図 9.22 (b) のように，与えられた長さ a と b の弧と与えられた角 γ を持つ球面三角形を，C を北極に，稜 b をグリニッジ子午線上に置く．そのとき，(9.45) と (9.46) により，座標 $A = (\sin b, 0, \cos b)$ と $B = (\sin a\cos\gamma, \sin a\sin\gamma, \cos a)$ が得られる（角 a と b を北極から測ると，正弦と余弦が入れ替わる）．(9.28) により，これらの単位ベクトルのスカラー積からもう一度，公式 $\cos c = \sin b\sin a\cos\gamma + \cos b\cos a$ が得られる．

注意. 任意の位置における三角形に対する球面余弦法則と正弦法則の証明は，より難しいベクトル解析を使うが，196 ページの演習問題 5 と 6 に示されている．

オイラー角を使う球面三角法. もう一つの可能性は歪んだ球座標を使うことである．剛体の運動を記述するオイラーの方法と似ているので，それも**オイラー角**と呼ぶ．点 A から赤道に沿って長さ c の弧を動くと $B = (\cos c, \sin c, 0)$

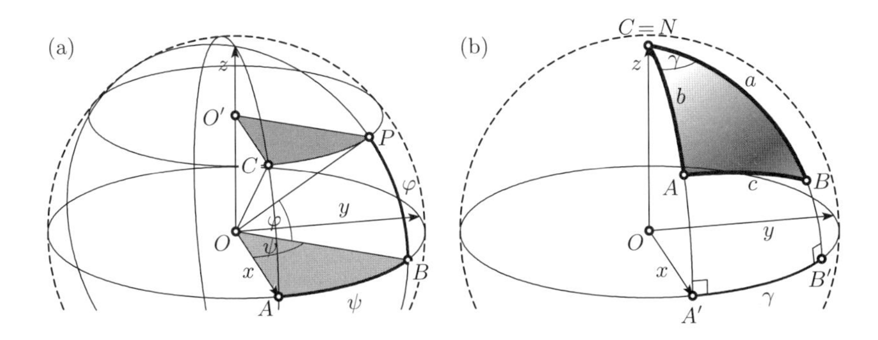

図 9.22 (a) 球座標，(b) 球面の余弦法則

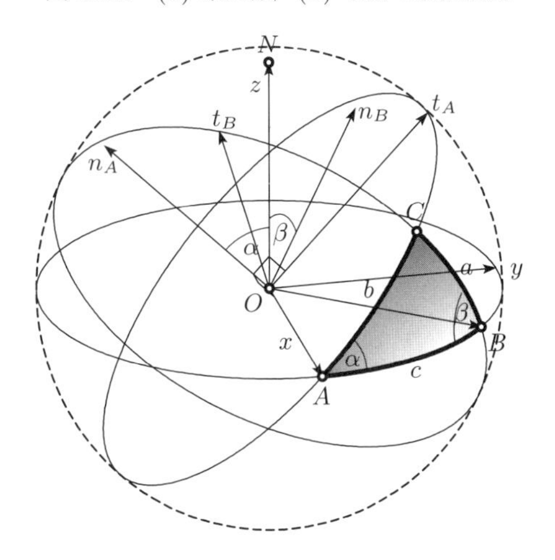

図 9.23 ベクトル解析での球面三角形

に着く．そこから，赤道と角 β をなす大円上の長さ a の弧をたどると点 C に着く（図 9.23 参照）．C の座標を計算するために，まずこの大円の平面に直交する単位ベクトル n_B を見る，つまり，n_B は B に直交し，N と角 β をなさねばならない．こうして，n_B と $N = (0, 0, 1)$ のスカラー積は $\cos\beta$ でなければならず，n_B と $B = (\cos c, \sin c, 0)$ とのスカラー積は 0 でなければならない．これから，$n_B = (-\sin c \sin\beta, \cos c \sin\beta, \cos\beta)$ が得られるが，これは既に長さが 1 である．それから，求める平面の上にあり，B と直交するベクトル t_B を作る．つまり，$t_B = B \times n_B = (\sin c \cos\beta, -\cos c \cos\beta, \sin\beta)$ とす

る．最後に，点 C は B と t_B の係数が $\cos a$ と $\sin a$ の一次結合であり，

$$\begin{aligned} C &= B\cos a + t_B \sin a \qquad (9.47) \\ &= (\cos a\cos c+\sin a\sin c\cos\beta,\ \cos a\sin c-\sin a\cos c\cos\beta,\ \sin a\sin\beta) \end{aligned}$$

となる．今度は，点 A から直接に出発して，A と C を通る大円上を角 α で，長さ b の弧の上を動く，同じ手続きを繰り返す．これから同じようにして，$n_A = (0, -\sin\alpha, \cos\alpha)$ と $t_A = n_A \times A = (0, \cos\alpha, \sin\alpha)$ が得られるので，

$$C = A\cos b + t_A \sin b = (\cos b,\ \cos\alpha\sin b,\ \sin\alpha\sin b) \qquad (9.48)$$

となる．座標ごとに，C に対する結果 (9.48) と (9.47) を比較すると，上巻第5章の余弦法則 (5.35)，余接法則が導かれる (5.37)，正弦法則 (5.36) が一気に得られる．

日時計ふたたび．　上巻 5.7 節の例 3 で述べた日時計に戻り，ベクトル解析で要求された角を求める．

計算は図 9.24 で説明されている．そこに指定されているように座標系を選ぶ．緯度に対して φ，南からの壁の傾き（南から東に測る）を σ とする記号はそのままとする．G の座標は (9.46) から得られ，今の状況では

$$g = (\cos\varphi\cos\sigma, -\cos\varphi\sin\sigma, -\sin\varphi) \qquad (9.49)$$

となる．グノモンに直交する平面の正規直交基底 m, n を選ぶ．ここで，m は条件 $m_3 = 0$（つまり，m は水平）と $m \cdot g = 0$ から定め，n は $n = m \times g$ とする．これから

$$m = (\sin\sigma, \cos\sigma, 0) \text{ かつ } n = (-\sin\varphi\cos\sigma, \sin\varphi\sin\sigma, -\cos\varphi) \qquad (9.50)$$

となる．そのとき，G の周りをまわる影 $\ell = (\ell_1, \ell_2, \ell_3)$ の方向は

$$\ell = n\cos\alpha + m\sin\alpha \qquad (9.51)$$

で与えられる．ここで，α は前と同じ意味を持つ．壁の上の影 S は $S = g+\lambda\ell$ という形をしており，λ は $s_1 = 0$ によって定まり，それゆえ $\lambda = -\frac{g_1}{\ell_1}$ となる．こうして，

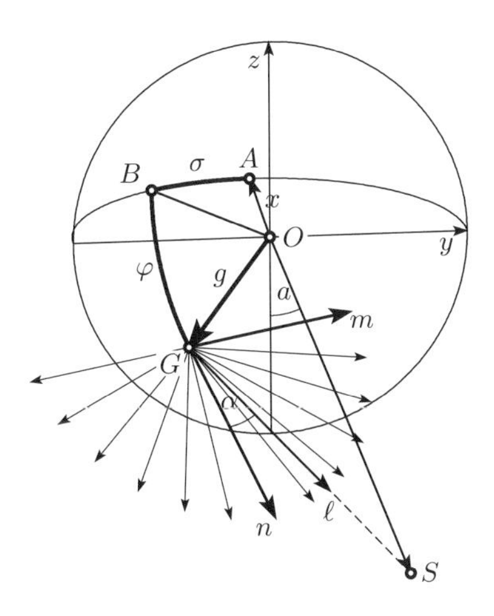

図 9.24 日時計のベクトル計算（x 座標 OA は壁に直交し，下方から見られており，座標 y, z は壁面を張っている．OB は水平に南を指し，OG は地軸に平行に南を指すグノモンで，影 ℓ は G のまわりを回転し，S は 3 月 21 日午後 1 時 30 分の壁の上の G の影である）

$$S = \left(0,\ g_2 - \frac{g_1}{\ell_1}\cdot\ell_2,\ g_3 - \frac{g_1}{\ell_1}\cdot\ell_3\right) \tag{9.52}$$

となる．昼夜平分時（春分の 3 月 21 日か秋分の 9 月 23 日）ではこの点は直線上を動く．一年のこの日以外に，S が動く美しい双曲線を計算したいなら，上の ℓ の代わりに ℓ と g の一次結合に取り換えねばならない．角 a だけに興味があるのなら，(9.52) から，

$$\cot a = -\frac{s_3}{s_2} = -\frac{g_3\ell_1 - g_1\ell_3}{g_2\ell_1 - g_1\ell_2} = \frac{(g\times\ell)_2}{(g\times\ell)_3} \tag{9.53}$$

と計算される．(9.51) を使ってこれを整理すると，$g\times\ell = (g\times n)\cos\alpha + (g\times m)\sin\alpha = m\cos\alpha - n\sin\alpha$ が得られる（$g\times n = m$ という関係は上で使ったし，$g\times m$ は g と m に直交するので，n か $-n$ かになる．また演習問題 4 を使うこともできる）．だから，最終的に

$$\cot a = \frac{m_2\cos\alpha - n_2\sin\alpha}{m_3\cos\alpha - n_3\sin\alpha} \tag{9.54}$$

が得られる．(9.50) から n と m の座標を代入すると，まさに上巻 5.7 節の

(5.43) 式が得られ，間接的にオイラーの余接公式 (5.40) の新証明が得られる．

9.7　ピックの定理

今度は平行四辺形の面積，2で割れば三角形の面積に対する公式 (9.21) を，**格子多角形**，つまり**そのすべての頂点が整数座標を持つ多角形**に適用する．こう制限することで，[G. ピック (1899)] によって発見された驚くほど美しい結果に導かれる．彼の論文は，数学教育への興味を増してきたシュタインハウスが蘇(よみがえ)らすまで，半世紀以上もの間，注目されないままだった．参考文献に対する優れたリストが [グリュンバウム，シェパード (1993)] に与えられている．この結果を発見するために，図 9.25 にいくつかの格子三角形と格子多角形を描いた．

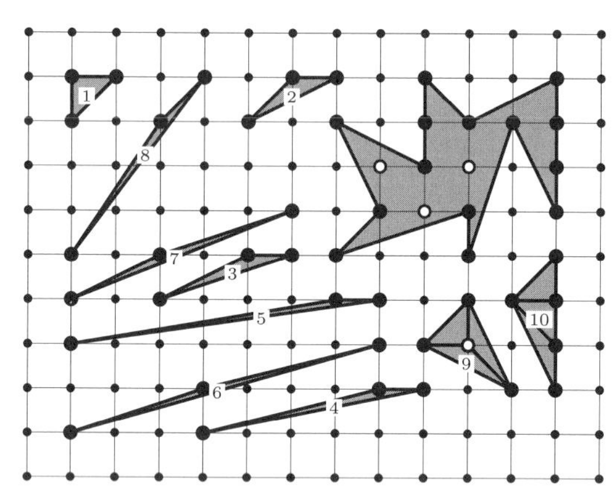

図 9.25　ピックの定理の発見

決定的な観察は1番から8番までの三角形の面積はすべて同じ $\frac{1}{2}$ であることである．ユークリッド I.41 から三角形 $1, 2, 3, 4, 5$ に対しては明らかである．三角形6に対しては，(9.21) を使って

$$2\mathcal{A} = \det\begin{bmatrix} 7 & 2 \\ 3 & 1 \end{bmatrix} = 7 - 6 = 1 \tag{9.55}$$

が得られ，三角形7と8に対しても同様である．これらの三角形にはすべて，

その上と内部には3つの頂点以外には格子点がないという特徴がある．したがって，それらはより小さい格子三角形に分割できず，それらをἄτομος［アトモス］[16]と呼ぶ．

次のステップは，原子を集めて分子を作ることである．三角形9と10は3つの原子からなり，ともに面積は $\frac{3}{2}$ である．これは，三角形9では内部に**1つの**格子点が追加されていること，三角形10では境界に**2つの**格子点が追加されていることから来るものである．**内部の格子点は境界の格子点2つ分に当たる**ことが見て取れ，次の定理が予想される．

定理 9.6（**ピックの定理**）　単純閉な格子多角形（自己交差を持たないもの）が i 個の内部格子点と，b 個の境界格子点を持つとする．そのとき面積は

$$\mathcal{A} = i + \frac{b-2}{2} \tag{9.56}$$

となる．

例えば，図9.25の蜘蛛の面積は $\mathcal{A} = 3 + \frac{14-2}{2} = 9$ である．

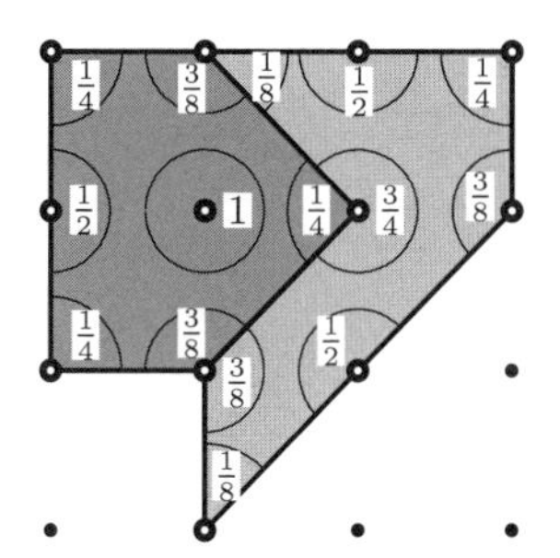

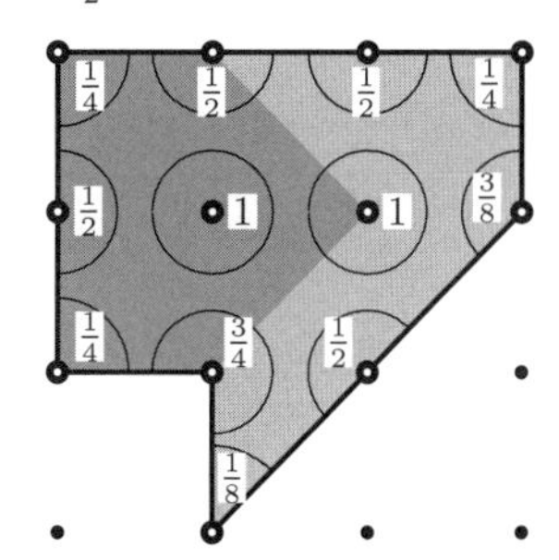

図 9.26　$\mathcal{A}$ と $\mathcal{W}$ の加法性

証明． おそらく最もエレガントな証明は［ヴァーベルク (1985)］に見られるものである．数論も化学も必要はないが，次のようなアイデアによっている．**内部の点と境界の点のそれぞれに対して，格子点から多角形を見込む「可視角」** $\boldsymbol{w}$ **を考えよ．** この角は次のように正規化される．360° のパノラマ的視界は1と数え，180° の視界は $\frac{1}{2}$ と数え，90° の視界は $\frac{1}{4}$ と数え，などとする

[16]　［訳註］「分割できないもの」という意味で，atom（原子）の語源でもある．

(図 9.26 参照)．それから，これらすべての角を足し上げ，$\mathcal{W} = w_1 + w_2 + \cdots$ という数を得る．例えば，図 9.26 の右の多角形に対しては $\mathcal{W} = 2 \cdot 1 + \frac{3}{4} + 4 \cdot \frac{1}{2} + \frac{3}{8} + 3 \cdot \frac{1}{4} + \frac{1}{8} = 6$ が得られる．量 $\mathcal{W}$ は**加法的**である．つまり，もし，西ドイツと東ドイツが統一されれば（ふたたび図 9.26 参照），

$$\mathcal{W} = \mathcal{W}_1 + \mathcal{W}_2 \tag{9.57}$$

となる．このことを見るには，鉄のカーテンに沿った可視角を足し上げるだけでよい．つまり，$\frac{3}{8} + \frac{3}{8} = \frac{3}{4}$, $\frac{1}{4} + \frac{3}{4} = 1$, $\frac{3}{8} + \frac{1}{8} = \frac{1}{2}$ とする．面積 $\mathcal{A}$ は同じ性質を持っていて，

$$\mathcal{A} = \mathcal{W} \tag{9.58}$$

であることが分かる．多角形を三角形に分解した後は（上巻第 2 章演習問題 1 でのプロクロスの結果 (2.15) のときとまったく同じように），格子三角形に対して (9.58) を証明すれば十分である．この最後の検証は 3 つのステップに分けて行われる（図 9.27 参照）．最初に，水平辺と垂直な辺を持つ長方形 (a) に対しては直ちに成り立つことが分かる．各格子点はちょうど，w と書かれたのと同じ面積の点線の 1 つの領域にある．2 番目には，2 つに割ることによって，格子に平行な脚を持つ直角三角形 (b) に対して成り立つ．ここで必要となる唯一の計算は $\frac{1}{4} - w + w = \frac{1}{4}$ である．最後に，$\mathcal{W}$ が加法的だから，**減法的**でもあるので，任意の三角形 (c) を，1 つの平行な三角形から，2 つの平行な三角形と 1 つの平行な長方形を引いたものとして表わすことができる．これからピックの定理の証明が結論される．なぜなら，内部の格子点にわたっての $\mathcal{W}$ の和は i に等しく，境界点にわたっての和は，プロクロスの公式 (2.15) を使うことによって，$\frac{b-2}{2}$ に等しいからである．□

注意． 上の定理は**格子円環**に拡張することができる．一方が他方の内側にある 2 つの格子多角形を考え，円環の境界として，外側の境界上には b_1 個の格子点，内側の境界上には b_2 個の格子点，円環の内部に i_1 個の格子点，内側の多角形の内部に i_2 個の格子点があるとする．円環を外側の多角形と内側の多角形の差と考える．対応する公式 (9.56) を引くことによって，その面積に対して

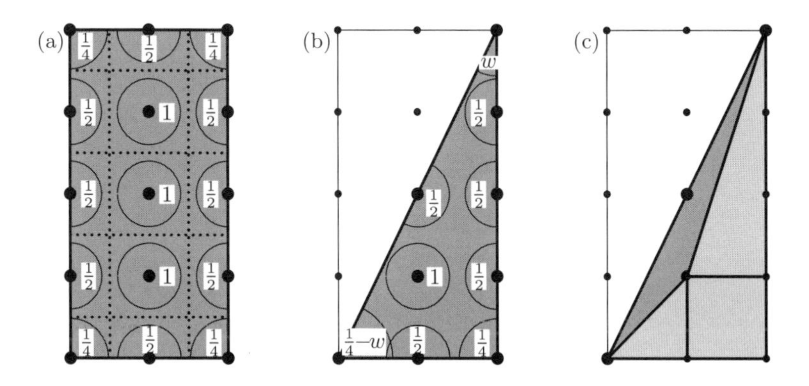

図 9.27　$\mathcal{A} = \mathcal{W}$ が成り立つこと．(a) 格子長方形，(b) 格子に平行な脚を持つ直角三角形，(c) 任意の三角形

$$\mathcal{A} = i_1 + b_2 + i_2 + \frac{b_1 - 2}{2} - \left(i_2 + \frac{b_2 - 2}{2}\right) = i_1 + \frac{b_1 + b_2}{2} \tag{9.59}$$

が得られる．この最後の結果は (9.58) と，[T.L. ヒース (1926)]p. 322 によると，アリストテレスもすでに知っていたという，b 角形の**外**角の和が $\frac{b+2}{2}$ であるという事実からも得ることができる．

9.8　空間における五角形定理

ポーヤは定理についてのそれまでの知識を否定し，「ファン・デル・ヴェルデンがそれについて知っていなければ数学に知られることはなかっただろう」と付け加えた．

[ダニッツ，ウェイザー (1972)] の脚註

[ファン・デル・ヴェルデン (1970)] で次の驚くような定理が発表された．

定理 9.7　$\mathbb{R}^3$ の中の五角形で，すべての辺の長さとすべての角の大きさが等しければ（図 9.28 参照），平面的でなければならない．

注意. この定理は，$n = 4$ または $n \geq 6$ に対する等角等辺の n 角形に対しては正しくない（図 9.29 参照）．ファン・デル・ヴェルデンは論文の中で，チューリヒ工科大学の化学者 J.D. ダニッツとの討論によってこの定理に導か

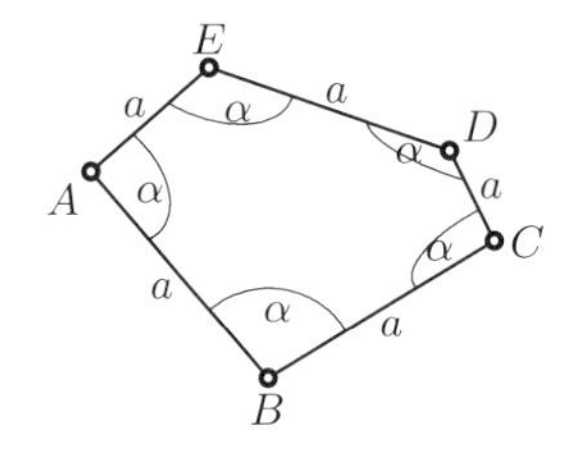

図 9.28　ファン・デル・ヴェルデンの五角形定理

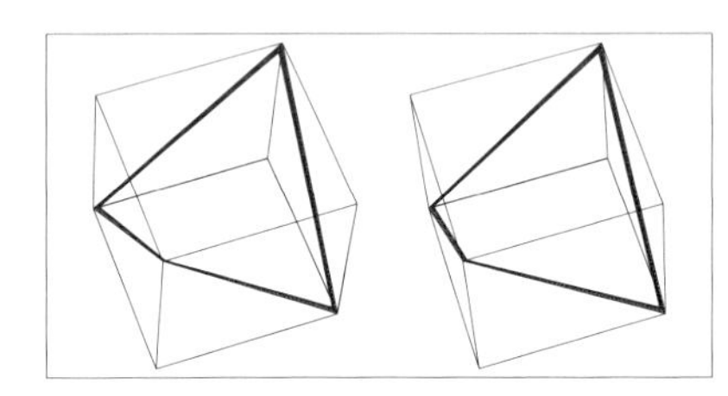
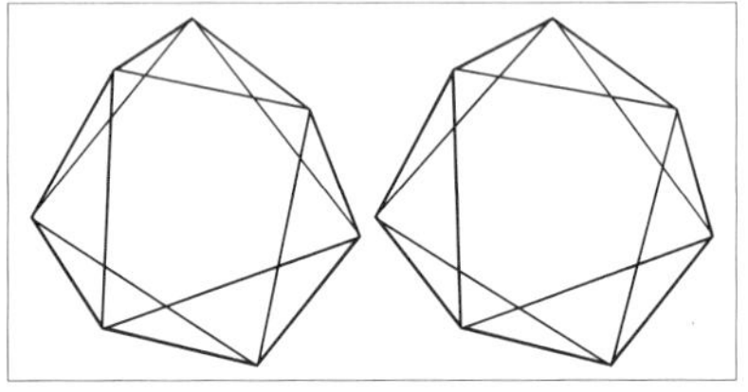

図 9.29　等辺で等角だが平面的でない多角形．左：$n=4$，右：$n=7$

れたと述べている．ファン・デル・ヴェルデンの証明はエレガントだが，初等的ではなかった．ファン・デル・ヴェルデンが発表した後すぐに，多くのより初等的な証明が発見された（[イルミンガー (1970)]，[スマカル (1972)]，[ダニッツ，ウェイザー (1972)]）．ダニッツとウェイザーは，この定理は化学において 25 年前に，「ヒ素メタン $(AsCH_3)_n$ の電子回析研究の中で」発見されていたと説明していて，J. ウェイザーによる幾つかの古典的な証明を提示している．S. スマカルはベクトル解析を使った証明を与え（212 ページ参照），数学者には知られていなかったと考えられていた定理（引用参照）が，1957 年に V.I. アーノルドによって提案された問題に刺激を受け，1961 年にロシアの雑誌『プロスベシェーニエ』[17]で発表されていたとコメントしている．

証明. (a) 幾何的直観の助けになるように，少し計算することから始める．すべての距離 AB, BC, CD, DE, EA を 1 に等しく取る．すべての角 α が

[17] ［訳註］ロシア語の雑誌名は Просвещение で，意味は『啓蒙的教育』である．同名の出版社が発行している．

固定されていれば，ユークリッド I.4 により，すべての対角線 $AC = BD = CD = CE = DA = d$ が定まる．それらは $d = 2\sin\frac{\alpha}{2}$ を満たし，上巻 5.2 節の (5.9) 式により $d^2 = 2 - 2c$ となる．ここで，$c = \cos\alpha$ である．こうして，辺の長さが $1, d, 1$ の三角形 ABC の形は固定されている．座標系を

$$A = (-\tfrac{d}{2}, 0, 0)\,, \quad B = (0, -r, 0)\,, \quad C = (\tfrac{d}{2}, 0, 0)$$

と選ぶ．ここで，$r = \sqrt{1 - \frac{d^2}{4}}$ である．点 D を $CD = 1$, $AD = d$, $BD = d$ という条件で定める．(9.23) を使うと，これからこの点の座標 x, y, z に対する 3 つの方程式

$$\begin{aligned}
(x - \tfrac{d}{2})^2 + \quad y^2 \quad + z^2 &= 1\,, \\
(x + \tfrac{d}{2})^2 + \quad y^2 \quad + z^2 &= d^2\,, \\
x^2 \quad + (y + r)^2 + z^2 &= d^2
\end{aligned}$$

が得られる．第 1 式から第 2 式を引き，第 2 式から第 3 式を引いて，最後に得られた x と y を第 1 式に代入して整理すれば

$$x = \frac{d}{2} - \frac{1}{2d}\,, \quad y = \frac{d^2 - 3/2}{2r}\,, \quad z^2 = -\frac{(d^2 + d - 1)(d^2 - d - 1)(d^2 + 1)}{d^2(4 - d^2)} \tag{9.60}$$

が得られる[18]．第 5 の点 E に対する結果も，x を $-x$ に取り換えるだけでまったく同じになる．$0 < d < 2$ であるすべての d に対して，x と y が一意的に定まることがわかる[19]．変数 z は z^2 が上巻第 1 章の黄金比の表示 (1.3) を含む式で表わされている．こうして，$d = \Phi$ と $d = \frac{1}{\Phi}$ に対しては $z = 0$ となる．この場合，五角形は平面的になり，通常の正五角形になるか，上巻第 1.4 節冒頭の「ソビエト型の」五角形になるかである．この 2 つの値の間の d に対しては $z^2 > 0$ となり，D に対する解は，1 つは xy 平面より上にあり，1 つはこの平面よりも下の対称的な位置にある．同じ 2 つの可能性が点 E の z 座標に対しても成り立つ．特に，次のことが結論される．

---

18 ［訳註］老婆心ながら，最後に $d^4 - 3d^2 + 1 = (d^2 - 1)^2 - d^2 = (d^2 - 1 + d)(d^2 - 1 - d)$ を使っている．

19 ［訳註］$0 < d < 2$ は r が正の実数となる条件であるが，ABC が三角形になる条件でもある．

$$\text{五角形の 4 点が 1 つの平面上にあれば（つまり } z=0 \text{ なら）5 番目の点もこの平面上にある．} \tag{9.61}$$

(b) 今度は距離 DE を解析的に計算する．z の符号が D と E に対して同じならば，$DE = d - \frac{1}{d}$ と，(9.60) における x の値の 2 倍になる．明らかに，d が黄金比でもその逆数でもなければ，$DE \neq 1$ である．もし z の符号が D と E に対して異なるなら，$DE^2 - 1 = (d - \frac{1}{d})^2 + 4z^2 - 1$ を計算して整理すれば $\frac{5(-d^4+3d^2-1)}{4-d^2}$ となるので，またも $DE \neq 1$ となり，黄金比から離れる．これで，すべての場合の証明は終わる．

(c) しかし，ステップ (b) のすべての計算と，ステップ (a) の詳細なすべてのことは，[イルミンガー (1970)] のエレガントな論法にしたがえば不必要になる．D と E の z 座標が同じであると仮定する．そうすると点 $ACDE$ は同一平面上にあり，(9.61) によって，第 5 の点も同じ平面になければならない．次に，ABC で張られる平面に対して，D がその上方に，E がその下方にあると仮定する．そのとき，点 A と E は両方とも，BCD で張られる平面の上方にある．だから，もしこの三角形から計算を始めれば，最初の状況に戻ることになる．□

9.9　アルキメデスの立体

5 つの正多面体，つまりプラトンの立体の記述はユークリッドの最後の巻 XIII の最高点である（第 2 章参照）．本章を，その面が 1 種類よりも多い正多角形であるような立体で終える以上のことができるのだろうか．より正確には，各頂点が同じように配置された正多角形によって囲まれているような凸の立体を探すのである．パッポスはその『選集』第 V 巻[20]でそのような 13 の立体を簡単に述べているが，彼はそれをアルキメデスによるものとした．しかしながら，パッポスが引用したアルキメデスの仕事は発見されていない．

これら半正多面体，すなわちアルキメデスの立体のゆっくりした再発見には

[20] 1660 年版の p. 129 では題が付いていないが，ハルチの版の p. 351 では *Libri quinti pars secunda, In Archimedis solidorum doctrinam*（第 5 巻第 2 部，アルキメデスの立体の教え）という題になっている．

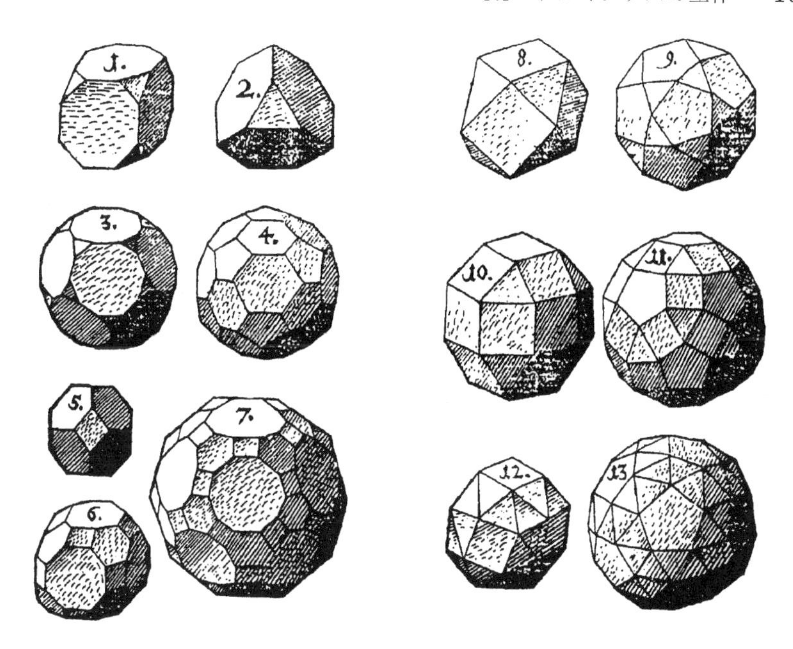

図 9.30 アルキメデスの立体（ケプラーの描いたもの，『宇宙の調和』(1619)）

科学者やら芸術家（例えば，ピエロ・デラ・フランチェスカ，ルカ・パチオーリ，レオナルド・ダ・ヴィンチ，アルブレヒト・デューラー）によるかなりの努力が必要であった．ケプラーその人が最終的に，『宇宙の調和』[J. ケプラー (1619)] 第 II 巻命題 28 においてこれらの “Archimedêa Corpora（アルキメデスの立体）” の完全な集まりを公表した．また彼はそれらに名前を与え，その英訳が標準になっている（図 9.30 と表 9.1 参照）[21]．

この再発見の詳細な解説が [フィールド (1996)] にある．1550 年頃からのある知られていないアーティストによる木版画用の版木の最近の発見が [シュライバー，フィッシャー，スターナス (2008)] に述べられている．

---

[21] ［訳註］標準になっているとはいえ，多くの人が研究してきたこともあって，同じ立体に複数の名前がついていることがある．また，複雑な名前は，例えば，切頂立方体のように，基本が立方体で，そこから何らかの操作をしてできたものという名前がつけられることが多いが，同じ立体に到達する操作の道が一通りでないことがあり得て，そういう場合に複数の名前が付くこともある．またもちろん，日本語に翻訳する際に，例えば，切頂と切頭のように，似たような用語が使われることもある．

表 9.1　アルキメデスの立体のケプラーの表

n	名前	面の形	面	稜	頂点
1	切頂立方体	三角形 8，八角形 6	14	36	24
2	切頂四面体	三角形 4，六角形 4	8	18	12
3	切頂十二面体	三角形 20，十角形 12	32	90	60
4	切頂二十面体	五角形 12，六角形 20	32	90	60
5	切頂八面体	正方形 6，六角形 8	14	36	24
6	切頂立方八面体	正方形 12，六角形 8，八角形 6	26	72	48
7	切頂二十・十二面体	正方形 30，六角形 20，十角形 12	62	180	120
8	立方八面体	三角形 8，正方形 6	14	24	12
9	二十・十二面体	三角形 20，五角形 12	32	60	30
10	斜方立方八面体	三角形 8，正方形 18	26	48	24
11	菱形二十・十二面体	三角形 20，正方形 30，五角形 12	62	120	60
12	変形立方体	三角形 32，正方形 6	38	60	24
13	変形十二面体	三角形 80，五角形 12	92	150	60

これらの立体を作るために，プラトンの立体から始めて，以下のように，5 つもの異なる仕方で，頂点を切り落としたり，稜を切り取ったりすることができる．

1. 一番簡単な方法は頂点を対称に切り落とすことである．たとえば，稜の長さが 1 の立方体を考え（図 9.31 左図参照），各稜を，頂点のまわりから不

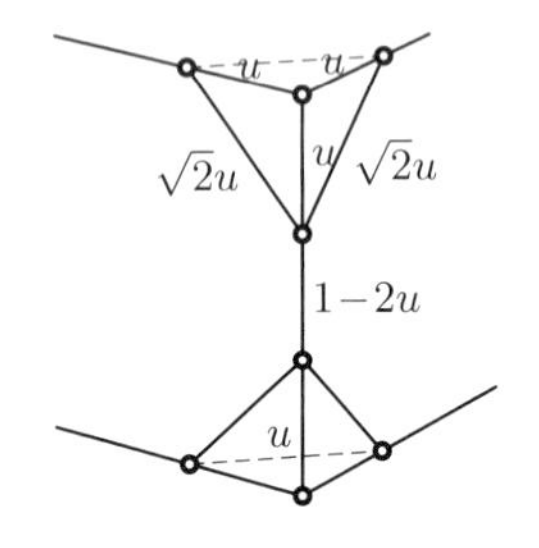

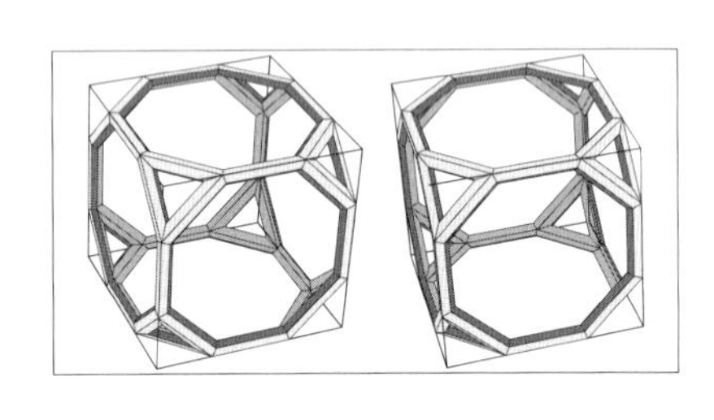

図 9.31　左：切り落としの最初の方法，右：切頂立方体

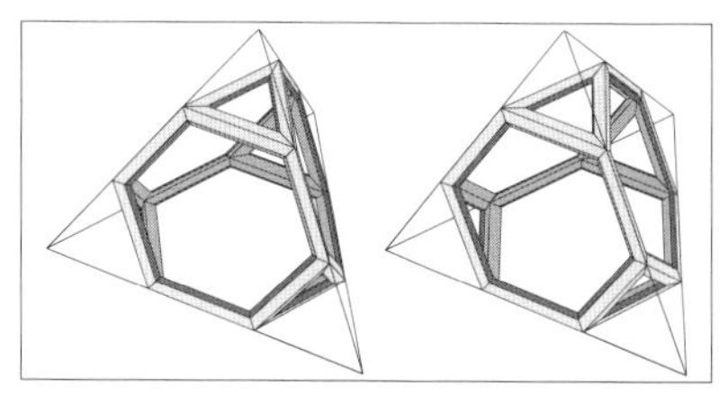

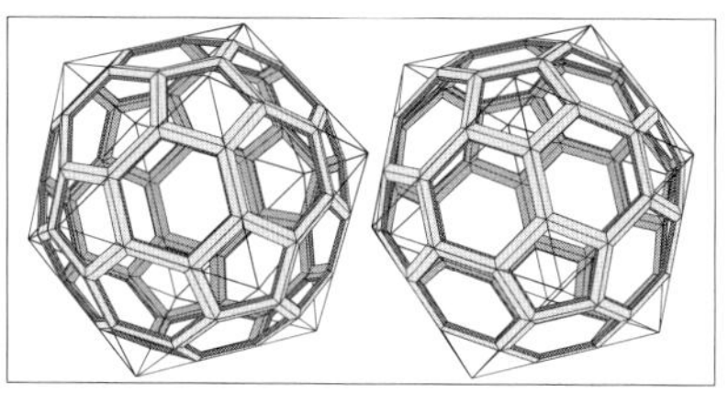

図 9.32 左：切頂四面体，右：切頂二十面体

定の長さ u だけ短くすると，頂点が辺の長さが $\sqrt{2}\,u$ の正三角形で置き換かわり，正方形は辺の長さが $\sqrt{2}\,u$ と $1-2u$ の八角形になる．もし $1-2u=\sqrt{2}\,u$，つまり，$u=\frac{1}{2+\sqrt{2}}$ であれば，これらの八角形は正八角形になり，（ケプラーの）最初のアルキメデスの立体である「切頂立方体 (Cubus truncus)」となる．その美しさは 3 次元でこそ賞味できる（図 9.31 右図参照）[22]．切頂十二面体に対しては $u=\frac{1}{2+\Phi}$ となり（図 9.30 の 3 番目），切頂四面体，切頂二十面体，切頂八面体（それぞれ 2 番目，4 番目，5 番目）に対しては $u=\frac{1}{3}$ となる（そのうちの 2 つは図 9.32）．

2. 稜の半分まで頂点を切り落とせば（つまり $u=\frac{1}{2}$ と置けば），また別の正多角形の面が得られる．立方体か正八面体で始めれば，図 9.33 左図に示さ

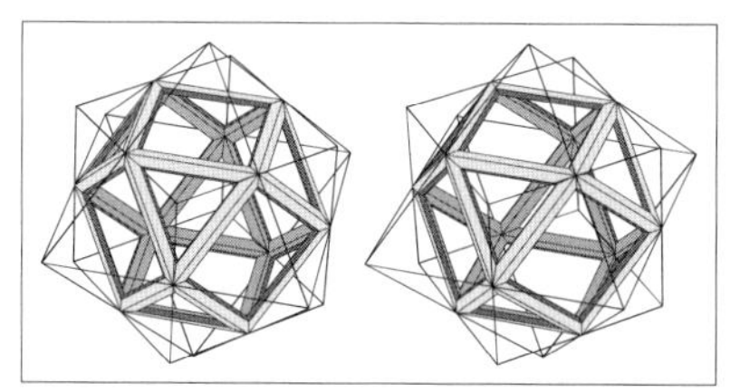

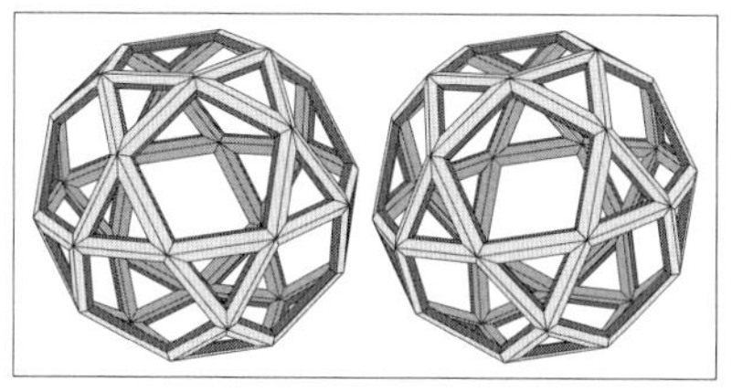

図 9.33 稜の半分まで切り落とす．左：立方体と正八面体から立方八面体，右：二十・十二面体（[アブダル，ヴァンナー (2002)]『数学基礎』57 (2002)）

[22] ［訳註］これ以降，3 次元立体のワイヤーフレームが 2 つ並べて描かれているが，水平に少しだけ視点が違うもの，つまり右目と左目で見える形が描かれていて，人によっては 3 次元立体として認識することができるようになっている．

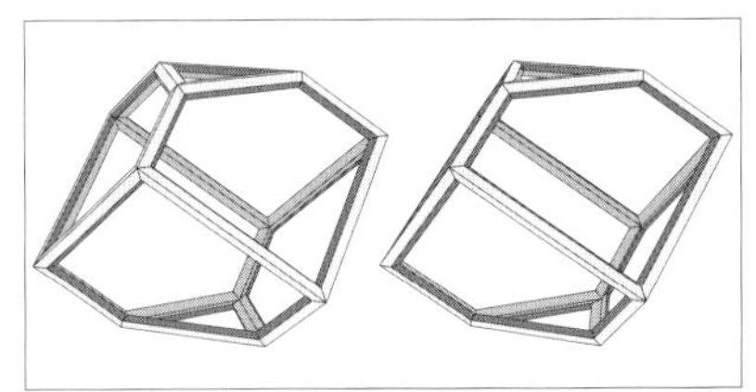

図 **9.34**　デューラーのメランコリアとまじめな幾何に基づいた説明

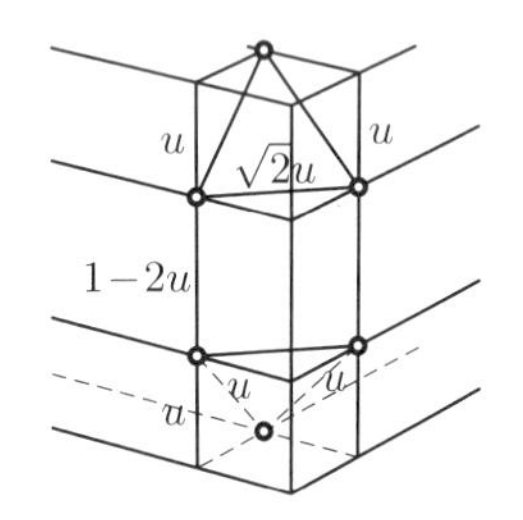

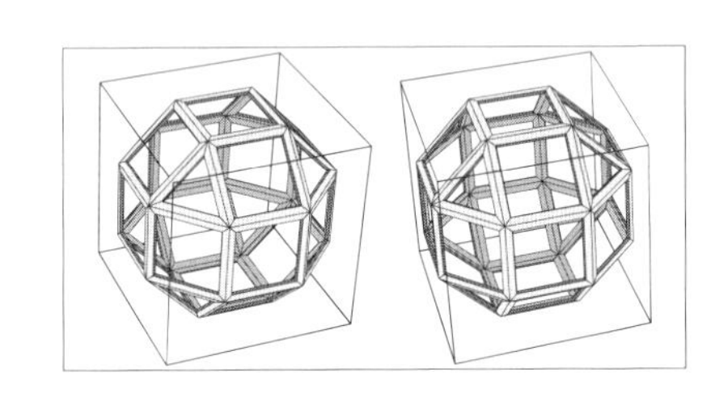

図 **9.35**　稜を切り落とす．右：斜方立方八面体

れる，**立方八面体**と呼ばれる同じ立体に導かれる．正十二面体か正二十面体ではじめると，この手続きは**二十・十二面体**（図 9.33 右図）を与える．ケプラーのカタログ（図 9.30）では，この 2 つの立体は番号 8 と 9 である．立方八面体はおそらくアルキメデスの立体で発見された中で一番最初のものである（“ヘロンにしたがえば，[...] アルキメデスは [...] プラトンもまたそのうちの一つを知っていたと語った”[T.L. ヒース (1921)] 第 I 巻 p. 295）．1514 年のデューラーの有名な銅版画では，ある婦人が，立方体から 8 つの頂点のうち **2 つ**を切り落とした後，諦めて，鋸（のこぎり）を投げ，鉋（かんな）で削り，**メランコリー**（憂鬱）に沈んでいる（図 9.34）[23]．

[23]　［訳註］もちろんこの図はほんの一部であって，この女性の肩にも羽根があって，天使なのだろう．右上の壁には魔法陣の壁掛け，その横には砂時計，精密そうな天秤が描かれており，手にはコンパスを持ち，足元には鋸，鉋，釘，金槌など，幾何と建築の道具が描かれている．魔法陣は 4 次で，縦横斜めの和が 34 であり，最下段の 2 つ目は 15，3 つ目は 14 であり，1514 年制作であることが記されている．さらに，4 分割された 4 つの 2×2 のマスの和も，中央の 2×2 のマスの和も 34 になっている．空には彗星と虹，腰には財布と鍵，そのほかさまざまな寓意があって，どれがどんな憂鬱を表しているのか，多くの人の議論がある．また，上下 2 か所の頂点を切り落としたこの立体はデューラーの立体と呼ばれている．

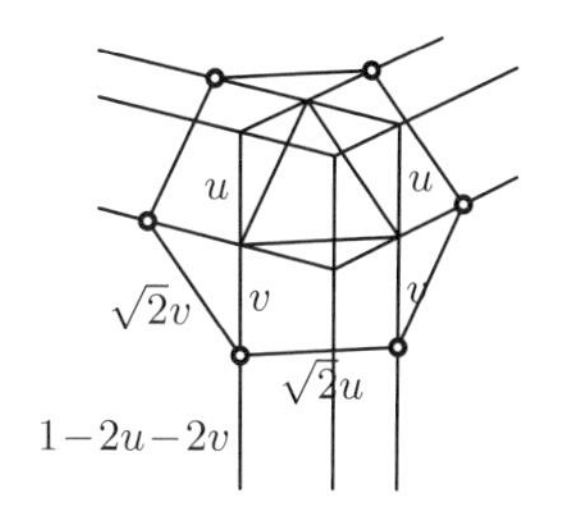

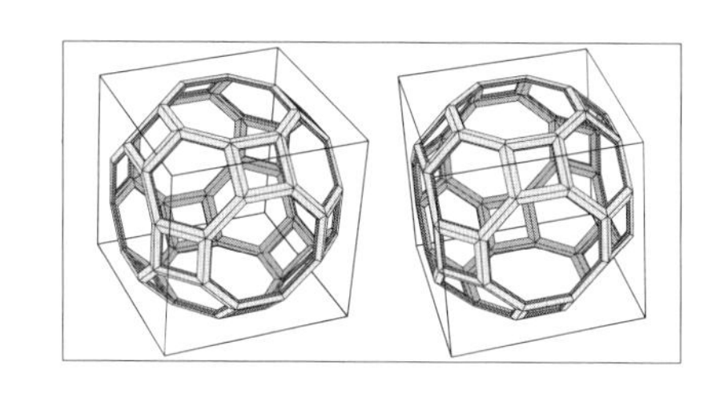

図 9.36 稜と頂点を切り落とす．右：切頂立方八面体

3. 第 3 の可能性は，立方体に対して図 9.35 で示したように，**稜を切り落とすこと**である．それから，稜は辺の長さが $\sqrt{2}\,u$ と $1-2u$ の長方形に置き換えられる．$u=\frac{1}{2+\sqrt{2}}$ であれば，これらは正方形になる．u をこのように選んだ立体は図 9.35 右図で鑑賞することができ，**斜方立方八面体**という複雑な名前を持っている．同じようにして正十二面体から得られる立体は**菱形二十・十二面体**という名前を持っている（図 9.30 の 11 番目）．

4. 今度は，立方体の稜と頂点を 2 つの不定の長さ u と v で切り落とす（図 9.36 左図参照）．前には三角形になった頂点は，今度は辺の長さが $\sqrt{2}\,u$ と $\sqrt{2}\,v$ の六角形になる．稜と置き換わる長方形の辺の長さは $\sqrt{2}\,v$ と $1-2u-2v$ である．面は辺の長さが $\sqrt{2}\,v$ と $1-2u-2v$ の八角形になる．$u=v=\frac{1}{4+\sqrt{2}}$ であれば，これらはすべて正多角形になる．図 9.36 右図に示した，こうして得られる立体は**切頂立方八面体**[24]と呼ばれる（ケプラーのリストの 6 番目）．正十二面体からこのようにして得られる立体は，**切頂二十・十二面体**と呼ばれる（ケプラーのリストの 7 番目）．

5. 最後の 2 つのアルキメデスの立体はもっとも見つけにくいものである．面を不定の因数だけ縮め，不定の角だけ**それを回転する**．立方体に対して計算をしてみせる．稜の長さを 1 とし，立方体の向き付けを選ぶ．それから，2 つの未知の長さ x と y に対し，各面上に点 $P,Q,R,S,\ldots$ を，選んだ向き付けに合わせて，頂点から (x,y) の距離に配置する（図 9.37 左図参照）．どんな x と y に対しても，多角形 $QPNM$（と，立方体のまわりに，同じように作図され

[24] この名前は少し紛らわしい．もし立方八面体の角（かど）を単に切り落として，それ以上の注意を払わなければ，正方形でなく，長方形ができてしまう．

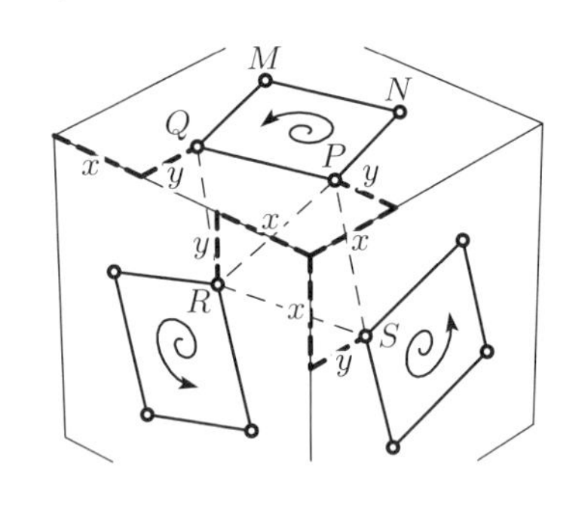

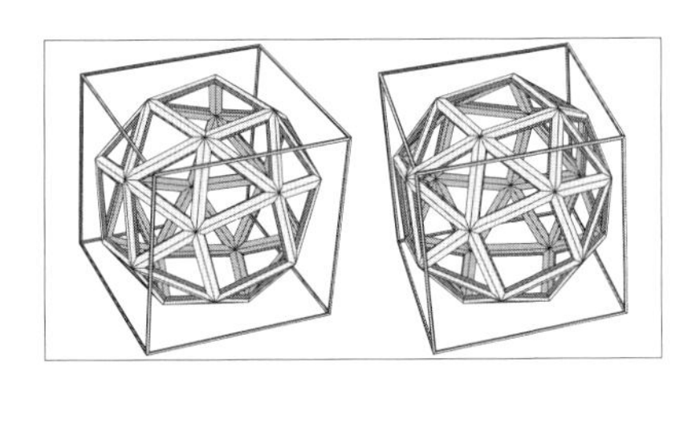

図 **9.37** 左：ねじれた切り落とし，右：変形立方体

たほかのすべての多角形）は正方形であり，三角形 PRS などは正三角形である．それから，ピュタゴラスの定理，つまり (9.23)を使って距離 RQ, PQ, PR を計算すると，

$$\begin{aligned} RQ^2 &= y^2 + (1-2x)^2 + y^2 \\ PQ^2 &= (1-x-y)^2 + (x-y)^2 \\ PR^2 &= x^2 + (x-y)^2 + y^2 \end{aligned}$$

が得られるが，これらはすべて等しくなければならない．最後の等式を他の 2 つの等式から引くと，

$$PQ^2 - PR^2 = 1 - 2x - 2y(1-x) = 0 \quad \Rightarrow \quad 2y = \frac{1-2x}{1-x}$$

$$\Downarrow$$

$$RQ^2 - PR^2 = 1 - 4x + 2x^2 + x \cdot 2y = 0 \quad \Rightarrow \quad 1 - 4x + 4x^2 - 2x^3 = 0$$

が得られる．この最後の方程式は 1 実根を持つが，定木とコンパスでは作図できず，数値的に解けば，$x = 0.352201128739$ が得られ，それから $y = 0.228155493654$ が得られる．これらの値で，PQR と立方体のまわりに同じように作図された他のすべての三角形は正三角形となり，**変形立方体** (Cubus simus)（図 9.37 右図参照，図 9.30 の 12 番目）の作図が完了する．正方形の縮小因数は 0.43759 で，回転角は $16°28'$ である．

正十二面体に，ちょっとだけ複雑な公式で，同じ手続きを行うと，ケプラーの**変形十二面体**（図 9.38 左図参照，図 9.30 の 13 番目で，またパッポスのリ

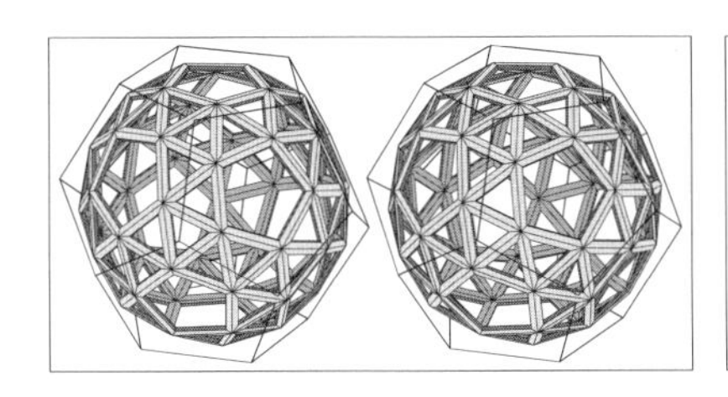
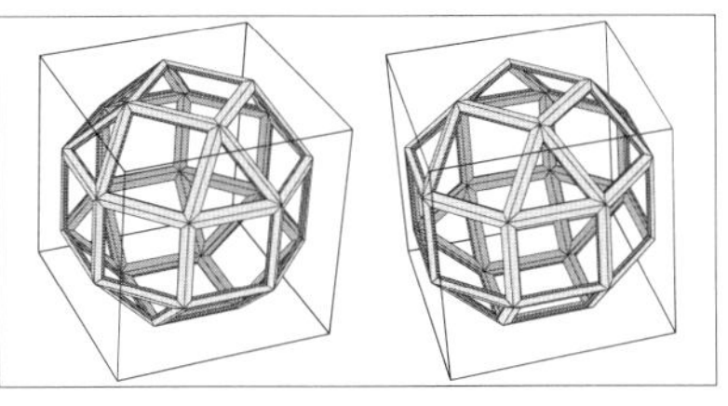

図 9.38 左：変形十二面体，右：擬斜方立方八面体

ストの最後のもの）が得られ，縮小因数は 0.56212 で回転角は 13°6′ である．

最後の驚き． これがケプラー以後 20 世紀まで，何人かの数学者が独立に，別の立体がまた，各頂点のまわりでの面の配置に関する条件を満たすことを発見するまでの，アルキメデスの立体に関する分野の状態であった．もし図 9.35 の斜方立方八面体をじっと見ると，その中央部分が正方形の八角形の壁から成り，「基部」を動かすことなく，「屋根」を 45° 回転できることが分かるだろう．このようにして得られた立体は本書で最も長い名前である**擬斜方立方八面体**[25]と呼ばれ，図 9.38 に描かれている．しかしながら，前の立体が持っていた，回転に関する大域的な美しい対称性は失われている．この発見が段々と良く知られるようになった非常にゆっくりした過程の説明が [グリュンバウム (2009)] に与えられており，そこには引用文献も多く載っている．

9.10 演習問題

1. 幾何学に関する優れた書物の出版の機会に，ウィーンの**ホーフブルク王宮**において，政界，学界とメディアの高位の代表者たちの出席のもとで，レセプションが開催される．著名な来賓には，回転放物面の形をしたシャンパングラスに**ドン・ペリニヨン**が供された．彼らは放物面の頂点が見えるようになるまで飲むことができる（図 9.39 (a) 参照）．そのとき，

[25] ［訳註］日本の場合，「擬」の一字を追加するだけだが，英語では pseudorhombicuboctahedron となる．

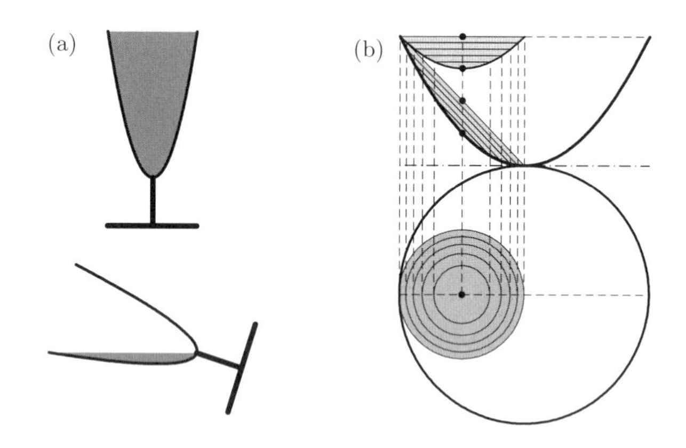

図 **9.39**　(a) ウィーンのホーフブルク王宮における質問，(b) その解答

アルバート・スタドラーが「何パーセントのシャンパンがグラスに残っているか？」と尋ねた（『数学基礎』64(2009), p. 129 参照）.

2. （『数学基礎』 12 (1957), p. 47 の演習問題）三角形 ABC を固定する．ABC の内部の点 P に対して，A'，B'，C' をそれぞれ三角形 PBC，APC，ABP の重心とする．三角形 $A'B'C'$ の形が P の位置によらないことを示せ．

3. 外積はベクトルの加法に関して分配的である．つまり，

$$a \times (b + c) = a \times b + a \times c \tag{9.62}$$

が成り立つ．(9.62) の代数的証明は定義関係式 (9.35)の直接的な応用である．(9.62) の幾何的証明を与えよ．

4. 代数的に以下の公式を証明せよ．

$$(a \times b) \times c = b\,(a \cdot c) - a\,(b \cdot c), \tag{9.63}$$

$$(a \times b) \cdot (c \times d) = (a \cdot c)(b \cdot d) - (b \cdot c)(a \cdot d) = \det \begin{bmatrix} a \cdot c & b \cdot c \\ a \cdot d & b \cdot d \end{bmatrix}. \tag{9.64}$$

5. 図 9.40 に示した球面三角形 ABC を考える．定理 9.4 により，

$$(u \times v) \cdot (u \times w) = |u \times v|\,|u \times w|\,\cos\alpha$$

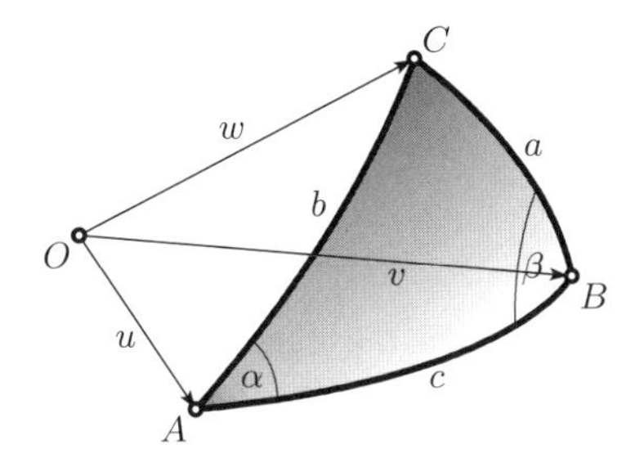

図 9.40　球面の余弦法則と正弦法則のベクトルを使う証明

となる．この恒等式から，球面余弦法則を導け．

ヒント．(9.64)を使え．

6. 直前の演習問題の状況で，(9.39)を適用して

$$|(u \times v) \times (u \times w)| = |u \times v|\,|u \times w|\,\sin\alpha$$

を得よ．この恒等式から，球面正弦法則を導け．

ヒント．(9.63)の結果である

$$(u \times v) \times (u \times w) = -\langle v, u \times w\rangle\, u$$

から始めよ．

7. 頂点を C，頂角 α が与えられた円錐の表面と回転軸の間の領域が，A から B への斜めの平面で切り落とされたとする．最長の母線と最短の母線の長さをそれぞれ v と w と書く（図 9.41 (a,b)）．

(a) 円錐の残りの側面積が

$$\mathcal{S} = \pi\,\frac{v+w}{2}\,\sqrt{vw}\,\sin\alpha \tag{9.65}$$

で表わされることを示せ（G. ポーヤ『数学基礎』26 (1971), p. 115）．

(b) 平面 AB の上方の切頂円錐の体積が

$$\mathcal{V} = \frac{\pi}{3}\,(vw)^{\frac{3}{2}}\,\sin^2\alpha\,\cos\alpha \tag{9.66}$$

で与えられることを示せ．

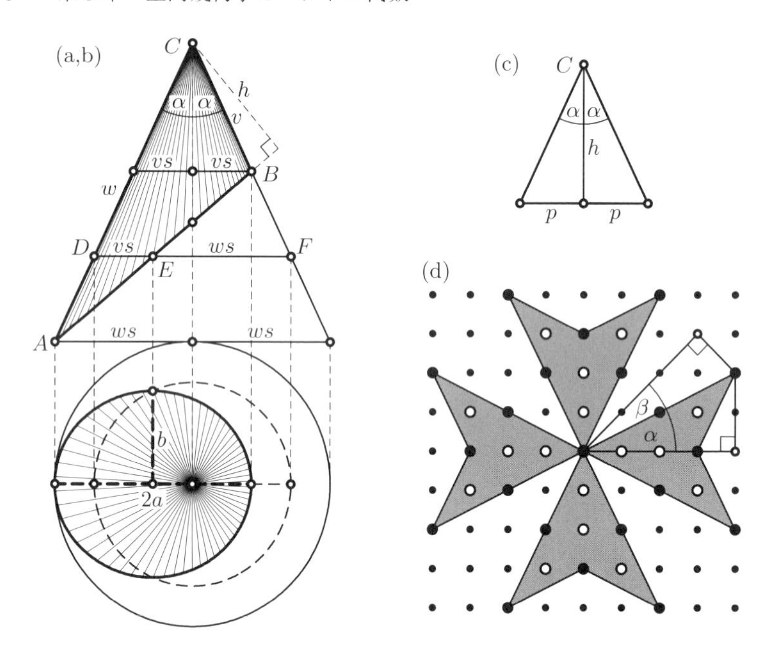

図 **9.41**　(a,b) 切頂円錐の表面積と体積，(c) ベルヌーイの *Novum Theorema*（新定理），(d) マルタ十字と多重の境界点に対するピックの定理

(c)『学術論叢』1689, p. 586 で告知された次の *Novum Theorema per Jacobum Bernoulli*（ヤーコプ・ベルヌーイによる新定理）を証明せよ．h を平面 AB から円錐の頂点までの距離とし，円錐を高さ h で水平に切り落とせば，交わりは $2p$（*latus rectum Coni-Sectionis*, 円錐曲線の通径）を直径とする円となる（図 9.41 (a,b), (c) 参照）．つまり，

$$p = h \cdot \tan\alpha \tag{9.67}$$

となる．

8. ピックの定理を，境界の多角形が同じ格子点に**何度も**（たとえば m 回）戻ってくるような格子領域に拡張せよ（図 9.41 (d) 参照）．

注意． 明らかに，250 年もの間，マルタ十字[26]が有名なオイラーの発見

[26]　［訳註］マルタ島に本拠地があった聖ヨハネ騎士団を象徴する紋章だが，もとは 11 世紀にあった

$$\arctan\tfrac{1}{2} + \arctan\tfrac{1}{3} = \arctan 1 = \tfrac{\pi}{4}$$

の素敵な幾何的証明を表していることが見逃されてきた．実際，図 9.41 (d) の α と β と書かれた 2 つの角に対して，$\tan\alpha = \frac{1}{2}$, $\tan\beta = \frac{1}{3}$ and $\alpha + \beta = \frac{\pi}{4}$ であることがわかる．

9. アルキメデスの立体の頂点がある球面に属すことを示せ．または，A. デューラーの『測定法教則 (*Underweysung*)』(1525) の中の言葉では，*rüren in einer holen kugel mit all iren ecken an*（聖なる球面がすべての頂点に触れている，[シュライバー，フィッシャー，スターナス (2008)] から引用）．

10. アルキメデスの立体の稜を中心から見込む角を計算せよ．（プラトンの立体に対する関係した結果は上巻 5.6 節の表 (5.33) に与えられている．）この問題はまた，外接球面の半径の計算とも関係している．

11. アルキメデスの立体にたいして，**内接**球面の半径 ρ を計算して，どの立体が「一番丸い」か，つまり，比 ρ/R が最大になるかを見つけ出せ．

イタリアの 4 つの海洋都市国家のうち最も早く発展したアマルフィ共和国の国旗であった．

第10章　行列と線形写像

私は確かに，四元数を通して行列の概念を得たわけではなかった．それは直接に，行列式の概念からか，もしくは次のような方程式を表す便利な方法として得られたのである．

$$x' = ax + by$$
$$y' = cx + dy$$

（A. ケイリー (1855)，[M. クライン (1972)] p. 805 からの引用）

"Über der hartnäckigen Verfolgung des vorgesetzten Weges haben aber die Quaternionisten tiefer liegende Probleme von wahrhaftem Interesse übersehen; ... Diese tiefere Einsicht in die Verhältnisse verdanken wir Cayley. In *A Memoir on the Theory of Matrices* (Phil. Trans. 1858) entwickelt er einen Matrixkalkül ... [あらかじめ設定された道を永遠に追い続けることで，四元数主義者たちは本当の興味のあるより深い問題を見過ごしてしまった．...関係性のこのより深い洞察はケイリーによるものである．「行列論に関する論文」([ケイリー (1858)]『王立協会報』）において，彼は行列計算を展開し...]"

（[F. クライン (1926)] p. 189）

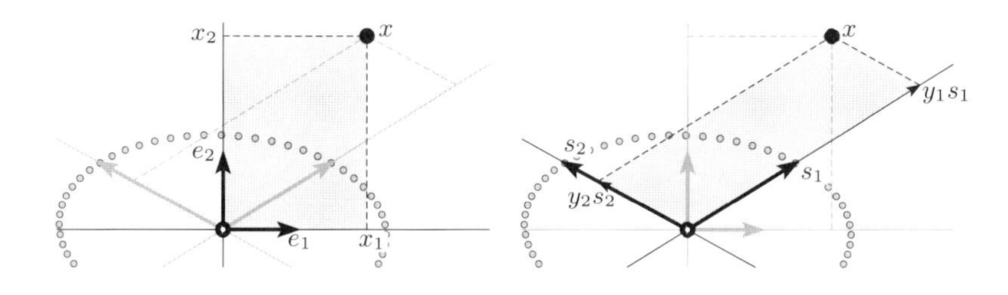

図 10.1　座標変換

「グラスマン派」と「四元数派」の間の論争は最終的に第3の「競争相手」であるA. ケイリーと彼の**行列論**の勝利で終わることとなった（引用参照）．この理論は，20世紀初めの「幾何学」に関するいくつかの著書（たとえば，O. シュライヤーとE. シュペルナーのもの）が全面的にベクトルと行列の言葉で書かれるというほどに，数学をひっくり返してしまった．

10.1　座標変換

> Cette recherche peut être presque toujours rendue plus facile par des transformations analytiques qui simplifient les équations, en faisant évanouir quelques-uns de leurs termes ... ［この研究は，いくつかの項を消去することによって方程式を簡単にしてくれる解析的変換を通して，ほとんど常により容易なものにすることができる...］
>
> （J.-B. ビオ，『解析幾何学論 (*Essai de Géométrie analytique*)』Paris 1823, p. 145)）

座標変換の体系的な使用（[G. クラメール (1750)] 第II章，S.F. ラクロア，J.-B. ビオ，引用参照）は18世紀と19世紀初めに遡（さかのぼ）る．

$$e_1 = \begin{bmatrix} 1 \\ 0 \end{bmatrix}, \quad e_2 = \begin{bmatrix} 0 \\ 1 \end{bmatrix} \quad \text{として} \quad x = \begin{bmatrix} x_1 \\ x_2 \end{bmatrix} = x_1 e_1 + x_2 e_2$$

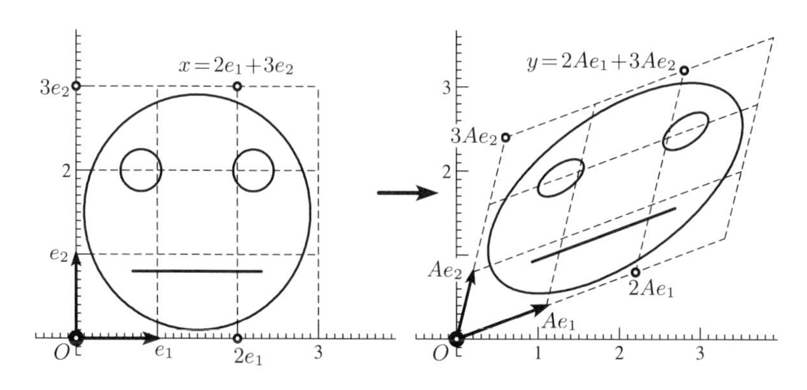

図 **10.2** 線形写像

と置き[1],

$$s_1 = \begin{bmatrix} b_{11} \\ b_{21} \end{bmatrix}, \quad s_2 = \begin{bmatrix} b_{12} \\ b_{22} \end{bmatrix}$$

を 2 つの**一次独立**なベクトル[2]とする (図 10.1 参照). ベクトル x を新しい基底 s_1, s_2 で $x = y_1 s_1 + y_2 s_2$ を表わせば (図 10.1 右図参照),

$$\begin{aligned} x_1 &= b_{11}y_1 + b_{12}y_2 \\ x_2 &= b_{21}y_1 + b_{22}y_2 \end{aligned} \quad \Leftrightarrow \quad \underbrace{\begin{bmatrix} x_1 \\ x_2 \end{bmatrix}}_{x} = \underbrace{\begin{bmatrix} b_{11} & b_{12} \\ b_{21} & b_{22} \end{bmatrix}}_{B} \underbrace{\begin{bmatrix} y_1 \\ y_2 \end{bmatrix}}_{y} \qquad (10.1)$$

という関係式が得られる. これらの公式が行列記号のはじまりを記すものである (引用参照).

定理 10.1 点 x の基底 s_1, s_2 に関する座標 y は $x = By$ を満たす. ここで, 行列 B の第 i 列はベクトル s_i の基底 e_1, e_2 に関する座標である. □

例. 図 10.1 の楕円の共役直径に基底を持つ新しい座標系では, 図 10.1 の楕円は円の方程式 $y_1^2 + y_2^2 = 1$ によって表わされる.

1 線形代数では, ベクトルは**列ベクトル**として書く方が望ましい.
2 **一次独立**であるとは, ベクトルが 0 でない面積を持つ平行四辺形を張ることを意味する.

10.2　線形写像

行列とベクトルの積の説明がもう一つある．Aを与えられた行列

$$A=\begin{bmatrix}a_{11} & a_{12}\\ a_{21} & a_{22}\end{bmatrix},\quad \text{だから}\quad Ae_1=\begin{bmatrix}a_{11}\\ a_{21}\end{bmatrix},\quad Ae_2=\begin{bmatrix}a_{12}\\ a_{22}\end{bmatrix} \tag{10.2}$$

であるとする．写像$\alpha : x \mapsto y = Ax$を

$$\begin{aligned}y_1 &= a_{11}x_1 + a_{12}x_2\\ y_2 &= a_{21}x_1 + a_{22}x_2\end{aligned}\qquad \text{つまり}\qquad \underbrace{\begin{bmatrix}y_1\\ y_2\end{bmatrix}}_{y}=\underbrace{\begin{bmatrix}a_{11} & a_{12}\\ a_{21} & a_{22}\end{bmatrix}}_{A}\underbrace{\begin{bmatrix}x_1\\ x_2\end{bmatrix}}_{x} \tag{10.3}$$

で定義する．yを(10.1)でのように，**同じ点のもう一つの**基底に関する座標と考える代わりに，今度は$y = Ax$を**もう一つの**点の**元の**基底e_1, e_2に関する座標と考えるのである．

例. 行列

$$A=\begin{bmatrix}1.1 & 0.2\\ 0.4 & 0.8\end{bmatrix} \tag{10.4}$$

に対する線形写像$y = Ax$の作用は図10.2に示されている．$\alpha(2e_1 + 3e_2) = 2\alpha(e_1) + 3\alpha(e_2)$であることが見て取れる．任意の係数に対して成り立つこの性質が**線形写像**を特徴づける[3]．一旦基底ベクトルの像が知られれば，yのほかのすべての値が一次結合で得られる．図10.2のモナリザの顔の円は楕円に変換されるが，その離心率はすべて同じである．

定理 10.2　式$y = Ax$は線形写像$y = \alpha(x)$を定める．ここで，行列Aの列は基底ベクトルe_iの像$Ae_i = \alpha(e_i)$の（この基底に関する）座標である．　□

2次元の回転. 座標x_1, x_2が，軸を角αだけ回転させることによって，新しい座標y_1, y_2に置き換えられるとする（図10.3左図参照）．この図と上巻

[3] 線形写像の概念はS. バナッハ（『全集』第II巻 p. 321）による．バナッハの線形作用素(opérateurs linéaires)は確かに2次元の顔や猫を変換するものではなかった．それは高度な解析学でルベーグ可積分な関数を変換するものだった．

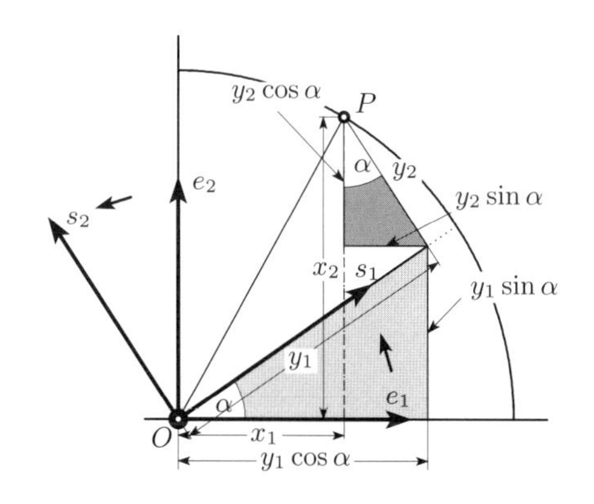

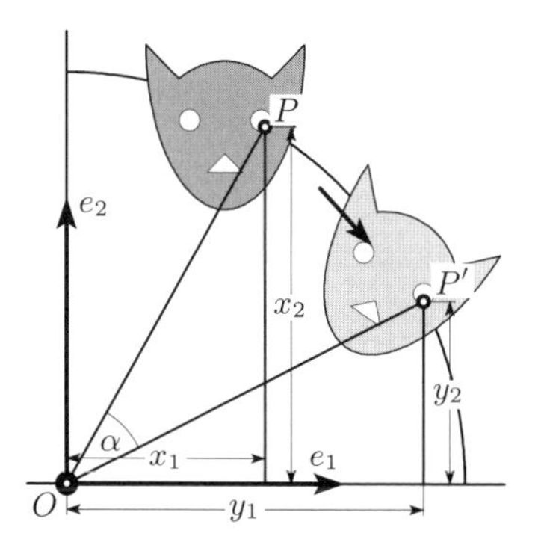

図 10.3 座標系の回転．左：座標軸が左に回転，右：猫が右に回転

5.3 節の図 5.7 左図とが似ているのは**偶然ではなく**，意図したものである．実際，そこで証明した (5.6) 式を証明したのと同じようにして，今度は

$$\begin{aligned} x_1 &= y_1 \cos\alpha - y_2 \sin\alpha \\ x_2 &= y_1 \sin\alpha + y_2 \cos\alpha \end{aligned} \quad \text{つまり} \quad \begin{bmatrix} x_1 \\ x_2 \end{bmatrix} = \begin{bmatrix} c & -s \\ s & c \end{bmatrix} \begin{bmatrix} y_1 \\ y_2 \end{bmatrix} \tag{10.5a}$$

が得られる．ここで，$c = \cos\alpha$ かつ $s = \sin\alpha$ である．

同じ状況のもう一つの説明は，基底を保ったまま，**逆方向に角 $\boldsymbol{\alpha}$ だけ猫を回転すること**だろう（図 10.3 右図参照）．これから

$$\begin{aligned} y_1 &= x_1 \cos\alpha + x_2 \sin\alpha \\ y_2 &= -x_1 \sin\alpha + x_2 \cos\alpha \end{aligned} \quad \text{つまり} \quad \begin{bmatrix} y_1 \\ y_2 \end{bmatrix} = \begin{bmatrix} c & s \\ -s & c \end{bmatrix} \begin{bmatrix} x_1 \\ x_2 \end{bmatrix} \tag{10.5b}$$

が得られる．これらの式は (10.5a) からも（等式に交互に $\sin\alpha$ と $\cos\alpha$ を掛けて足したり引いたりして），定理 10.2 からも（(10.5b) の行列の列は e_1 と e_2 の像であるから）得られる．

アフィン写像と平行移動． さらに，**原点が動く**ような座標変換を考える．この状況の典型的な例は平行移動である．点 $C = (c_1, c_2)$ を選び，

$$\begin{aligned} x_1 &= c_1 + y_1 \\ x_2 &= c_2 + y_2 \end{aligned} \quad \text{つまり} \quad \begin{bmatrix} x_1 \\ x_2 \end{bmatrix} = \begin{bmatrix} c_1 \\ c_2 \end{bmatrix} + \begin{bmatrix} y_1 \\ y_2 \end{bmatrix} \tag{10.6}$$

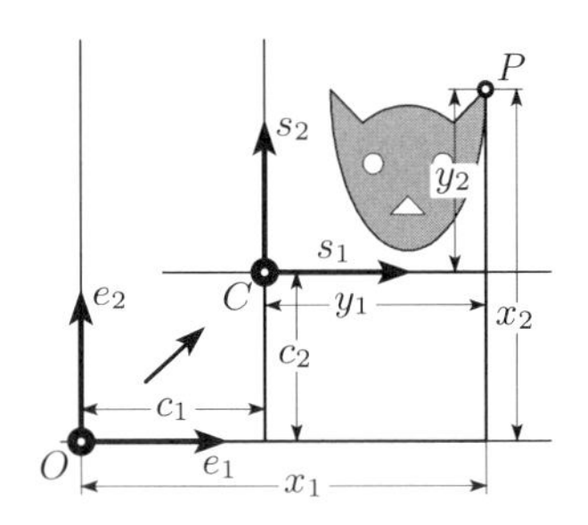

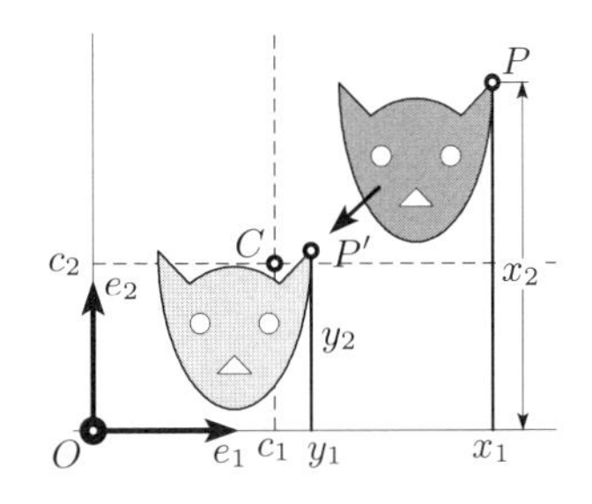

図 10.4　座標系の平行移動．左：座標系が上に動く，右：猫が下に動く

を考える．これらの公式は 2 つの異なる仕方で解釈することができる．座標系の平行移動としてか（図 10.4 左図参照），**逆方向への平面の点の平行移動**としてか（図 10.4 右図参照）である．線形写像と平行移動の合成は**アフィン写像**と呼ばれる．

線形写像の合成．行列で $y = Ax$ と $z = By$ と表わされる 2 つの線形写像

$$y_k = \sum_i a_{ki} x_i \quad \text{と} \quad z_\ell = \sum_k b_{\ell k} y_k$$

を考える．その合成

$$z_\ell = \sum_k b_{\ell k} \sum_i a_{ki} x_i = \sum_i \Bigl(\sum_k b_{\ell k} a_{ki}\Bigr) x_i \ = \sum_i c_{\ell i} x_i \tag{10.7}$$

はまた

$$c_{\ell i} = \sum_k b_{\ell k} a_{ki} \tag{10.8}$$

で与えられる行列 C による線形写像である．2 つの行列の積 $C = BA$ に対する有名な公式は，

と象徴的に表される．2 つの行列の積の例が

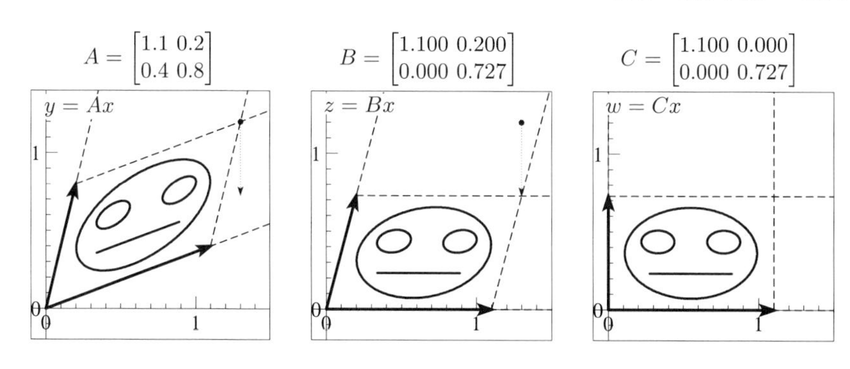

図 **10.5** ガウスの消去法での線形写像

$$A = \begin{bmatrix} 1.1 & 0.2 \\ 0.4 & 0.8 \end{bmatrix},\ B = \begin{bmatrix} 0.8 & -0.4 \\ -0.1 & 1.3 \end{bmatrix} \ \Rightarrow\ BA = \begin{bmatrix} 0.72 & -0.16 \\ 0.41 & 1.02 \end{bmatrix}$$

で与えられる.

逆写像. 次に，与えられた y に対し，像 $y = Ax$ から x を定めてみよう．このためには，次のように線形方程式を解かないといけない．

$$\begin{aligned} 1.1\,x_1 + 0.2\,x_2 &= y_1 \\ 0.4\,x_1 + 0.8\,x_2 &= y_2 \end{aligned} \quad \underset{\text{消去法}}{\overset{\text{ガウスの}}{\Rightarrow}} \quad \begin{aligned} 1.1\,x_1 + 0.200\,x_2 &= y_1 \\ +\,0.727\,x_2 &= -0.364\,y_1 + y_2 \end{aligned}$$

$$\underset{\text{消去法}}{\overset{\text{ガウスの}}{\Rightarrow}} \quad \begin{aligned} 1.1\,x_1 \qquad &= \ 1.100\,y_1 - 0.275\,y_2 \\ +\,0.727\,x_2 &= -0.364\,y_1 + y_2\,. \end{aligned} \tag{10.9}$$

割り算をすると，

$$\begin{aligned} x_1 &= 1.000\,y_1 - 0.25\,y_2 \\ x_2 &= \ -0.5\,y_1 + 1.376\,y_2 \end{aligned} \quad \Leftrightarrow \quad x = A^{-1}y \tag{10.10}$$

となる．逆行列の計算にガウスの消去法が使えることがわかる．

面積と体積. 上の手続きの**幾何学的な意味**は図 10.5 に示されている．A の**列ベクトル**で生成される平行四辺形は軸に平行な**剪断変換**（せんだん）によって形を変える．**これは面積も体積も変えない**．すぐ前の推論とは対照的に，この事実はユークリッド XI.27 ff からは得られないが，アルキメデスのアイデアから直接的に導かれる（上巻 1.5 節の図 1.11 参照）．最後に，単位正方形（立方体）の面積（体積）はピボットの積，つまり A の行列式に等しい．

定理 10.3　**列ベクトル**が基底ベクトル e_i の像である行列 A の行列式は，図形の面積や体積が線形変換 $y = Ax$ によって何倍になるかの因子を表わす．その符号は，A の列ベクトルが基底ベクトル e_i と同じ向きを持つ（正符号）か，そうでないか（負符号）を示している．

定理 9.1 と比べると，代数から知られている興味深い公式

$$\det(A^{\mathsf{T}}) = \det A \tag{10.11}$$

の幾何学的証明が得られる．2 つの線形写像の**合成** BA により，体積はまず因子 $\det A$ 倍され，それから因子 $\det B$ 倍される．こうして，もう一つの重要な公式

$$\det(BA) = \det B \cdot \det A \tag{10.12}$$

が得られる．

10.3　グラム行列式

a と b を $\mathbb{R}^3$ の 2 つのベクトルとする．この 2 つのベクトルで張られる平行四辺形の面積に対する公式を見つけたい．

またも行列式 (9.36)に導かれ，a と b の両方に直交し，長さが 1 のベクトル c を選ぶ．こうして，a と b で張られる平行四辺形の面積 $\mathcal{A}$ は

$$\mathcal{A} = \det\begin{bmatrix} a_1 & a_2 & a_3 \\ b_1 & b_2 & b_3 \\ c_1 & c_2 & c_3 \end{bmatrix}$$

となる．転置行列を掛けた後，(10.11) と (10.12) を使えば，

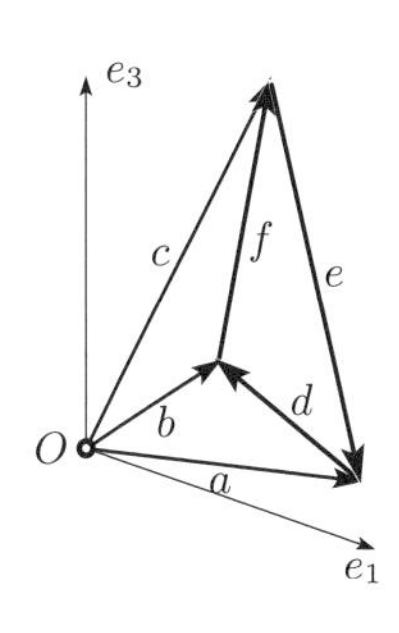

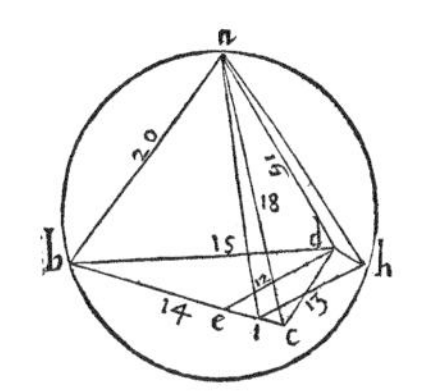

図 10.6 左：四面体の 6 つの稜，右：タルターリアの例，“la perpendicolare（垂線）”h と “aria corporale（立体の領域）” の $\mathcal{V}$ の彼の値で描いたもの

$$
\begin{aligned}
\mathcal{A}^2 &= \det\begin{bmatrix} a_1 & a_2 & a_3 \\ b_1 & b_2 & b_3 \\ c_1 & c_2 & c_3 \end{bmatrix} \cdot \det\begin{bmatrix} a_1 & b_1 & c_1 \\ a_2 & b_2 & c_2 \\ a_3 & b_3 & c_3 \end{bmatrix} \\
&= \det\begin{bmatrix} a\cdot a & a\cdot b & 0 \\ b\cdot a & b\cdot b & 0 \\ 0 & 0 & 1 \end{bmatrix}
\end{aligned} \tag{10.13}
$$

が得られる．**2 つのベクトル $\boldsymbol{a}$ と $\boldsymbol{b}$ で張られる平行四辺形の面積 $\boldsymbol{\mathcal{A}}$ はこうして**

$$
\mathcal{A}^2 = \det\begin{bmatrix} a\cdot a & a\cdot b \\ b\cdot a & b\cdot b \end{bmatrix} =: G(a,b) \tag{10.14}
$$

によって与えられる．この行列式は a と b の**グラム行列式**と呼ばれる．最小自乗法[4]に起源を持つ (10.14)の重要性は，それが**次元によらない**という事実にある．また，容易に任意個数のベクトルに一般化される．直交ベクトル c, d, ...が存在することを知ることだけが必要である．

[4] J.P. グラム (Gram), *Om Räkkeudviklinger, bestemte ved Hjälp af de mindste Kvadraters Methode*（最小自乗法によって定まる級数展開について），コペンハーゲン (1879)（デンマーク語）. *Ueber die Entwickelung reeller Functionen in Reihen mittelst der Methode der kleinsten Quadrate*（最小自乗法による実関数の級数展開について）『クレレ誌』94 (1883) 41–73 参照.

三角形の面積. a と b で張られる三角形の面積は (10.14) で与えられる面積の半分である．もしスカラー積として (9.27) 式を代入し，各行を 2 倍するなら，この三角形の面積に対して，

$$16\mathcal{A}^2 = \det\begin{bmatrix} 2|a|^2 & -|c|^2+|a|^2+|b|^2 \\ -|c|^2+|a|^2+|b|^2 & 2|b|^2 \end{bmatrix} \tag{10.15}$$

が得られる．この行列式を展開することによって，(7.50) の 3 つ目の式が得られ，こうして，ヘロンの公式の別証が得られる．

四面体の体積. この基本的な問題は，6 つの稜の長さが与えられたときに四面体の体積 $\mathcal{V}$ を問うものである．解法のために，頂点の一つを原点に置き，そこから出ている 3 つの稜をベクトル a, b, c で表わす（図 10.6 参照）．四面体の残りの 3 つの稜はそれらの差であり，$d=b-a$, $e=a-c$, $f=c-b$ と書く．定理 9.1 から，ベクトル a, b, c で生成される平行六面体の体積が行列式 (9.36) であることがわかっている．こうして，(9.43) と同じように，この行列式は $6\mathcal{V}$ に等しい．これらのベクトルの具体的な係数を取り除くために[5]，対応するグラム行列式

$$\begin{aligned} 36\mathcal{V}^2 &= \det\begin{bmatrix} a_1 & a_2 & a_3 \\ b_1 & b_2 & b_3 \\ c_1 & c_2 & c_3 \end{bmatrix} \cdot \det\begin{bmatrix} a_1 & b_1 & c_1 \\ a_2 & b_2 & c_2 \\ a_3 & b_3 & c_3 \end{bmatrix} \\ &= \det\begin{bmatrix} a\cdot a & a\cdot b & a\cdot c \\ b\cdot a & b\cdot b & b\cdot c \\ c\cdot a & c\cdot b & c\cdot c \end{bmatrix} \end{aligned} \tag{10.16}$$

を計算する．最終的な結果を得るために，またスカラー積に対する公式 (9.27) を代入し，各行を 2 倍すると，

5　［訳註］ベクトル a, b, c で表わすのではなく，稜の長さだけの式にしたいということ．

$$288\mathcal{V}^2 = \det\begin{bmatrix} 2|a|^2 & |a|^2+|b|^2-|d|^2 & |a|^2+|c|^2-|e|^2 \\ |b|^2+|a|^2-|d|^2 & 2|b|^2 & |b|^2+|c|^2-|f|^2 \\ |c|^2+|a|^2-|e|^2 & |c|^2+|b|^2-|f|^2 & 2|c|^2 \end{bmatrix} \tag{10.17}$$

となる．章末の演習問題2で，この同じ公式をいわゆる「ケイリー・メンガー行列式」

$$288\mathcal{V}^2 = \det\begin{bmatrix} 0 & |a|^2 & |b|^2 & |c|^2 & 1 \\ |a|^2 & 0 & |d|^2 & |e|^2 & 1 \\ |b|^2 & |d|^2 & 0 & |f|^2 & 1 \\ |c|^2 & |e|^2 & |f|^2 & 0 & 1 \\ 1 & 1 & 1 & 1 & 0 \end{bmatrix} \tag{10.18}$$

としてエレガントに書くことができることを見る．三角法と代数的な形で，これらの表示を明快に導き出すことが [オイラー (1786)]E601 の §8 と §9 に与えられている．オイラーは，$\mathcal{V} = 0$ という場合を，4点が1平面上にある条件としてだけ考えている．

例. ニッコロ・タルターリアは *General trattato*（一般規約）(1560) の secondo libro della quarta parte（第2巻第4部）で，四面体の体積に対するアルゴリズムを，ピュタゴラスの定理とタレスの定理に基づいて，丸々1ページのイタリア語で説明した[6]．彼は稜の長さが

$$|a| = 20,\quad |b| = 18,\quad |c| = 16,\quad |d| = 14,\quad |e| = 15,\quad |f| = 13 \tag{10.19}$$

である例で示した．この底面の三角形の辺の長さは $13, 14, 15$ で，その面積が $\mathcal{A} = 84$ であることは彼は既に知ってた．それから彼は間違って高さ $h = \sqrt{240\frac{2886}{1382976}}$ に到達した（図10.6右図参照）[7]．体積は $\mathcal{V} = h\,\mathcal{A}/3 = h\cdot 28$ で与えられる．タルターリアはどうやらもう一度間違いをして $\mathcal{V} = \sqrt{6721\frac{880432}{1382976}}$

---

6 ［訳註］実際にピュタゴラスの定理とタレスの定理だけを使って求めたタルターリアの考察が，サビトフ「多面体の体積」(『モスクワの数学ひろば2　幾何篇　面積・体積・トポロジー』(蟹江幸博訳)，海鳴社 (2007) 所収) 第1章に丁寧に解説されている．

7 正しい値は $h = \sqrt{240\frac{615}{3136}}$ である．

と言っている[8]．多くのテキストやインターネットのサイトでは，(10.16) や (10.17)，または (10.18) でさえも「タルターリアの公式」と言っているが，言い過ぎにも見える．

五角形定理のスマカルの証明. グラムの行列式のもう一つの応用として，定理 9.7 のスマカルの証明を示す．A と B，B と C，などを結ぶ単位ベクトルを，a_1，a_2，a_3，a_4，a_5 と書く．五角形が閉じており，すべての辺の長さが 1 で，すべての角が α だから，

$$a_1 + a_2 + a_3 + a_4 + a_5 = 0, \quad a_i \cdot a_i = 1 \quad \text{and} \quad a_i \cdot a_{i+1} = c \tag{10.20}$$

が成り立つ．ここで，$c = -\cos\alpha$ であり，指数は 5 を法として取っている．(10.20) の中の和に，順に a_1, a_2, a_3, a_4, a_5 を掛けると（スカラー積），

$$a_1 \cdot a_3 = a_2 \cdot a_4 = a_3 \cdot a_5 = a_4 \cdot a_1 = a_5 \cdot a_2 = -c - \frac{1}{2} \tag{10.21}$$

が得られる[9]．これらのベクトルでグラム行列式 $G_4 = G(a_1, a_2, a_3, a_4)$ と $G_3 = G(a_i, a_{i+1}, a_{i+2})$ を計算すると，スマカルが書いているように，「簡単な計算の後に」

$$G_4 = \det \begin{bmatrix} 1 & c & -c-\frac{1}{2} & -c-\frac{1}{2} \\ c & 1 & c & -c-\frac{1}{2} \\ -c-\frac{1}{2} & c & 1 & c \\ -c-\frac{1}{2} & -c-\frac{1}{2} & c & 1 \end{bmatrix} = \frac{5}{16}\left(4c^2 + 2c - 1\right)^2$$

と

$$G_3 = \det \begin{bmatrix} 1 & c & -c-\frac{1}{2} \\ c & 1 & c \\ -c-\frac{1}{2} & c & 1 \end{bmatrix} = -\frac{1}{4}\,(2c+3)\left(4c^2 + 2c - 1\right)$$

---

[8] (10.17) から得られる正しい値は $\mathcal{V} = \sqrt{188313\frac{3}{4}}$ である．

[9] ［訳註］和に a_1 を書けると，$1 + 2c + a_1 \cdot a_3 + a_1 \cdot a_4 = 0$ が得られ，a_3 を書けると，$1 + 2c + a_3 \cdot a_1 + a_3 \cdot a_5 = 0$ が得られ，2 つの式を引けば $a_1 \cdot a_4 = a_3 \cdot a_5$ が得られる．

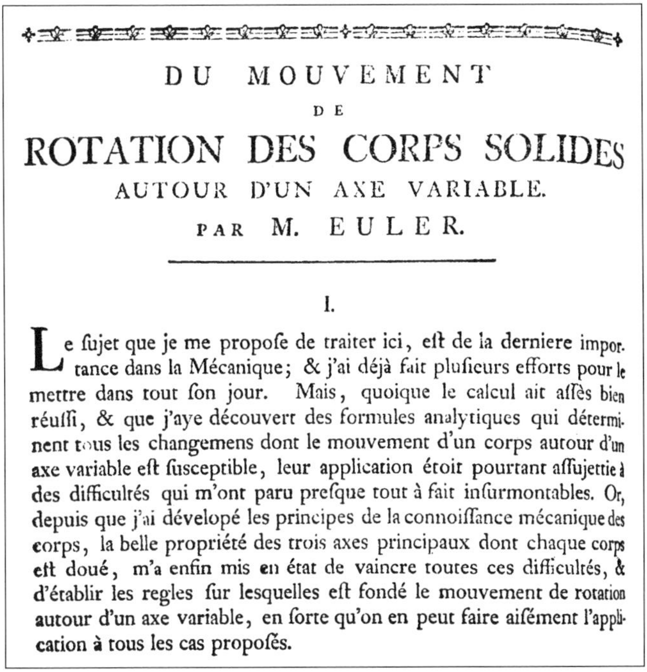

DU MOUVEMENT
DE
ROTATION DES CORPS SOLIDES
AUTOUR D'UN AXE VARIABLE.
PAR M. EULER.

I.

Le ſujet que je me propoſe de traiter ici, eſt de la derniere importance dans la Mécanique; & j'ai déjà fait pluſieurs efforts pour le mettre dans tout ſon jour. Mais, quoique le calcul ait aſſès bien réuſſi, & que j'aye découvert des formules analytiques qui déterminent tous les changemens dont le mouvement d'un corps autour d'un axe variable eſt ſusceptible, leur application étoit pourtant aſſujettie à des difficultés qui m'ont paru preſque tout à fait inſurmontables. Or, depuis que j'ai dévelopé les principes de la connoiſſance mécanique des corps, la belle propriété des trois axes principaux dont chaque corps eſt doué, m'a enfin mis en état de vaincre toutes ces difficultés, & d'établir les regles ſur lesquelles eſt fondé le mouvement de rotation autour d'un axe variable, en ſorte qu'on en peut faire aiſément l'application à tous les cas propoſés.

図 10.7 1758 年に提示され，1765 年に出版された，剛体の運動に関する，オイラーの古典的な論文 E292 の冒頭．オイラーはエレガントなフランス語で，剛体の運動の法則を発見するために長い間取り組んで，慣性の 2 次形式の主軸の発見によって最終的にこれらすべての困難を克服できたと述べている．

が得られる．$\mathbb{R}^3$ の中の 4 つのベクトルは（4 次元の）体積は 0 だから，$G_4 = 0$ であることは分かる．このことから，c が $4c^2 + 2c - 1 = 0$ の解でなければならないことになり，すべてのグラム行列式が $G_3 = 0$ であることになる．ベクトルのすべての 3 つ組 a_i，a_{i+1}，a_{i+2} が平面的になり，それゆえ，五角形全体が平面的になる．$4c^2 + 2c - 1 = 0$ の 2 つの根は，以前の証明と同じように，平面正五角形の 2 つのタイプに対応する． □

注意．[ダニッツ，ウェイザー (1972)] で提示され，L.J. オーステルホフのものとされる証明は同様のものだが，5 つの a のすべての 5×5 のグラム行列式に基づいている．対応する行列は**循環**行列と呼ばれる．この証明はさらに高い次元で考えることを要求するが，循環行列の行列に対する閉じた公式が分かっているから，計算はよりエレガントになる．

10.4　直交写像と等長変換

「... 2次関数のそれ自身への線形変換の問題にはエレガントな解がある...」

（A. ケイリー (1880)，『論文集』第11巻 p. 140）

直交写像は，1765年の剛体に関する仕事 [オイラー (1765)] E292（図10.7参照）と1858年のA. ケイリーの論文（下記の定理10.9参照）に起源を持つ．目的は，**距離を保つ**線形写像 $\alpha : \mathbb{R}^n \to \mathbb{R}^n$ を特徴づけることである．まず，次の性質に注意しよう．

補題 10.4　線形写像が距離を保てば，角もまた保つ．

証明．この結果は実際，ユークリッドI.8そのものである．代数的証明は，恒等式 (9.27) を使う．それはスカラー積を距離で表し，結局，角を距離で表わしてくれる（(9.28)参照）．　□

$y = \alpha(x)$ と $w = \alpha(v)$ とおく．α の行列を Q と書けば，$y = Qx$ と $w = Qv$ となる．α が距離を保てば，補題から

$$y^{\mathsf{T}} w = x^{\mathsf{T}} Q^{\mathsf{T}} Q v = x^{\mathsf{T}} v$$

が得られる．$x = e_i$ かつ $v = e_j$ と選べば，条件

$$Q^{\mathsf{T}} Q = I \tag{10.22}$$

に導かれる．この性質を持つ行列 Q は**直交行列**と呼ばれる．

定理 10.5　正方行列 Q に対して，以下の性質は同値である．

(a)　Q の列ベクトルは正規直交基底をなす．
(b)　Q の行ベクトルは正規直交基底をなす．

(c) $Q^\mathsf{T}Q = I$，つまり，Q は直交行列である．

(d) $QQ^\mathsf{T} = I$.

(e) Q は可逆で，$Q^{-1} = Q^\mathsf{T}$ である．

証明． グラム行列 (10.13) でのように，行列 $Q^\mathsf{T}Q = I$ の成分は，Q の列ベクトルの対のスカラー積である．こうして，条件 (a) と (c) は同値である．同じように，条件 (b) と (d) も同値であることがわかる．正規直交な平行六面体の体積は 1 だから，条件 (a) と (b) のそれぞれから $\det Q = \det Q^\mathsf{T} = \pm 1$ がわかり，それゆえ Q は可逆である．そのほかの同値性は，(e) の式と，(c) の式に Q を掛けたり，(d) の式に Q^{-1} を掛けることによって容易に導かれる． □

向き付け． 直交行列の 2 つのタイプを，$\det Q = 1$ である行列（ここでは，Q の列ベクトルと行ベクトルは正に向き付けられている，177 ページ参照）と，$\det Q = -1$ である行列（ここでは，Q の列ベクトルと行ベクトルは負に向き付けられている）によって分けられる．

例 10.6　$\mathbb{R}^2$ の回転（図 10.3 参照）は，$\det Q = 1$ であるような直交行列である．$n = 3$ に対しては，恒等式 $2^2 + 2^2 + 1^2 = 3^2$ と $2 \cdot 2 - 2 - 2 = 0$ を使えば，直交行列を作ることができる．この族には，

$$Q = \frac{1}{3}\begin{bmatrix} 2 & -2 & 1 \\ 2 & 1 & -2 \\ 1 & 2 & 2 \end{bmatrix}, \qquad \text{このとき} \quad \det Q = 1 \tag{10.23}$$

がある．

例 10.7　鏡映． $n = (n_1, n_2, n_3)$ を単位ベクトルとし，n に直交し，原点を通る平面を考える．任意のベクトル x に対し，スカラー積 $\langle n \,|\, x\rangle = n^\mathsf{T}x$ はこの平面までの距離を与える．したがって，$x - n\,n^\mathsf{T}x$ は x のこの平面への**直交射影**を与える．**距離を 2 倍に取れば**（図 10.8 左図参照），**点 $\boldsymbol{x}$ のこの平面に関する鏡映**

$$y = x - 2n\,n^\mathsf{T}x\,, \quad \text{つまり，} \qquad y = Qx \quad \text{かつ} \quad Q = I - 2nn^\mathsf{T} \tag{10.24a}$$

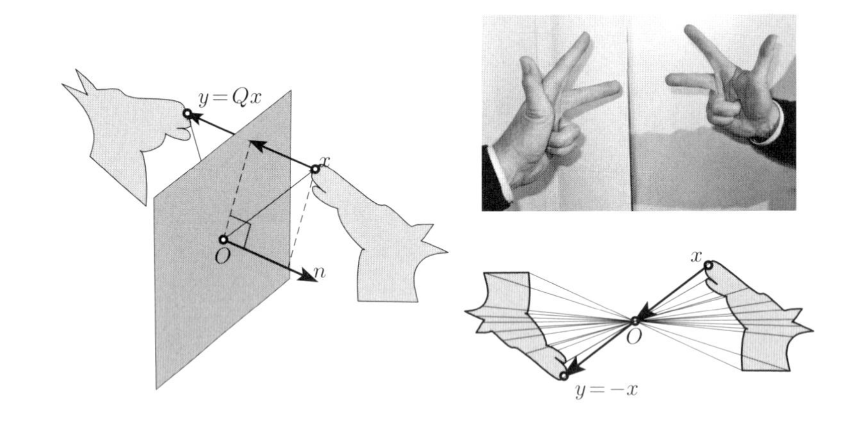

図 10.8　左：$\mathbb{R}^3$ の中の平面に関する鏡映，右：点に関する鏡映

となる．詳しく書けば，

$$\begin{bmatrix} y_1 \\ y_2 \\ y_3 \end{bmatrix} = \begin{bmatrix} 1-2n_1n_1 & -2n_1n_2 & -2n_1n_3 \\ -2n_2n_1 & 1-2n_2n_2 & -2n_2n_3 \\ -2n_3n_1 & -2n_3n_2 & 1-2n_3n_3 \end{bmatrix} \begin{bmatrix} x_1 \\ x_2 \\ x_3 \end{bmatrix} \tag{10.24b}$$

となる．明らかに，$Q^\top Q = (I-2nn^\top)(I-2nn^\top) = I-4nn^\top+4n(n^\top n)n^\top = I$ であること，(9.22) から $\det Q = 1-2(n_1^2+n_2^2+n_3^2) = -1$ であることを確かめることができ，それゆえこれは直交変換であり，向き付けを変える．2 次元の対応する写像は**直線に関する鏡映（折り返し）**であり，これも向き付けを変える．一方，**原点に関する鏡映**

$$y = -x \tag{10.25}$$

は 3 次元では向き付けを変えるが（図 10.8 参照），2 次元では向き付けを保つ．というのは，これはまさに角 π だけの回転だからである．

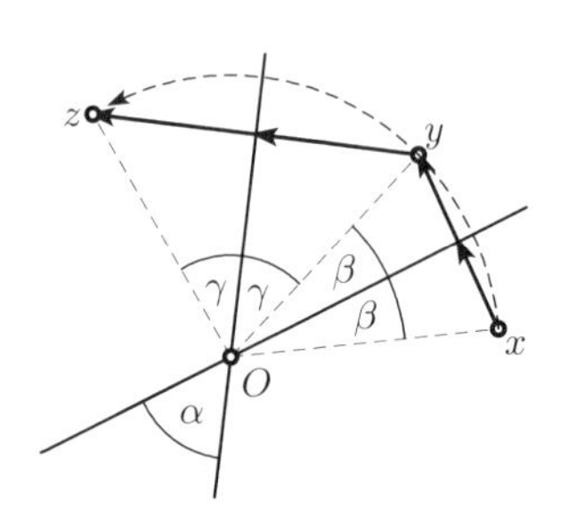

合成． 直交変換の集合は群をなす．なぜなら，もし $Q_1^\top Q_1 = I$ かつ $Q_2^\top Q_2 = I$ であれば，$(Q_2Q_1)^\top(Q_2Q_1) = Q_1^\top Q_2^\top Q_2 Q_1 = I$ ともなるし，

Q^{-1} に対しても同様である．この群は**直交群**と呼ばれ，O(3) と書かれる．$\det Q = 1$ を満たす直交変換は SO(3) と書かれる部分群を作る．これに反して，$\det Q = -1$ を満たす直交変換は群をなさない．2 つの鏡の間の角が α である 2 つの鏡映の合成は，（$\alpha = \beta + \gamma$ だから）角 2α だけの**回転**となる（右の図参照）．

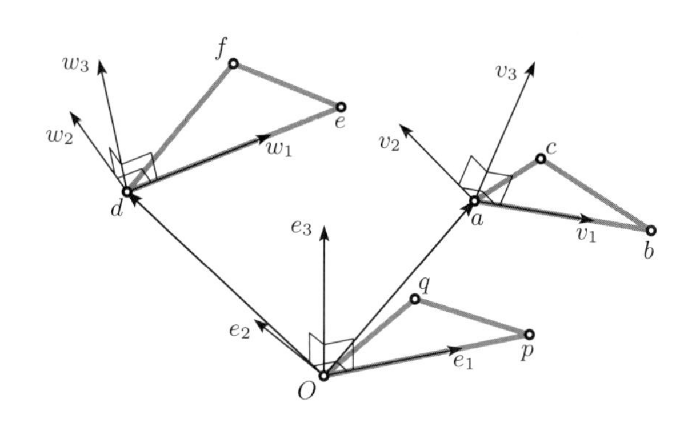

図 10.9 直交変換の存在

直交変換の存在．2 つの点集合が与えられて，対応する点のすべての対が同じ距離を持つならば，一方の集合の点を他方に写す直交変換が（一意的に）存在するかどうかを知りたい．

補題 10.8 a, b, c を $\mathbb{R}^3$ の非退化な三角形の座標とし，d, e, f を辺の長さが同じ別の三角形の座標とする．そのとき，鏡映を除いて一意的に直交変換 S とベクトル s を，変換

$$\alpha(x) = y = s + Sx \quad \text{が} \quad \alpha(a) = d,\ \alpha(b) = e,\ \alpha(c) = f \tag{10.26}$$

を満たすように，構成することができる．

証明．証明は図 10.9 に示されている．座標 $0, p, q$ を持つ補助的な三角形で，これも同じ辺の長さを持つものを使うが，このとき三角形を e_1e_2 平面上で「オイラーの位置」（つまり，定理 7.19 の証明でのように，0 を原点に，p を e_1 軸上）に置く．

$u_1 = b - a$, $u_2 = c - a$ とし，

$$v_1 = \frac{u_1}{|u_1|},$$

$$v_2 = \frac{\tilde{v}_2}{|\tilde{v}_2|}, \quad \text{ここで} \quad \tilde{v}_2 = u_2 - \alpha v_1 \quad \text{かつ } \alpha = u_2 \cdot v_1, \tag{10.27}$$

$$v_3 = v_1 \times v_2$$

と置く．これは構成により，直交する単位ベクトルの集合である[10]．同じように，三角形 d, e, f に対して，w_1, w_2, w_3 を定義する．それから，この2つの集合を行列

$$Q = [\, v_1 \,|\, v_2 \,|\, v_3 \,], \qquad R = [\, w_1 \,|\, w_2 \,|\, w_3 \,], \tag{10.28}$$

の列ベクトルとしてとると，定理10.5により，両方とも直交行列である．定理10.2と，三角形の辺の長さに関する仮定により，写像

$$x = a + Qz \qquad \text{と} \qquad y = d + Rz \tag{10.29}$$

は，それぞれ $0, p, q$ を a, b, c と d, e, f に写す．最初の方程式を $z = Q^{\mathsf{T}}(x - a)$ と解いて，2つ目の方程式に代入すると，

$$y = d + RQ^{\mathsf{T}}(x - a) = (d - RQ^{\mathsf{T}}a) + RQ^{\mathsf{T}}x \tag{10.30}$$

が得られ，$s = d - RQ^{\mathsf{T}}a$ と $S = RQ^{\mathsf{T}}$ が欲しかった変換になる．w_3 を $-w_3$ に置き換えることができ，こうすれば像のベクトルの向き付けが変わる．　□

五角形定理のボル・コクセターの証明． ファン・デル・ヴェルデンは論文[ファン・デル・ヴェルデン (1970)] の抜き刷りを送付した数日後に，G. ボルと H.S.M. コクセターから手紙を受け取った．彼らは独立に，定理9.7の本当にエレガントな証明を発見したのである（1972年の「補遺」参照）．彼らの証明は以下のようなものである．

a, b, c, d, e を五角形 $ABCDE$ の頂点の座標とする．仮定により，これらの点の間のすべての距離は固定されている（それは1か $\sqrt{2 - 2\cos\alpha}$ である）．今度は同じ性質を持つ五角形 b, c, d, e, a を考える．補題10.8により，写像 $y = s + Sx$ で，$b = s + Sa$, $c = s + Sb$, $d = s + Sc$ を満たすものが存在す

[10] (10.27) の最初の2行はいわゆる**グラム・シュミットの直交化法**の始まりである．

る．次に d の像を考える．S は直交変換だから，d の像と $b, c,$ d との距離は，点 e とそれらとの距離と同じである．この性質を持つ $\mathbb{R}^3$ の点は，一般に，2つある（3つの球面の交わりとして）．それゆえ，上の証明の2つの可能性の1つでは $e = s + Sd$ となる．もう一つの点に対しては，a, b, c, d は同一平面上にないという仮定の下で，1つの可能性しか残っておらず，自動的に $a = s + Se$ となる．もし5つの方程式をすべて足しあげれば，五角形の重心として $\frac{a+b+c+d+e}{5} = s + S\frac{a+b+c+d+e}{5}$ が得られる．もし五角形の重心を原点に移せば $s = 0$ となり，

$$b = Sa\,, \quad c = Sb\,, \quad d = Sc\,, \quad e = Sd\,, \quad a = Se \tag{10.31}$$

となる．こうして，S を5回働かせれば，五角形はそれ自身に写される．もし五角形が平面的でないならば，$S^5 = I$ となる．それゆえ，$\det S = -1$ とはなりえない．したがって，S は向き付けを保ち，この後ですぐに見ることになるオイラーの定理 10.11 により，S は平面五角形の平面的な回転でなければならない． □

10.5 歪対称行列，ケイリーの定理

行列 A は，$A^{\mathsf{T}} = -A$ であるとき，**歪対称**であると言う．そのような行列の主対角線は0であり，この対角線以外では，つまり，$i \neq j$ であるような a_{ij} は $a_{ij} = -a_{ji}$ を満たす．

$n = 2$ のとき，歪対称行列は

$$A = \begin{bmatrix} 0 & a \\ -a & 0 \end{bmatrix} \tag{10.32}$$

という形をしている．$a_{ij} = -a_{ji}$ $n = 3$ のときは，(9.35) により，

$$Ax = \begin{bmatrix} 0 & -a_3 & a_2 \\ a_3 & 0 & -a_1 \\ -a_2 & a_1 & 0 \end{bmatrix} \begin{bmatrix} x_1 \\ x_2 \\ x_3 \end{bmatrix} = \begin{bmatrix} a_2x_3 - a_3x_2 \\ a_3x_1 - a_1x_3 \\ a_1x_2 - a_2x_1 \end{bmatrix} = a \times x \tag{10.33}$$

となる．こうして，歪対称行列 A に対する線形写像 $x \mapsto Ax$ は**外積** $a \times x$（第

1の因子は固定されている）に対応しており，その逆も成り立つ．結局[11] Ax は x に直交し，

$$(I \pm A)x = x \pm Ax = 0 \quad \text{から} \quad x = 0 \quad \text{が導かれる．}$$

これは，歪対称行列 A に対し，行列 $I \pm A$ が常に可逆であることを意味する．

直交行列の研究は以下の発見により，大変簡単になった．

定理 10.9（ケイリー，1846年）　行列 A が歪対称なら，

$$Q = (I + A)(I - A)^{-1} = (I - A)^{-1}(I + A) \tag{10.34}$$

は直交行列である．逆に，Q が直交行列で，$\det(Q + I) \neq 0$ であれば，Q は

$$A = (Q - I)(Q + I)^{-1} = (Q + I)^{-1}(Q - I) \tag{10.35}$$

を使って (10.34) でのように書くことができる．ここで，A は歪対称である．

証明． 最初に，(10.34) のように，なぜ $I+A$ と $(I-A)^{-1}$ が可換なのかを理解しなければならない．このことは，同じ行列（ここでは A）で作られるどんな2つの有理表示も可換であるという，線形代数学における結果から導かれる．直接的に証明もでき，$(I+A)(I-A)^{-1}$ に左から $I = (I-A)^{-1}(I-A)$ を掛け，$(I-A)(I+A) = I - A^2 = (I+A)(I-A)$ を使って整理すればよい．(10.35) の Q を含む恒等式は，$AQ = QA$ と同じように[12]，確かめることができる．

証明の主たる鍵は，A でも Q でも線形な方程式

$$AQ + A - Q + I = 0 \tag{10.36}$$

であり，これは A と Q との両方に対して解くことができる．Q に対して解いて，もし $I - A$ が可逆なら，(10.34) が得られる．A に対して解いて，もし $Q + I$ が可逆なら，(10.35) が得られる．こうして，逆行列が存在する限り，$I \pm A$ に関する上の議論か，仮定により，方程式 (10.34), (10.35), (10.36) は

11　これはすべての次元で成り立ち，証明も簡単である．

12　［訳註］$AQ = (I-A)^{-1}(I-A)A(I-A)^{-1}(I+A) = (I-A)^{-1}A(I-A)(I-A)^{-1}(I+A) = (I-A)^{-1}A(I+A) = (I-A)^{-1}(I+A)A = QA$

同値である．

(10.36) の中の行列の転置を取って（A と Q が可換であることに注意する），Q を掛けると，$A^{\mathsf{T}}Q^{\mathsf{T}}Q + A^{\mathsf{T}}Q - Q^{\mathsf{T}}Q + Q = 0$ が得られる．これを (10.36) に足して得られる等式を

$$(A + A^{\mathsf{T}})(Q + I) = (A^{\mathsf{T}} - I)(I - Q^{\mathsf{T}}Q) \tag{10.37}$$

という形にすることができる．ここで，$A + A^{\mathsf{T}} = 0$ は A が歪対称であることを意味し，$I - Q^{\mathsf{T}}Q = 0$ は Q が直交であることを意味している．これらの表示に掛けられている行列はともに可逆だから，2 つの主張が同値であることが分かる． □

例 10.10 $n = 2$ のとき，(10.34) を (10.32) の行列に適用すると，

$$\begin{aligned} Q &= \begin{bmatrix} 1 & a \\ -a & 1 \end{bmatrix} \begin{bmatrix} 1 & -a \\ a & 1 \end{bmatrix}^{-1} = \frac{1}{1+a^2} \begin{bmatrix} 1 & a \\ -a & 1 \end{bmatrix} \begin{bmatrix} 1 & a \\ -a & 1 \end{bmatrix} \\ &= \frac{1}{1+a^2} \begin{bmatrix} 1-a^2 & 2a \\ -2a & 1-a^2 \end{bmatrix} = \begin{bmatrix} \cos\alpha & \sin\alpha \\ -\sin\alpha & \cos\alpha \end{bmatrix} \end{aligned} \tag{10.38}$$

となる．ここで，$\tan(\alpha/2) = a$ である．上巻 A.1 節の図 A.1 参照．結果として得られる写像は (10.5)の回転である．

定理 10.11（剛体の運動を研究していたときのオイラー） 向き付けを保つ 3 次元の直交写像 ($\det Q = 1$) は，ベクトル a のまわりの角 φ の回転に対応する．a の成分は，Q のケイリー変換 A の，(10.33) で与えられる成分である．回転角は $\tan(\varphi/2) = |a|$ によって定まる．

証明. 写像 $x \mapsto y = Qx$ を 3 次元で研究するために，(10.34)と (10.33)を使う．

$$(I - A)y = (I + A)x \quad \Rightarrow \quad y - x = A(y + x) \quad \Rightarrow \quad y - x = a \times (y + x).$$

x とその像 y を結ぶベクトル $y - x$ はこうして，a とも，x と $-y$ を結ぶベクトル $y + x = x - (-y)$ とも直交する．灰色の平行四辺形の面積は $|a|\ell$ なので，

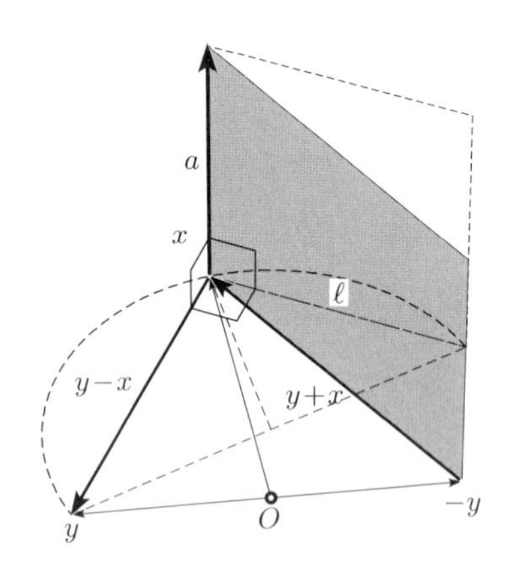

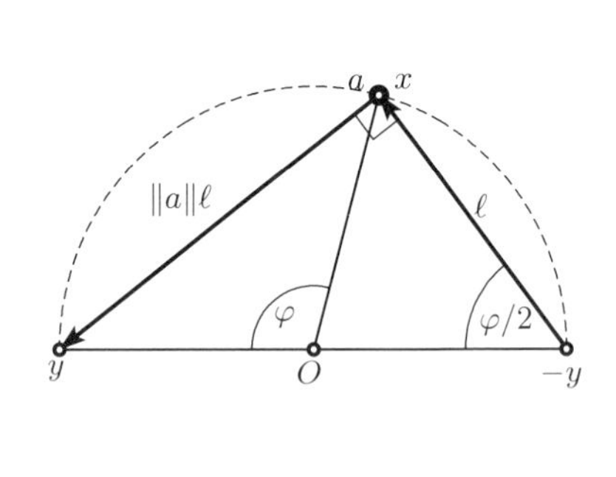

図 10.10　$\mathbb{R}^3$ の直交変換（右：a の方向から見たもの）

図 10.10 右図から，回転角に関する主張が得られる．　□

注意. -1 が Q の（二重の）固有値であれば，上の議論は働かない．その場合は，π だけの回転である「スイッチ」が得られる．

10.6　固有値と固有ベクトル

図 10.11 の左側では，線形写像

$$y = Ax \qquad ここで \qquad A = \begin{bmatrix} 0.3 & 2 \\ 1.8 & 0.5 \end{bmatrix} \tag{10.39}$$

が**ベクトル場**として，つまり，各点 x にベクトル $y = Ax$ が小さい矢印としてくっつけられているものとして表わされていると考えている[13]．2 つの方向に興味が引かれる．ベクトル Av とベクトル v が同じ方向であるような，つまり，

$$Av = \lambda v \qquad または \qquad (\lambda I - A)v = 0, \qquad v \neq 0 \tag{10.40}$$

[13] 固有値と固有ベクトルが最初に現れたのは微分方程式の文脈の中である（ラグランジュ 1759, *Théorie du son*（音の理論），ラグランジュ 1781, 当時知られていた 6 つの惑星の軌道の永年摂動を計算する目的での 6×6 行列，*Oeuvres*（全集）第 V 巻，pp. 125–490）．

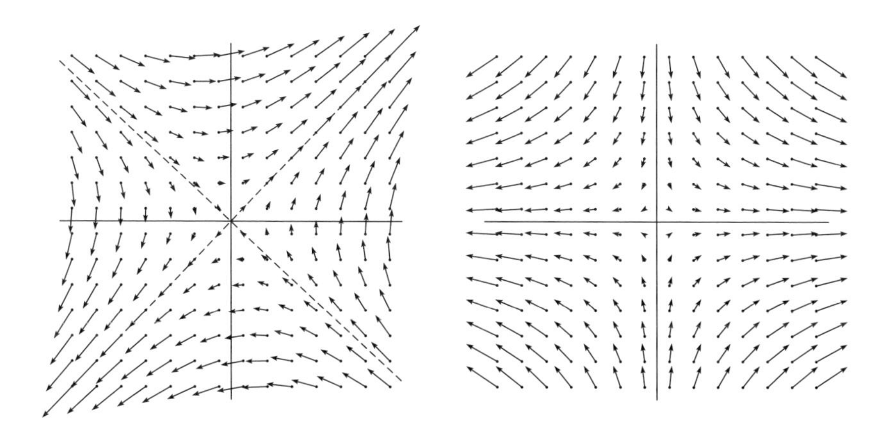

図 10.11 左：ベクトル場としての線形写像，右：固有ベクトルを基底とした同じ写像

であるような（点線参照）方向である．そのようなベクトルは行列 A の**固有ベクトル**と呼ばれ，λ は対応する**固有値**である．明らかに λ は**固有多項式**

$$\det(\lambda I - A) = \lambda^n - (a_{11} + \ldots + a_{nn})\lambda^{n-1} \pm \ldots + (-1)^n \det A \qquad (10.41)$$

の根でなければならない．もしこの多項式が n 個の異なる根を持てば，n 個の一次独立な固有ベクトルが存在し，それを基底に取ることができる[14]．この基底では，写像は単に座標に λ_i を掛けるものになる，つまり，行列は**対角行列**に変換される（図 10.11 右図参照）．

公式を導くために，2 つのことを観察する．一方では，(10.1)式により

$$x = T\widetilde{x}, \qquad y = T\widetilde{y} \qquad \Rightarrow \qquad T\widetilde{y} = AT\widetilde{x} \qquad \Rightarrow \qquad \widetilde{y} = T^{-1}AT\widetilde{x}$$

となる．ここで，$\widetilde{x}$ は新しい座標であり，行列 T の列ベクトルは固有ベクトル v_i である．一方，

$$Av_i = \lambda_i v_i \quad \Rightarrow \quad A(v_1, v_2) = (v_1\lambda_1, v_2\lambda_2) \qquad (10.42)$$

である．行列の記号では

[14] 根が異なっていなければ，少し複雑になる（ジョルダンブロック）．

$$AT = T\Lambda \qquad \text{つまり} \qquad T^{-1}AT = \Lambda \tag{10.43}$$

となる．ここで，Λ は対角行列で，主対角線上には λ_i が来る．

例 10.12　(10.39)の行列に対しては，固有多項式は $\lambda^2 - 0.8\lambda - 3.45$ という形をしており，

$$\lambda_1 = 2.3, \quad \lambda_2 = -1.5, \quad v_1 = \begin{bmatrix} 1 \\ 1 \end{bmatrix}, \quad v_2 = \begin{bmatrix} -2 \\ 1.8 \end{bmatrix}$$

となる．

10.7　二次形式

$\alpha p' = \mathrm{A}p' - \mathrm{H}q' - \mathrm{G}r';$

., la quatrième et la si
', on aura pareillement

$\alpha q' = \mathrm{B}q' - \mathrm{F}r' - \mathrm{H}p';$

me, la cinquième et la
', q', on aura

$\alpha r' = \mathrm{C}r' - \mathrm{G}p' - \mathrm{F}q';$

図 10.12　左：ラグランジュ (1788) における（剛体の慣性モーメントである）2次形式を変換する固有値問題，右：ジョセフ=ルイ・ラグランジュ (1736–1813)

本章の終わりに，7.2節のパッポスの問題である，デカルト座標の扱いの初めに戻る．2次方程式

$$ax_1^2 + 2bx_1x_2 + cx_2^2 + 2dx_1 + 2ex_2 + g = 0 \tag{10.44}$$

で定義される曲線の性質を発見することと，この問題の高次元への一般化に興味がある．

この問題の最初の明確な取り扱いは，回転だけ使ったものが[オイラー (1748)]（$n = 2$ に対しては第 II 巻，$n = 3$ に対しては付録）で与えられた．固有値問題とのエレガントな関係は J.-L. ラグランジュによって発見された（図 10.12 参照）．

例 10.13　さまざまな値の b と g に対し図 10.13 に描かれた方程式

$$x_1^2 + 2bx_1x_2 + x_2^2 - 5x_1 - 4x_2 + g = 0 \tag{10.45}$$

の解は異なる種類の円錐曲線上にあるように見える．本章の道具を使ってこのことをどのように確かめることができるのだろうか？

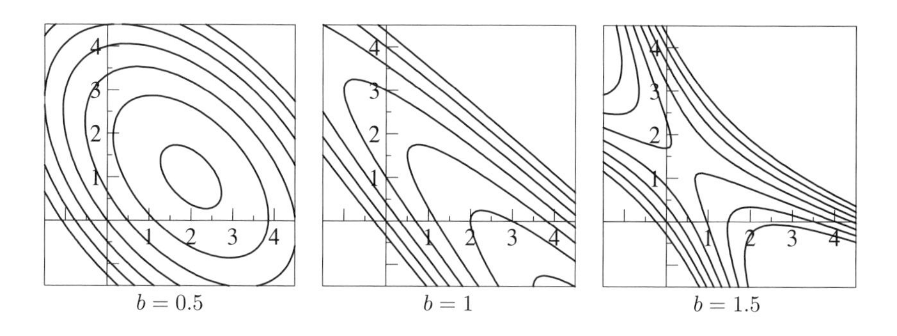

図 10.13　述べられた値の b とさまざまな値の g に対する方程式 (10.45) に対応する円錐曲線

(10.44)を解析するために，方程式を行列の形[15]

$$\begin{bmatrix} x_1 & x_2 & 1 \end{bmatrix} \begin{bmatrix} a & b & d \\ b & c & e \\ d & e & g \end{bmatrix} \begin{bmatrix} x_1 \\ x_2 \\ 1 \end{bmatrix} = 0 \tag{10.46}$$

に書き，平行移動を使って 1 次の項 $2dx_1 + 2ex_2$ を消去することから始める．このために，(10.6)を

[15] 美しさは**斉次座標**を使うと完璧になる．第 11 章参照．

$$\begin{bmatrix} x_1 \\ x_2 \\ 1 \end{bmatrix} = \begin{bmatrix} y_1 \\ y_2 \\ 0 \end{bmatrix} + \begin{bmatrix} c_1 \\ c_2 \\ 1 \end{bmatrix} \tag{10.47}$$

の形で使う．(10.47)を (10.46)に代入すると，関係する行列の対称性から

$$\begin{aligned} [y_1\ y_2\ 0] \begin{bmatrix} a & b & d \\ b & c & e \\ d & e & g \end{bmatrix} \begin{bmatrix} y_1 \\ y_2 \\ 0 \end{bmatrix} + 2[y_1\ y_2\ 0] \begin{bmatrix} a & b & d \\ b & c & e \\ d & e & g \end{bmatrix} \begin{bmatrix} c_1 \\ c_2 \\ 1 \end{bmatrix} \\ + [c_1\ c_2\ 1] \begin{bmatrix} a & b & d \\ b & c & e \\ d & e & g \end{bmatrix} \begin{bmatrix} c_1 \\ c_2 \\ 1 \end{bmatrix} = 0. \end{aligned} \tag{10.48}$$

となる．第2項を消去するために，

$$\begin{bmatrix} a & b \\ b & c \end{bmatrix} \begin{bmatrix} c_1 \\ c_2 \end{bmatrix} = \begin{bmatrix} -d \\ -e \end{bmatrix} \tag{10.49}$$

を要求する．$ac - b^2 \neq 0$ であれば，これは c_1, c_2 を決定する線形方程式である．定数である，(10.48)の第3項を $-\gamma$ と書けば，

$$y^{\mathsf{T}} A y = \begin{bmatrix} y_1 & y_2 \end{bmatrix} \begin{bmatrix} a & b \\ b & c \end{bmatrix} \begin{bmatrix} y_1 \\ y_2 \end{bmatrix} = \gamma \tag{10.50}$$

となる．今度は (10.50)の中の固有値を計算する．固有方程式は次の形で

$$\lambda^2 - (a+c)\lambda + (ac - b^2) = 0 \quad \Rightarrow \quad \lambda_{1,2} = \frac{a+c}{2} \pm \sqrt{\frac{(a-c)^2}{4} + b^2}$$

と解かれる．明らかに，固有値は常に実数である．

$$d = \frac{c-a}{2} \qquad \text{かつ} \qquad R = \sqrt{d^2 + b^2}$$

と置けば，

$$\lambda_{1,2} I - A = \begin{bmatrix} d \pm R & -b \\ -b & -d \pm R \end{bmatrix} \quad \Rightarrow \quad v_1 = \begin{bmatrix} b \\ d+R \end{bmatrix}, \quad v_2 = \begin{bmatrix} d+R \\ -b \end{bmatrix}$$

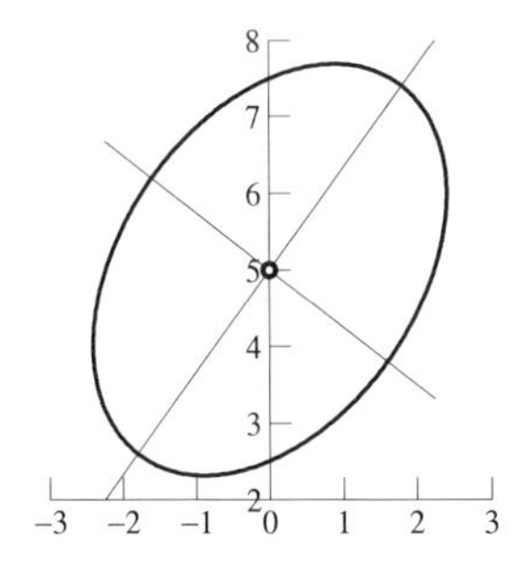

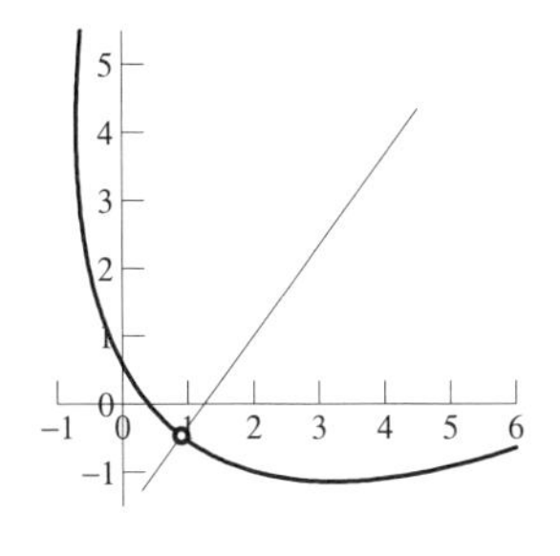

図 10.14 対角形に変換された円錐曲線の 2 つの例

が得られる．2 つのベクトルは互いに直交し，正規化した後は (10.43)の行列 T は直交行列である．これから，

$$T^{-1}AT = T^{\mathsf{T}}AT = \Lambda$$

となる．新しい変数 $y = Tz$ と $y^{\mathsf{T}} = z^{\mathsf{T}}T^{\mathsf{T}}$ では，(10.50)は最終的に

$$y^{\mathsf{T}}Ay = z^{\mathsf{T}}T^{\mathsf{T}}ATz = z^{\mathsf{T}}\Lambda z = \lambda_1 z_1^2 + \lambda_2 z_2^2 = \gamma \tag{10.51}$$

となる．結果として，(c_1, c_2) を中心とする**円錐曲線**の方程式が得られる ((10.47)参照)．そのタイプ[16]は λ_1, λ_2 と γ の符号による．2 つの固有値のうちの 1 つが 0 であれば（これは $ac - b^2 = 0$ のときに起こる），放物線になり，(10.49)は一意的な解を持たない．そのときは，下記の (10.57)で説明するように，異なる仕方で処理することになる．

例 10.14 方程式

$$36x_1^2 - 24x_1x_2 + 29x_2^2 + 120x_1 - 290x_2 + 545 = 0 \tag{10.52}$$

で定義される円錐曲線の中心は $c_1 = 0$, $c_2 = 5$ である．平行移動した後は

$$[y_1\ y_2]\begin{bmatrix} 36 & -12 \\ -12 & 29 \end{bmatrix}\begin{bmatrix} y_1 \\ y_2 \end{bmatrix} = 180 \tag{10.53}$$

---

[16] この円錐曲線は楕円か，双曲線か，**空集合**（たとえば $z_1^2 + z_2^2 = -1$）のどれかになる．後の場合，2 次方程式 (10.44)は（実の）解を持たない．

となる．固有値は次の方程式を満たすので，

$$\lambda^2 - 65\lambda + 900 = 0 \quad \Rightarrow \quad \lambda_1 = 20, \quad \lambda_2 = 45 \tag{10.54}$$

と解くことができる．こうして，最終的な結果は

$$20z_1^2 + 45z_2^2 = 180 \quad \Rightarrow \quad \frac{z_1^2}{9} + \frac{z_2^2}{4} = 1 \tag{10.55}$$

となる．これは半軸が $a = 3$，$b = 2$ である楕円の方程式である．半長軸の方向は，最小の固有値 $\lambda_1 = 20$ に対応する固有ベクトルの方向であり，

$$\begin{bmatrix} 16 & -12 \\ -12 & 9 \end{bmatrix} \begin{bmatrix} c \\ s \end{bmatrix} = 0 \quad \Rightarrow \quad c = \frac{3}{5}, \quad s = \frac{4}{5} \tag{10.56}$$

となる．こうして，この楕円は角 $\arctan\frac{4}{3}$ だけ傾いている（図10.14左図参照）．

放物線の場合． 方程式

$$16x_1^2 - 24x_1x_2 + 9x_2^2 - 130x_1 - 90x_2 + 50 = 0 \tag{10.57}$$

では，最初の3項の和は平方に書くことができて，

$$(4x_1 - 3x_2)^2 - 130x_1 - 90x_2 + 50 = 0 \tag{10.58}$$

となる．$4x_1 - 3x_2 = 5y_1$ と置換し，$3x_1 + 4x_2 = 5y_2$ を補って，正規直交基底として回転をすると，

$$25y_1^2 - 50y_1 - 150y_2 + 50 = 0 \tag{10.59}$$

となる．25で割り，また完全平方を作れば，平行移動した後，

$$z_1^2 = 6z_2$$

となる．結果は放物線である（図10.14右図参照）．

多変数． あらゆる実対称行列の固有値は実数で，直交する固有ベクトルの基底があるので，同じようにすることができる．たとえば，$n = 3$ を考える．退化している場合をすべて除外すれば，図10.15に示した曲面が得られれる．

(A) $\dfrac{x^2}{a^2}+\dfrac{y^2}{b^2}+\dfrac{z^2}{c^2}-1=0$
（楕円体）

(B) $\dfrac{x^2}{a^2}+\dfrac{y^2}{b^2}-\dfrac{z^2}{c^2}+1=0$
（二葉双曲面）

(C) $\dfrac{x^2}{a^2}+\dfrac{y^2}{b^2}-\dfrac{z^2}{c^2}-1=0$
（一葉双曲面）

(D) $\dfrac{x^2}{a^2}+\dfrac{y^2}{b^2}-\dfrac{z^2}{c^2}=0$
（円錐）

(E) $\dfrac{x^2}{a^2}+\dfrac{y^2}{b^2}-2pz=0$
（楕円放物面）

(F) $\dfrac{x^2}{a^2}-\dfrac{y^2}{b^2}-2pz=0$
（双曲放物面）

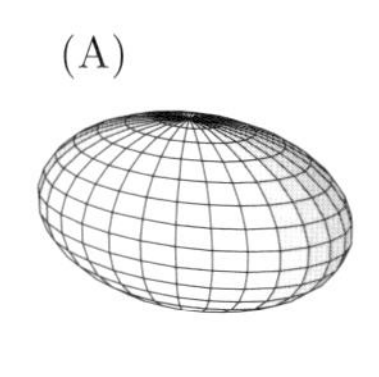

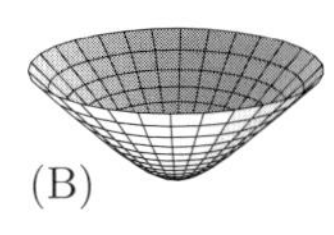
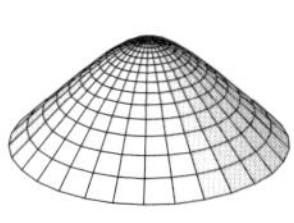

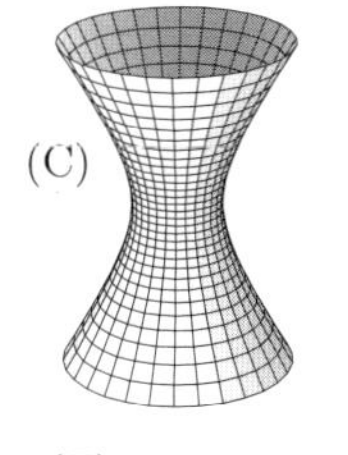

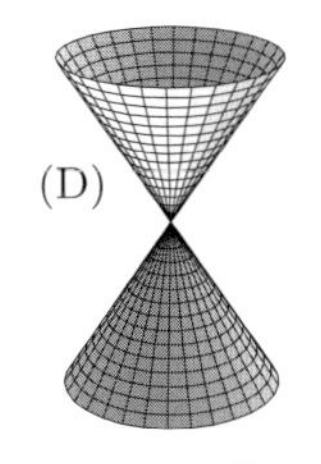

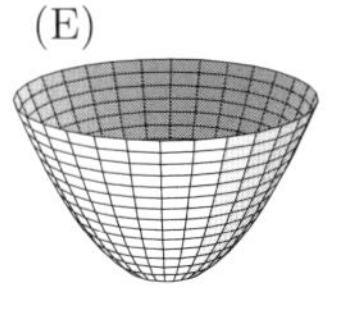

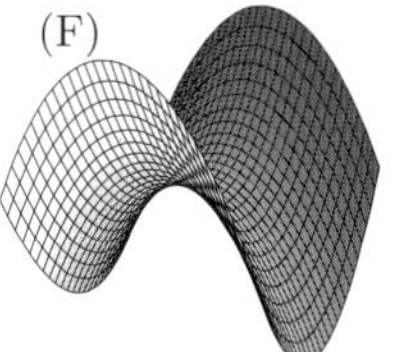

図 10.15 3 次元における 2 次方程式の分類（退化している場合は除いている）

例 10.15 読者に，楕円体

$$25x_1^2-20x_1x_2+4x_1x_3+22x_2^2-16x_2x_3+16x_3^2=9 \tag{10.60}$$

に対応する行列の固有値と固有ベクトル（主軸）を計算し，それが互いに直交することを確かめることをお勧めする（図 10.16 参照）.

10.8 演習問題

1. 四面体の体積に対する公式

$$36\mathcal{V}^2=|a|^2|b|^2|c|^2\Big(1+2\cos\alpha\cos\beta\cos\gamma-\cos^2\alpha-\cos^2\beta-\cos^2\gamma\Big) \tag{10.61}$$

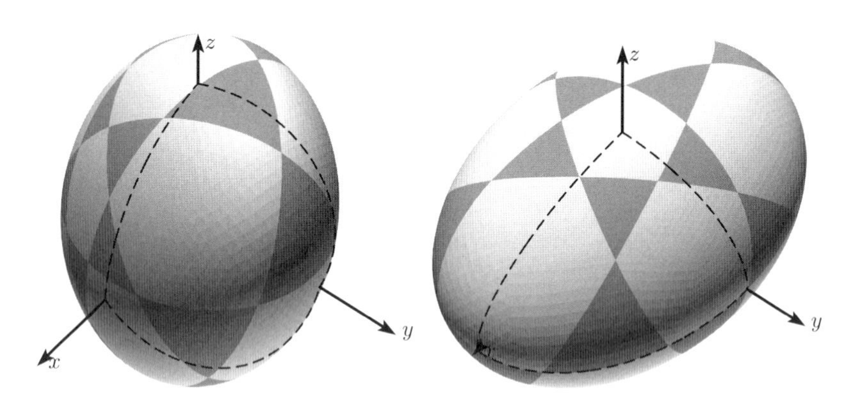

図 10.16　半軸が 1, $\frac{\sqrt{2}}{2}$, $\frac{1}{2}$ の (10.60)の楕円体．左図の図形は任意の位置の楕円体で，右図の図形は同じ楕円体を主軸変換したもの

を (10.16) から導け．ここで，α, β, γ は図 10.6 の頂点 O における，3 面の角である．この表示が [オイラー (1786)] E601 における発展の出発点となった．

2. (10.17) 式と (10.18) 式の同値性を，それぞれが次の行列式と同値であることを示すことによって証明せよ．

$$\det\begin{bmatrix} 0 & 0 & 0 & 0 & 1 \\ 0 & -2|a|^2 & -|a|^2-|b|^2+|d|^2 & -|a|^2-|c|^2+|e|^2 & 1 \\ 0 & -|b|^2-|a|^2+|d|^2 & -2|b|^2 & -|b|^2-|c|^2+|f|^2 & 1 \\ 0 & -|c|^2-|a|^2+|e|^2 & -|c|^2-|b|^2+|f|^2 & -2|c|^2 & 1 \\ 1 & 1 & 1 & 1 & 0 \end{bmatrix}. \tag{10.62}$$

3. C.F. ガウスの死後，公表されたことも誰にも示されたこともない，数百もの結果や発見が彼の机から発見された．その結果のうちの 1 つが死後，ガウスの『全集』第 2 巻 p. 309 に，4 行で証明なしに公表された．それが以下のものである．「もし $\mathbb{R}^3$ の正規直交するベクトル p, q, r がある平面に軸測射影（平行透視図法）されると（図 10.17 参照），像のベクトル z_p, z_q, z_r は任意ではありえず，関係式

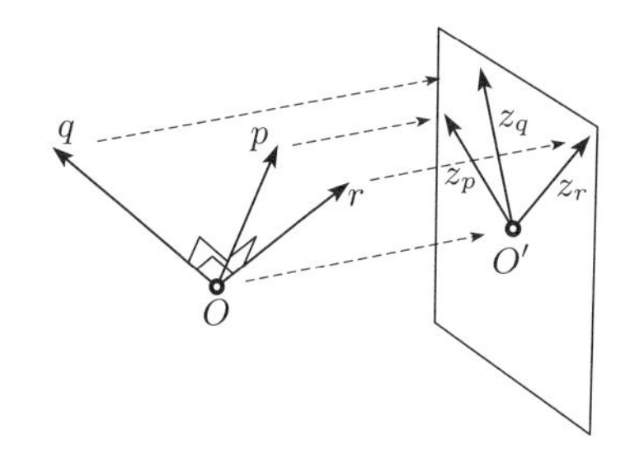

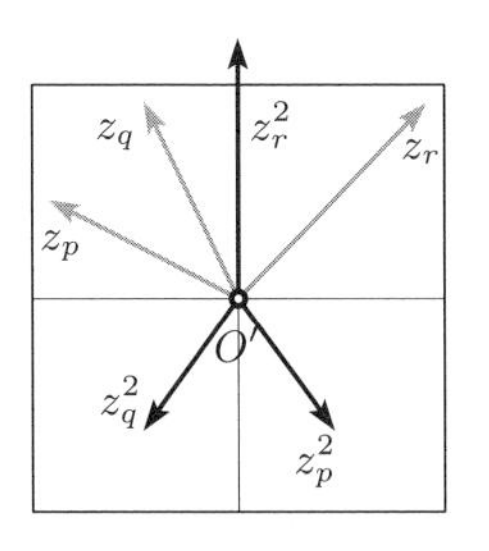

図 10.17 正規直交基底の軸測射影

$$z_p^2 + z_q^2 + z_r^2 = 0 \tag{10.63}$$

を満たさなければならない．ここで，z_p，z_q，z_r は $\mathbb{C}$ の数と考えている．」これを証明せよ．

4. 図 10.18 はアポロニウスの放物線，その漸近線，その接線，漸近線に平行な線分に関する 6 つの命題を表わしたものである．記号は元のものを使った．これらの命題を，適当な座標のアフィン変換によって証明せよ．
5. 双曲線の漸近線が直交するとき，つまり，上巻 3.4 節の (3.14) で $a = b$ のとき，**等辺双曲線**[17]と呼ばれる．次の [ブリアンション，ポンスレ (1821)] の素敵な発見を証明せよ[18]．「三角形の 3 頂点がある等辺双曲線上にあれば，その垂心はまたこの双曲線上にある．」
6. [シュタインハウス (1958)] で提案された問題．図 10.19 で，固定された三角形が二通りに直線族を作る．1 つは，(a) 左の，三角形の**周長**を 2 つの等しい部分に分けるもので，もう一つは (b) 右の，三角形の**面積**を 2 つの等しい部分に分けるものである．それぞれの場合に，この直線族の包絡線の種類を定めよ．
7. アイザック・ニュートンの師であるアイザック・バローはケンブリッジ大学で『幾何学講義』を行い，それはエドマンド・ストーンによって「故**アイザック・ニュートン**卿によって改訂・修正されたラテン語版から翻訳され」，[バロー (1735)] として最終的に出版された．「第 6 講 §2」

---

[17] ［訳註］直角双曲線という言い方も使われる．
[18] 著者たちはこの引用についてディートマー・ヘルマンに感謝する．

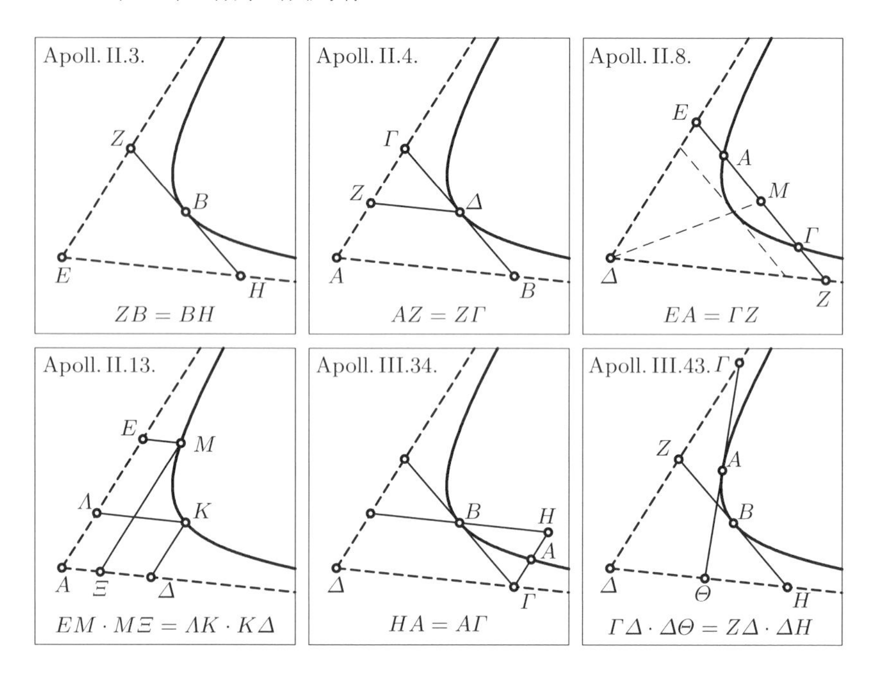

図 10.18　アポロニウスの第 II 巻と第 III 巻の 6 つの命題

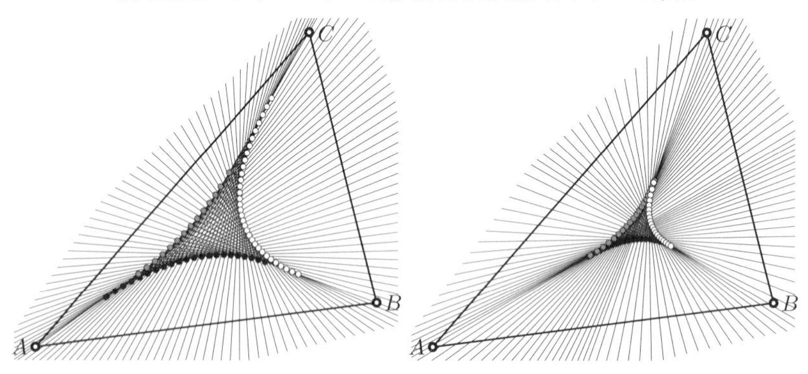

図 10.19　シュタインハウスの直線群

において，バローは次の問題を解いている（図 10.20 左図参照）．「ABC を**直線角**，D を与えられた点とする．点 N と M はそれぞれ AB と BC の上を動き，$DOMN$ が一直線上を動き，$DO = MN$ となる点 O を決

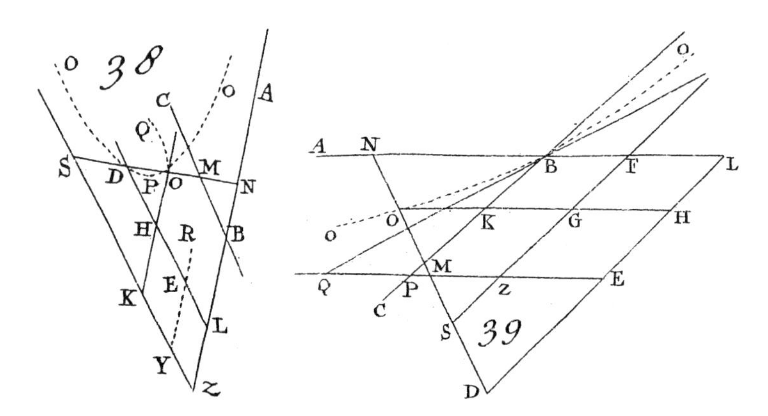

図 10.20 バローの最初の問題 (No. 38) と第 2 の問題 (No. 39). ケンブリッジ大学図書館特別評議員の親切な許可 (classmark 7350.d.56) によって複製

定する. 点 O はどんな曲線を描くか？ この問題を適当なアフィン変換により 2 行で証明せよ.

8. バローの第 2 の問題（第 6 講 §4, 図 10.20 右図参照）を解け.「直前の演習問題と同じ設定で, 条件 $MO = q \cdot MN$ を満たす O によって描かれる曲線を決定せよ. ここで, q は与えられた定数である.」

9. 方程式

$$n_1x_1 + n_2x_2 + n_3x_3 = d \qquad と \qquad \frac{x_1^2}{a_1^2} + \frac{x_2^2}{a_2^2} + \frac{x_3^2}{a_3^2} = 1 \tag{10.64}$$

で定められる平面と楕円体が接するのは,

$$n_1^2a_1^2 + n_2^2a_2^2 + n_3^2a_3^2 = d^2 \tag{10.65}$$

であるとき, かつそのときに限る. これは条件 (7.11) に一般化である. 行列表示を使うこの条件のエレガントな形が (11.25) 式で与えられることになる.

10.『ジェルゴンヌ誌』第 5 巻 p. 172 でジェルゴンヌとブレットによって述べられた問題[19]を解け. それは, 53 ページの図 7.5 のモンジュの結果を

[19] ［訳註］『ジェルゴンヌ誌』には各巻, 10 ヶ所ほどに問題が挿入され, 後のページで解答が書かれている. この第 5 巻の場合, 幾何, 算術, 解析, 組み合わせ論, 確率, 力学, 光学, 化学の問題が

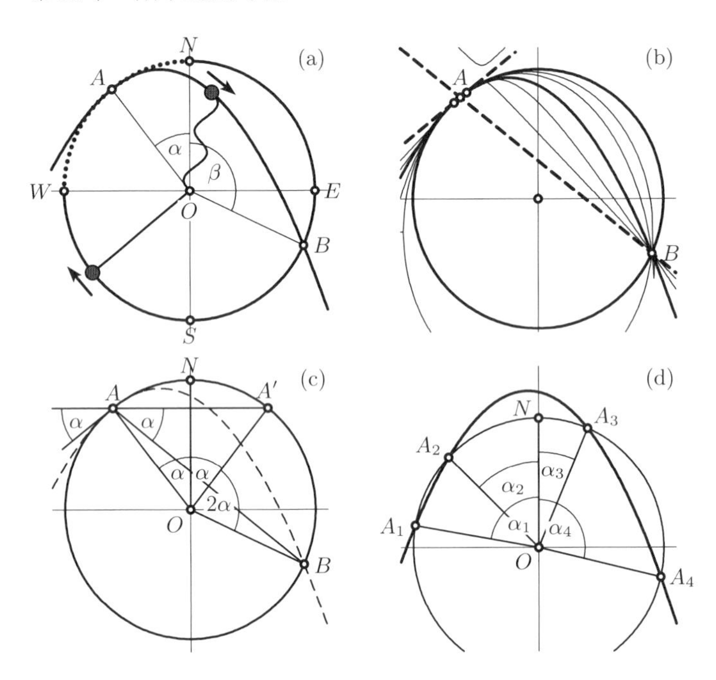

図 10.21　(a)–(c)「ヴァンナーの最初定理」, (d) その一般化

一般化したものである.「互いに直交する3平面すべてが (10.64) で与えられた楕円体に接するように動くとき, 3平面の交点が, 原点を中心とし半径が $\sqrt{a_1^2+a_2^2+a_3^2}$ である球面上を動く.」

11.「ヴァンナーの最初の定理」を証明せよ. オーストリアの中学校の少年は, 垂直な円の中で回転する紐に結びつけた石で遊ぶ（図 10.21, (a) 参照). もし石の速さが小さすぎれば, 石は W と N の間のどこかある点 A で円から離れ, 放物線に沿って動く（ガリレイの主張). 弧 $WSEN$ 上に位置する第2の点 B で, 石は円運動に戻る. この点 B の位置が A の位置にどのように依存するかを決定せよ.

[ヒント] 弧 $WSEN$ は弧 WN の3倍の長さだから, 角 BON と角 NOA の間のもっとも簡単でもっとも美しい関係は

あるが, 大半は幾何の問題である.

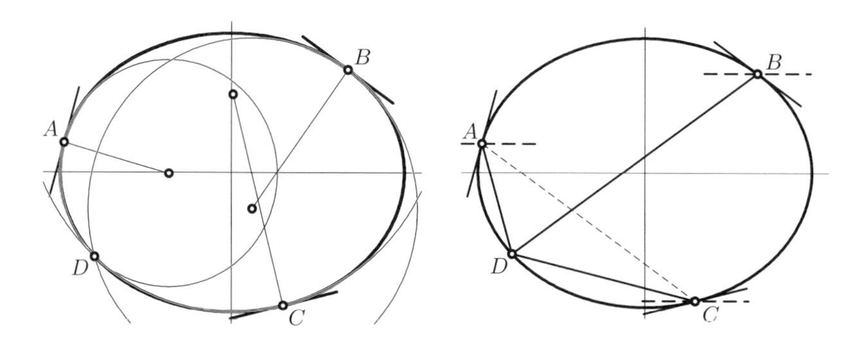

図 10.22 楕円の接触円に関するシュタイナーの挑戦

$$\beta = 3\alpha \tag{10.66}$$

であるだろう．

12. 演習問題 11 を次のように一般化せよ．A_1, A_2, A_3, A_4 を O を中心とする円と円錐曲線との交点とし，α_i を $OA_i(i = 1, \ldots, 4)$ と ON の間の符号付きの角とする．ここで，ON を円錐曲線の軸の方向とする（図 10.21, (d) 参照）．すると，(10.66) 式は

$$\alpha_1 + \alpha_2 + \alpha_3 + \alpha_4 = 0 \qquad \text{または} \quad \pm 2\pi \tag{10.67}$$

となる．

13. [シュタイナー (1846b)] の最初の 3 行で，次の定理が述べられているが，正当化はされていない．「D がある楕円上の（頂点以外の）点であれば，同じ楕円上に 3 つの点 A, B, C があって，これらの点で楕円に接触する円で，D を通るものがある（図 10.22 左図参照）．さらに 4 点 A, B, C, D は同一円周上にある．演習問題 11 の解のアイデアを使って，シュタイナーの結果のエレガントな正当化を与えよ．」

第11章　射影幾何

“Unter den Leistungen der letzten fünfzig Jahre auf dem Gebiete der Geometrie nimmt die Ausbildung der *projectivischen Geometrie* die erste Stelle ein. ［幾何の分野でこの50年間の進歩の中で，射影幾何の発展が第一の場所を占めている］”

（[F. クライン (1872)] エルランゲン・プログラムの最初の文章）

図11.1　遠近画法の研究．A. デューラーによる銅版画（デューラーによるこの種の銅版画が2つ知られている．1つは裸の女性で，もう一つはリュートである．明白な理由のため，著者はリュートの方を選んだ）

フランスにおける科学生活は1794年に“pour tirer la Nation Française de la dépendance où elle a été jusqu'à présent de l'industrie étrangère ...（これまで外国の産業に依存していたことからフランス国民を抜けださせるために)” **エコール・ノルマル**[1]と**エコール・ポリテクニク**[2]が設立されたことにより著しく変わった．ラグランジュ，ラプラス，モンジュといったその教師は一流の数学者の一世代全体を形成した．彼らの中に，フーリエ，ポアソン，コーシー，リウヴィル，ポンスレ，ジェルゴンヌを挙げることができる．解析的方法はそのころ最高潮に達していて，ラグランジュとラプラスにとって数学は代数と解析だけからなるものであった．モンジュだけが**画法幾何学**を講義していたが，それは他の二人によって完全に，そして誇らしげにさえ無視されていた．しかし，よくあることだが，未来は予測されていたのとは異なる発展をすることになり，モンジュの多くの学生，特にポンスレ，ブリアンション，シャールは幾何学研究の新しい分野として**射影幾何**を展開し始めた．そしてドイツの数学者シュタイナーとフォン・シュタウトによって熱心に取り入れられ，半世紀後のフェリックス・クラインの言葉では，このテーマが「幾何学の分野でこの50年間の進歩の中で第一の場所を占める」(引用参照）までになったのである．

11.1　透視図法と中心射影

透視図法 (perspective)（ラテン語の *perspicere*（通して見る）から）

透視図法とは，たとえば図11.2左図の箱のような3次元の対象を2次元のキャンバスの上に表現する問題に関するものである．この問題は，15世紀に始まるイタリア・ルネサンスの芸術家たち（ブルネレスキ，ピエロ・デラ・フランチェスカ，ルカ・パチオーリ，レオナルド・ダ・ヴィンチ）にとって主要な挑戦の1つであった．透視図法に真剣な関心を持った北方の国の最初の芸術家はアルブレヒト・デューラーであった（図11.1参照)．

[1]［訳註］École Normale Supérieure（高等師範学校）は1794年10月3日に設立，グランゼコールや大学の教員・研究者を養成することを目的とするもの．

[2]［訳註］École polytechnique（理工科学校）はラザール・カルノーとガスパール・モンジュにより1794年に設立されたグランゼコールの一つ．初代校長はラグランジュ．

中心射影．デューラーの絵に示されているアイデアは次のようなものである（図 11.2 左図参照）．キャンバスを箱と芸術家の間に置き，点 A', B' などを，これらの点と芸術家の眼（**射影中心**）とを結ぶ光線（**射影線**）とキャンバスとの交点に点の像を描く．射影線はすべて射影中心で会合するので，このタイプの射影は**中心射影**とも呼ばれる．もしそれからキャンバスの後ろにある対象が取り除かれても，箱がまだそこにあるという印象を持つだろう．

消滅点．図 11.2 を見ていると，透視図法の重要な結果が見つかる．点 A' が B' の方に動き，直線上を無限に動き続けると考える．対応する射影線はますます線分 $A'B'$ に平行な方向に近づいていく．この平行線とキャンバスとの交点はこの方向の**消滅点** V と呼ばれる．**与えられた線分の平行なすべての直線の像は同じ消滅点を通る**ことがわかる．現代のコンピューターで図 11.2 右図を見てみると，30 歳のデューラーがこの原理を少し破っていることが確かめられる．

注意．写真術の発明以来，現代のカメラは同じ原理で作動していて，違いはスクリーンが今では「眼」の**後ろ**にあることだけである．その結果，像は，図

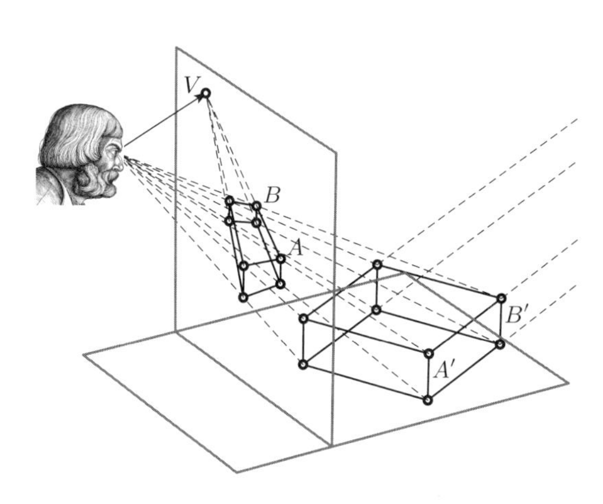

図 **11.2** 左：透視図法の原理，右：デューラーの木彫（1502 年，オーストリア，チロル，シュタムスのシトー修道会の好意で）．付加されている白線は消滅点で会合する

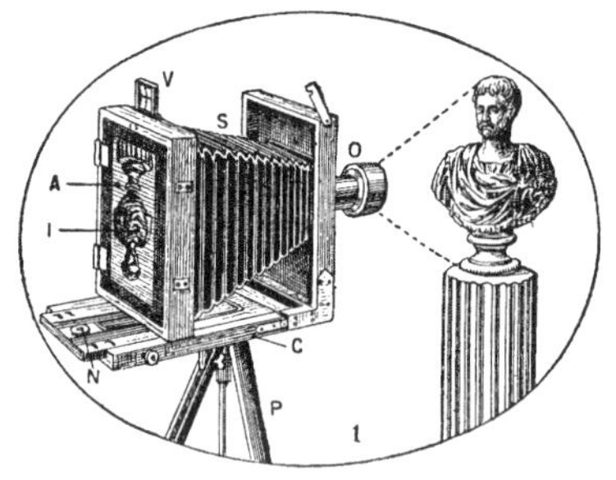

図 11.3　透視図法．左：C. グレスリーによる写真．右：外側と内側から見た現代のカメラ（1929 年版のラルース[3]）

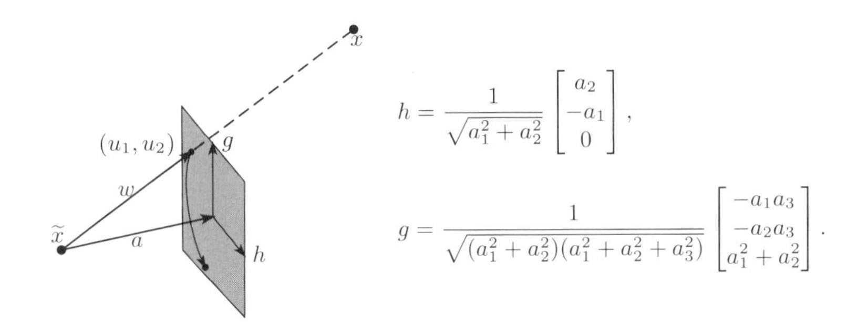

図 11.4　中心射影に対する解析的公式

11.3 右図に示されているように 180° 回転している．これが，写真でも同じ現象を観察する理由である（図 11.3 左図参照）．

解析的公式．（芸術家の眼もしくはカメラの焦点を表す）点 $\widetilde{x}$ と，（射影線と $\widetilde{x}$ から射影面までの距離を表す）ベクトル a と空間的な対象 x が与えられるとき，x のこの平面への中心射影の座標 u_1, u_2 を決定したい（図 11.4 参照）．

平面を定めるために，互いに直交し，a と直交する 2 つのベクトル h, g を選ぶ．最初に，水平な $h = a \times (0,0,1)^{\mathsf{T}}$ を取り，それから $g = h \times a$ として，

[3]　［訳註］ラルースは，1905 年から出版され続けている，フランスの百科事典で，現在ではさまざまなタイプの事典がある．

両方とも正規化しておく．焦点 $\widetilde{x}$ を x の射影と結ぶベクトル w は $x-\widetilde{x}$ のスカラー倍

$$w=\lambda(x-\widetilde{x}) \tag{11.1}$$

でなければならない．パラメータ λ は，$w-a$ が a と直交する

$$\langle w-a,a\rangle=0 \qquad \Rightarrow \qquad \lambda=\frac{\langle a,a\rangle}{\langle x-\widetilde{x},a\rangle} \tag{11.2}$$

ことから定まる．最後に，スカラー積 $u_1=w\cdot h$ と $u_2=w\cdot g$ が求める座標となる（定理 9.5 参照）．もしカメラが水平に持たれていないなら，角 α だけの回転 (10.5) をすることができる．このようにして，透視像は 7 つのパラメータによって定まっている．a に 3 つ，$\widetilde{x}$ に 3 つ，α に 1 つである．

実体画. 本書の中の美しい実体画は，同じ公式で計算されている．単に $\widetilde{x}$ の代わりに，左眼には $\widetilde{x}-3h$，右眼には $\widetilde{x}+3h$ とするだけである．係数の 3 は，観察者の眼の間の距離の半分が 3 cm ということである．この手続きは，左眼と右眼に対する 2 つの像を与えている．

レオナルド・ダ・ヴィンチを「訂正する」 ルネサンスの芸術家たちは透視図法の研究に大変な努力をした．今日と違って，透視図法における誤りは**本当の誤り**...であった．ほぼ 500 年の間で初めて，われわれはレオナルドの線画を厳密な科学的検証に委ねる自由を得た．たとえば，正二十面体の線画を取り上げる [アブダル，ヴァンナー (2002)]．計算を行うために，線画の 20 の見えている頂点を測り，その空間における正しい位置を計算した．それから「最小自乗法」と呼ばれる数値的な方法で，上述の 7 つのパラメータに対する最良の値を決定した．それが分かれば，これらの値から，レオナルド・ダ・ヴィンチの線画と最も近い可能な**正しい**正二十面体の頂点とくらべ（図 11.3 左図参照），最も近い正二十面体の線画と元の線画の頂点を比べることができる（図 11.3 右図参照）．これらの計算から，もとの線画に幾つかの誤りがあるのが見つかった．

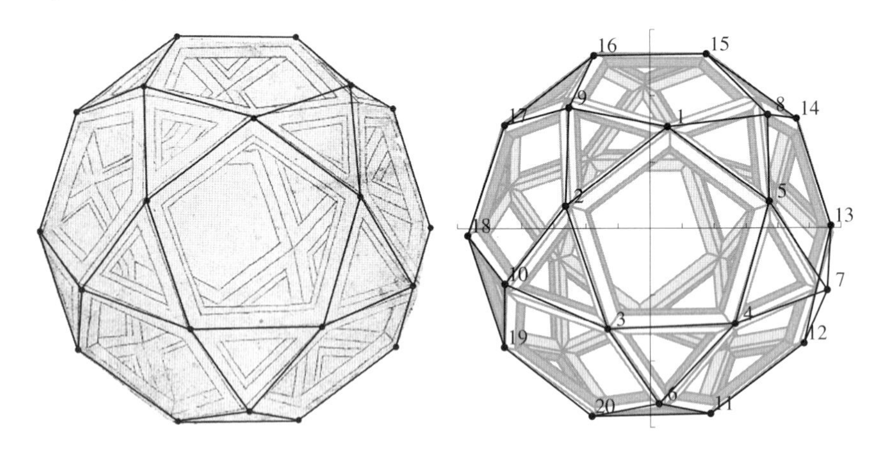

図 **11.5**　左：灰色がレオナルド・ダ・ヴィンチの線画 (1510) で，黒色が B. ギサン (2009，私信) による訂正された頂点，右：黒色はレオナルドの頂点，灰色は訂正された線画 [アブダル，ヴァンナー (2002)]

11.2　中心射影のポンスレの原理

> “La doctrine est neuve, piquante et d’une vérité incontestable [この理論は新しく，驚くべきもので，疑う余地もない真実である]”
>
> (M. ブリアンション (1819)，[ポンスレ (1862)]，vol. 2, p. 541 に引用)

モンジュの講義を特に高く評価して，エコール・ポリテクニクで学んだ後，J.-V. ポンスレは軍務に就いた．**工兵の中尉**として，彼はナポレオンの悲惨なロシア侵攻に参加し，そこで数度の戦いを生き抜き，捕虜となって，ヴォルガ川沿いのキャンプで 2 年間投獄されていた．この時期に，どんな書籍や文献も手に入れられないまま，モンジュの講義の恩恵だけから，射影幾何学の基礎付けに取り掛かった．これが 1822 年の『図形の射影的性質概論 (*Traité des propriétés projectives des figures*)』に繋がっていく．ロシアでの元の “cahiers (ノート)” は最終的に，1862 年になって出版された ([ポンスレ (1862)]『解析と幾何の応用 (*Applications d’analyse et de géométrie*)』)．

ポンスレの原理は，定理の**図形**を，上手く選んだ中心射影によって，ほとん

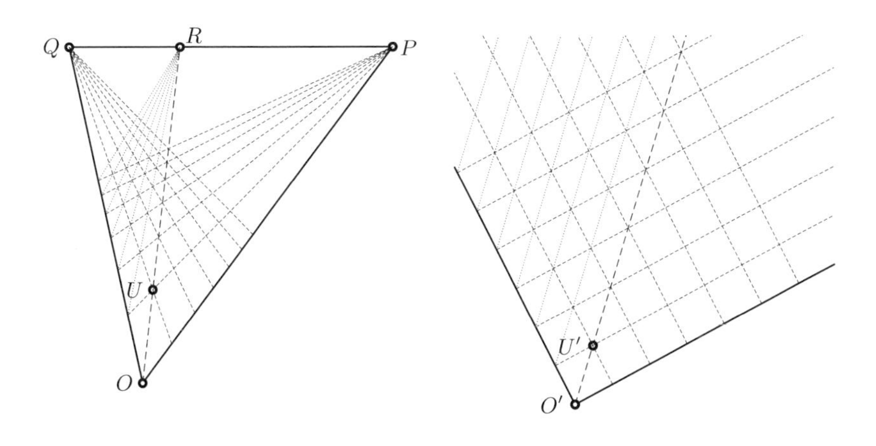

図 11.6 三角形を 4 分の 1 平面に変換する試み

ど自明な形に変換することにある．この方法で，ポンスレは数々の古い定理や新しい定理を驚くほどエレガントに証明した．2 つの補題から始め，そのあとこのアプローチの強力さとエレガントさを示す 4 つの定理を示す．

ポンスレの主補題． デカルト平面に透視図法の像が与えられたとき，平面を与えられた像に写すような中心射影を探す．

補題 11.1（透視図法の主補題） OPQ を任意の三角形，U を OPQ の内部の任意の「単位点」とする（図 11.6 左図参照）．そのとき，直線 PQ を無限遠に写す中心射影で，それに対し P と Q が，O の像である O' に中心を持つ直交軸の対の消滅点であるものが存在する．U の像 U' は単位点，つまり，辺が軸 $O'P'$ と $O'Q'$ 上にある正方形の対角線である（図 11.6 右図参照）．

証明． 線分 OU を延長して，直線 PQ 上に点 R を求める．この点が対角線 $O'U'$ の消滅点となるようにする．それから，PQ が水平になるように，三角形 OPQ を垂直平面上に置き，P と Q を通る水平面上に射影の中心 C を選ぶ．今度は，図形 $OPQR$ を CPQ に平行な平面の上へ射影すると（図 11.7 参照），射影された点 P'，Q'，R' は無限のかなたへ動く．もし射影中心と消滅点の間の角 $P'O'Q'$ が直角ならば，射影された領域 $P'O'Q'$ は 4 分の 1 平面になる．もし角 PCR が $45°$ ならば，射影された点 U' はそれぞれの軸から同

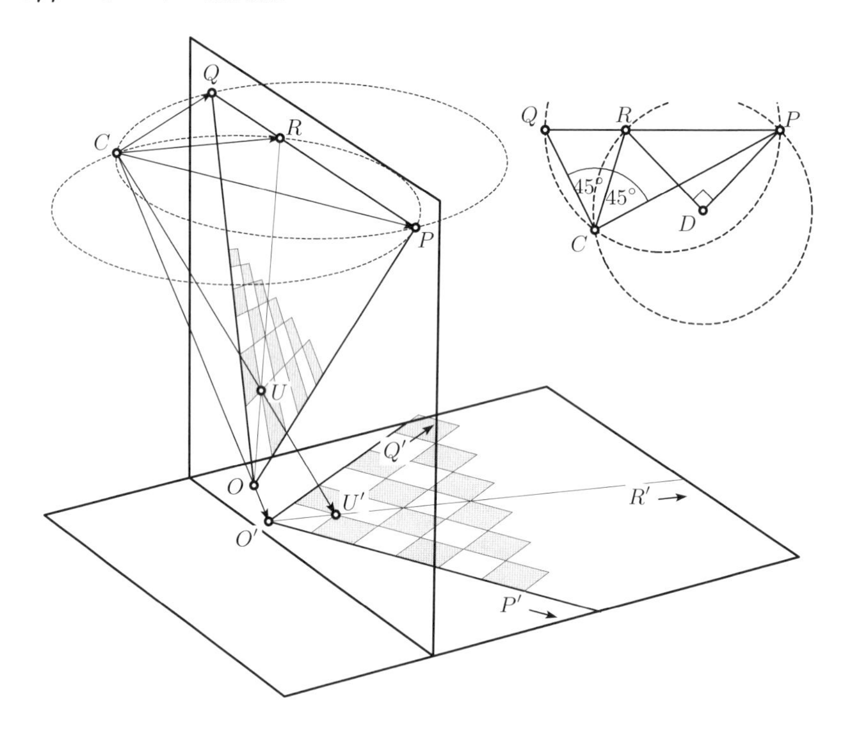

図 11.7 中心透視図法の作図，図 11.6 も参照

じ距離になる．この2条件から，ユークリッド III.20 により，それぞれ中心角が 180° と 90° の2つの円の交点として点 C が求まる（図 11.7 に挿入された図参照）． □

補題 11.2（ポンスレの第 **2** の主補題．ポンスレ **(1814)** ノート **3**，原理 **IV**）同じ平面にある2次曲線と直線 d を考える（図 11.8 左図参照）．そのとき，曲線を円の上に，直線 d を無限遠に写す中心射影が存在する（図 11.8 右図参照）．

証明. d 上の任意の点 P を選ぶ（図 11.8 中図参照）．P の極線と d の交点を Q とする．Q の極線と P の極線の交点が O であり，それぞれの接線が U で交わる．こうして，補題 11.1 を適用すればよい．この中心射影での曲線の像の接線は，軸と点 $x = \pm 1,\ y = 0$ と $y = \pm 1,\ x = 0$ で直交する．したがっ

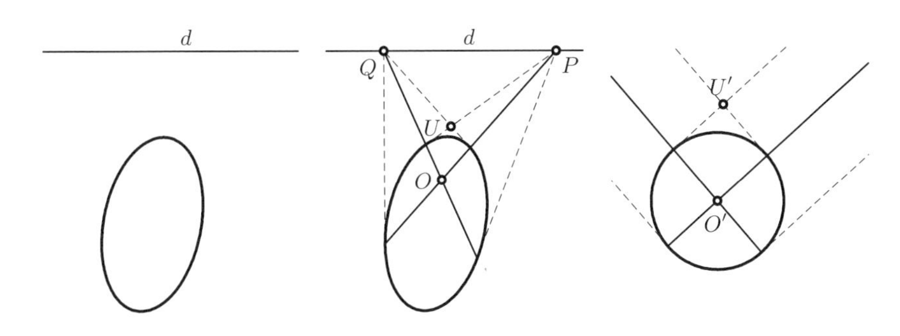

図 **11.8** 楕円を円に変換する中心射影

て，円になる． □

注意. C が円の中心の真上にあれば，射影中心 C からの円への光線は円錐を作る．だから，上巻第 3 章の定義から直ちに，この円の中心射影が円錐曲線になることが理解される．このことの拡張として，ポンスレは，さらに議論をすることなく，上の証明で，**どんな円錐曲線の中心射影もまた円錐曲線になる**ことを，受け入れた．第 11.7 節の解析的な取り扱いだけがこの直観を確証してくれる．

定理 11.3（[パッポス選集] **第 VII 巻命題 139, 143**） A, B, C をある直線上の 3 点とし，A', B', C' を同じ平面上にある別の直線上の 3 点とする（図 11.9 左図参照）．そのとき，直線 AB' と BA'，AC' と CA'，BC' と CB' の交点 N, M, L は同一直線上にある．

証明.（ポンスレ (1814) ノート VII，第 2 部第 V 章．）三角形 $BC'A'$ と単位点 M に補題 11.1 を適用する．像として正方形 BM が得られ，その辺の長さを 1 と取る（図 11.9 右図参照）．また 2 本の平行線 AN と CL が得られる．こうして，2 対の灰色の三角形は相似で，タレスの定理により，$c = \frac{1}{b}$ かつ $\frac{d}{c} = \frac{b}{a}$ となる．これから，$d = \frac{1}{a}$ が得られ，これは 2 つの白色の三角形もまた相似であることを意味する．したがって，N, M, L が同一直線上にある． □

定理 11.4（デザルグ **(1636)**） 与えられた 2 つの三角形 ABC と $A'B'C'$ に対して，直線 AA', BB', CC' が一点で交わっているとする（図 11.10 左図参照）．そのとき，交点 $N = AB \cap A'B'$, $M = AC \cap A'C'$, $L = BC \cap B'C'$ は

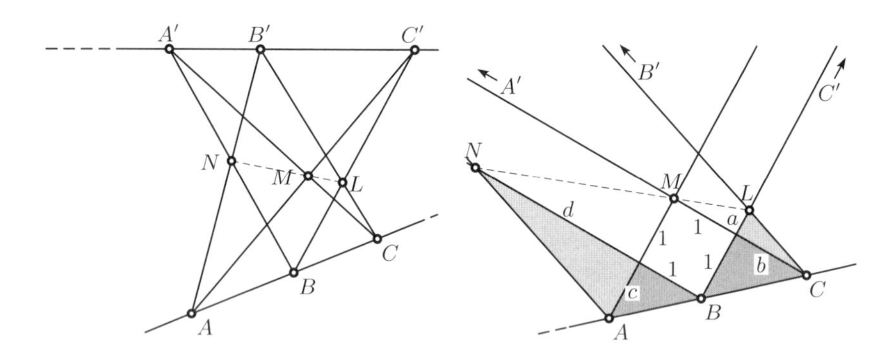

図 11.9　パッポスの定理とその「中心射影の原理」による証明

同一直線上にある.

言い換えれば，2 つの三角形が 1 点から透視されれば，それらは 1 直線から透視されるということである.

証明. 中心射影により，この 3 点のうちの 2 点，たとえば，N と L を無限遠に写す（図 11.10 右図参照）．その結果，直線 $AB, A'B'$ は平行で，BC, $B'C'$ も平行である．タレスの定理とユークリッド I.4 により，三角形 ABC と $A'B'C'$ の像は相似である．それゆえ，AC と $A'C'$ もまた平行である．したがって，点 M は，N や L と同一直線上にある． □

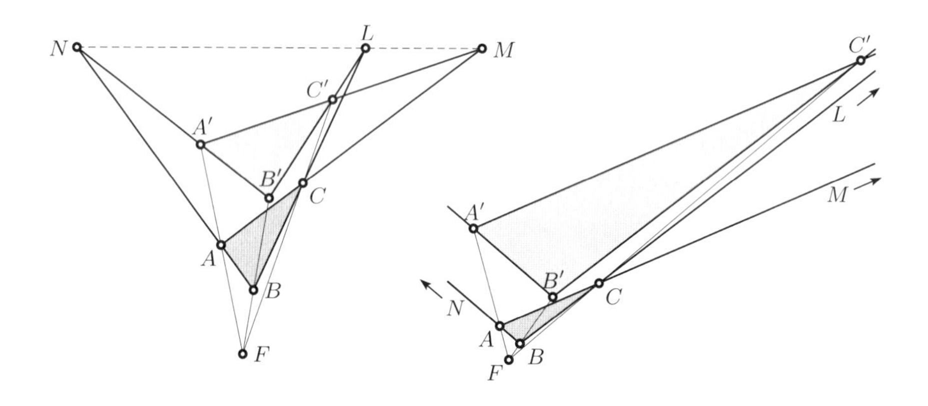

図 11.10　デザルグの定理とその証明

定理 11.5（**パスカル (1640)**[4]） $P_1P_2P_3P_4P_5P_6$ をある円錐曲線に内接する六角形とする（図 11.11 左図参照，また図 11.13 も参照）．そのとき，対辺の対の交点 $K = P_1P_2 \cap P_4P_5$, $L = P_2P_3 \cap P_5P_6$, $M = P_3P_4 \cap P_6P_1$ は同一直線上にある．

K, L, M を通る直線は（円錐曲線に関する，六角形の）**パスカル線**と呼ばれる．

証明. これらの点のうちの 2 点，たとえば，K と L を通る直線を無限遠に写すことによって補題 11.2 を適用する（図 11.11 左図参照）．この射影の後，楕円は円になり，2 対の対辺は平行になる（図 11.11 右図参照）．したがって，弧 $P_2P_3P_4$ と $P_5P_6P_1$ の長さは同じである．こうしてユークリッド III.21 により，γ と書かれている角は等しく，その結果，対辺の第 3 の対も平行である．したがって，M の像は無限遠直線上にある． □

定理 11.6（**ブリアンション (1806)**） $Q_1Q_2Q_3Q_4Q_5Q_6$ をある円錐曲線に外接する六角形とする（図 11.12 左図参照）．そのとき，対頂点を結ぶ 3 つの対角線は 1 点で交わる．

この交点 O は（円錐曲線に関する六角形の）**ブリアンション**点と呼ばれる．

証明. 六角形が円錐曲線に接する点 $P_1, \ldots, P_6$ は**内接**六角形の頂点である．この六角形に，パスカルの定理の証明と同じ射影を施す．三角形 $P_iQ_iP_{i+1}$ の像は二等辺三角形で，向かい合う三角形の底辺どうしは平行である．結果として，それらの高さは一点で交わり，すべてこの円の中心を通る． □

ポンスレの連続性原理. 幾つかの証明はいつも成り立つわけではない．たとえば，パスカルの定理の証明で，K, L, M を含む直線がその円錐曲線を通る場合である．そのためポンスレは，そのような定理が成り立ち続けることを主張する，**連続性原理**を定式化した．ポンスレの原理は特にコーシーによって激しく批判された．「解析接続の原理」はこれらすべての問題から我々を解放し，ポンスレの見解を支持してくれている．

---
[4] パスカルは 16 歳でこの定理を発見した．

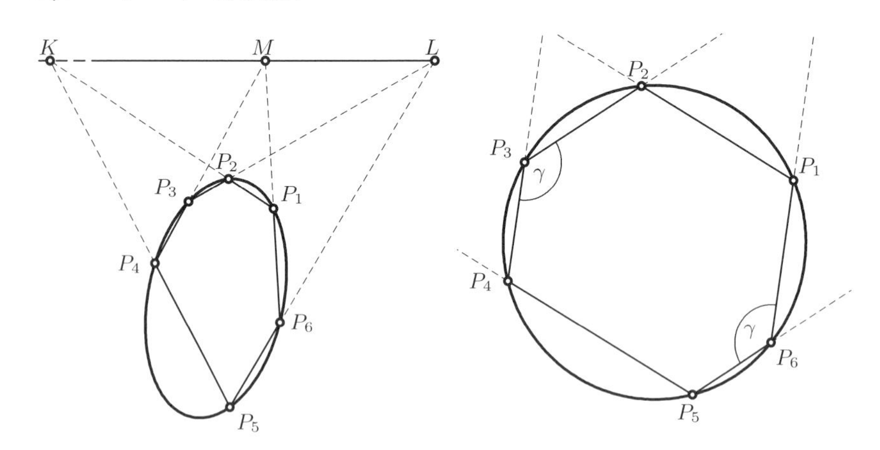

図 11.11　パスカルの定理とその証明

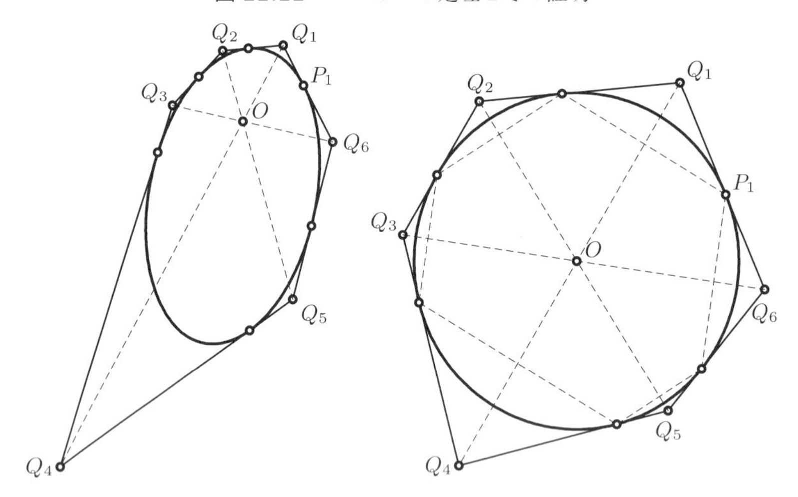

図 11.12　ブリアンションの定理とその証明

ポンスレのポリズム． ポンスレのもっとも壮麗な洞察の1つが彼の "Grand Théorème（大定理）" であり，またポンスレのポリズムともポンスレの閉包定理とも言われるものである．その厳密な証明は，1世紀にもわたってヤコビ，ケイリー，ルベーグといった有名な数学者が挑戦するものとなった．この結果の現代的な証明については，[グリフィス，ハリス (1978)] と [タバチニコフ

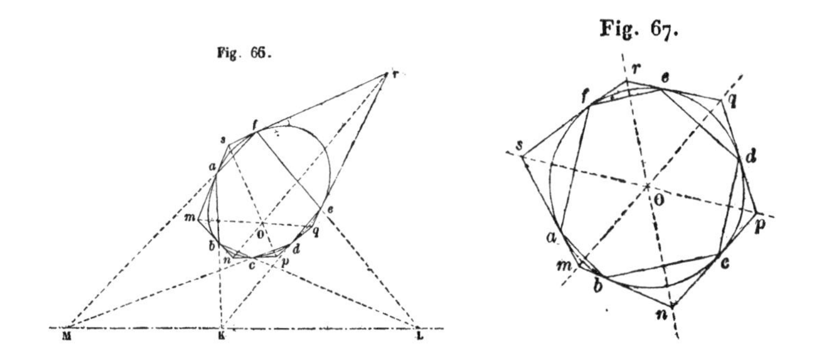

図 **11.13**　パスカルの定理とブリアンションの定理を説明するポンスレの線画（1814, 出版は 1862）

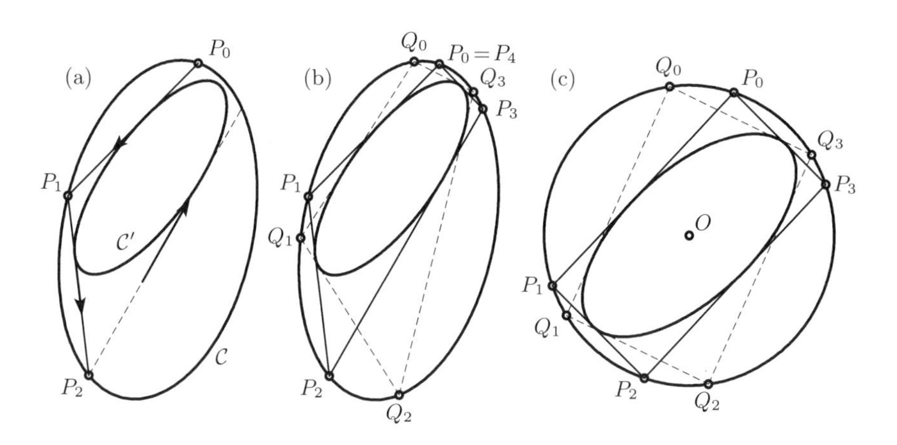

図 **11.14**　ポンスレのポリズムとその証明

(1993)][5]を挙げておく．

定理 11.7（**ポンスレ (1813) 第 6 ノート第 III 節**，**[ポンスレ (1822)]Pl. XII, 図 97**）　$\mathcal{C}$ と $\mathcal{C}'$ を 2 つの円錐曲線で，$\mathcal{C}'$ が $\mathcal{C}$ の内側にあり，P_0 を $\mathcal{C}$ 上の点とする．折れ線 $P_0P_1P_2\ldots$ で，$\mathcal{C}$ に内接し，$\mathcal{C}'$ に外接するものを作図する（図 11.14 (a) 参照）．もし折れ線がある整数 n に対して $P_n = P_0$ と閉じた

[5]　［訳註］D. フックス，S. タバチニコフ『本格数学練習帳 3:ヒルベルトの忘れられた問題』（蟹江訳，岩波書店）の第 29 章にはこのポリズムだけでなくそれ以外の閉包定理の証明もある．

なら，$\mathcal{C}$ 上の点 P_0 の選び方によらず，常に閉じる（図 11.14 (b) 参照）．

証明. 第7章で展開した素材は，$n=3$ と $n=4$ という特別な場合にエレガントな証明を与えてくれる．ポンスレの精神で，定理をより簡単な配置に帰着させることから始めよう．P を2つの円錐曲線に関する極線が一致する点であるとする（図 11.15 参照）．（代数的には，これから 3×3 行列に対する一般固有値問題が導かれる．章末の演習問題 14 参照.）次に，この極線の上の点 Q を選び，補題 11.2 を適用して，射影した後，直線 PQ は無限遠にあり，$\mathcal{C}$ が円になるようにする．

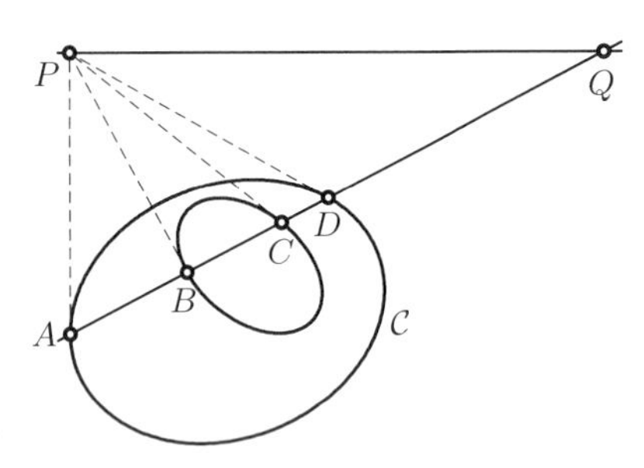

図 11.15　2つの楕円を同時により簡単なものに変換する

極線上の Q の良い選び方には2つの可能性がある．(a) 射影した後，$AB=CD$ が満たされるように動かす[6]．この場合，内側の楕円は円と中心が同じになる（図 11.14 (c) 参照）．これは**モンジュの円**の状況である（53 ページの図 7.5 参照）．もし (7.15) が満たされれば，折れ線はどんな初期点に対しても長方形になり，$n=4$ に対してポンスレの定理が証明される．

(b) 内側の楕円も円になるように Q を動かす．しかし，このとき中心は異なっている．この場合，$n=3$ に対するポンスレの定理はチャプル・オイラー・リューリエの定理（定理 7.21）の帰結である．□

11.3　射影直線

> "Die durch den Ponceletschen Traité eingeleitete Bewegung pflanzte sich nach Deutschland fort und ward einerseits von den Analytikern *Moebius* (1790–1868) und *Plücker* (1801–1868) und andererseits von den Synthetikern *Steiner* (1796–1863) und *von Staudt* (1798–1867)

[6] 下記の (11.11) のおかげで，これは ADQ と BCQ の第4の調和点が同じでなければならないことを意味している．(11.12) を2回使うと，これから Q の座標に関する2次方程式が導かれる．

weitergeführt.［ポンスレの概論に始まった運動はドイツに広がり，一方で解析学者のメビウスとプリュッカーにより，一方で幾何学者のシュタイナーとフォン・シュタウトにより引き継がれていった.］”

（[F. クライン (1928)], p. 11）

射影変換. ポンスレの概論に続いて，射影幾何学の解析的理論がドイツでA.F. メビウスとJ. プリュッカーによって建設された（引用参照）．理論は**1**次元の射影変換に対する解析的表示から始まる.

2つの直線にそれぞれ原点 O と O' を考え，それらの間の中心 C に関する中心射影を考える（下の図参照）．タレスの定理により，

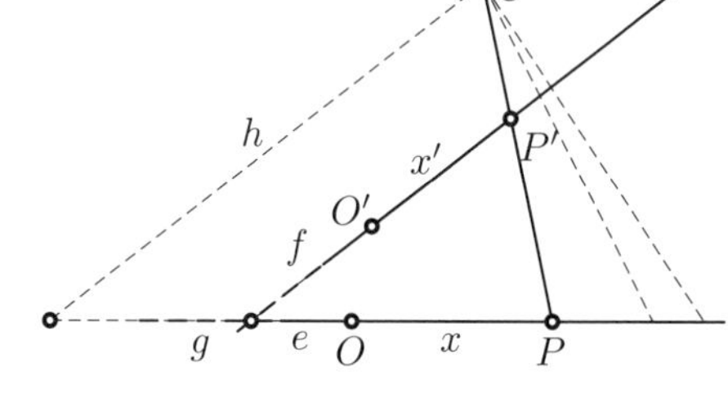

$$\frac{h}{x+g}=\frac{x'+f}{x+e},$$
$$x'=\frac{hx+he}{x+g}-f$$

となるが，これは

$$x'=\frac{ax+b}{cx+d} \qquad (11.3)$$

という形をしている．最終的に，（$ad-bc\neq 0$ のとき）写像

$$x\mapsto x'=\frac{ax+b}{cx+d} \qquad \Leftrightarrow \qquad x'\mapsto x=\frac{dx'-b}{-cx'+a} \qquad (11.4)$$

を**射影変換**または**メビウス変換**と呼ぶ.

この変換には既にクラメール・カスティヨンの問題 (6.35)のカルノーの解を議論したときに出会っている．メビウス変換が**群**をなしていること（メビウス変換の合成とメビウス変換の逆変換がまたメビウス変換であること）を思いだしておこう.

射影直線. 射影変換は「無限遠点」を通常点（点 $x'=\frac{a}{c}$）に写し，通常点（点 $x=-\frac{d}{c}$）を「無限遠点」に写す．この特別な場合を含むようにするために，**射影直線** $\mathbb{P}$ は実直線 $\mathbb{R}$ に，無限遠の**1**点を加えたものからなると宣言する.

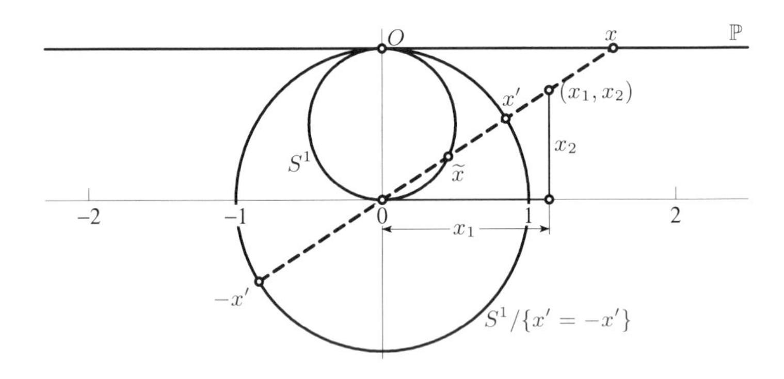

図 **11.16**　射影直線のさまざまな解釈

斉次座標．無限遠点を明瞭な仕方で捉え，解析幾何学の他のいくつかの概念を単純化するために，1830 年にプリュッカーは**斉次座標**を導入した（[プリュッカー (1830a)] と [プリュッカー (1830b)] を参照）．直線上の各点 x は，数の**対** (x_1, x_2) で，

$$x = \frac{x_1}{x_2} = \frac{\rho x_1}{\rho x_2} \tag{11.5}$$

と置くことによって表わされる．両方に任意の因数 $\rho(\neq 0)$ を掛けることができるので，この座標は一意的というにはほど遠い．$x_2 = 0$ と置くことによって無限遠点が得られる．射影変換に対する (11.4)

$$\frac{x_1'}{x_2'} = \frac{a\frac{x_1}{x_2} + b}{c\frac{x_1}{x_2} + d}$$

は，分母分子に x_2 を掛けると，特にエレガントになる．つまり，

$$\begin{bmatrix} x_1' \\ x_2' \end{bmatrix} = \begin{bmatrix} a & b \\ c & d \end{bmatrix} \begin{bmatrix} x_1 \\ x_2 \end{bmatrix} \quad と \quad \begin{bmatrix} x_1 \\ x_2 \end{bmatrix} = \begin{bmatrix} d & -b \\ -c & a \end{bmatrix} \begin{bmatrix} x_1' \\ x_2' \end{bmatrix} \tag{11.6}$$

になる．逆写像に対しては，斉次座標を扱っているので，通常の行列式による割り算は不必要になる．

射影直線 $\mathbb{P}$ を解釈するさまざまな方法がある（図 11.16 参照）．次の 3 通りの考え方ができる．

(a) 原点を通るすべての直線の集合（つまり，ユークリッド平面のすべての 1 次元部分空間）．斉次座標は方向ベクトルと解釈される．
(b) 対蹠点 x' と $-x'$ を同一視した（単位）円周 S^1．
(c) 立体射影のもとでの $\widetilde{x}$ の作る円周 S^1．トポロジーでは，このことを $\mathbb{R}$ の 1 点コンパクト化と呼ぶ．

複比． これまでの章でタレスの定理がユークリッド幾何の大黒柱であることを見てきた．2 つの線分の比は**平行**射影によっては変わらないのである．不幸なことに，この素敵な性質は**中心**射影によっては破壊されてしまう．しかしながら，射影幾何学においてはその代わりとなるものがある．それが**複比**である．

定義 11.8 P_1, P_2, P_3, P_4 を（アフィン）座標が x_1, x_2, x_3, x_4 である 4 点とする．そのとき，数

$$\mathrm{XR}(P_1, P_2, P_3, P_4) = \frac{P_1P_3}{P_2P_3} : \frac{P_1P_4}{P_2P_4} = \frac{x_3 - x_1}{x_3 - x_2} : \frac{x_4 - x_1}{x_4 - x_2} \tag{11.7}$$

をこの 4 点の**複比**と呼ぶ[7]．

定理 11.9（[パッポス選集] 第 VII 巻命題 129） 4 点の複比は射影変換では不変である．つまり，

$$\mathrm{XR}(P_1', P_2', P_3', P_4') = \mathrm{XR}(P_1, P_2, P_3, P_4)$$

である．

代数的証明（1962 年の W. グレブナーの講義録から）．射影 (11.4)の後で 2 点の差を計算すると，

[7] ［訳註］いろいろな経緯があって，日本語では「複比」と「非調和比」という用語で同じものを表す．英語での double ratio と anharmonic ratio に対応しているが，cross ratio という用語を使うことも多く，本書でも cross ratio を使っている．直訳すれば中国語への翻訳のように「交比」とでもすべきだが，日本では使わない．また，複比を XR と表わすのは，X を直線の交わり (cross) と呼ぶ連想から，CR とするよりも印象が強いからであろう．あまり他では見かけない記号である．

$$x'_i - x'_k = \frac{ax_i + b}{cx_i + d} - \frac{ax_k + b}{cx_k + d} = \frac{\Delta \cdot (x_i - x_k)}{(cx_i + d)(cx_k + d)}$$

となる．ここで，$\Delta = ad - bc$ である．これを4回，(11.7) に代入し，すべての Δ とすべての分母 $(cx_i + d)$ を落とせば，

$$\frac{x'_3 - x'_1}{x'_3 - x'_2} : \frac{x'_4 - x'_1}{x'_4 - x'_2} = \ldots = \frac{x_3 - x_1}{x_3 - x_2} : \frac{x_4 - x_1}{x_4 - x_2}$$

が得られる．□

幾何的証明（[シュタイナー (1832)] から）．正弦法則（上巻第5章参照）を三角形 P_1P_3C と P_2P_3C に適用すると（図 11.17 (a) 参照），

$$\left.\begin{aligned} \frac{P_1P_3}{CP_3} &= \frac{\sin a_1a_3}{\sin\alpha} \\ \frac{P_2P_3}{CP_3} &= \frac{\sin a_2a_3}{\sin\beta} \end{aligned}\right\} \quad \Rightarrow \quad \frac{P_1P_3}{P_2P_3} = \frac{\sin a_1a_3}{\sin a_2a_3} \cdot \frac{\sin\beta}{\sin\alpha}$$

が得られる．ここで，a_1a_3 は直線 a_1 と a_3 の間の角を表す，などとしている．

同じように，三角形 P_1P_4C と P_2P_4C に対して，

$$\frac{P_1P_4}{P_2P_4} = \frac{\sin a_1a_4}{\sin a_2a_4} \cdot \frac{\sin\beta}{\sin\alpha}$$

が得られる．この表示の比を取り，共通の因子 $\frac{\sin\beta}{\sin\alpha}$ を打ち消せば，複比は

$$\mathrm{XR}(P_1, P_2, P_3, P_4) = \frac{\sin a_1a_3}{\sin a_2a_3} : \frac{\sin a_1a_4}{\sin a_2a_4} \tag{11.8}$$

となる．この表示は一点で交わる4本の直線 a_1, a_2, a_3, a_4 のみに依っているので（証明は終わるが），**4直線の複比**とも呼ばれる．□

パッポスの証明． パッポスのもとの証明は，8つの図と $1\frac{1}{2}$ ページ以上にもわたるものである．われわれはもはや負の量を恐れてはいないので，同じアイデアを保ちながら，ずっと短く示すことができる（また [T.L. ヒース (1921)] 第II巻 p. 420 参照）．最初のアイデアは P_1 と P'_1 が一致していると仮定することである．これは直線 $P'_1P'_2P'_3P'_4$ の平行移動によって実現でき，それは比を保つから，複比も保たれる．それから残りの点を，P_1 を直線上に $P_1 \to P_4 \to P_2 \to P_3$ という順に置く．決定的なアイデアは，$P_1 = P'_1$ を通り CP_2 に平行な直線を引き，それと，CP_3 と CP_4 との交点で点 K と L を定め

ることである（図 11.17 (b) 参照）．これにより，2 対の相似な三角形が得られる．三角形 P_1LP_4 と P_2CP_4 は相似であり，P_1KP_3 と P_2CP_3 は相似である．タレスの定理により，

$$\frac{x_3 - x_1}{x_3 - x_2} : \frac{x_4 - x_1}{x_4 - x_2} = \frac{b}{c} : \frac{a}{-c} = -\frac{b}{a}$$

が得られる．この最後の比は，直線 CP_3, CP_2, CP_4 が固定されている限り，P_1 を通る，直線 $P_4P_2P_3$ の位置には無関係である．□

調和列点． 4 点 P_1, P_2, P_3, P_4 が**調和**である，または**調和列点**であると呼ばれるのは，

$$\mathrm{XR}(P_1, P_2, P_3, P_4) = -1 \tag{11.9}$$

が成り立つときである．

P_1 と P_2 を -1 と 1 に置くと（図 11.18 (a) 参照），この条件は

$$\begin{aligned} &\mathrm{XR} = \frac{x_3 + 1}{x_3 - 1} : \frac{x_4 + 1}{x_4 - 1} = -1 \\ &\Leftrightarrow \quad (x_3 + 1)(x_4 - 1) = (1 - x_3)(x_4 + 1) \quad \Leftrightarrow \quad x_3x_4 = 1 \end{aligned} \tag{11.10}$$

と，とても単純な関係になる．

$x_3 = 0$ とおけば，

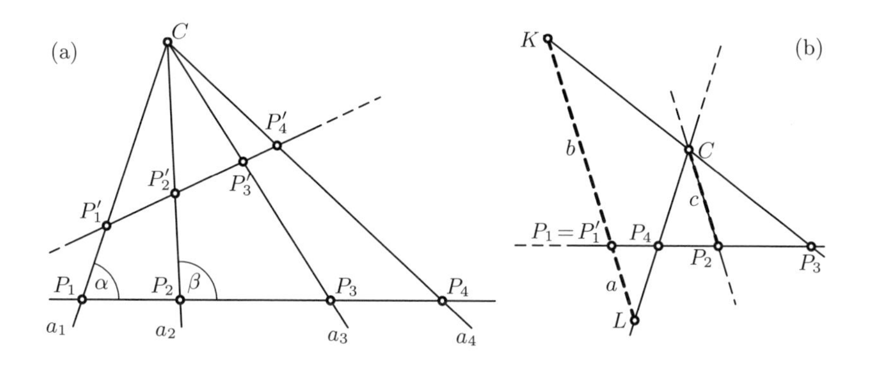

図 11.17 射影変換での複比の不変性．(a) 正弦法則による証明，(b) パッポスの証明

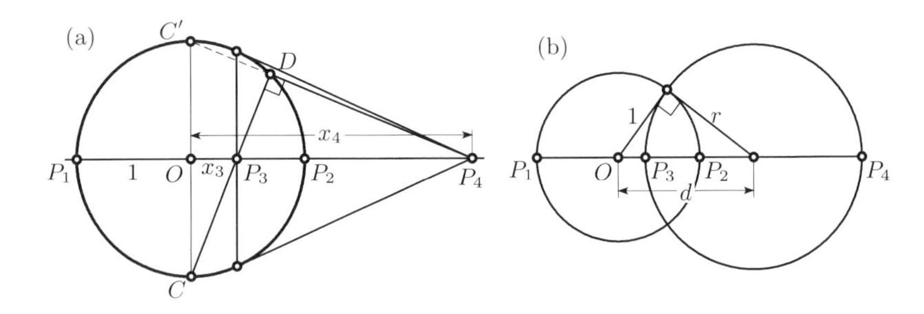

図 11.18　調和列点

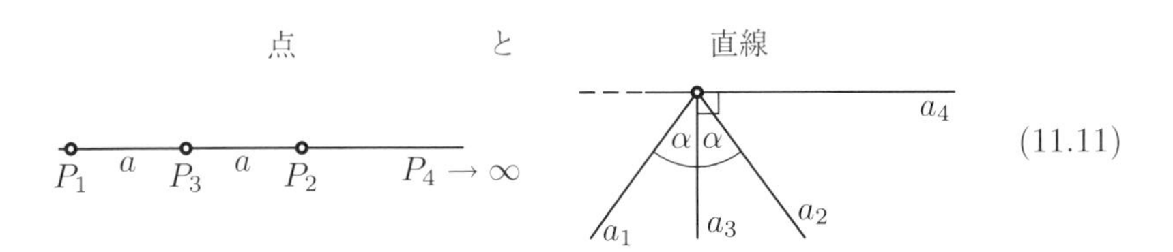

(11.11)

が調和になることが分かる[8].

$x_3 \neq 0$ の場合，(11.10) 式は次の事実を表している（図 11.18 参照）[9].

(a) P_3 が P_4 の極線上にある.

(b) P_3 を通る線分 CD（$C = (0, -1)$ で D は円周上にある）は DP_4 に直交する．これは次のようにして分かる．ユークリッド III.20 により，線分 CD は傾き $\frac{1}{x_3}$ で，(11.10) によって傾きが $-\frac{1}{x_4}$ の $C'D$ と直交する．$C'P_4$ は同じ傾きを持つので，点 C'，D，P_4 は一直線上にあり，DP_4 もまた CD と直交する.

(c) 距離 P_1P_2 は距離 P_1P_3 と P_1P_4 の**調和平均**[10]

---

[8] ［訳註］一点 O で交わる 4 直線の複比は，図 11.17 または定理 11.9 の幾何的証明で見るように，O を通らない任意の直線 ℓ との 4 交点の複比が同じであることから，その値が -1 のとき，その 4 直線は調和であると言う．ℓ と交わらない直線があるとき（その直線と ℓ が平行のとき）交点は無限遠点であると考える．(11.11) の場合，左の図で P_3 の垂直上方に点 O を取り，P_i と結べば右の図になり，右の図で，a_4 に平行な直線との交点を取れば左の図になる.

[9] ［訳註］4 点を (11.11)の順に並べれば，(11.10) 式は $\frac{P_1P_3}{P_3P_2} = \frac{P_2P_4}{P_1P_4}$ となり，P_3 が P_1 と P_2 の内分点で，P_4 が P_1 と P_2 の外分点と考えたときに，内分比と外分比が同じであるという解釈も広く知られている.

[10] この表現は音楽から来ている．波長 $\frac{\lambda}{2}$，$\frac{\lambda}{3}$，$\frac{\lambda}{4}$，... は基本波 λ の「倍音」である．それぞれが両隣の調和平均になっている.

$$\frac{1}{P_1P_2} = \frac{1}{2}\left(\frac{1}{P_1P_3} + \frac{1}{P_1P_4}\right) \quad \Leftarrow \quad \frac{1}{2} = \frac{1}{2}\left(\frac{1}{1+x_3} + \frac{1}{1+x_4}\right) \tag{11.12}$$

である．

(d) 直径が P_1P_2 と P_3P_4 の 2 円は直交する（図 11.18 (b) 参照）．なぜなら（ユークリッド III.36 により），

$$x_3x_4 = (d-r)(d+r) = 1 \tag{11.13}$$

であるから．

完全四辺形．一般の位置にある（つまり，どの 3 直線も 1 点で交わらない）4 本の直線からなるものを**完全四辺形**と言う．2 本ずつ取れば，この 4 直線は 6 点 A, B, C, D, E, F で交わる．3 つの追加される直線 AC, DB, EF は**四辺形の対角線**と呼ばれる．各対角線は他の 2 つの対角線と交わる（図 11.19 左図参照）．

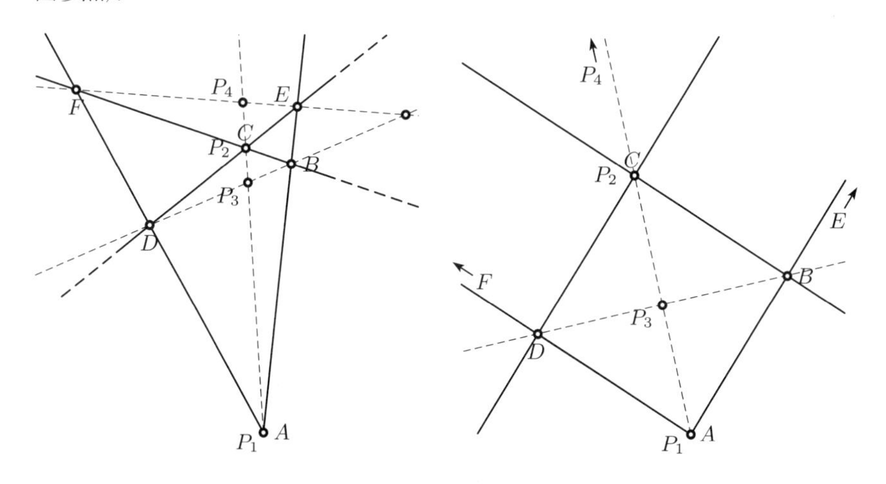

図 11.19 完全四辺形から調和列点を

定理 11.10 完全四辺形の各対角線上の 4 つの交点は調和列点をなす．

証明．三角形 AEF に，C を単位点として補題 11.1 を適用する（図 11.19 右図参照）．そのとき，四辺形 $ABCD$ は正方形となり，対角線 FE は 2 つの

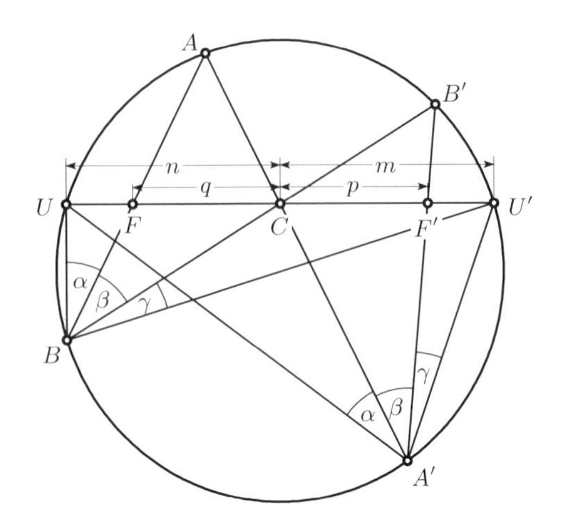

図 11.20　A. キャンディの一般化された蝶

交点とともに無限遠に動く．今や (11.11) から，主張は明らかである．　□

蝶ふたたび． 上のパッポスの定理のおかげで，定理 7.31 のとくにエレガントな証明が，C を任意の位置におく一般化ともに得られる．[バンコフ (1987)] ではこれを「A. キャンディによって発表された素晴らしい論文[11]」のものとしている．

定理 11.11　図 11.20 の状況で，距離の調和平均に対して（(4.2) 参照）

$$\textbf{調和平均}\,(\boldsymbol{m},\boldsymbol{q}) = \textbf{調和平均}\,(\boldsymbol{n},\boldsymbol{p})$$

となる．とくに，$m = n$ であれば $p = q$ となる．これは以前の結果である．

証明． ユークリッド III.21 により，直線 BU, BF, BC, BU' は直線 $A'U$, $A'C$, $A'F', A'U'$ と間の角は同じになるので，定理 11.9 により

$$\mathrm{XR}(U,F,C,U') = \mathrm{XR}(U,C,F',U') \quad \text{つまり} \quad \frac{n}{q} : \frac{n+m}{q+m} = \frac{n+p}{p} : \frac{n+m}{m}$$

となる．分母を払えば $nqp + nmp = nmq + pmq$ が得られる．これを $nmpq$

[11] *Annals of Mathematics* (1896), p. 175–176.
［訳註］この雑誌のタイトルも「数学年報」と訳されるが，これはプリンストン大学から出版されているもの．

で割れば，求める結果 $\frac{1}{m}+\frac{1}{q}=\frac{1}{p}+\frac{1}{n}$ が得られる． □

11.4 反転写像

図 11.18 左図が，定理と問題を単純化する別の重要な道具に，簡単に近づかせてくれる．それが反転写像である．円 $P_2DC'P_1CP_2$ を軸 CC' のまわりに回転すると考える．これによって球ができる．そのとき，点 P_3 と P_4 はこの球の赤道面上にある．P_3 を P_4 に写す写像は，南極 C から球面上の点 D への（逆）立体射影（上巻 5.5 節参照）に，北極 C' から赤道面上の P_4 に戻す立体射影を合成した写像になる．この写像 $P_3 \mapsto P_4$ は（半径 k の円に対しては）

$$P_3O \cdot P_4O = k^2, \qquad OP_3P_4 \text{ は 1 直線上にある} \tag{11.14}$$

によって特徴づけられ（(11.13) 参照），**反転写像**と呼ばれる．図 11.21 のイラストには円と直線と 45° と 90° の角でできている奇妙な動物がいるが，それが次の定理の主張をわかりやすくしてくれるだろう．

定理 11.12 反転写像は

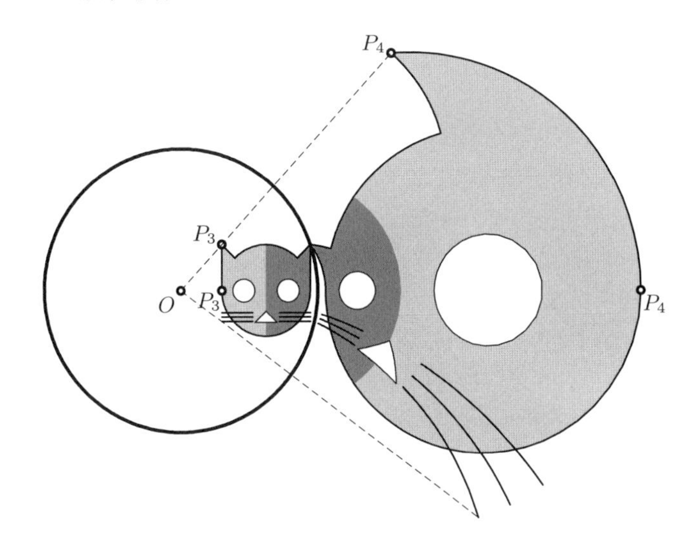

図 **11.21** 反転写像

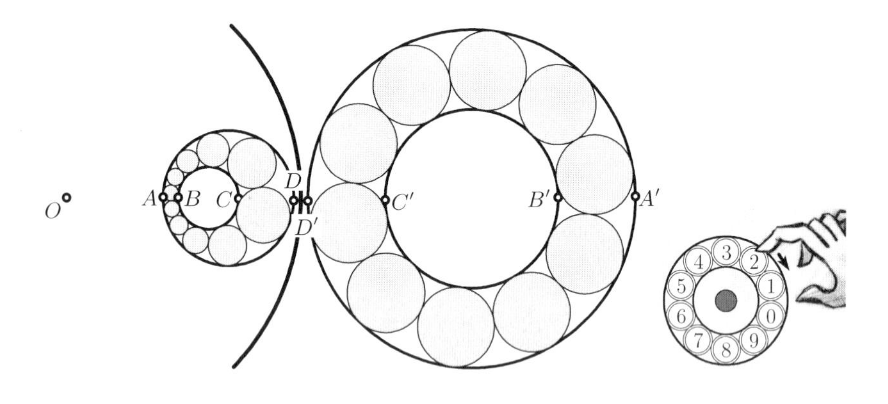

図 **11.22**　反転写像を使ったシュタイナーのポリズムの証明

(a) 自分自身の逆写像である．

(b) 円を円（直線も含む）に写す．

(c) 原点を通る円を直線に写し，またその逆になる．

(d) 角を保つ．

証明. (a) は作図の対称性から得られる．(b) と (d) はそれぞれ上巻の定理 5.4 と定理 5.3 から導かれる．(c) は (b) と，点 0 が無限遠に写されることから導かれる．□

シュタイナーのポリズムの証明. 上巻 4.5 節で見たように，シュタイナーは長い奮闘の末に定理 4.11 を得た．彼はこの結果が反転写像を使うと明らかになることを（知っていたか，秘密にしておきたかったかわからないが）一言も述べていない．$AB < CD$ であるような点 A, B, C, D を含んでいる 2 つの同心でない円が図 11.22 のように与えられているとする[12]．もし点 O が A に近く選ばれていれば，像 A' は無限遠に近く，$B'A' > D'C'$ となる．点 O が左の方に遠く離れていれば，$B'A' < D'C'$ となる．それゆえ，$B'A' = D'C'$ となるような，O の位置があって，2 円の像は同心円になる．ここでは定理は自明になる．それは，昔の電話機のダイヤルのように，円環の中を小さい円を動かすことができるからである．□

---

[12] ［訳註］定理 4.11 の証明のための図 4.16 と同じように A, B, C, D が 1 直線上にあって，片方が一方に含まれる 2 つの円の上にもあるように取られている．

アポロニウスの3円問題への応用. この問題（第8.2節参照）に対しては，反転写像を使うと，与えられた円の2つが「接触している」場合には特に劇的である．そのとき，基本円の中心を2円の接触点に置けば，その2円は平行線の対に変換され，問題は自明になる．図11.23では，このアイデアを124ページの図8.4の円に適用している．

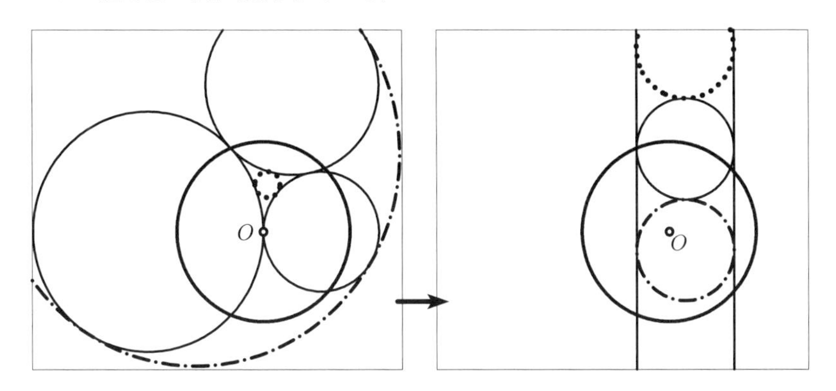

図 11.23 反転写像でアポロニウスの問題を変換する

11.5 射影平面

プリュッカー座標. $\mathbb{R}^2$ の直線の方程式 $y = px + q$ から始める（図7.2参照）．p と q の値は固定されていると考える．この方程式に従って x と y を変えていけば，**この直線上の点の集合**が得られる（図11.24左図参照）．

[プリュッカー (1830b)] のアイデアは，**直線の座標**として (p, q) を考えることによって，変数の役割を逆転することにあった[13]．もし今 (x, y) を選んで固定し，q に対して $y = px + q$ を解けば，**この点を通る直線の集合**に対する方程式として $q = y - xp$ が得られる（図11.24右図参照）．

(p, q) を

$$p = -\frac{u_1}{u_2}, \quad q = -\frac{u_3}{u_2}$$

[13] これは歴史上，「座標」が点の座標以外の何かであるとした最初である．

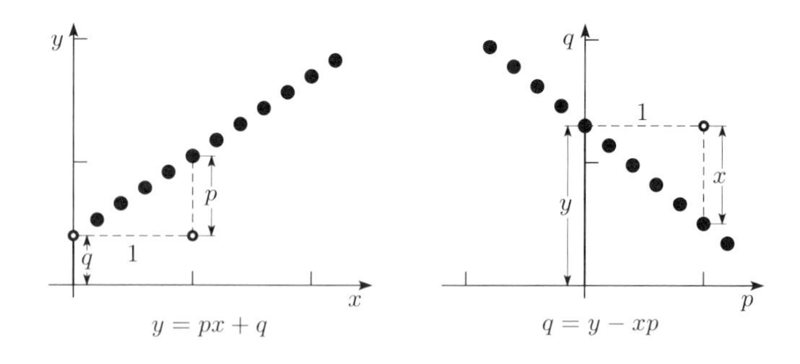

図 **11.24**　左：直線 (p,q) 上にある点の座標，右：点 (x,y) を通る直線の座標

を満たす3つ組 (u_1,u_2,u_3) に置き換えると，この方程式は

$$u_1x + u_2y + u_3 = 0 \tag{11.15}$$

と，よりすっきりした形になる．この数 (u_1,u_2,u_3) を直線の**プリュッカー座標**と呼ぶ．完璧な調和を目指すなら最後のステップは，(11.5) と同じように，点 (x,y) に対する2次元の斉次座標 (x_1,x_2,x_3)

$$x = \frac{x_1}{x_3}, \quad y = \frac{x_2}{x_3}$$

を使うことで成し遂げられる．そのとき，方程式 (11.15)は最終的に

$$u_1x_1 + u_2x_2 + u_3x_3 = 0 \tag{11.16}$$

という対称な形になる．こうして，ある点が直線 (11.16)の上にあるのは，斉次座標 (x_1,x_2,x_3) が（形式的に）この直線のプリュッカー座標と直交しているときとなる．

三角形の高さの足． [グート，ヴァルトフォーゲル (2008)] には，プリュッカー座標の助けを借りて，n 単体の高さの足を作図する簡単なアルゴリズムが与えられている．ここで，$n=2$ に対して，つまり三角形に対してアイデアを説明する．

$A_1A_2A_3$ を $\mathbb{R}^2$ の三角形で，頂点の斉次座標を $A_k = (a_{1k}, a_{2k}, 1)$ とし，

$$A = \begin{bmatrix} a_{11} & a_{12} & a_{13} \\ a_{21} & a_{22} & a_{23} \\ 1 & 1 & 1 \end{bmatrix}$$

とおく．構成により，$S = (A^{-1})^{\mathsf{T}}$ の列は A の列と直交する．したがって，S の k 番目の列 $S_k = (s_{1k}, s_{2k}, s_{3k})$ は，$\ell \neq k$ に対する点 A_ℓ を通る直線のプリュッカー座標を含んでいる．

こうして，A_k を通る高さの足 F_k は

$$F_k = A_k + \lambda S_k^0$$

で与えられる．ここで，$S_k^0 = (s_{1k}, s_{2k}, 0)$ であり，λ は $S_k^{\mathsf{T}} F_k = 0$ によって定まる．これから最終的に，

$$\begin{bmatrix} f_{1k} \\ f_{2k} \end{bmatrix} = \begin{bmatrix} a_{1k} \\ a_{2k} \end{bmatrix} - \frac{1}{s_{1k}^2 + s_{2k}^2} \begin{bmatrix} s_{1k} \\ s_{2k} \end{bmatrix}$$

となる．どんな次元でも同じアプローチが有効であることは注意するに値する（[グート，ヴァルトフォーゲル (2008)] 参照）．四面体に対しては，章末の演習問題 12 を参照のこと．

射影平面． (11.16)のすべての直線の中で特別な 1 本の「直線」がある．つまり，直線

$$x_3 = 0 \qquad \text{つまり，} u_1 \text{ と } u_2 \text{ の座標が } 0 \tag{11.17}$$

である．それが**無限遠にある点**を表しているからである．こうして，**射影平面** $\mathbb{P}^2$ は平面 $\mathbb{R}^2$ と**無限遠にある射影直線** $\mathbb{P}$ からなると言うことができる．

射影平面 $\mathbb{P}^2$ は以下のものとして考えることができる（図 11.25 左図参照）．

(a) $\mathbb{R}^3$ の，原点を通るすべての直線（つまり，ユークリッド空間のすべての 1 次元部分空間）の集合，

(b) 対蹠点 x' と $-x'$ を同一視した，球面 S^2，

(c) 無限遠直線 $\mathbb{P}^1$ を表す円周を境界とする半球面．

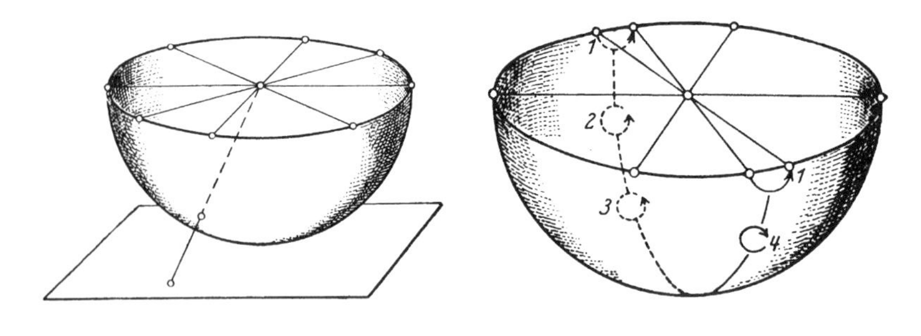

図 **11.25**　[F. クライン (1928)]p. 15 に描かれた射影平面

一方，**立体射影**としての説明はもはや不可能である．それは，そのとき，無限遠は **1** 点ではなく，1 本の直線によって表わされることになるからである．

定理 11.13（**F.** クライン『数学年報』**vol. 7(1874)，p. 550** と **L.** シュレーフリ[14]）　射影平面は向き付け不能な多様体である．

証明．発見者自身の描いた図を見てみよう（図 11.25 右図参照）．"1" の場所の小さな円が無限遠直線に交わるとする．それを，"2"，"3"，最後に "4" の場所まで動かすことによって，その向き付けが変わっていることが分かる．□

平面の射影変換．斉次座標での，平面に対する変換 (11.6) の類似物は，$\det A \neq 0$ を満たす A があって

$$\begin{bmatrix} x_1' \\ x_2' \\ x_3' \end{bmatrix} = \begin{bmatrix} a_{11} & a_{12} & a_{13} \\ a_{21} & a_{22} & a_{23} \\ a_{31} & a_{32} & a_{33} \end{bmatrix} \begin{bmatrix} x_1 \\ x_2 \\ x_3 \end{bmatrix} \quad \text{または単に} \quad x' = Ax \tag{11.18}$$

となる（シャール (1837)，フォン・シュタウト (1847)）．それゆえ，（斉次座標を使った）射影変換の集合は恒等写像の可逆な定数倍を法とした，一般線形群（可逆な行列）で与えられる．**エルランゲン・プログラム** [F. クライン

[14] ルートヴィヒ・シュレーフリ (1812–1895) はトゥーン（スイス）の学校で数学を教えながら，高等数学を独学していた．1843 年にシュタイナーがヤコビ，ディリクレ，ボルチャルトとローマに行ったとき，シュレーフリは彼らの通訳として選ばれた．ディリクレは毎日彼にレッスンをした（デュドネ『数学史要約 (*Abrégé d'histoire des mathématiques* II, p. 453)．
［訳註］同書の日本語訳が『数学史 1700–1900』（上野健爾ほか訳）岩波書店 (1985) として出版されている．

(1872)] の中で，幾何学における群論の役割を強調したのはクラインであった．

反傾変換．直線の座標が点の射影変換 (11.18)によってどのように変換されるかを理解するために，$u' = Bu$ と置く．条件 $u^\mathsf{T} x = 0$（点 x が直線 u 上にある）は $(u')^\mathsf{T} x' = 0$ と同値である．

$$(u')^\mathsf{T} x' = u^\mathsf{T} B^\mathsf{T} A x$$

であるから

$$u' = (A^\mathsf{T})^{-1} u = (A^{-1})^\mathsf{T} u \tag{11.19}$$

が得られる[15]．このような変換は (11.18)に関して**反傾**であると言われる．

11.6 双対原理

「双対原理がジェルゴンヌ (1771–1859) に帰されるのは当を得ているのだろう．それは彼の円錐曲線（極性）に関する相反法に過ぎないとポンスレは抗議し，ジェルゴンヌはその円錐曲線は適当ではないと答えた...そのような美しい発見が優先権に関する苦々しい論争で損なわれるは悲しいことである．」

（H.S.M. コクセター，*The real projective plane*（実射影平面）(1949), pp. 13–14）

“Die Auffindung des Dualitätsprinzips, das von unserem heutigen Standpunkt aus nicht allzu tiefliegend erscheint, stellte eine wesentliche wissenschaftliche Leistung dar. Man erkennt dies am besten daran, dass rund 150 Jahre nach der Auffindung des Pascalschen Satzes vergangen sind, ehe der Satz des Brianchon gefunden wurde ...（われわれの立場からはあまり深いようには見えない双対原理の

[15] ［訳註］射影変換であることに注意する．行列のスカラー倍は同じ変換を与えている．

発見は，本質的な科学的発見であった．パスカルの定理の発見の後，ブリアンションの定理が発見されるまでの150年間で，最も高く評価されたものであった....)”

（[F. クライン (1928)], p. 38）

極相反（ポンスレ，1817年）．図11.11と11.12を比較すると，辺 P_iP_{i+1} が点 Q_i の**極線**であることがわかる．定理7.2により，交点 K, L, M は対角線 Q_iQ_{i+3} の**極**である．K, L, M が1直線上にあるということ（パスカルの定理）は，極線が対応する極である．このように，ブリアンションの定理はパスカルの定理の「双対」の形であると見ることができる．この「自明性」が発見されるのに150年が掛かったのである（引用参照）．

公理的双対性（ジェルゴンヌ，1824/27）．ジェルゴンヌは，上の双対性が，彼が射影幾何の基礎に置いた直線と点を特徴づける公理から直接に導かれることを発見した．彼の双対性の概念は，点と直線が交換可能な対象であり，円錐曲線はもはや必要でないという観察に基づいている．この公理論的なアプローチについてのより詳細なことは，[H.S.M. コクセター (1961)] という書物を見てほしい．

座標による双対性 [プリュッカー (1830b)]．双対性への第3のアプローチは，表示 (11.16)の完全な対称性によるものである．実際，次の2つの問題の間には対称性がある．

点 x は2直線 u, v の交わり	直線 u は2点 x, y を結ぶ
$u_1x_1 + u_2x_2 + u_3x_3 = 0$	$x_1u_1 + x_2u_2 + x_3u_3 = 0$
$v_1x_1 + v_2x_2 + v_3x_3 = 0$	$y_1u_1 + y_2u_2 + y_3u_3 = 0$

解はそれぞれクロス積 (9.35)によって与えられる．一つ目の場合は $x = u \times v$ により，もう一つは $u = x \times y$ による．ユークリッド幾何とは違い，2直線は常に交わる．ただし，交点が無限遠にあることもある．

双対原理．射影幾何における各定理に，「双対の定理」がある．そこでは，1つの列の各表示はもう1つの列にある対応する表示で置き換わっている．

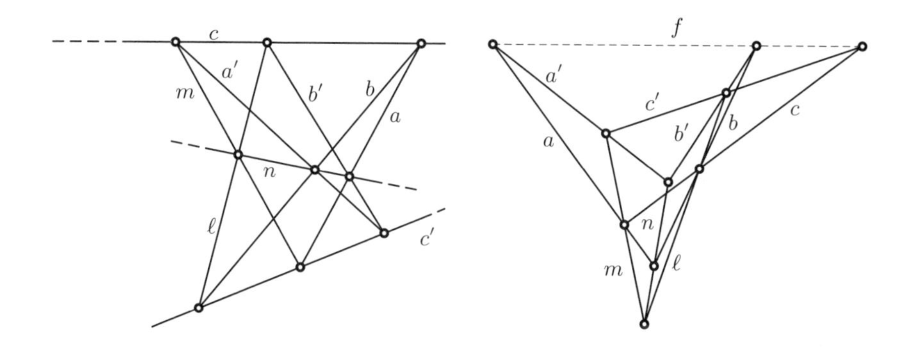

図 11.26　パッポスの定理とデザルグの定理は自己双対である

直線	$\leftrightarrow$	点
を通る	$\leftrightarrow$	の上にある
2 直線の交点	$\leftrightarrow$	2 点を結ぶ直線
1 点で交わる	$\leftrightarrow$	1 直線上にある
極線	$\leftrightarrow$	極

この原理を述べたが，小さな警告を付け加えなければならない．この原理を適用することにより多くの新しい定理が得られるという希望は幻想であることが分かった．たとえば，パッポスの定理とデザルグの定理は双対性のもとでは単に互いを再現するだけである（図 11.26 参照）．

11.7　円錐曲線の射影理論

ここでまた，斉次座標がその力を示す．ユークリッド平面における一般の円錐曲線 (7.5)を考える．斉次座標 (11.16)を導入し，x_3^2 を掛けると，

$$ax_1^2 + 2bx_1x_2 + cx_2^2 + 2dx_1x_3 + 2ex_2x_3 + fx_3^2$$
$$= \begin{bmatrix} x_1 & x_2 & x_3 \end{bmatrix} \begin{bmatrix} a & b & d \\ b & c & e \\ d & e & f \end{bmatrix} \begin{bmatrix} x_1 \\ x_2 \\ x_3 \end{bmatrix} = 0$$

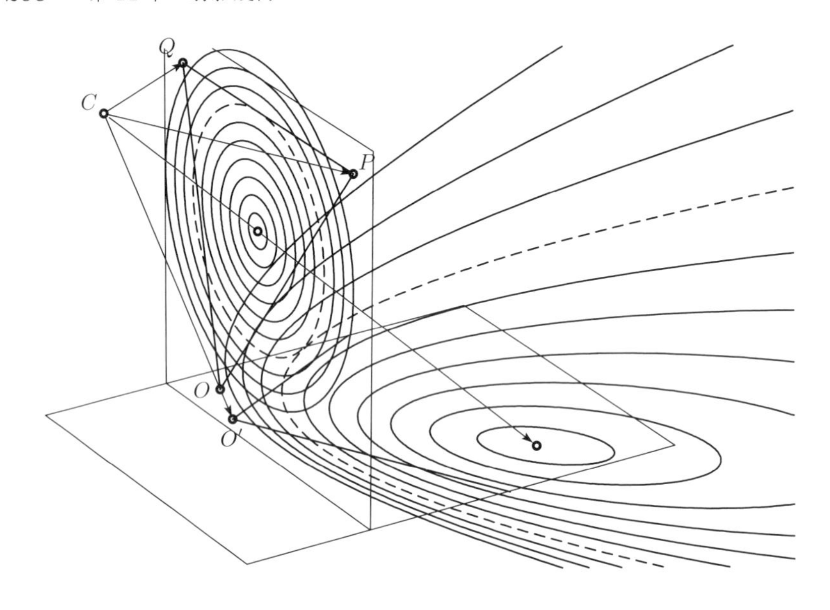

図 **11.27** 6 つの楕円と 1 つの放物線と 3 つの放物線に写される 10 の同心円

が，また行列の記号では

$$x^{\mathsf{T}}Ax = 0 \tag{11.20}$$

が得られる．ここで，A は 3×3 対称行列である．射影変換 (11.18) $x = Tx'$ はこの方程式を

$$(x')^{\mathsf{T}}A'x' = 0 \tag{11.21}$$

に変換する．ここで，$A' = T^{\mathsf{T}}AT$ である．そのような変換はもはや楕円，放物線，双曲線であることを保たない（図 11.27 参照）．曲線の違いは単に無限遠直線 $x_3 = 0$ に関する位置だけである．放物線はこの直線に接し（図 11.27 の 7 番目の円），双曲線は 2 点で交わり，楕円はまったく交わらない．

円錐曲線の射影的分類． どんな実対称行列 A も実の固有値と，直交する固有ベクトルからなる基底を持つ．したがって，非特異な行列 T が存在して，

$$T^\top A T = \mathrm{diag}(\lambda_1, \lambda_2, \lambda_3), \qquad \lambda_i \in \{0, \pm 1\} \tag{11.22}$$

となる[16]（章末の演習問題 13 参照）．射影幾何的には円錐曲線は以下のように分類される．

$(\lambda_1, \lambda_2, \lambda_3)$	方程式	円錐曲線
$(0, 0, 0)$	$0 = 0$	射影平面
$(1, 0, 0)$	$x_1^2 = 0$	（2 重の）直線
$(1, 1, 0)$	$x_1^2 + x_2^2 = 0$	1 点
$(1, -1, 0)$	$x_1^2 - x_2^2 = 0$	交わる 2 直線
$(1, 1, 1)$	$x_1^2 + x_2^2 + x_3^2 = 0$	空集合
$(1, 1, -1)$	$x_1^2 + x_2^2 - x_3^2 = 0$	円

この表からも，楕円，放物線，双曲線が射影幾何学的には区別できないことがわかる．

極線． x_1 を，A で定義される円錐曲線上の点，つまり $x_1^\top A x_1 = 0$ であるとし，x を

$$x_1^\top A x = 0 \qquad \text{または，同値な} \qquad x^\top A x_1 = 0 \tag{11.23}$$

を満たす 2 つ目の点とする．x もまたこの円錐曲線上にあったなら，各実数 λ に対して，

$$\big(x_1 + \lambda(x - x_1)\big)^\top A \big(x_1 + \lambda(x - x_1)\big) = 0$$

となり，x_1 と x を結ぶ直線全体がこの円錐曲線上にあることになる．円錐曲線が退化していなければ，こうなることは不可能なので，

$x_1^\top A x_1 = 0$ であれば，(11.23)は x_1 における接線の方程式になる

という結果が得られる．射影平面の任意の点 x_0 に対して，第 7.3 節でのように，

$$u_0^\top x = 0 \qquad\qquad (u_0^\top = x_0^\top A) \tag{11.24}$$

[16] ［訳註］$\mathrm{diag}(\lambda_1, \lambda_2, \lambda_3)$ は 3×3 対角行列で，対角成分が $\lambda_1, \lambda_2, \lambda_3$ であるものを表す．

は $\boldsymbol{x}_0$ の極線の方程式である．第7.3節で調べたすべての美しい結果は変わらず成り立っている．特に，以下のことが成り立つ．

(a) (11.24)で与えられる極線は

$$x_0^{\top}Ax_0 = 0 \qquad \Leftrightarrow \qquad u_0^{\top}A^{-1}u_0 = 0 \tag{11.25}$$

を満たせば接線になる．右の式はそれに対して直線が接線になるための座標 $\boldsymbol{u}_0$ に関する条件である．

(b) 円錐曲線の中心は無限遠点の極線である．

(c) 円錐曲線の直径は無限遠にある極の極線である．

(d) 2つの直径は，最初の直径の極が第2の直径の極線上にあり，かつその逆も成り立つとき，共役になる．

(e) 点 P_3 が点 P_4 の極線上にあるとする．P_4 と P_3 を結ぶ直線が円錐曲線と2点 P_2 と P_1 で交われば，P_1, P_2, P_3, P_4 は調和列点である（図11.18参照）．

11.8　演習問題

1. パッポスの定理11.3の別証を，直線 ML を無限遠に動かすことによって与えよ．そのとき，点 A', B', C' はその位置を交換し，図11.28左図が得られる．後しなければいけないのは，$A'C$ が AC' に平行で，$B'C$ が BC' に平行であれば，$A'B$ が AB' に平行であることを，証明することだけである．
2. 円錐曲線上に5点が与えられているとする．パスカルの定理を使って円錐曲線上のほかの点を作図せよ．追加の挑戦問題は，楕円の場合に，この5点から，楕円の中心，一対の共役直径，そして最後に軸を見つけることである（[パッポス選集] 第VIII巻，命題13 “Cum autem quæ situm sit circa quinque data puncta $HKLMN$ ellipsim describere（さらに，与えられた5点 $HKLMN$ が，その周りに位置するような楕円を記述すること)”)．
3. （[フルヴィッツ，クーラント (1922)]，p. 274参照）z_1, z_2, z_3, z_4 を複素

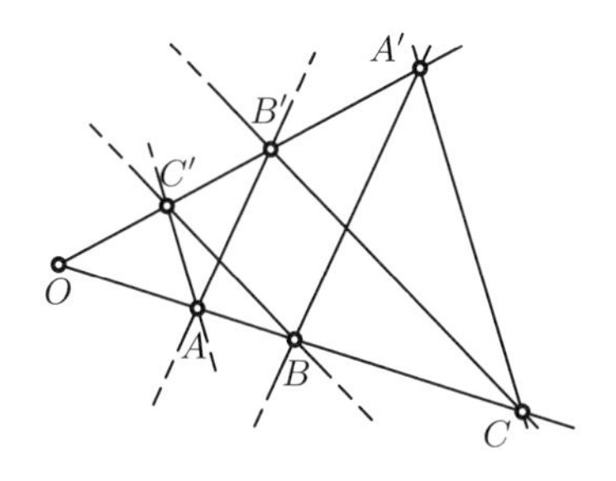

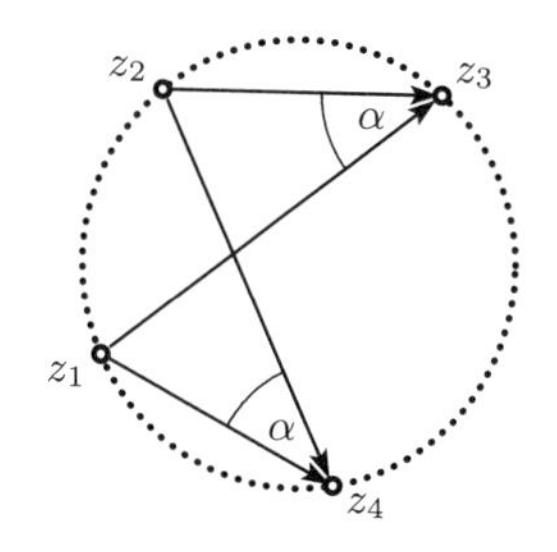

図 11.28　左：パッポスの定理の別証，右：円と複比の間の関係に対する解

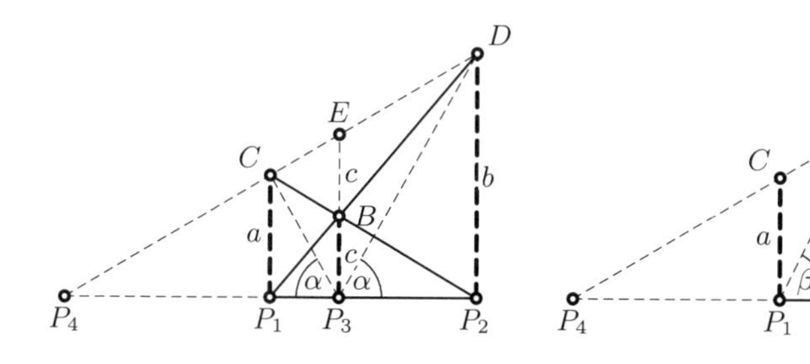

図 11.29　左：アルプスの 2 つのケーブルウェイ，右：幾何平均

平面の 4 つの数とする（図 11.28 右図参照）．それらが同一円周上にあるのは，その複比 $\mathrm{XR}(z_1, z_2, z_3, z_4)$ が実数であるとき，かつそのときに限ることを示せ．この事実を使って，写像 $z \mapsto \frac{1}{z}$ が（または一般にどんなメビウス変換も）円を円に写すことを示せ（直線は退化した円と考えている）．

4. ある直線上に 3 点 P_1, P_2, P_3 が与えられたとき，一意的に調和列点を作る点 P_4 が存在することを示し，この点を定木だけで作図せよ．

5. （スチュアート教授の**数学珍品** [I. スチュアート (2008)] no. 94 参照）それぞれ a, b の高さの 2 つの山頂の間にある，*Après-le-Ski*（アフタースキー）という名の山村に，2 本のケーブルカーの線路で，それぞれの山の麓から，反対側の山頂までのものが走っている．どんな高さ c で 2 つのケーブルは交わるのか？ まずタレスの定理を使って

$$\text{(a)} \quad \frac{1}{c} = \frac{1}{a} + \frac{1}{b}; \qquad\qquad (11.26)$$
$$\text{(b)} \quad P_3B \text{ は角 } CP_3D \text{ の二等分線である}$$

ことを示すことができる．高度な射影幾何の素養を使って，最初の公式と調和平均との見かけが似ていることを明らかにし，第2の結果のエレガントな説明をせよ．上巻5.3節の(5.21)式で既に，少し異なる形で同じ結果(a)を見ている．

6. 図11.29の中の2つの絵を比べてみよ．左の絵の中では P_3P_4 が P_1P_4 と P_2P_4 の**調和平均**であり，右の絵の中では $P_3'P_4$ がその**幾何平均**である（相似な図形により $\frac{b}{c'} = \frac{c'}{a}$ であるので[17]，$c' = \sqrt{ab}$ である）．（$a \neq b$ のときに）調和平均が幾何平均よりも小さいことを結論せよ．つまり，上巻4.1節の不等式(4.4)の幾何学的な別証を与えよ．
7. (a)解析的な計算によって，また(b)純幾何的に，オイラー線上にある，三角形の外心 O，九点円の中心，重心 G，垂心 H が調和列点であることを示せ．

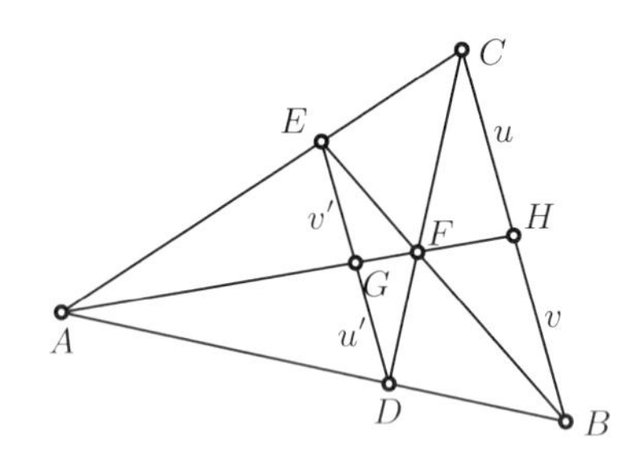

図 11.30　三角形の辺を二等分する

8. 三角形 ABC が与えられたとき，BC に平行に線分 DE を引き，CD と BE の交点 F を求め，AF を引いて，BC 上の H を求める（図11.30参照）．最初にタレスの定理を使い，それからまた射影性により，H が BC の中点であることを示せ．

---
[17]　［訳注］角 β が等しいので，DP_3' と $E'P_1$ が平行であることを使う．

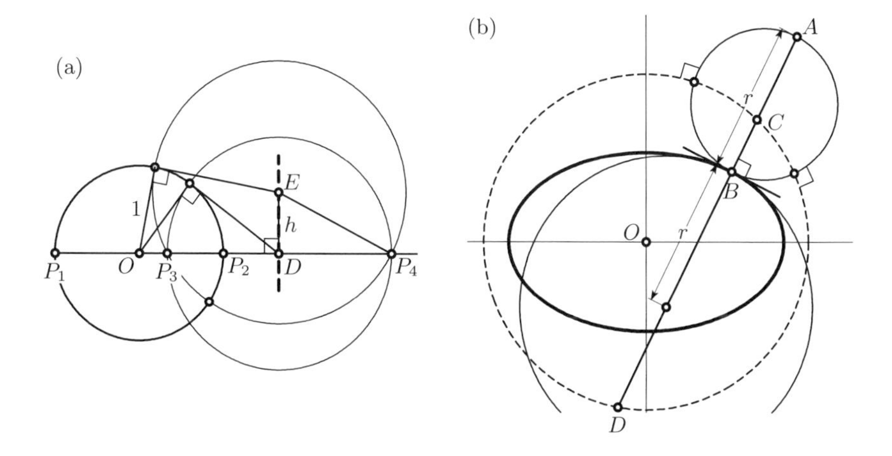

図 11.31　(a) 調和列点と直交する円，(b) 楕円の曲率半径と調和列点との関係についてのシュタイナーの定理

9. (11.13) の拡張として，直交する 2 円と直線との交点 P_1, P_2, P_3, P_4 は，直線 $P_1P_2P_3P_4$ が**少なくとも一方の**円の直径であれば，調和の位置にあることを示せ（図 11.31 (a) 参照）.
10. [シュタイナー (1846a)] の次の結果を証明せよ（図 11.31 (b) 参照）．楕円の点 B における曲率円を描け．それから，この円の B を通る直径を楕円の外側まで延ばし，$AB = r$（曲率円の半径）となる A を求める．AB を直径とする円は，半径 $\sqrt{a^2+b^2}$ のモンジュの円と直交する．

    上の演習問題 9 と合わせると，これは $\boldsymbol{A, B, C, D}$ **が調和列点である**ことを意味する．シュタイナーはこの結果をいくつかに分けて出版するだけ十分に興味深いとみなしたのだが，それでもその発見についても，証明のヒントも何も述べていない．エレガントな証明を見つけよ.
11. 定理 11.10 の双対版を定式化せよ．その結果得られる配置は**完全四角形**と呼ばれる.
12. プリュッカー座標はより高い次元でも定義することができる．たとえば，$\mathbb{R}^3$ における平面 $ax+by+cz+d=0$ は斉次座標 (a,b,c,d) によって定まる.

    $A_1A_2A_3A_4$ を $\mathbb{R}^3$ における与えられた四面体で，頂点の斉次座標が A_k

$= (a_{1k}, a_{2k}, a_{3k}, 1)$ であるとし，列ベクトル A_k を持つ行列 A を考える．$S = (A^{-1})^{\mathsf{T}}$ の第 ℓ 列は，A_ℓ の対面のプリュッカー座標を含んでいることを示せ．四面体の高さの足に対する具体的な式を見つけよ．

13. (11.22)式の変換 T に対する具体的な式を求めよ．
14. 2 つの円錐曲線が与えられたとき，その円錐曲線に対する極線が一致するような点 P を見つけよ．

演習問題の解答

A.6　第6章の解答

1. (6.2) の第 2 の方程式を解けば，$y = 1 + \sqrt{1 + c^2/a^2}$，つまり $ay = a + \sqrt{a^2 + c^2}$ が得られ，作図により，これは図 6.3 における BG の長さである．(6.2) の最初の式に a を掛けると，$x + \frac{a^2}{x} = ay = BG$ となる．タレスの定理により $\frac{a^2}{x} = AE$ である．点 E を直線 BG 上に垂直に下した点を H とすれば，BDF に相似な直角三角形 EHG が得られる．$EH = BD$ だから，$HG = DF = x$ となる．それゆえ，この最初の方程式は $BH + HG = BG$ に対応しており，パッポスの作図における円がその解に導いている．

$$x = 1 + \frac{y}{w}, \qquad y = w + \frac{z}{x}, \qquad z = x + \frac{x}{y}, \qquad z = y + \frac{1}{z}\,.$$

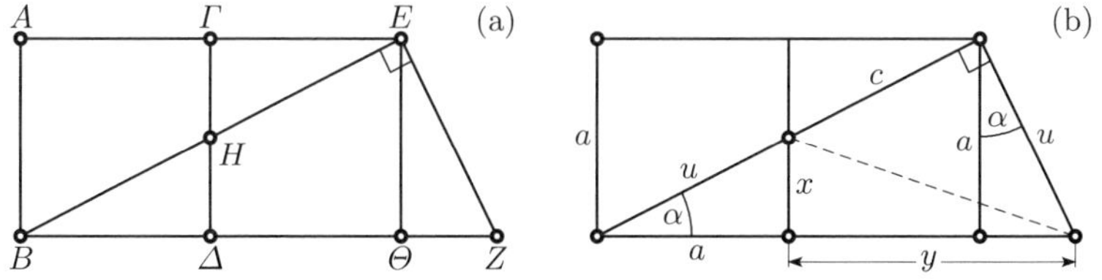

図 **A.16**　(a) パッポスの命題 VII.71，(b) その証明

パッポスの元の証明は彼の命題 VII.71「図 A.16 (a) において，$AB\Delta\Gamma$ が正方形で，BEZ が直角ならば

$$\Delta Z^2 = \Gamma\Delta^2 + HE^2 \tag{A.7}$$

である」に基づいている．(A.7) のパッポスの証明は，脚註でのヴェル・エックの説明を入れると 2 ページも掛かっている．直角によって三角形 $B\Delta H$ と $E\Theta Z$ が同じであることを見たら，ピュタゴラスの定理によって距離 HZ^2 を

$$c^2 + u^2 = x^2 + y^2 \quad \Rightarrow \quad c^2 + a^2 = y^2 \quad (\text{なぜなら } u^2 = a^2 + x^2)$$

と 2 通りに計算することによって（図 A.16 (b) 参照），1 行で結果を得ることができる[18].

2. $A\Lambda = 1$，$MA = w$，$\Lambda\Gamma = u$，$\Gamma K = v$ と置くと，タレスの定理により $u = vw$ となり，作図から $A\Delta = \Gamma Z = \Theta K = \frac{u}{2}$ となる．HZ と $\Gamma\Theta$ が平行だから，$Z\Theta : 2 = \frac{u}{2} : v$ であり，それから $Z\Theta = \frac{u}{v} = w$ となる．最後に，三角形 $K\Gamma Z$ にユークリッド II.12 を適用すると，次が得られる[19].

$$v + v^2 = (w + \tfrac{u}{2})^2 - (\tfrac{u}{2})^2 = w^2 + wu = w^2(1+v) \;\Rightarrow\; v = w^2,\ u = w^3$$

3. 図 6.23 右図にあるように，距離 $BI = \frac{bc}{a}$ であることはタレスの定理を $GFH \sim DBI$ に適用することからわかる．すると，(A_1) は 2 つの影付きの三角形に対するユークリッド I.41 であり，(A_2) は $GFH \sim DCH$ に対するタレスの定理である．
4. 前と同じように芸者の扇を畳むと，

$$x = 1 + \frac{y}{w}, \qquad y = w + \frac{z}{x}, \qquad z = x + \frac{x}{y}, \qquad z = y + \frac{1}{z}$$

という関係式が得られる．主に興味があるのは一番長い対角線だから，$y = z - \frac{1}{z}$ と $x = \frac{yz}{y+1}$ と $w = y - \frac{z}{x}$ と解いて，これを z に対する方程式にする．
すべてを最初の方程式に代入すると z に関する方程式になり，整理すると，

$$z^5 - 3z^4 - 3z^3 + 4z^2 + z - 1 = 0$$

という 5 次の方程式になり，閉じた形の解が得られる望みはない．しかしながら，どんな精度でも数値的に解くことはできて，次のようになる．

$$z = 3.51333709166613518878217159629798 1842\ldots$$
$$y = 3.22870741511956490789458625906524 2504\ldots$$
$$x = 2.68250706566236233772362329783873 5435\ldots$$
$$w = 1.91898594722899477978073611413265 5398\ldots$$

5. これはまさに，フェルマーの結果の証明の等式 (6.25) そのもので，ここでは，ラマヌジャンの公式をピュタゴラスの定理に関係づけている．ラマヌジャンのノートブックの次の項目は

$$\left(a + b - \sqrt{a^2+b^2}\right)^2 = 2\left(\sqrt{a^2+b^2} - a\right)\left(\sqrt{a^2+b^2} - b\right)$$

という公式で，これは上の幾何的な結果の代数的に同等なものである．
6. 図 6.18 の中の直角三角形を見ると，関係式 $\sin\frac{\alpha}{2} = \rho$, $\sin\frac{\beta}{2} = 2\rho$, $\sin\frac{\gamma}{2} = 3\rho$ が得られる．(5.59) に代入すると，これから 3 次方程式 $12\rho^3 + 14\rho^2 - 1 = 0$ が得られる．$x = \frac{1}{\rho}$ に対し

---

[18] ［訳註］u を持ち出さなくても，幾何的な考察から $\Theta Z = x$，$E\Theta = a$ であり，$a^2 = B\Theta \cdot \Theta Z = (a+y-x)x = ax + xy - x^2$ となる．仮定から $y^2 = a^2 + c^2$ であり，問題の EH の長さは

$$EF^2 = \Gamma H^2 + \Delta\Theta^2 = (a-x)^2 + (y-x)^2$$
$$= a^2 - 2ax + x^2 + y^2 - 2xy + x^2 = c^2 + 2(a^2 - ax - xy + x^2) = c^2$$

となって，$EH = c$ となる．

[19] ［訳註］$E\Gamma = \frac{1}{2}$ であることも使っている．

ては $x^3 - 14x - 12 = 0$ となる．この多項式は $x = 0$ と $x \to -\infty$ のときに負で，$x = -1$ と $x \to \infty$ のときに正である．したがって，正の根が 1 つと，負の根が 2 つある．アインシュタインはペンと紙と 4 桁の対数表を使って計算し，(6.8) から，正の根に対して，$\rho = 0.243$ という結果を得た．

7. フェルマーは，ユークリッドの失われたポリズムの一種の代わりとして，仰々しいラテン語とギリシャ語でこれらのポリズムを示したが，証明のヒントも与えなかった．(6.24) のオイラーの証明と似たアイデアを使う，つまり，4 つの点を N と M を結ぶ直線上に射影する．

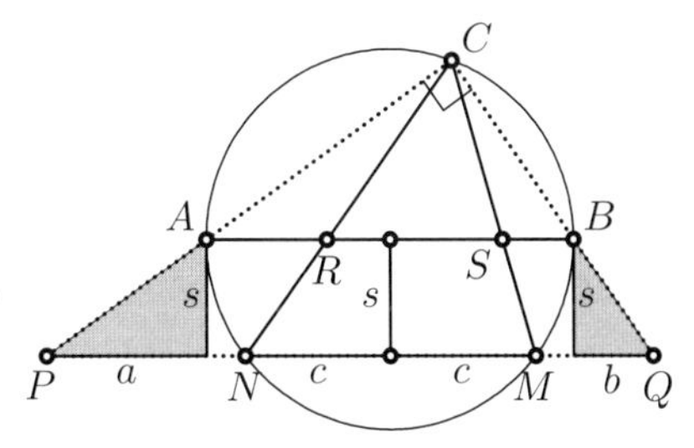

半径を 1 に選ぶと，主張は

$$\frac{PN \cdot MQ}{PM \cdot NQ} = \frac{(a+1-c)(b+1-c)}{(a+1+c)(b+1+c)} = \frac{(1-c)(2+a+b)}{(1+c)(2+a+b)} = \frac{(1-c)}{(1+c)}$$

から導かれる[20]．ここで，2 つ目の等式はピュタゴラス $s^2 + c^2 = 1$ と，タレス $a/s = s/b$，つまり，$ab = s^2$ を使って整理したものである．

8. 一番簡単な証明は石器時代証明である（図 6.24 右図参照）．最初の等式は，この図の値に対しては，タレスの定理により，$\frac{1}{6} + \frac{2}{6} + \frac{3}{6} = 1$ と同値であり，これは明らかに正しい．この図の太い線分から，分子の和は，ここでは $1 + 2 + 3 = 6$ だが，いつでも細分の数に等しい．

   第 4 章の演習問題 5 のための図 4.27 を使って，面積による証明は同じように容易である．三角形 BPC と BAC は同じ底辺を持ち，高さの比は $\frac{PD}{AD}$ である．それゆえ，面積の比 $\frac{\mathcal{A}_1+\mathcal{A}_2}{\mathcal{A}_1+\mathcal{A}_2+\mathcal{B}_1+\mathcal{B}_2+\mathcal{C}_1+\mathcal{C}_2}$ は $\frac{PD}{AD}$ となる．3 辺すべてに対して対応する比を足し上げれば，明らかに 1 になる．

   第 2 行と第 3 行の恒等式に対しては右の列に移る．最初の 2 式を足せば $1+1+1=3$ という恒等式 (“orietur ista aequatio identica（求めたかったあの恒等式)”) が得られ，その 3 式が同値であることがわかる．最初の等式に公分母を掛けて整理すれば，第 3 の関係式が得られる．

   注意．これらの発見に対する，あいまいで複雑な三角関数の計算によるオイラーの元のアプローチ（[オイラー (1815)]）を見るのは興味深い．（十分に深くて煩わしい計算を始め... (quod initio calculos satis abstrusos et molestos ...)），彼は後に大変簡単に（もっとも単純であるとともにエレガントである解にいたるまで (ad solutionem simplicissimam aeque ac elegantissimam ...)）求めている．英語での説明は [サンディファー (2006)] を参照のこと．

9. デカルトの良き弟子として，既知の距離には $AC = a$, $BD = b$, $AB = \ell$ と，未知の距離には $AF = x$ と名前を付けると，$FB = \ell - x$ となる．$CF = FD$，つまり，$CF^2 = FD^2$ にしないといけないので，ピュタゴラスの定理によって，$x^2 + a^2 = (\ell - x)^2 + b^2$ となり，整理すれば，$x = \frac{\ell^2+b^2-a^2}{2\ell} = 32$ となる．レオナルド自身はタレスの定理を使った（図 A.17 左図参照）．点 F は CD の垂直二等分線上になければならない．2 つの相似な三角形が得られ，

20　［訳註］もちろん，この左辺が図から $(AR \cdot SB)/(AS \cdot RB)$ であり，右辺が割線 NM を選ぶことによって c が定まっていることによる．

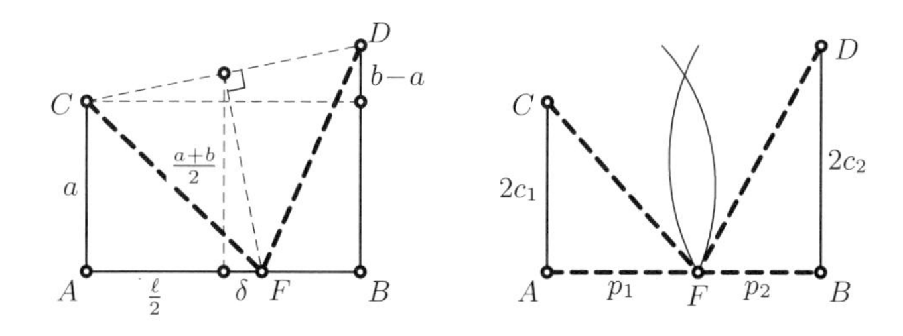

図 A.17　左：タレスの定理を使ったピサのレオナルドの問題の解答，右：第 1 の修正の解答

$\delta = \frac{(b-a)(a+b)}{2\ell} = \frac{b^2-a^2}{2\ell} = 7$ となって，同じ結果が得られる．

変形 1．今度は CF と FD にそれぞれ別の距離を足さないといけないので，平方根を消去するのは難しい．もっとエレガントな解を探す．第 3 章のアポロニウスの定理群が助けになる．距離が $2c_1 = a$ の A と C を焦点に持ち，長半軸を a_1，短半軸を b_1 とし，**通径**を p_1 とする楕円を考える（図 A.17 右図参照）．すると，この楕円の上にある F に対しては，$CF + FA = 2a_1$ かつ $AF = p_1$ となる（アポロニウス III.52 と図 3.2 左図参照）．さらに，$p_1 = \frac{b_1^2}{a_1}$（(3.8) 式）と $b_1^2 = a_1^2 - c_1^2$（ピュタゴラスの定理か第 3 章の演習問題 13）が得られる．もう一つ，B と D を焦点とし，対応する長さが a_2，b_2，c_2 と p_2 である楕円を考える．こうすると，満たすべき方程式は

$$a_1 = a_2 =: u\,, \qquad p_1 + p_2 = \ell \tag{A.8}$$

となる．これに公式群を代入すると，

$$\frac{u^2 - c_1^2}{u} + \frac{u^2 - c_2^2}{u} = \ell \quad \Rightarrow \quad u = \frac{\ell}{4} + \sqrt{\frac{\ell^2}{16} + \frac{c_1^2 + c_2^2}{2}}$$

が得られる．

変形 2．周長を等しくするには

$$a_1 + c_1 = a_2 + c_2 =: u \quad \Rightarrow \quad a_1 = u - c_1, \quad a_2 = u - c_2 \tag{A.9}$$

としなければならず，上と同じような計算をすると，

$$2u = \ell + c_1 \, \frac{u}{u - c_1} + c_2 \, \frac{u}{u - c_2}$$

という条件に導かれる．分母を払うと u に対する 3 次方程式になり，その最大の正の根が a_1 と a_2 の値を与え，

$$u = 51.83621385758\,, \quad p_1 = 30.72809425360\,, \quad p_2 = 19.27190574640$$

であることがわかる．

変形 3．最後は幾分簡単である．$ax = b(\ell - x)$，つまり，$x = \frac{b\ell}{a+b}$ であれば面積は等しい．

10. 辺の長さが 5, 12, 13 のピュタゴラス三角形を右に裏返すと，辺が $9 - 5 = 4$, 15, 13 で，面

積が $4 \cdot 6 = 24$ の三角形が得られる[21]．整数辺の鈍角三角形で，面積がより小さいものは有限個しかないが，面積が整数のものはない．大きさとして次の，辺と面積が整数の鈍角三角形は，辺が 9, 10, 17 のものと，3, 25, 26 のものだが，ともに面積は 36 である．

11. ユークリッド III.35 により $AK^2 = AK \cdot A'K = DK \cdot EK$ であるので，$\mathcal{A}^2 = (2B_1C_1 \cdot DK) \cdot (2B_1C_1 \cdot EK)$ となる．ここでちょっと，図 4.10 右図の記号と (4.14) を使うと，左側の積に対して $2B_1C_1 \cdot DK = 2a \cdot (r_1 + d_1) = 2ar_1 + a^2 + r_1^2 - r_2^2 = (r_1 + a)^2 - r_2^2 = DF \cdot DL$ が，つまり，右の円に関する D のベキが得られる[22]．点 E は同じ円上にあるので，同じようにして，$2B_1C_1 \cdot EK = EF \cdot EL$ が得られ，上の式の 2 つの因子を合わせると，$\mathcal{A}^2 = DF \cdot DL \cdot EF \cdot EL$ となる．$DC_1 = C_1E = \frac{c}{2}$, $C_1B_1 = \frac{a}{2}$, $B_1 = B_1F = \frac{b}{2}$ であるから，この 4 つの因子のそれぞれが (6.26) 式の因子の 1 つになる．
12. 最初の主張を証明する 1 つの方法は三角法によるものである．$\mathcal{A} = bc\frac{1}{2}\sin\alpha = c\sin\frac{\alpha}{2} \cdot b\cos\frac{\alpha}{2} = b\sin\frac{\alpha}{2} \cdot c\cos\frac{\alpha}{2}$ である[23]．テボーは B を通る水平線を引くことにより，三角形を 2 つの部分に分ける．最初の部分の面積は $AB'' \cdot AB'$ で，2 つ目の部分の面積は $BB' \cdot B'C'$ である．そのとき，面積の 2 乗は $\mathcal{A}^2 = CC'' \cdot BB' \cdot BB'' \cdot CC'$ であり，これを $(BB'' \cdot CC'') \cdot (BB' \cdot CC')$ と組み分けするのが賢い．最初の因子の対は，焦点 B と C を持ち点 A を通る楕円の，点 A での接線への焦点からの距離の積と考えることができる．第 2 の因子の対は対応する双曲線に対する同じ量である．このことの理由は，A での接線が角の二等分線であることが知られていることである（図 3.5 と図 3.12 参照）．(3.33) と双曲線に対する類似の公式により，これらの積はともにこの 2 つの円錐曲線の半短軸の 2 乗に等しくなる．双方の円錐曲線に対し ℓ と ℓ'（ここではそれぞれ b と c）の値と焦点間の距離（ここでは a）がわかっているので，(3.7) と (3.15)（文字 a, b, c は別の意味である）から半短軸が求まる．そのとき上の積に対する結果は $\frac{1}{16}((b+c)^2 - a^2)(a^2 - (b-c)^2)$ となる．(7.50) の最後の行でのように，ユークリッド II.5 を使うと，求める結果が得られる．
13. 第 4.2 節の図 4.2 の直線が少し丸くなって，球面三角形を描いていると考えてみる．2 つの大円から等距離にある点はまた，角の二等分線という大円上にある．実際，この 2 つの大円は原点を通る 2 つの平面と球面との交わりであり，角の二等分平面もまた原点を通る．ユークリッド IV.4 の証明でと同じ議論を使うと，線分 ID, IE, IF はそれぞれの辺と直角を囲む．こうして，2 つの球面直角三角形 AIF と AEI が得られ，これは共通の辺 AI を持ち，同じ長さの辺 $EI = FI$ を持つ．こうして，(5.23) により，第 3 の辺もまた同じ長さ $AF = AE$ となる．ほかの三角形にも同じ議論を適用すると，前と同じように $AF = AE = s - a$ が得られる．今度は，第 6.7 節系 6.3 の後の注意 (ii) でのように，直角三角形 AFI を考えると，(5.27) から $\tan\rho = \tan\frac{\alpha}{2} \cdot \sin(s - \alpha)$ が得られる．これから，$\tan\frac{\alpha}{2}$ に対する表示を (5.69) に代入すると，求める結果が得られる．
14. 図 6.19 の対角線 AC の長さを g と書き，余弦法則 (5.10) を 2 回，一度は三角形 ACD に，もう一度は三角形 ACB に適用して g^2 を計算する．1 つの公式からもう 1 つの公式を引くと

---

[21] ［訳註］図 6.17 の中図で，長さ 12 の垂直な線に関して左側の直角三角形を裏返して得られる三角形を右側の 12, 9, 15 の三角形から取り除くと，底辺が 4 で，高さが 12 の三角形が得られる．

[22] ［訳註］図 4.10 の記号では 2 円の中心間の距離が a であり，この式の中では $B_1C_1 = a$ であって，この a は三角形の辺の長さではない．すぐ後で，$C_1B_1 = \frac{a}{2}$ が出てくるが，ここでは a は三角形の辺の長さである．

[23] ［訳註］これにより $\mathcal{A} = AB'' \cdot AC' = CC' \cdot BB''$ という長方形の面積になる．以下このことを使っている．

$$2(ad+bc)\cos\alpha = a^2+d^2-b^2-c^2 \tag{A.10}$$

が得られる．四辺形の面積を 2 つの三角形の面積で

$$\mathcal{A}_q = (ad+bc)\frac{\sin\alpha}{2} \tag{A.11}$$

と表わす．こうして，(A.11) と (A.10) から

$$16\mathcal{A}_q^2 = 4(ad+bc)^2(1-\cos^2\alpha) = 4(ad+bc)^2 - (a^2+d^2-b^2-c^2)^2$$

が得られる．これを (7.50) の第 3 式と比較することができる．この式とまったく同じようにして，ユークリッド II.5 を使い，それからユークリッド II.4 を使って，最後にユークリッド II.5 を使うと求める結果に導かれる．最後の段階は定理 6.4 の上述の証明の最後の段階と同じである．

15. タレスの定理により

$$\frac{\frac{2u_1}{1+u_1^2}-b_1}{\frac{1-u_1^2}{1+u_1^2}-a_1} - \frac{\frac{2u_2}{1+u_2^2}-b_1}{\frac{1-u_2^2}{1+u_2^2}-a_1} = 0$$

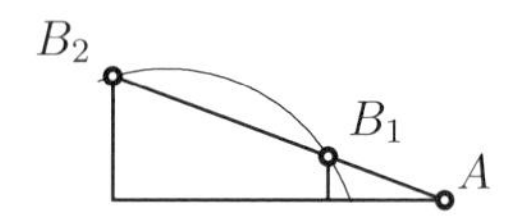

でないといけない．整理して，(u_2-u_1) で割ると，これから

$$-(1+a_1)u_1u_2 + b_1u_2 + b_1u_1 + a_1 - 1 = 0$$

が導かれる．これから u_2 を計算することができ，(6.43) が得られる．

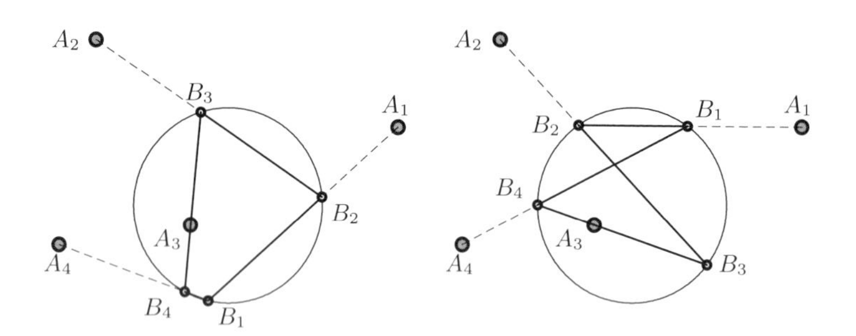

図 **A.18** クラメール・カスティヨンの問題に対する 2 つの解

16. (6.43) 式に対応する 4 つの行列を掛けることによって，(6.39) に対して

$$u_1 = \frac{8.576u_1 - 5.248}{-8.24u_1 + 2.56}, \quad \text{つまり} \quad 8.24u_1^2 + 6.016u_1 - 5.248 = 0$$

が得られ，その解は $u_1 = -1.2426325$ と $u_1 = 0.51253545$ となる（図 A.18 参照）．2 つ目の解は期待した形をしていない．

17. 与えられた定数を $AM = 1$ と $BM = MC = a$ と置くと，タレスの定理により $MO = a^2$ となる（図 A.19 (a) 参照）．最初に $EQ = QF$ と仮定する．すると，タレスの定理により

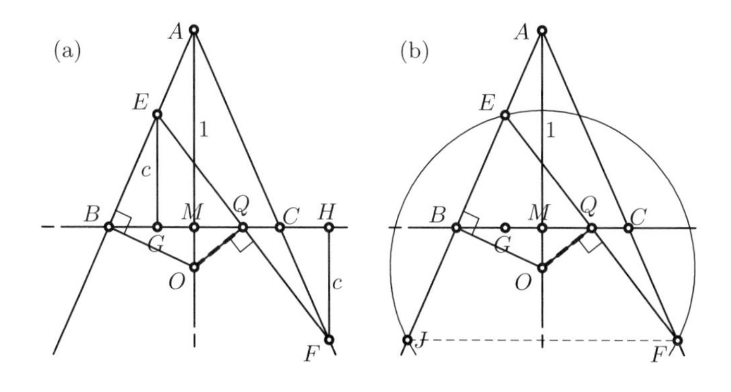

図 A.19 アルメニア・オーストラリア問題の解

$EG = HF$ となる．デカルトの良き弟子として，この長さを c と書く．またもタレスの定理により，$GQ = QH$ かつ $BG = CH = ac$ となるので，デカルトの辞書により，$GH = 2a$, $GQ = a$, $MQ = ac$ となる．したがって，三角形 QGE と OMQ は相似であり，角 GEQ と角 MQO は等しい．これから，OQ と EQ が直交することが示される．逆に，この 2 直線が直交するなら，上の証明を逆にたどれば $EQ = QF$ が導かれる．

しかしながら，次の純幾何的な証明の方がずっとエレガントである（図 A.19 (b) 参照）．O を中心とし，E を通る円を描き，AB とのもう一つの交点を J とする．OB と BA が直交することから $EB = BJ$ となる．O が角の二等分線上にあることから，JF と BC は平行である．こうして，タレスの定理により，$EQ = QF$ となる．

18. 答は 120° である．これは，BAC が二等辺三角形のときは容易にわかる．この場合，$B'A'C'$ も二等辺三角形で，仮定により，正方形の半分である．さらに，C, B', C', B はある円上にあって，ユークリッド III.21 により $CB' = B'C' = C'B$ となる．角 $B'CA'$ と $A'BC'$ が 30° であることが結論される[24]．

一般の場合には代数的な計算が必要となる．a, b, c を元の三角形の辺の長さとする．ユークリッド VI.3 により，点 B' は辺 CA を比 $a : c$ に分割する．したがって，$B'A = \frac{bc}{a+c}$ であり，他の 5 つの辺に対しても同じような表示が得られる．次に，余弦法則 (5.10) を三角形 $A'BC'$ と CBA に使い，$\cos\beta$ を消去する．これで，辺 $C'A'$ の 2 乗に対する表示

$$C'A'^2 = \frac{c^2a^2}{(a+b)^2} + \frac{a^2c^2}{(b+c)^2} + \frac{ac}{(a+b)(b+c)}(b^2 - a^2 - c^2)$$

が得られる．巡回置換により $A'B'^2$ と $B'C'^2$ が得られる．仮定により，$B'C'^2 - A'B'^2 - C'A'^2 = 0$ であることがわかっている．上の値を代入すると，a, b, c に関する有理表示式が得

[24] ［訳註］説明を補っておこう．まず，図形はすべて，AA' に関して線対称であることを注意しておく．ある円とは，BC' の垂直二等分線と AA' との交点を中心とする円である．さて，C' から BC におろした垂線の足を H とすると，$A'C'H$ も正方形の半分で，$B'C' = \sqrt{2}A'C' = 2HC' = 2HA'$ となる．直角三角形 $BC'H$ で，$BC' = B'C' = 2HB$ なので，$\beta = \angle HBC' = 30^\circ$ であることがわかる．

られるが，整理すると，自明でない因子 $a^2 - b^2 - c^2 - bc = 0$ を含んでいる．しかしこれは，またも余弦法則によれば，$\cos\alpha = -\frac{1}{2}$ であることを意味している[25]．

19. タレスの定理により $C_1M/C_2M = r_1/r_2$ である．それからまた，タレスの定理に訴えると，直線 KM から C_1 と C_2 への距離もまた同じ比になる．しかし，円に 2 つの対がこの性質を持てば，第 3 の対も持つ．シュタイナーはまた，**内側の**相似の円に対して類似の主張を得た（図 6.27 右図参照）．

20. $s = \cos s$ となるような s を見つけることが求められている．そのような方程式に対しては数値的な方法が必要となる．たとえば，$s = 40°$ でやってみるなら，$\frac{40\pi}{180} - \cos 40° < 0$ となるのに，$\frac{45\pi}{180} - \cos 45° > 0$ となる．幾何的直観から解は一意的であることがわかっているので，解は区間 $[40°, 45°]$ の中になければならない．ユークリッド X.1 の精神を生かすなら，次は中点 $42.5°$ を試すと，差が 0 より大きいことがわかる．こうして解は $[40°, 42.5°]$ に含まれる．この「2 分法」を続けると，10 回繰り返すごとに 3 桁の小数が追加されていく．50 回繰り返すと，

$$s = 0.7390851332151606 = 42°20'47''15'''6''''29'''''$$

が得られる．すべての計算を手で行ったオイラー自身はもっと洗練された方法を使った．最初に，対数を使うことで，変換の因子 $\frac{\pi}{180}$ を加法に変える．次に，$s = 40°$ に対する対数の差は -0.0403166 であり，$s = 45°$ に対する差は 0.0456049 である．それゆえ，タレスの定理を使うと，より良い値として $40° + 5°\frac{0.0403166}{0.0403166+0.0456049}$ が見つかる．この「誤りのルール (regula falsi)」を 2 回，最初は $[42°, 43°]$ に，次に $[42°20', 42°21']$ に対して繰り返すと，3 つの 60 進の数字が $42°20'47''15'''$ と得られる（詳しくは [オイラー (1748)]§531 を参照のこと）．

21. AC を三角形の底辺と取れば，高さは $\sin 2s$ で，面積は $\frac{1}{2}\sin 2s$ となる．扇形 $CBEA$ の面積は s である．こうして，$s = \sin 2s$ を解かなければいけない．上のアルゴリズムのどれでも使えば，解

$$s = 0.9477471335169904 = 54°18'6''52'''43''''55'''''$$

が得られる．オイラーはこの精度の値を，最後の桁の 60 進数で少しだけ誤差があるが，与えている．

22. ケーキの形の部分 DAE は図 6.28 (IV) の線分 AD の上方の弓型の半分である．ただし，s は $2s$ に取り換えてだが[26]．したがって，解は演習問題 23 の解の弧長の半分であり，

$$s = 1.154940730005029 = 66°10'23''37'''33''''15'''''$$

となる．

23. 演習問題 21 と同じように，三角形 ACD の面積は $\frac{1}{2}\sin s$ である．それゆえ，月形 ADs の面積は $\frac{s}{2} - \frac{1}{2}\sin s$ であり，これが $\frac{\pi}{4}$ になるようにということである．得られる方程式は $s -$

---

[25] ［訳註］この計算をやる元気の出ない人のために，二等辺三角形の場合の計算をしてみよう．$x = BC'$ とおくと，$A'C' = x/\sqrt{2}$ となる．$\angle C'A'B = 45°$，$A'B = a/2$ なので，三角形 $BA'C'$ で，この角に対する余弦法則を使うと，$2x^2 + 2ax - a^2 =$ となり，正の根は $x = a/(\sqrt{3}+1)$ となる．$\angle A'BC' = \beta$ に関する余弦法則を使うと，$\cos\beta = \sqrt{3}/2$ となり，$\beta = 30°$ であることがわかる．

[26] ［訳註］AC の下方の 4 分の 1 円を追加し，DE を延長すると見えるだろう．

$\frac{\pi}{2} = \sin s = \cos(s - \frac{\pi}{2})$ で，演習問題 20 の方程式であるから，その答えに 90° を足すと，

$$s = 2.309881460010057 = 132^\circ 20' 47'' 15''' 6'''' 29'''''$$

となる．

24. 月形 BAs の面積は $\frac{s}{2} - \frac{1}{2}\sin s$（演習問題 23 参照）だが，今は $\frac{\pi}{3}$ でないといけない．今度は $u = s - 120^\circ$ とおくと方程式 $u = \sin(60^\circ - u)$ が得られ，その解は $u = 29^\circ 16' 26'' 59''' 43'''' 44'''''$ だから，

$$s = 2.605325674600903 = 149^\circ 16' 26'' 59''' 43'''' 44'''''$$

となる．

25. ここでは $180^\circ - s = 1 + \cos s + \sin s$ を解くことになり，その答えは

$$s = 0.7295815096762676 = 41^\circ 48' 6'' 59''' 19'''' 27'''''$$

となる．上の方程式は対数計算では実際的でない和があるので，オイラーは，(5.9)，(5.8)，(5.7) を使って，同値な形 $180^\circ - s = 2\sqrt{2}\cos\frac{s}{2}\cos(45^\circ - \frac{s}{2})$ に変換している．

26. 三角形 CAE の面積は $\frac{1}{2}\tan s$ であり，扇形の面積は $\frac{s}{2}$ であるので，$2s = \tan s$ を解くことになり，その解は

$$s = 1.165561185207211 = 66^\circ 46' 54'' 15''' 7'''' 20'''''$$

となる．

27. G を線分 AE の中点とする．すると，三角形 CGA と FCA は相似である（2 つの直角のため）．すると，タレスの定理により，$\frac{FA}{1} = \frac{1}{CG} = \frac{1}{\sin\frac{s}{2}}$ となる．こうして，この問題は $s \cdot \sin\frac{s}{2} = 1$ を解くことになり，その結果は

$$s = 1.481681910190981 = 84^\circ 53' 38'' 49''' 55'''' 39'''''$$

となる．

A.7　第 7 章の解答

1. (7.2c) により，A を通る高さは $y = \frac{b}{c}(x + a)$ で与えられる．それと，高さ $x = 0$ との交点は $y_H = \frac{ab}{c}$ であり，第 4 章の演習問題 2 と同じ対称な結果である．
   BC の垂直二等分線に対しては方程式 $y = \frac{c}{2} + \frac{b}{c}(x - \frac{b}{2})$ が得られる．それと，AB の垂直二等分線との交点は $x_O = \frac{b-a}{2}$，$y_O = (c - \frac{ab}{c})\frac{1}{2}$ となる．中線の方程式は (7.2 (d)) から，$y = c - \frac{2c}{b-a}x$ となるので，$x_G = \frac{b-a}{3}$，$y_G = \frac{c}{3}$ である．これから $G = \frac{2}{3}O + \frac{1}{3}H$ という性質がわかる．
2. (x_i, y_i) が頂点の座標であれば，左辺の表示は

$$(x_1 - x_2)^2 + (x_2 - x_3)^2 + (x_3 - x_4)^2 + (x_4 - x_1)^2$$

に，y の値の類似の項を足したものである．右辺は，$4 \cdot \frac{1}{2^2} = 1$ により，

$$(x_1 - x_3)^2 + (x_2 - x_4)^2 + ((x_1 + x_3) - (x_2 + x_4))^2$$

などとなる．展開すれば，2 つの表示が同じであることがわかる．平行四辺形の法則を任意の四辺形に一般化するこの結果を確かめることは簡単な作業に見えるが，このような素敵な関係を実際に**発見する**別の物語がある（「一体全体，どうして思いつかなかったのだろう？」）．

注意． J. シュタイナーは [シュタイナー (1827)]“64. Lehrsatz（定理）” において，次の**球面四辺形**への一般化を証明なしに与えている．

$$\cos a + \cos b + \cos c + \cos d = 2 \cdot \cos \frac{\ell_1}{2} \cdot \cos \frac{\ell_2}{2} \cdot \cos e\,.$$

3. (a) ピュタゴラスの定理により $u^2 + v^2 = (a+b)^2$ となり，タレスの定理により $\frac{u}{a+b} = \frac{x}{a}$ と $\frac{v}{a+b} = \frac{y}{b}$ が得られる．これから $\frac{x^2}{a^2} + \frac{y^2}{b^2} = 1$ が導かれる．(b) に対しては $\frac{x}{a} = \cos\alpha$, $\frac{y}{b} = \sin\alpha$ と (5.2) を使う．(c) に対する計算は (a) に対する計算と同様だが，$a+b$ を $a-b$ に置き換えること．

4. ユークリッド III.21 を適用する．同じ角で皇帝が見られる点は，A と B を通る円上にある（図参照）．半径が小さいほど角 α は大きくなる．それゆえ，最大の角 α は，目の高さの線に接する最小の円のときに得られる．それから，ユークリッド III.36 により $d^2 = s(s+h)$ となり，作図にはユークリッド II.14 を使う．ユークリッド II.21 により，角の二等分線は DF であり（弧 AF = 弧 FB），45° の勾配を持つ ($FC = CD$)．

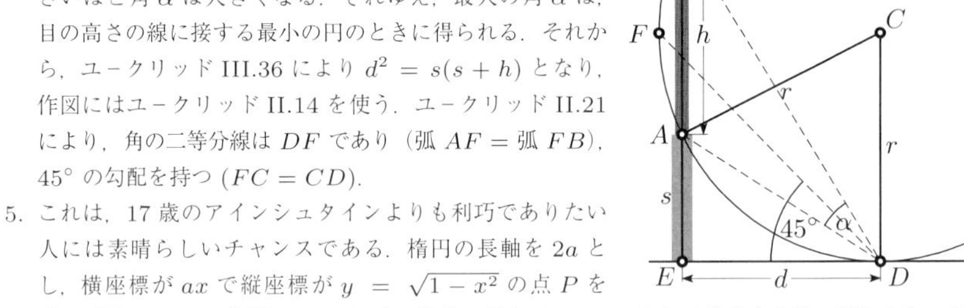

5. これは，17 歳のアインシュタインよりも利巧でありたい人には素晴らしいチャンスである．楕円の長軸を $2a$ とし，横座標が ax で縦座標が $y = \sqrt{1-x^2}$ の点 P を選ぶ（図 7.41 (b) 参照）．P における接線の傾きは $-\frac{x}{ay}$ であり（対応する円の傾きより a 倍の小ささ），P における法線は x 軸を点 $(a - \frac{1}{a})x = \lambda x$ で横切る．ピュタゴラスの定理により r を計算でき，条件 $r = \sqrt{1 - \lambda^2 x^2}$ から $a = \sqrt{2}$ が導かれる．

注意． この結果は [シュタイナー (1828b)] の中で “12. Lehrsatz（定理）” として証明なしに述べられている．

6. ボトルの中心 $A, B, \ldots$ の座標を $x_A, y_A, x_B, y_B, \ldots$ と書く．三角形 FDA, ADB, BEC, CEH は二等辺三角形で底辺は垂直であるか水平であるかになっている（図 7.42 右図参照）．その結果，

$$y_D = \frac{y_A + y_F}{2}, \quad y_E = \frac{y_C + y_H}{2}, \quad x_D = \frac{x_A + x_B}{2}, \quad x_E = \frac{x_B + x_C}{2}$$

となる．四辺形 $BEGD$ は平行四辺形（より正確には菱形）であるから，$x_G = x_E + x_D - x_B$ となり（そして，y に対しても類似の式が成り立つ），上の式と $x_A = x_F$, $x_C = x_H$, $y_A = y_B = y_C$ を代入すると，

$$x_G = \frac{x_F + x_H}{2}, \qquad y_G = \frac{y_F + y_H}{2}$$

が得られる．F, G, H が一直線上にあって等距離であることがわかる．こうして，続く中心 I, J, K, L, M の位置は，対称性により，まさに G に関して中心 E, D, C, B, A の鏡映になっている．最初の 3 つのボトルが同じ高さにあるのだから，最後の 3 つのボトルもそうなる．もし，w が $(2+\sqrt{3})d$ を越えて大きくなり，ボトル B と C が接すれば，ボトル F は A に接し，対称性が失われ，結果はもはや成り立たなくなる．

7. ここと以下4つの演習問題では

$$x^2+y^2=1 \qquad それゆえ \qquad x\,dx=-y\,dy \tag{A.12}$$

を満たす点 (x,y) を求めるので，dx か dy をもう一方で置き換えてもよい．ここでは，$(x+1)y=$ 最大 を解かねばならないが，$x+dx$ と $y+dy$ を代入して，引くことによって，$(x+1)\,dy+y\,dx=0$ が得られ，これから (A.12) を使うと，$x+1-\frac{y^2}{x}=0$ が得られ[27]，(A.12) の最初の式から $2x^2+x-1=0$ となり，その解は $x=\frac{1}{2}$ となる．

8. ここでは $x+2y=$ 最大 であり，前と同じようにすると，$dx+2dy=0$ かつ $1-\frac{2x}{y}=0$ となる．つまり，$y=2x$ となるので，$x=\frac{1}{\sqrt{5}}$, $y=\frac{2}{\sqrt{5}}$ となる．

9. 正方形と4つの長方形の面積を足すと，$4x^2+4\cdot 2x(y-x)=$ 最大，つまり $2xy-x^2=$ 最大 が得られる．これに $x^2+y^2=1$ を加えると，(7.19) とまったく同じ最大問題が得られので，解も同じになる．

10. 体積の公式を 2π で割ると，$xy^2=$ 最大 という問題になり，これから $y^2\,dx+2yx\,dy=0$ という条件が得られる．(A.12) と合わせると，$y^2-2x^2=0$ が得られる．$y^2+x^2=1$ を足したり引いたりすれば，$x=\frac{\sqrt{3}}{3}$, $y=\frac{\sqrt{6}}{3}$ であることがわかる．

11. 体積の公式を $\frac{\pi}{3}$ で割ると，$(x+1)y^2=$ 最大 という問題になり，上と同じようにすれば，$3x^2+2x-1=0$ が得られ，解は $x=\frac{1}{3}$ となる．

12. 円錐の表面積は，アルキメデス（[アルキメデス (250 B.C.)]『球面と円錐について』の命題XV，[ヴェル・エック (1921)] 第I巻 p. 35）に従えば，$\mathcal{A}=y^2\pi+2y\pi\cdot\frac{s}{2}$ となり（$\frac{1}{2}$ という因子はユークリッド I.41 から来る），$y^2+ys=$ 最大 という問題になる．未知数の選び方から，タレスの定理により $y=vs$ になり，ピュタゴラスの定理により $s^2=1-v^2$ となる．ここで，球面の直径を1と選んでいる．これから問題は $(1-v^2)(v^2+v)=$ 最大 となり，$4v^3+3v^2-2v-1=0$ が導かれる．注意深くヴィエートを研究したフェルマーは $v=-1$ が解であることを見つけ，それゆえ，方程式は $v+1$ で割ることができ，$4v^2-v-1=0$ が得られる．この解は $v=\frac{1+\sqrt{17}}{8}$ となる．

13. 上巻 4.2 節の定理 4.3 と図 4.5 (b) から，垂足三角形がこの問題の解であることが直ちにわかる．しかし，解は一意的ではないかもしれず，この定理を見てるだけではわからないだろう．もう一つのアイデアがある．

フェイェールの解. 1900 年頃ベルリン大学で H.A. シュヴァルツが幾何学の講義をしていて，まさに上の結果を苦労して証明したとき，若いハンガリー人の学生が立ち上がってこう言った．「先生，もっと易しい解があります．」この学生こそリポート・フェイェールで，解析学における難しい結果の創意に富んだ「簡単な」証明を与えることで有名になっていく人であった[28]．フェイェールの解は以下の通りである．点 F を AB 上に任意に取る．それから，F を AC に関して折り返して F' を，BC に関して折り返して F'' を取る．DEF の周長は折れ線 $F'EDF''$ の長さに等しい．F', E, D, F'' が一直線上にあれば，これが一番短い．もしこうなっていれば，$F'F''C$ は二等辺三角形で，頂角 C は $2\delta+2\varepsilon=2(\delta+\varepsilon)=2\gamma$ となる．この

---

[27] ［訳註］2つの式から $\frac{dy}{dx}$ を求めて等置すればよい．

[28] ［原註］あなたのハンガリー人の友人にフェイェールのモットー “A tegnap bonyolult problémáját a holnap trivialitásává tenni.” を訳すように頼んでごらんなさい．
［訳注］直訳すれば，「明日行うには自明であるような最後の複雑な問題」だが，明日まではかからず今日中にやってしまえるほどの難しさという気分で，難しく思えても出来るんだと自分に言い聞かせているということか．

角は F の選び方によらない．だから，これらの三角形はすべて相似であり，距離 $F'C = FC$ が最小ならば，つまり，F が C からの垂線の足であれば，距離 $F'F''$ は最小になる．対称性から，E と D に対しても同じ性質が成り立つ．解の一意性もまた明らかで，最小和の性質 (7.21) と合わせると，上巻 4.2 節の定理 4.3 (b) にもなっている．

14. (チューリヒ工科大学の H. エグリによる解) 点 P が CB に沿って Q まで動けば，$AHPG$ の面積は，帯 ⊞ の面積だけ増え，帯 ⊟ の面積だけ減る (図 7.45 (b) 参照)．面積が最大になるのは，両方の帯の面積が同じになるときである．両端の微小な三角形を無視することによって，⊟ と ⊞ は共通の底辺 PQ を持つ平行四辺形になる．それぞれの高さは，直線 CB からの G と H の距離である．こうして，直線 GH は CB と平行でなければならず，四辺形 $AHPG$ と $ABRC$ は A を相似の中心として相似になることになる．B と C での角が直角になるので，AR は三角形 ABC の外接円の直径となる (タレスの円)．こうして，点 P は AO と BC の交点となる．

15. もし B が北極にあるか，A が南極にあるかであれば，図 5.21 から $a = b$ であることがわかる．最大変位 $|a-b|_{\max}$ を δ と書くが，それが起きるのは「赤道」が球面線分 AB を二等分するときであるのは明らかなように見える (そうでなければ，微分を使う)．そのとき，点 B は，誤差がなければそうなるべき $\pi/4$ の位置から，$\delta/2$ だけ低くなる．そのとき，B を通る「経線」と，赤道と線分 AB の半分で球面直角三角形ができる．斜辺が $\frac{\pi}{4}$ で，脚の長さは $\frac{\pi}{4} - \frac{\delta}{2}$ と $\frac{\gamma}{2}$ である．そのとき，上巻 5.6 節の余弦定理 (5.3) は

$$\cos^2\left(\frac{\pi}{4} - \frac{\delta}{2}\right) \cdot \cos^2 \frac{\gamma}{2} = \frac{1}{2} \qquad \text{または} \qquad \frac{1 + \cos(\frac{\pi}{2} - \delta)}{2} \cdot \cos^2 \frac{\gamma}{2} = \frac{1}{2}$$

となる．ここで，(5.9) を使った．これから，$\cos(\frac{\pi}{2} - \delta) = \sin\delta$ を使うと，

$$\sin\delta = \frac{1}{\cos^2 \frac{\gamma}{2}} - 1 = \frac{\sin^2 \frac{\gamma}{2}}{\cos^2 \frac{\gamma}{2}} = \tan^2 \frac{\gamma}{2}$$

となるが，これが γ と δ の間の求められる関係式である．

16. (a) y を x の関数として表わす，つまり，垂直な平行線で葉線を切れば，x を与えたときの未知数 y に対する方程式 $x^3 + y^3 = 3xy$ は 3 次方程式で複雑な解をもつ．積分には，例えば [ホイヘンス (1833)，pp. 154/155] の手稿 XV における，C. ホイヘンスの計算のような，独創的な置換が必要だが，そこでは計算に 1 ページ半も掛かっている．もう一つの非常にエレガントな置換は [ヨハン・ベルヌーイ (全集)] 第 3 巻，p. 403，Lectio Quarta (第 4 講) (1691/92) にあるものである．新しい変数 u を $y = \frac{3x^2}{u^2}$ によって導入すると，葉線の方程式は

$$x^3 = \frac{1}{3}u^4 - \frac{1}{27}u^6$$

となる．これを微分して，結果を u^2 で割れば，

$$\frac{3x^2}{u^2}\,dx = \left(\frac{4}{3}u - \frac{2}{9}u^3\right)du$$

が得られる．左辺は $y\,dx$ であり，積分すれば，求める面積が得られる．

(b) ホイヘンスの手書きの図をヒントに，図 A.20 (b) の v を u の関数として計算すれば，

$$x = \frac{u+v}{\sqrt{2}}, \qquad y = \frac{u-v}{\sqrt{2}}$$

と置いて，交点が 2 つしかないことを期待する．実際，$x^3 + y^3 = 3xy$ に代入すれば，v と v^3 を含む項は打ち消し合い，葉線の方程式は $v = u \cdot \sqrt{\dfrac{3-\sqrt{2}u}{3+3\sqrt{2}u}}$ となる．この関数は 0 から，点 E での u の値である $\frac{3\sqrt{2}}{2}$ まで，オイラーの標準的な置換によって積分することができる（[ハイラー，ヴァンナー (1997)] 演習問題 II.5.2 参照）．

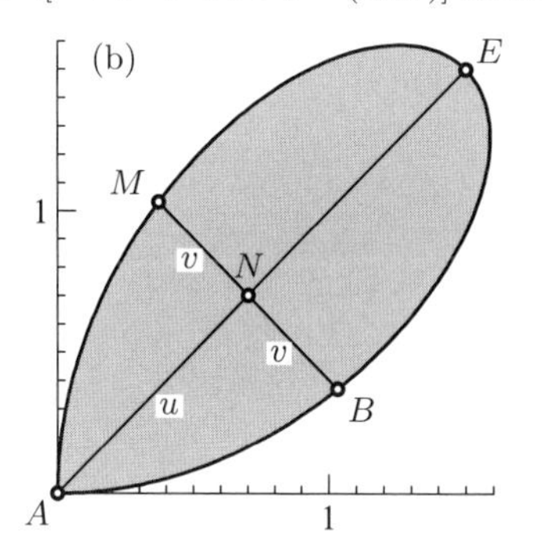

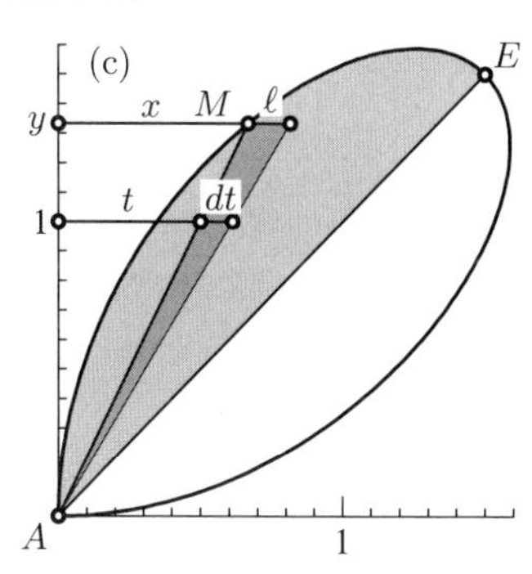

図 **A.20**　デカルトの葉線の面積を計算する

(c) さらにうまくすることができる．葉線を，さまざまな傾きで点 A を通る直線 AM の族で切る，つまり，$x = t \cdot y$ $(0 \leq t \leq 1)$ と置けば，これらの直線はその面積が上半分を満たすような小さい三角形に葉線を切ることができる（図 A.20 (c) 参照）．これを $x^3 + y^3 = 3xy$ に代入すれば，$y^3(1+t^3) = 3ty^2$ となり，y^2 で割ることができて，タレスの定理により，これらの三角形それぞれの高さ y と底辺 ℓ に対する簡単な公式

$$y = \frac{3t}{1+t^3}, \quad と \quad \ell = y\,dt$$

が得られる．ユークリッド I.41 により，この細長い三角形の面積は $\frac{y\ell}{2}$ であり，その 2 倍を足し上げれば，葉線全体に対する易しい積分

$$\mathcal{A} = \int_0^1 y \cdot \ell = \int_0^1 y^2\,dt = 3\int_0^1 \frac{3t^2\,dt}{(1+t^3)^2} = 3\int_1^2 \frac{dv}{v^2} = \frac{3}{2} \tag{A.13}$$

が得られる．

17. 図 7.46 右図の 2 つの灰色の三角形は相似であり，その角の 1 つは直角で，ほかの角は直交性から等しい（図 1.7 参照）[29]．それゆえ，タレスの定理により，$\frac{dz}{dx} = \frac{1}{\cos x}$ となる．また，タレスの定理により，$\frac{dy}{dz} = \frac{1}{\cos x}$ である．また，ピュタゴラスの定理とタレスの定理により，$\frac{1}{\cos x} = \sqrt{1+y^2}$ である．これらすべてから，

$$\frac{dy}{dx} = \frac{1}{\cos^2 x} = 1 + y^2 \tag{A.14}$$

という公式に導かれる．第 2 の項から，$x \leftrightarrow y$ という交換によって arctan の導関数が得られる．

---

[29] ［訳註］もちろん dx が微小だからで，実際には相似でも角が等しくもないが，その差は高次の無限小だということである．

注意. 似たような図を使って，ニュートンは 1669 年の手稿 *De Analysi* において多くの関数の級数展開を発見した．これが彼の最初の大きな成功で，この後で彼はケンブリッジ大学のルーカス教授職を提供された（[ハイラー，ヴァンナー (1997)]I.4 節の図 4.13 参照）.

18. F_1 と F_2 にそれぞれ横座標 -1 と 1 を与えると，条件は $((x+1)^2+y^2) = C^2((x-1)^2+y^2)$ となり，さらに

$$x^2+y^2+2\frac{1+C^2}{1-C^2}x+1=0 \quad \text{つまり} \quad \Big(x+\frac{1+C^2}{1-C^2}\Big)^2+y^2=\Big(\frac{1+C^2}{1-C^2}\Big)^2-1$$

と，円の方程式になる！　左側の方程式は素敵な性質を示している．つまり，$y=0$ と置けば，この円は x 軸と，$x_1x_2=1$（ヴィエートの恒等式）を満たす 2 点 x_1, x_2 で交わる．つまり，F_1, F_2, x_1, x_2 は「調和列点」である（第 11 章 (11.10) 式と，アポロニウス I.36 参照）.

19. 演習問題 16 と同じように，面積は

$$\mathcal{A}=\int_{-\frac{\pi}{4}}^{\frac{\pi}{4}}\frac{r^2}{2}\,d\varphi=\frac{a^2}{2}\int_{-\frac{\pi}{4}}^{\frac{\pi}{4}}\cos 2\varphi\,d\varphi=\frac{a^2}{2}$$

によって与えられる（この積分は易しい）．この結果は，今日ではたいそう簡単なのだが，G.C. ファニャーノが [ファニャーノ (1750)] で発見するまで，半世紀の間は大変な難問であった.

20. (a) 関係式 $x^2-y^2=1$ は $\rho^2\cos^2\varphi-\rho^2\sin^2\varphi=1$ となり，$\rho^2\cos 2\varphi=1$ となる．こうして，$\frac{1}{\rho}$ は，$a=1$ としたときの (7.36) を満たす.

(b) 点 P の座標を $x_P=\cos\varphi/\sqrt{\cos 2\varphi}$, $y_P=\sin\varphi/\sqrt{\cos 2\varphi}$ とすると，(7.9) から接線の方程式が得られ，(7.2c) から原点を通る垂線の方程式が得られる．これにより，

$$\begin{aligned} x\cos\varphi-y\sin\varphi&=\sqrt{\cos 2\varphi}\,,\\ x\sin\varphi+y\cos\varphi&=0 \end{aligned}$$

が得られる．この（直交行列の）線形系は $x_R=x_Q$, $y_R=-y_Q$ という解を持つ.

21. ピュタゴラスの定理と定理 7.17 の証明の表示式（図 7.19 (b) 参照）により

$$\begin{aligned} ds^2&=dr^2+r^2d\varphi^2=\Big(1+\frac{a^4\cos^2 2\varphi}{a^4\sin^2 2\varphi}\Big)dr^2\\ &=\frac{a^4}{a^4\sin^2 2\varphi}\,dr^2=\frac{a^4}{a^4-a^4\cos^2 2\varphi}\,dr^2=\frac{a^4}{a^4-r^4}\,dr^2 \end{aligned}$$

となる.

22. 3 つの半円の面積（$\frac{a^2\pi}{8}$ など）に三角形の面積を足すと，月形の面積と外接円の面積 ($R^2\pi$) を足したものに等しい．こうして

$$\mathcal{L}_a+\mathcal{L}_b+\mathcal{L}_c=\mathcal{A}+\frac{a^2+b^2+c^2-8R^2}{8}\pi$$

となる．(7.53) を適用すると，この分数の分子 R^2-HO^2 が得られる．定理 4.3 (b) から H は垂足三角形の内心 I' であり，定理 4.13 (b) から，半径が $R'=\frac{R}{2}$ で中心が $O'=N$ である九点円は垂足三角形の外接円である．こうして，$R^2-HO^2=4(R'^2-I'O'^2)=8R'\rho'$ となり，最後に，(7.54) のオイラーの最初の公式を垂足三角形に適用したものを使う．こうして，失われた面積は $R'\rho'\pi$ となって，欲しかった結果となる.

23. R. ミュラーは (a) と (b) を単に “bekannte Formeln（既知の公式）” と呼んでいる．100 年後，われわれはそれを理解するのに少し困難を覚える．公式 (b) は定理 7.19 の y_H と同値であり，(a) は相似な三角形 CHD と CBF を考えることによって同じようにしてわかる．しか

し，上巻 4.2 節の図 4.5 (a) のガウスの証明の拡げられた三角形 UVW（その外接円の半径は $2R$ で，外心は H である）を使い，上巻 5.2 節の図 5.9 (a) でのようにユークリッド III.20 を適用した方が簡単である．結果 (c) は上巻 4.6 節の定理 4.13 (d) である．最後に，ユークリッド III.35 から $CH \cdot HM = R^2 - HO^2$ が得られ，これから (7.69) が導かれる．

E.W. ホブソンは [ホブソン (1891), Art. 158] で，これを三角形 OHC に余弦法則 (5.10) を適用し，$OC = R$, $HC = 2R\cos\gamma$, $\angle OCH = \beta - \alpha$ を使って示した．特に (5.61) を含んだ，公式の巧妙な操作によって，同じ結果に導かれる[30]

24. 図 7.48 右図の距離 OC を d と書き，角 ACF を φ と書くと，定理 7.31 の証明と同じようにして，$pp' = 1 - d^2$（ユークリッド III.35）と $p' - p = 2d\sin\varphi$ が得られる．これから，(5.8) を合わせると，

$$p'^2 + p^2 = (p' - p)^2 + 2pp' = 4d^2\sin^2\varphi + 2 - 2d^2 = 2 - 2d^2\cos 2\varphi$$

が得られる．これらの項を 3 つすべて足せば 6 となるのは，

$$\cos 2\varphi + \cos\left(2\varphi + \frac{2\pi}{3}\right) + \cos\left(2\varphi + \frac{4\pi}{3}\right) = 0$$

であるからである．(これは回転するメルセデスの星の重心の実部である．)

25. 1 つの可能性は，オイラーの公式（定理 7.19 参照）を使って少し整理して，

$$AG^2 = x_G^2 + y_G^2 = \frac{1}{9}(2c^2 + 2b^2 - a^2) \tag{A.15}$$

を得ることである．これに，BG^2 と CG^2 に対する類似の表示を足し合わせると $\frac{1}{3}(a^2 + b^2 + c^2)$ という欲しかった結果が得られる．よりエレガントには，パッポスの公式 (4.18) と $AG = \frac{2}{3}\,AD$ という事実（図 4.4 (a) 参照）から (A.15) を得ることができる．

26. 与えられた平行四辺形 $ABCD$ に対して，述べられた条件が点 E を一意的に定めることが納得されさえすれば[31]，逆向きに証明を与える．つまり，**直線 $\boldsymbol{\ell}$ が角の二等分線であると仮定して，**

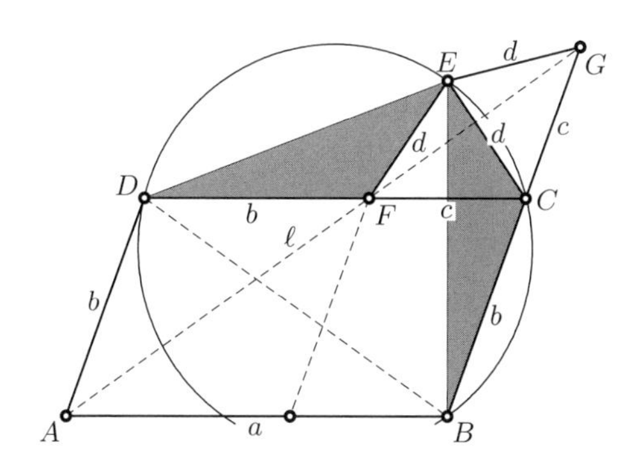

図 A.21　2007 年国際数学オリンピックのルクセンブルグ問題

[30] ［原註］この文献についてはジョン・シュタイニヒに感謝する．

[31] ［原註］点 F を C から D まで動かせば，FC の垂直二等分線と DG との交点である E は，C を通るある放物線上を動く（これは解析的な計算で確かめることができる）．したがって，この

E が外接円上になければならないことを示す．この仮定の下では，ADF は菱形の半分，つまり，$DF = BC = b$ である（図 A.21 参照）．同じように，FCG が二等辺三角形であり，三角形 FEC と CEG は等しい外角を持つ．したがって，（ユークリッド I.4 により）2 つの灰色の三角形は合同であり，D と B は弧 EC に対して同じ円周角を持つことになる．ユークリッド III.21 を逆に使えば，4 つの点 $DBCE$ は同一円周上にある．

注意．IMO の「公式な」解答は直接的な解だが，もっと面倒である．

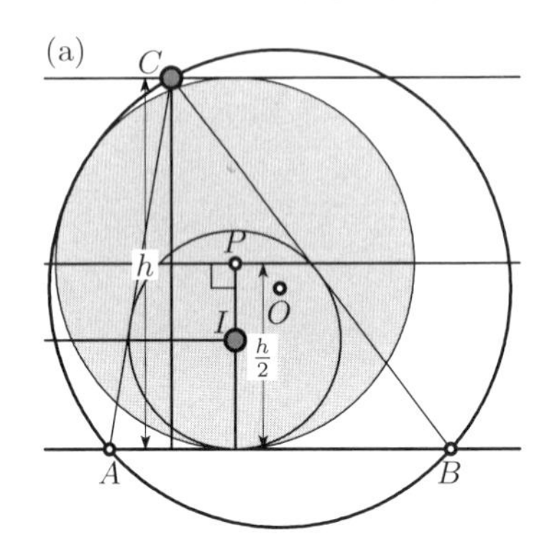

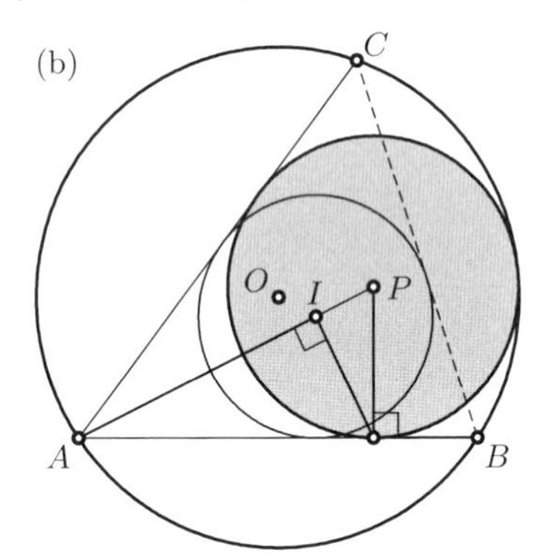

図 **A.22**　(a) $h/2$ 円，(b) 最大のチョコレート卵

27. $p \to 0$ とすればこの結果がわかる[32]．この場合，D は $-\infty$ に近づき，角の二等分線は縦座標が $y_C/2$ の水平線に近づいていく（図 A.22 (a) 参照）．射影 $I \mapsto P$ は垂直になる．
28. D を A と重なるまで機械を動かすと（図 A.22 (b) 参照）答が得られる．AI に直交するように辺 AB の上に内心 I を射影し，それから逆に AB に直交するように角の二等分線に射影することによって，求める円の中心 P が得られる．こうして，円は内接円の $1/\cos^2 \frac{\alpha}{2}$ 倍の大きさである．
29. 曲線は反射楕円と同じ焦点を持つ円錐曲線である．それは，初期位置と方向によって楕円か双曲線になる．この結果はポンスレの「第 2 定理」（7.3 節の図 7.5 右図参照）から導かれる．

A.8　第 8 章の解答

1. A を 3 円の中心の 1 つとする．したがって，ファン・ルーメンの 2 つの双曲線の共通焦点とする．d_1 と d_2 を A に対するこれらの双曲線の準線とし，e_1 と e_2 をその離心率とする．そのとき，最初の双曲線上の点 P に対して，パッポス VII.238 により，距離は $Pd_1/e_1 = AP$ となり，第 2 の双曲線に対して $Pd_2/e_2 = AP$ となる．それゆえ，両方の双曲線上の点に対しては $Pd_1/e_1 = Pd_2/e_2$ でなければならないが，この条件は直線を定める．そのような直線と 2 つの双曲線のどちらとの交点を求めることからも 2 次方程式が導かれ，こうして平面問題となる．

放物線と BCD の外接円とには高々もう一つの交点があるだけである．

[32]　［訳註］p は TTT 機械での $p = \tan\theta$ のこと．

2. A_1, A_2, A_3, A_4 を表す複素数を z_1, z_2, z_3, z_4 と書き，B_1, B_2, B_3, B_4 を表す複素数を w_1, w_2, w_3, w_4 と書く．すると，A_1 からたとえば B_1 へは，線分 A_1A_2 の半分進み，右に 90° 向きを変え（つまり，$-i$ を掛け），また同じ距離だけ進むことによって行くことができる．こうして，

$$\begin{aligned} w_1 &= z_1 + \tfrac{1-i}{2}(z_2 - z_1) \\ w_2 &= z_2 + \tfrac{1-i}{2}(z_3 - z_2) \\ w_3 &= z_3 + \tfrac{1-i}{2}(z_4 - z_3) \\ w_4 &= z_4 + \tfrac{1-i}{2}(z_1 - z_4) \end{aligned} \quad \Rightarrow \quad \begin{aligned} w_3 - w_1 &= \tfrac{1-i}{2}(z_4 - z_2) + \tfrac{1+i}{2}(z_3 - z_1), \\ w_4 - w_2 &= \tfrac{1-i}{2}(z_1 - z_3) + \tfrac{1+i}{2}(z_4 - z_2) \end{aligned}$$

となり，$w_4 - w_2 = i(w_3 - w_1)$ がわかる．

3. 求める辺の長さは，(8.44) から

$$s_{17} = 2 \cdot \sin\frac{\pi}{17} = \sqrt{(\varepsilon-1)(\overline{\varepsilon}-1)} = \sqrt{\varepsilon^1\varepsilon^{16} - \varepsilon^1 - \varepsilon^{16} + 1} = \sqrt{2 - \beta_1}$$

となる．ガウスの証明のさらなる結果を代入すると，$\sqrt{17}$ の平方根の... の平方根を含む平方根が得られる．このためにはそれから，できる限り代数的な整理をする．間違いを犯す心配があるときには，双方の表示が $s_{17} = 0.367499035633141$ という値を与えるかどうかを見るために，結果を数値的に確かめること．

4. （上巻 2.2 節の）ユークリッド IV.16 にヒントを得て，同じ円に内接し，1 つの頂点を共有する，正 17 角形と正三角形を作図する．それから，s_{51} の距離を持つ 2 つの頂点を見つけよ．

5. (a) アポロニウスの『円錐曲線論』の第 V 巻はまるまるそのような極小距離の問題に捧げられている．アポロニウス V.30 は線分 P_0P_1 が，(x_1, y_1) における接線に垂直でなければならないと言っている．この点の極線は $xx_1 - yy_1 = 1$ で，傾き $\frac{x_1}{y_1}$ を持つ．こうして，線分 P_0P_1 は傾き $-\frac{y_1}{x_1}$ を持たねばならず，それゆえ

$$-\frac{y_1}{x_1} = \frac{y_1 - y_0}{x_1 - x_0} \qquad \Rightarrow \qquad \frac{y_0}{y_1} - 1 = 1 - \frac{x_0}{x_1} \tag{A.16}$$

となる．つまり，点 P_1 は与えられた放物線ともう一つの放物線との交わりとして得られる（アポロニウス V.59）．

(b) フェルマーの方法を

$$x^2 - y^2 = 1 \qquad \text{の下で} \qquad (x - x_0)^2 + (y - y_0)^2 = \text{最小}$$

とする問題に適用すると，ライプニッツの記号を使えば

$$(x - x_0)\,dx + (y - y_0)\,dy = 0 \qquad \text{かつ} \qquad x\,dx - y\,dy = 0$$

が得られる．両方の等式から $\frac{dy}{dx}$ を計算すると，(A.16) と同じ方程式が得られる．以下では $(x_0, y_0) = (1, 1)$ と置き，(A.16)の右の表示を λ と書く．これから，$x_1 = \frac{1}{1-\lambda}$, $y_1 = \frac{1}{1+\lambda}$ が得られ，これが放物線上にあるのは，

$$x_1^2 - y_1^2 = \frac{1}{(1-\lambda)^2} - \frac{1}{(1+\lambda)^2} = 1 \quad \Rightarrow \quad \lambda^4 - 2\lambda^2 - 4\lambda + 1 = 0$$

のときである．この 4 次の方程式は 2 つの 2 次の因子が隠れているかもしれず，そして定木とコンパスで作図できる根を持っているかもしれない．そこで（[オイラー (1751)], E170) にならい）

$$\lambda^4 - 2\lambda^2 - 4\lambda + 1 = (\lambda^2 + u\lambda + \alpha)(\lambda^2 - u\lambda + \beta)$$

とおいて，u, α, β を決めることにする．展開すれば，

$$\alpha + \beta = -2 + u^2, \quad \alpha - \beta = \frac{4}{u}, \quad \alpha\beta = 1$$

が得られる．最初の 2 つの方程式を足したり引いたりすれば 2α と 2β が得られ，その積は最後の方程式から 4 になる．これから

$$u^6 - 4u^4 - 16 = 0$$

が，また $u^2 = v$ とおけば

$$v^3 - 4v^2 - 16 = 0$$

が得られる．この方程式は既に見た証明に合っていて，v も $u = \sqrt{v}$ も λ もユークリッドの道具では作図可能でないと結論される．数値計算すれば，$\lambda = 0.22527042609892$ となる．

6. (7.2b) と上巻第 5 章の表 5.2 により，線分 AD と BF はそれぞれ，

$$y = (x+1)\frac{\sqrt{2}}{2+\sqrt{2}}, \qquad と \qquad y = (x-1)\frac{-\sqrt{3}}{3}$$

となる[33]．第 2 の方程式で $(x-1) = (x+1) - 2$ と書き，第 1 の方程式を引いて，$(x+1)$ を求めておく[34]．それから，ピュタゴラスの定理と第 1 の方程式から，$AE = (x+1)\cdot\sqrt{1+(\frac{\sqrt{2}}{2+\sqrt{2}})^2}$ が得られ，これを整理すると，

$$\sqrt[3]{2} = 1.25992\ \ldots \text{ の代わりに } AE = \frac{4\sqrt{2+\sqrt{2}}}{\sqrt{6}+\sqrt{2}+2} = 1.2604724\ \ldots$$

が得られる[35]．

7. E の座標を x, y と書き，距離 EN を z と書けば，3 つの円はピュタゴラスの定理により次の方程式で与えられるので

$$\begin{aligned} &x^2 + y^2 = 2 \\ &(4-x)^2 + y^2 = 4^2 \qquad \Rightarrow \qquad x = \frac{1}{4}, \quad z^2 = 62 \\ &(8-x)^2 + y^2 = z^2 \end{aligned}$$

となる．これから，$AF = 8 - \sqrt{62}$ と近似値 $10 \cdot AF = 1.25992126$ が得られるが，$\sqrt[3]{2} = 1.25992104989487$ である．こうして，誤差は $2.1 \cdot 10^{-7}$ よりも小さく，フィンスラーは「作図する目的では十分に厳密である」と考えている．

8. これらの近似はすべて，確かめることは易しいが，見つけることは難しい！

(a) ADO は正三角形の半分なので，タレスの定理により，$AD = \frac{1}{\sqrt{3}}$ となる．ピュタゴラスの定理により，

33　［訳註］問題での脚註のように $\angle BAD = \frac{45}{2}°$ で $\angle AOF = 30°$ として，半角の公式 $\tan\frac{\theta}{2} = \frac{\sin\theta}{1+\cos\theta}$ を使えばよい．

34　［訳註］$(x+1) = \frac{2}{\sqrt{6}+\sqrt{2}+2}$ となる．

35　［訳註］$AE - \sqrt[3]{2}$ は $\frac{1}{2000}$ より少し大きいが．

$$BC = \sqrt{(3 - \tfrac{\sqrt{3}}{3})^2 + 2^2} = \sqrt{\tfrac{40-6\sqrt{3}}{3}}$$

となる．

(b) 三角形 DOC と CFB は相似なので，タレスの定理により，$OD = \frac{1}{3}$ となる．ピュタゴラスの定理により，

$$AE + ED = 3 + \sqrt{3^2 + (\tfrac{4}{3})^2} \quad \text{となり，これから} \quad \pi \approx \tfrac{9+\sqrt{97}}{6}$$

となる．

(c) ピュタゴラスの定理により DC を計算して $AB = \frac{5}{2}$ を足して，2 に割ると，$\pi \approx \frac{\sqrt{229}+10}{4}$ が得られる．これらの値の精度は図 A.23 に図示した．ラマヌジャンの近似の精度は尋常ではない[36]．

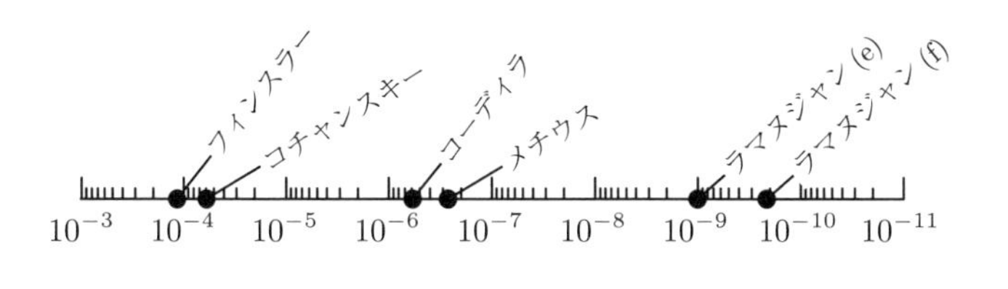

図 A.23　π の近似の誤差

9. ラマヌジャンはこの作図をどのようにして見つけたかを説明していない．おそらく数の遊びをしていて

$$355 = 4 \cdot 81 + 31, \quad 113 = 4 \cdot 36 - 31, \quad 31 = 4 \cdot 9 - 5$$

を見つけたのだろう．だから，$\sqrt{5}$ の作図を見つけることから始めて，残りは，1 つの辺の 2 乗が 4 であるような三角形を使ってピュタゴラスの定理に訴える．ユークリッド II.14 により $QT = SR = \frac{\sqrt{5}}{3}$，ピュタゴラスの定理により $PS = \sqrt{4 - \frac{5}{9}} = \frac{\sqrt{31}}{3}$，タレスの定理により $MN = \frac{\sqrt{31}}{3} \cdot \frac{2}{3} \cdot \frac{1}{2} = \frac{\sqrt{31}}{9} = PL$，タレスの定理により $PM = \frac{\sqrt{31}}{6} = PK$，ピュタゴラスの定理により $KR = \sqrt{4 - \frac{31}{36}} = \frac{\sqrt{113}}{6}$ と $LR = \sqrt{4 + \frac{31}{36}} = \frac{\sqrt{355}}{9}$，タレスの定理により $RD = \frac{RC \cdot RL}{RK} = \frac{3}{2} \cdot \frac{\sqrt{355}}{9} \cdot \frac{6}{\sqrt{113}} = \sqrt{\frac{355}{113}}$ となる．

10. もう一度，確かめるのは易しいが，作図を見つけた人物に対して大いなる称賛を表したい．CB は単位正方形の対角線だから，

$$AM = \sqrt{(1 + \tfrac{1}{3\sqrt{2}})^2 + (1 - \tfrac{1}{3\sqrt{2}})^2} = \sqrt{2 + \tfrac{1}{9}},$$

$$AN = \sqrt{(1 + \tfrac{\sqrt{2}}{3})^2 + (1 - \tfrac{\sqrt{2}}{3})^2} = \sqrt{2 + \tfrac{4}{9}}$$

となる．それから，タレスの定理と作図から，

[36] ［訳註］(a) の近似値を A，(b) の近似値を B などと書くとき，$A - \pi \approx -5.9314884703238 \times 10^{-5}$，$B - \pi \approx -1.16353290443238 \times 10^{-4}$，$C - \pi \approx 5.90212896762 \times 10^{-7}$，$D - \pi \approx 2.66764186762 \times 10^{-7}$，$E - \pi \approx -1.007143238 \times 10^{-9}$，$F - \pi \approx 2.15896762 \times 10^{-10}$ となっている．

$$AQ = \frac{AM \cdot AP}{AN} = \frac{AM^2}{AN} = \frac{2+\frac{1}{9}}{\sqrt{\frac{22}{9}}} \Rightarrow AS = AR = \frac{AQ}{3} = \frac{19}{9 \cdot \sqrt{22}}$$

となる．ピュタゴラスの定理によって SO を計算すると，

$$SO = \sqrt{1 + AS^2} = \sqrt{1 + \frac{19^2}{9^2 \cdot 22}} = \sqrt{\left(9^2 + \frac{19^2}{22}\right)\frac{1}{3^4}}$$

が得られる．SO の平方根を取って，因数 $\sqrt[4]{\frac{1}{3^4}} = \frac{1}{3}$ を括りだせば，(e) の近似に導かれる．

A.9 第 9 章の解答

1. （体積の比を変えることなく）座標の縮尺を変えて，放物面の方程式が

$$z = x^2 + y^2, \qquad 0 \leq z \leq 1, \quad 0 \leq x^2 + y^2 \leq 1$$

であるようにする．そのとき，液体の表面は平面 $z = -x$ の中にあり，液体の境界は $-x = x^2 + y^2$，それゆえ $(x + \frac{1}{2})^2 + y^2 = \frac{1}{4}$ である（図 9.39 (b) 参照）．客にグラスを垂直に見る親切があれば，液体は中心が $-\frac{1}{2}$ で半径が $\frac{1}{2}$ の円に見える．それから，それ以上グラスを傾けずに，ストローで残りを飲むように求められる．すると，表面は $z = x - d$ に沈んでいくと，円 $(x + \frac{1}{2})^2 + y^2 = \frac{1}{4} - d$ が放物線の形に縮小していき，$d = \frac{1}{4}$ には**ドン・ペリニヨン**の最後の一滴となる．こうして，残りのシャンパンはその半径が元の半径の半分で高さがグラスの高さの 4 分の 1 であるような回転放物面を一杯にする．こうしてその体積は，グラス全体の

$$\frac{1}{4} \cdot \frac{1}{2} \cdot \frac{1}{2} = \frac{1}{16}, \qquad \text{つまり，} \quad 6.25\ \%$$

となる．

2. a, b, c, p を点 A, B, C, P の位置ベクトルとする．すると，点 A' は $\frac{p+b+c}{3} = q - \frac{a}{3}$ となる．ここで，$q = \frac{a+b+c+p}{3}$ である．同じように，B' は $q - \frac{b}{3}$ で，C' は $q - \frac{c}{3}$ である．こうして，三角形 $A'B'C'$ は ABC に相似で，相似比は $-\frac{1}{3}$ である．同じ証明を容易に，たとえば空間の四面体に拡張することができ，そのときの相似比は $-\frac{1}{4}$ である．

3. 3 つのベクトル $a \times (b + c)$, $a \times b$, $a \times c$ はすべて a に直交する平面にあり，その長さは指定された平行四辺形の面積である（図 A.24 (a) 参照）．ベクトル a の方向に絵を見れば（図 A.24 (b) 参照），これらの長さは射影されたベクトルの長さに $|a|$ を掛けたものである．公式は，相似比 $|a|$ の 2 つの相似な三角形で，一方が他方に関して $90°$ 回転したものによって表わされる．

4. (9.63) の証明．最初の因子 $a \times b$ は a と b に直交しているので，その c との外積は $\lambda a + \mu b$ の形をしていなければならない．定義 (9.35) を使って $(a \times b) \times c$ の最初の係数を計算すれば，$c_3 a_3 b_1 - c_3 a_1 b_3 - c_2 a_1 b_2 + c_2 a_2 b_1$ となる．座標 a_1 と b_1 に掛かる係数を集めようとすれば，対称な表示を見つけねばならない．このために，$-a_1 b_1 c_1 + a_1 b_1 c_1$ を足すのが賢く，述べられた表示に到達する．そして，すべての係数に対して，これが成り立っている．

(9.64) の証明．ここで $u = a \times b$ と置いてみると，$u \cdot (c \times d)$ は行列式 (9.36) となり，ここで行を入れ替えることができる．だから，$(a \times b) \cdot (c \times d) = ((a \times b) \times c) \cdot d$ が得られる．ここで，(9.63) を使い，d とスカラー積を取ればよい．

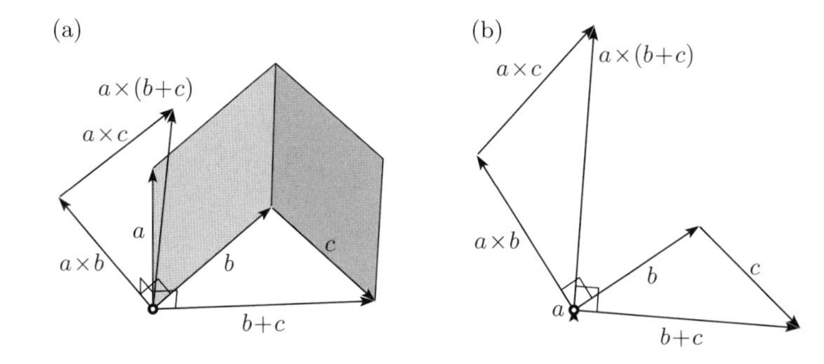

図 **A.24** 左：$a \times (b+c) = a \times b + a \times c$ の証明，右：a に直交する平面上への射影

5. u, v, w が単位ベクトルであることに注意する．(9.64)によって

$$(v \cdot w) - (u \cdot v)(u \cdot w) = |u \times v|\,|u \times w|\,\cos\alpha$$

が得られる．求められる関係式

$$|u \times v| = \sin c,\ \ |u \times w| = \sin b,\ \ v \cdot w = \cos a,\ \ u \cdot w = \cos b,\ \ u \cdot v = \cos c$$

は (9.39)と定理 9.4 から直ちに得られる．

6. ヒントに従えば，

$$\sin c\,\sin b\,\sin\alpha = |(u \times v) \times (u \times w)| = |\langle v, u \times w\rangle|$$

が得られ，同じようにして，

$$\sin c\,\sin a\,\sin\beta = |(v \times u) \times (v \times w)| = |\langle u, v \times w\rangle|$$

が得られる．それから，(9.36)を使えば，結論が得られる．

7. (a) 切頂円錐の側面を，C を頂点とする狭い二等辺三角形からなるものと思うことにする．それらはすべて，α によって定まる同じ傾きを持っている．もし底面に射影すれば（図 9.41 (a,b) の下の部分），ある楕円を満たし，その楕円の面積は側面積 $\mathcal{S}$ に $s = \sin\alpha$ を掛けたものになる．図から，この楕円の長軸は $2a = (v + w) \cdot s$ を満たすことがわかる．短半軸 b は破線の円の円によって定まり，この円が A と B のレベルの中間にあるのは，楕円の中心が A と B を射影した点の中点だからである．タレスの定理から，$DE = vs$（レベル B にある円の直径の半分）であり，$EF = ws$（レベル A にある円の直径の半分）となる．ユークリッド II.14 により，

$$b = \sin\alpha \cdot \sqrt{vw} \tag{A.17}$$

が得られる．目標の結果は，これを上巻 3.3 節のアルキメデスの公式 (3.11) に代入し，その結果を $s = \sin\alpha$ で割れば導かれる．

(b) ユークリッド XII.10（上巻 2.6 節の (2.12)）によって，求める体積は，平面 AB の中の楕円の面積に高さ h を掛けたものの 3 分の 1 である．アルキメデスと合わせると，$\mathcal{V} = \frac{h}{3} \cdot$

$\frac{AB}{2}\cdot b\cdot\pi$ が得られる．三角形 ABC の面積に対する 2 つの公式を比較すると，

$$\frac{AB}{2}\cdot h = vw\,\frac{\sin 2\alpha}{2} = vw\sin\alpha\cos\alpha \tag{A.18}$$

が得られる．この式と (A.17) を，$\mathcal{V}$ に対する表示に代入すると，求める公式 (9.66) が得られる．

(c) 上巻 3.3 節のアポロニウスの公式 (3.8) から，まず (A.17) を，それから (A.18) を代入することによってベルヌーイの公式が得られる．まっすぐな計算で;

$$p = \frac{b^2}{AB/2} = \frac{\sin^2\alpha\cdot vw}{AB/2} = \frac{\sin\alpha}{\cos\alpha}\cdot h$$

が得られる．自分の兄の発見のヨハン・ベルヌーイによる（記号は異なるが）このエレガントな証明がヨハンの一番最初の数学論文になった（[ヨハン・ベルヌーイ (全集)] (vol. I, pp. 45–46)）．

注意. 固定された円錐に対して，(9.66) 式の体積が積 vw だけによっていて，v と w の個々の値にはよらないという事実は，232 ページの図 10.18 のアポロニウス III.43 と合わせると，円錐から固定された体積を切り取るすべての平面は，円錐の母線を漸近線とする回転放物面の接平面になるという興味深い結論を導いてくれる．

8. 境界をたどるとき，各境界点をそれに出会うたびに数える．図 9.41 (d) のマルタ十字に対しては $b = 24$ かつ $i = 16$ となる．図形は m 個の単純多角形に分解されるので，b から -2 の m 倍の修正をしないといけない．こうして，

$$\mathcal{A} = i + \frac{b-2m}{2} = \text{（図の場合では）} = 16 + \frac{24-2\cdot 4}{2} = 24$$

となる．もちろん，4 つの単純多角形に対しピックの定理を 4 回適用することもできるし，マルタ十字に対しては単に，底辺が 3 で高さが 2 の三角形（ユークリッド I.41）を 8 回足してもよい．

9. この性質をプラトンの立体に対して証明することから始める．実際，そのような立体のどんな隣り合う面も同じ角で交わるが，それは球面三角法によって定めることができるし，既に計算している（上巻 5.6 節の (5.32) 参照）．こうして，2 つの隣り合う面の中心を通る垂線は点 O で交わり，O は両方の面から等距離にある．この議論を立体中で繰り返すと，O はすべての面から等距離にあることになる．そのとき，O と頂点との距離はピュタゴラスの定理によって定まり，すべて同じ値になる．同じ議論がアルキメデスの立体に拡張される．なぜなら，それらは，図 9.31 から図 9.37 までの手続きのどれかでプラトンの立体から作図されたが，そのプラトンの立体の面の中心のまわりに対称に配置されているからである．

10. 最初に，立体が 2 つのタイプの k 角形から成っている，例えば，k_1 角形と k_2 角形から成っていて，これらの k 角形のうち，それぞれ ℓ_1 と ℓ_2 個が各頂点で出会っているとする．物体を球面に射影すると球面 k_1 角形と球面 k_2 角形ができ，各稜の上の二等辺三角形の頂角はそれぞれ $\alpha_1 = \frac{2\pi}{k_1}$ と $\alpha_2 = \frac{2\pi}{k_2}$ になる．しかし，底角 β_i はもっと計算は難しい．両方の角に対する余弦法則 (5.41)（上巻の 5.7 節）を書くと

$$\cos a = \frac{\cos\alpha_i + \cos^2\beta_i}{\sin^2\beta_i}$$

となり，$i = 1, 2$ に対して等しくないといけない．この式で $\cos^2\beta_i = 1 - \sin^2\beta_i$ と書くと，

条件

$$\frac{\sin\beta_1}{\sqrt{\cos\alpha_1+1}}=\frac{\sin\beta_2}{\sqrt{\cos\alpha_2+1}}$$

が導かれる．これは，$\ell_1\beta_1+\ell_2\beta_2=\pi$ とで，β_1 と β_2 に対する，2 つの方程式系で，一つは非線形でもう一つは線形である．この方程式系を数値的に解くと，以下の値が得られる．

KepNo.	k_1	k_2	ℓ_1	ℓ_2	β_1	β_2	a	R	ρ/R
1	3	8	1	2	0.5480	1.2968	$32°38'59''$	1.778824	0.678598
2	3	6	1	2	0.5857	1.2780	$50°28'43''$	1.172604	0.522233
3	3	10	1	2	0.5320	1.3048	$19°23'14''$	2.969449	0.838505
4	5	6	1	2	0.9720	1.0848	$23°16'53''$	2.478019	0.914958
5	4	6	1	2	0.8411	1.1503	$36°52'11''$	1.581139	0.774597
8	3	4	2	2	0.6155	0.9553	$60°0'0''$	1.000000	0.707107
9	3	5	2	2	0.5536	1.0172	$36°0'0''$	1.618034	0.850651
10	3	4	1	3	0.5649	0.8589	$41°52'55''$	1.398966	0.862856
12	3	4	4	1	0.5689	0.8661	$43°41'26''$	1.343713	0.850340
13	3	5	4	1	0.5399	0.9822	$26°49'16''$	2.155837	0.918861

8 番と 9 番の立体だけが簡単な表示を持つ．実際，両方の稜はそれぞれ正 6 角形と正十角形である「測地線」をなすからである．

6 番，7 番，11 番の立体に対しては，3 つの異なるタイプの面があり，3 つの方程式の系を解かねばならないが，その結果は以下のようになる．

Kep.	k_1	k_2	k_3	ℓ_1	ℓ_2	ℓ_3	β_1	β_2	β_3	a	R	ρ/R
6	4	6	8	1	1	1	0.810	1.091	1.241	$24°55'4''$	2.317611	0.825943
7	4	6	10	1	1	1	0.794	1.063	1.285	$15°6'44''$	3.802394	0.904944
11	3	4	5	1	2	1	0.539	0.812	0.979	$25°52'43''$	2.232951	0.924594

11. 内接球面は，k の値が最大であるような面に接する．それゆえ，上の表から一番大きい β の値をとり，上巻 5.6 節の (5.34) 式を使う．それにより，表の最後の欄の ρ/R の値が得られる．（11 番の）菱形二十・十二面体が「最も丸く」，その次が（13 番の）変形十二面体であることがわかる．一方，（4 番の）切頂二十面体である FIFA のボールは 3 番目でしかないのだが，はるかに少ない数の革でできている．

A.10 第 10 章の解答

1. この公式は，(10.16) にスカラー積に対する (9.28) を代入し，各列と各行からそれぞれ共通な因子 $|a|$, $|b|$, $|c|$ を括りだし，最後に (9.22) に従って残りの行列式を展開すれば得られる．
2. (10.17) は，(10.62) から，行列式 (10.62) の第 1 列に関して展開し，それから第 1 行に関して展開すれば得られる．符号の変化が要求されている通りであるのは，2 回目の展開で 0 でない係数 1 が $(1,4)$ の位置にあるからである．

   (10.18) 式は，(10.62) 式から，最後の行にそれぞれ $|a|^2$, $|b|^2$, $|c|^2$ を掛けたものを第 2，第 3，第 4 行に足し，それからまた最後の列にそれぞれ $|a|^2$, $|b|^2$, $|c|^2$ を掛けたものを第 2，第

3，第 4 列に足せば得られる．

3. 射影平面が平面 $x_3 = 0$ になるまで座標系を回転して，軸測射影が単にベクトルから第 3 の座標を取り除くだけにする．それから問題の正規直交ベクトルを，直交行列

$$Q = \begin{bmatrix} p_1 & q_1 & r_1 \\ p_2 & q_2 & r_2 \\ p_3 & q_3 & r_3 \end{bmatrix} \tag{A.19}$$

の列ベクトルとし，

$$z_p = p_1 + ip_2\,, \quad z_q = q_1 + iq_2\,, \quad z_r = r_1 + ir_2$$

であるようにする．定理 10.5 の特徴づけ (b)，つまり上の行列の最初の 2 つの行ベクトルが正規直交でなければならないことを使う．すると，$z_p^2 + z_q^2 + z_r^2$ は

$$(p_1^2 + q_1^2 + r_1^2) + 2i(p_1p_2 + q_1q_2 + r_1r_2) + i^2(p_2^2 + q_2^2 + r_2^2) = 1 + 2i \cdot 0 - 1 = 0$$

となる．逆に (10.63) が満たされていれば，行列 (A.19) の最初の 2 つの行ベクトルは正規直交である．それを正規直交基底にまで拡張すると，転置をすれば，(10.63) を満たすどんなベクトルの 3 つ組も $\mathbb{R}^3$ のある正規直交基底の軸測射影の像になっている．

4. どんな非退化な双曲線も，平行移動と回転によって，(10.51) のように，方程式 $\frac{z_1^2}{a^2} - \frac{z_2^2}{b^2} = 1$ に変換することができる．楕円に対して上巻 3.3 節の (3.10) を簡単化したのと同じように，相似変換によって分母の a^2 と b^2 を取り除くことができる．すると，漸近線の傾きは ± 1 となる．45° の回転をすると，漸近線は座標軸に一致し，双曲線の方程式は上巻 3.1 節の (3.2) のように $xy = \frac{1}{2}$ と簡単にされる（図参照）．

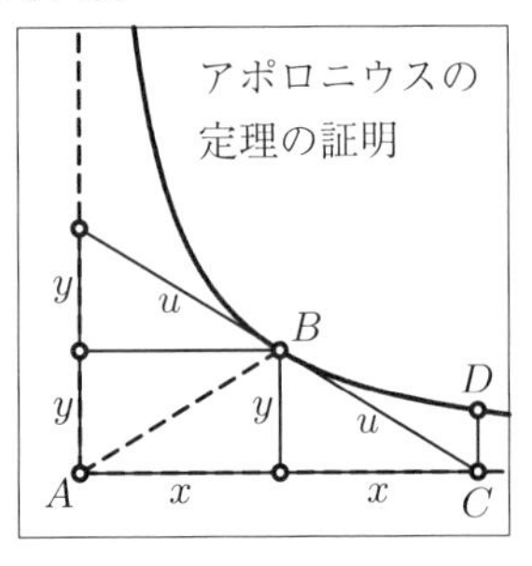

アポロニウス II.3 とアポロニウス II.4 の鍵は，B における接線の傾きが AB の傾きを負にしたものであることである．このことは，$(x + dx)(y + dy) = xy$，だから $x\,dy = -y\,dx$ であること，もしくは，与えられた点 (x_0, y_0) における極線の方程式 (7.9)（ここでは $x_0y + xy_0 = 1$ となる）から導かれる．そのとき，この図の 4 つすべての三角形は合同であり，アフィン変換は平行な線分の長さの比を保つから，これらの結果は成り立つ．

アポロニウス II.13 は $xy =$ 一定 から，アポロニウス III.43 は $2x \cdot 2y =$ 一定 から導かれ，アポロニウス III.34 は $2x \cdot \frac{y}{2} = xy$ を意味している．アポロニウス III.43 の素敵な説明は，固定された双曲線の接線と漸近線で作られるすべての三角形は同じ面積を持つということである．

アポロニウスはアポロニウス II.8 を，EZ に平行な接線を引き，アポロニウス II.3 とタレスの定理を使って $EM = MZ$ を得ることによって得た．そのとき結果は，共役直径 ΔM が $A\Gamma$ を二等分することから導かれる．

5. [デリー (1943)] §134 の証明は以下の通りである．上の演習問題と同じようにして，双曲線を $y = \frac{1}{x}$ に変換する三角形 ABC の頂点の座標を $(a, \frac{1}{a})$, $(b, \frac{1}{b})$, $(c, \frac{1}{c})$ とする．そのとき，たとえば，BC の傾きは $\frac{\frac{1}{b} - \frac{1}{c}}{b-c} = -\frac{1}{bc}$ である．今度は，座標 $(h, \frac{1}{h})$ を持つ双曲線上の点 H を選ぶ．すると，AH が BC と垂直であるのは，

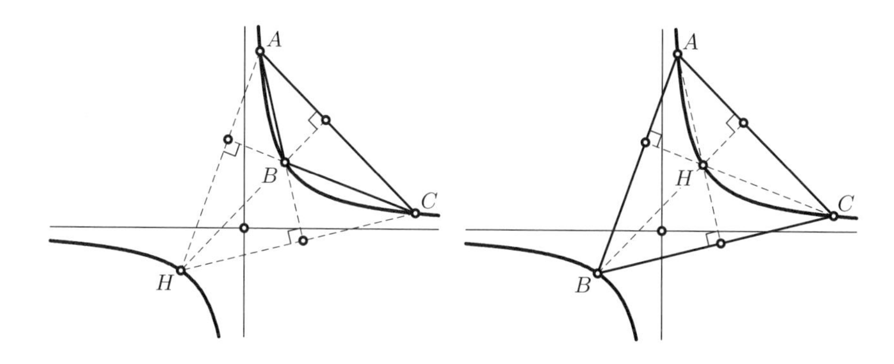

図 **A.25**　等辺双曲線と垂心

$$-\frac{1}{bc} = ah \qquad \text{つまり,} \quad abch = -1 \tag{A.20}$$

のときである．この条件の対称性から，4 点 A, B, C, H のどの 2 つを結ぶ直線も残りの 2 つを結ぶ直線と直交することが示される．こうして，H は ABC の垂心である（図 A.25 参照）．エレガントなブリアンションとポンスレのもとの証明は次章のパスカルの定理 11.5 を使うものである．この定理は図 A.26 左図に再掲するが，どんな円錐曲線に対しても成り立つ．この双曲線に適用するために，双曲線上に任意の 3 点 A, B, C を選び（図 A.26 右図参照），漸近線上の点 E と F を無限遠に押し退け，双曲線上の点 D を DC と AB が直交するように置く．双曲線は等辺なので，AF と DH[37] は直交し，A が三角形 DHK の垂心であることがわかる）．上巻の定理 4.2 により，AD は KH に直交する．しかし，パスカルの定理により，KH は BC と平行である．なぜなら，点 I は，E と F と一緒に無限遠に行ってしまっているから．それゆえ，D は三角形 ABC の垂心でなければならない．

6. これらの直線それぞれに対し，一般に，三角形の頂点の **1** つは直線の一方の側にあり，他の 2 頂点はもう一方の側にある．1 つしか頂点のない側を見よう．こちらの側には，場合 (a) では，三角形から切り取られた周長は，全周長の半分である，一定値 s でなければならない．こうして，これらの直線の（辺との）1 つの交点が一方の側で頂点に近づいていくのは，もう一方の側で頂点から離れていくのと同じ速さである．上巻第 3 章演習問題 10 で，直角の場合に，すでに出会っている状況とまったく同じである．アフィン変換をすれば，包絡線が放物線であることがわかる．直線が頂点を通り過ぎるとき，包絡線は 1 つの放物線から別の放物線に跳び移る．場合 (b) では，固定された角から直線によって一定の面積を切り取るという状況にある．これは，すぐ上の演習問題で見たアポロニウス III.43 によって，放物線を作り出す．
7. バローの解は 2 ページを越えている．角 ABC をアフィン変換によって直角に変える．ABC が直線 $x = 1$, $y = 1$ 上にあって，点 D が原点にあるようになるまで，回転し，ずらし，軸を拡大縮小する（図 A.27 参照）．(x, y) を O の座標とすると，タレスの定理により，N と M の座標はそれぞれ $(\frac{x}{y}, 1)$ と $(1, \frac{y}{x})$ になる．条件 $DO = MN$ に対しては，横座標か縦座標の

[37] ［訳註］パスカルの定理から，H は AF と DE の交点として選ばれているので，直線として DE と DH は同じものである．

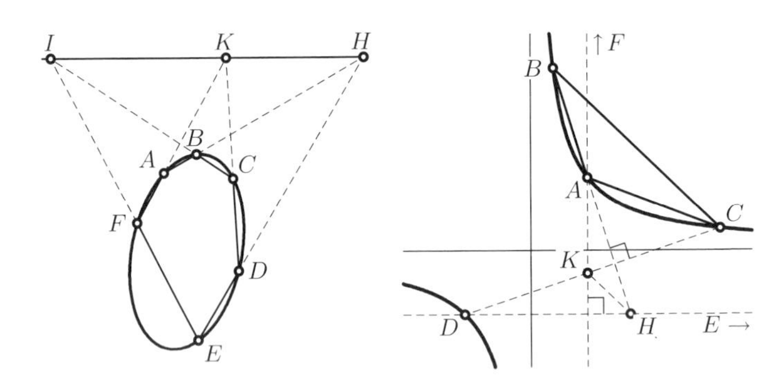

図 A.26　左：パスカルの定理，右：ブリアンションとポンスレの証明

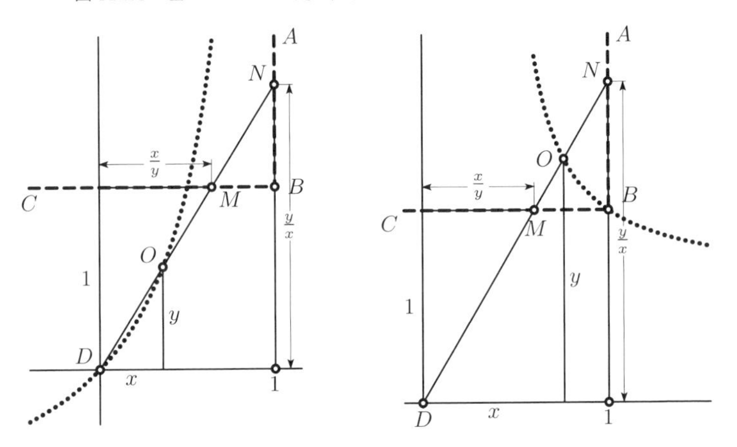

図 A.27　左：バローの最初の問題の解，右：($q = 0.4$ に対する) バローの第 2 の問題の解

値かを使うことができて，

$$x = 1 - \frac{x}{y} \qquad か \qquad y = \frac{y}{x} - 1$$

が導かれる．両方の方程式は

$$xy + x - y = 0 \qquad つまり \qquad (x-1)(y+1) = -1$$

と同値である．こうして曲線は双曲線となるが，向き付けは反対になり，直線 $x = 1$ と $y = -1$ が漸近線となる．

8. 前と同じようにすると，条件 $MO = q \cdot MN$ は

$$x - \frac{x}{y} = q \cdot (1 - \frac{x}{y}) \qquad \text{か} \qquad y - 1 = q \cdot (\frac{y}{x} - 1)$$

となる．またしても，両方の方程式は

$$xy - (1-q)x - qy = 0 \qquad \text{つまり} \qquad (x-q)(y-(1-q)) = q(1-q)$$

と同値である．これは $x = q$ と $y = 1 - q$ を漸近線とする双曲線である．

9. 証明は，52 ページの定理 7.6 の証明のわかりやすい拡張になっている．定義 7.1 の極線の定義を拡張し（ここでは平面になる），この方程式を (10.64) の平面の方程式と，また極 x_0 が楕円体上にあるという条件とを比較すればよい．

10. $n_{i1}x_1 + n_{i2}x_2 + n_{i3}x_3 = d_i$ $(i = 1, 2, 3)$ を 3 平面の方程式とする．ここで，(n_{i1}, n_{i2}, n_{i3}) は互いに直交する 3 つの単位ベクトルとすると，d_1，d_2，d_3 はこれらの平面の原点からの距離である．この 3 平面に対する条件 (10.65) は

$$\begin{aligned} n_{11}^2 a_1^2 + n_{12}^2 a_2^2 + n_{13}^2 a_3^2 &= d_1^2 \\ n_{21}^2 a_1^2 + n_{22}^2 a_2^2 + n_{23}^2 a_3^2 &= d_2^2 \\ n_{31}^2 a_1^2 + n_{32}^2 a_2^2 + n_{33}^2 a_3^2 &= d_3^2 \end{aligned} \tag{A.21}$$

となる．仮定により，(A.21) の中の行列 $[n_{ij}]$ の**行**は正規直交基底をなす．定理 10.5 により，**列**もまた正規直交基底でなければならない．その結果として，(A.21) の 3 つの方程式の和は整理すると

$$d_1^2 + d_2^2 + d_3^2 = a_1^2 + a_2^2 + a_3^2$$

となり，ピュタゴラスの定理より，これは 3 平面の交点の原点からの距離の 2 乗になる．

11. 元の導出は，放物線と円が点 A で同じ接線と曲率を持つ，つまり，1 次と 2 次の微係数が同じであること（上巻 5.10 節 (5.51) の帰結）に基づいて，微分学を使ったものである．また，円と放物線は，A のまわりの無限に近い 3 点と点 B で一致すると言うことができる．数十年後，スイス，カントン州の二人の学校教師，シルヴィー・コノド（ラ・トゥール・ド・ペのギムナジウム）とクリストフ・ソランド（ブニョンのギムナジウム）が独立にもっとエレガントな幾何学的証明を発見した．
数学ではしばしば起こることだが，問題を複雑にすると解きやすくなることがある．2 つの曲線

$$y - a - bx - cx^2 = 0 \quad (\text{放物線}) \quad x^2 + y^2 - 1 = 0 \quad (\text{円})$$

を別々に考える代わりに，曲線族

$$\mu \cdot (y - a - bx - cx^2) + (1-\mu)(x^2 + y^2 - 1) = 0 \tag{A.22}$$

を考えるのである（μ はパラメーター）．μ が 0 から 1 まで変わっていけば，これらの曲線は円を放物線に変換する楕円を表している．$\mu > 1$ に対しては双曲線が得られる[38]．このすべての円錐曲線は同じ 4 点を 2 つの「生成元」として，つまり A での 3 点と点 B を通る（図 10.21 (b) 参照）．μ がある特定の値になると，この双曲線は，直線の対である，漸近線に退化する．それが A での 3 点を点 B と共に回復しないといけないので，この漸近線の 1 つは A

[38]［訳註］図 10.21, (a) から $c < 0$ であることがわかる．(A.22)の x^2 の係数 $1 - (c+1)\mu$ は，$0 \le \mu \le 1$ では正であり，$\mu > 1$ ではしばらくの間は負であり，ある値で漸近線に退化する．

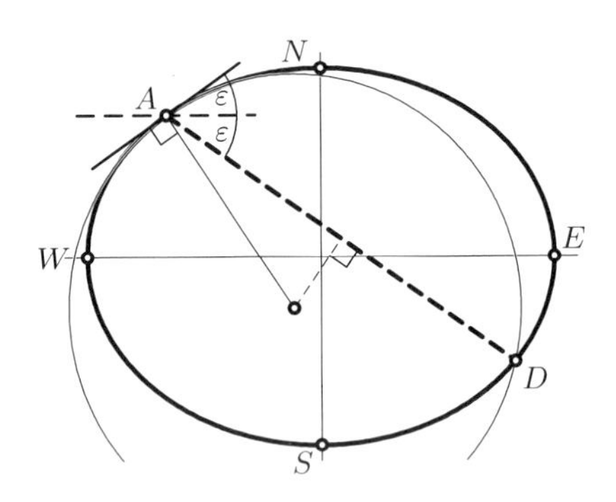

図 **A.28** 楕円上の点に対する接触円の作図

での接線であり，もう一つは A と B を結ぶ直線となる．決定的な観察は，これらの円錐曲線の方程式 (A.22) のどれも xy の項を含んでいない，つまり，(10.49) の中の b の値は 0 であり，(10.50) の行列 T には回転の効果はない．したがって，すべての円錐曲線は，ON に平行であるか直交するかの軸を持つ．その結果，退化した双曲線の漸近線は ON に対して対称な傾きを持つ（図 10.21 (c) 参照）．つまり，角 NOA の直交角である A の左の角 α は A の右にも現れることになり，ユークリッド III.20 により，角 BOA' は 2α となる．それゆえ，$\beta = \alpha + 2\alpha = 3\alpha$ である．

12. 証明は直前の演習問題とまったく同じである．退化した漸近線は，図 10.21, (d) の中では，A_1 と A_2 を結ぶ直線と A_3 と A_4 を結ぶ直線からなるものになる．そのとき，ON と角 $\frac{\alpha_1+\alpha_2}{2}$ をなすベクトル $OA_1 + OA_2$ は第 1 の漸近線に直交し，角 $\frac{\alpha_3+\alpha_4}{2}$ をなすベクトル $OA_3 + OA_4$ は第 2 の漸近線に直交する．2 つの漸近線の傾き（の絶対値）は同じなので，結果は明らかである．
13. 図 A.28 に示された，楕円の任意の点 A に対して接触円の作図をすることから始める．**この円がもう一度楕円と交わる点 D は，傾きが接線の傾きと対称であるような線分 AD を引くことによって得られる．** このことは図 10.21 (b) から見て取れる．なぜなら，そこに描かれた円は，族 (A.22) のすべての円錐曲線に対して，点 A における接触円であるからである．
それから接触円のことは忘れて，楕円を円に，横座標を $\frac{a}{b}$ 倍することによって変換する．2 つの角 ε は等しくなり，図 10.21 (c) で角 α と呼んだものになる．したがって，(10.66) と同じように，A が W から N まで動くとき，点 D は弧 $WSEN$ を 3 倍の速さで動くことになる．だから，この弧の上の固定された点 D に対して，シュタイナーの問題の最初の解が存在する（図 10.22 右図参照）．点が次の象限に動いていけば，点 D は次々と 3 つの象限を通りぬけるので，第 2 の解 B が解 A の 120° 戻ったところに見つかる．さらに 120° 戻れば，第 3 の解 C が得られる．
円に変換したときには ABC は正三角形になるので，B での接線は AC と平行である．この性質はアフィン変換で楕円に戻っても成り立ち，上の作図から，傾き BD と傾き AC は対称であると結論される．このことから，(A.22) で使ったアイデアを修正することによって，A, B, C, D が同一円周上にあることを示すことができる．AC を結ぶ直線と DB を結ぶ直線は $x+cy+d=0$ と $x-cy+e=0$ という形をしているので，この 4 点は $(x+cy+d)(x-$

$cy + e) = x^2 - c^2y^2 + \ldots = 0$ で定義される退化した円錐曲線上にある．これと楕円の方程式を組み合わせると，この 4 点は族

$$\mu \cdot (x^2 - c^2y^2 + \ldots) + (1-\mu)\left(\frac{x^2}{a^2} + \frac{y^2}{b^2} - 1\right) = 0 \tag{A.23}$$

の円錐曲線のそれぞれの上に乗っているのだが，μ を適当に選べば，このうちの 1 つは円の方程式になる．

A.11　第 11 章の解答

1. タレスの定理により，仮定から $\frac{OA'}{OC} = \frac{OC'}{OA}$ と $\frac{OB'}{OC} = \frac{OC'}{OB}$ が得られる．1 つ目の式を 2 つ目で割れば，$\frac{OA'}{OB'} = \frac{OB}{OA}$ が，つまり $\frac{OA'}{OB} = \frac{OB'}{OA}$ が得られるが，これが求める結果である．
注意. この形の定理は，ヒルベルトの，公理系から幾何を展開する際の礎石である（上巻 2.7 節と [ヒルベルト (1899)] 参照）．彼はその「定理 21」としてこれを証明し，逆向きに，「定理 22」として，タレスの定理の正当性を導いている．
2. 与えられた点を $P_1, \ldots, P_5$ と呼び，交点 $K = P_1P_2 \cap P_4P_5$ を作図し，P_5 を通る任意の直線 ℓ を引いて，求める点 P_6 を含むことになる．この直線は P_2P_3 と点 L で交わる．次に，パスカル線 KL を引いて，P_3P_4 との交点を M と書く．そのとき，ℓ と MP_1 の交点は，円錐曲線上の求める点 P_6 となる．円錐曲線上にもっと点が欲しければ，（ℓ を動かし）同じ手続きを繰り返せばよい．

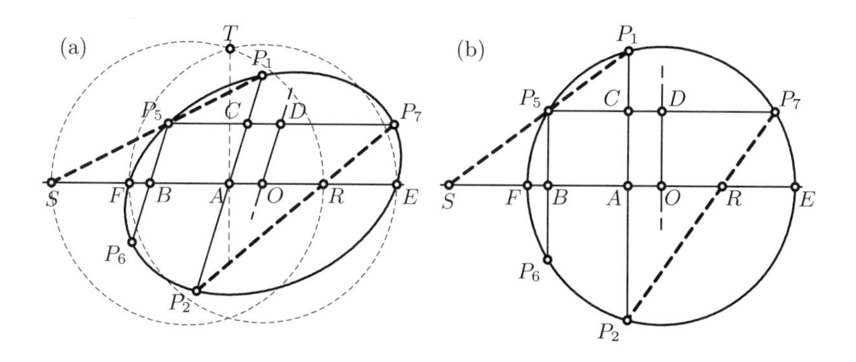

図 A.29　(a) 5 点からの楕円のパッポスの作図，(b) 証明

パッポスの作図 ([パッポス選集] 第 VIII 巻，命題 13)．上と同じように，新しい点 P_6 を見つけるために P_5 を通る直線を引く．主要なアイデアは，直線 ℓ を既知の直線，例えば P_1P_2 と平行に選ぶことである．A と B をそれぞれ線分 P_1P_2 と P_5P_6 の中点とする[39]．それから，A と B を通る直線 d は楕円の直径を定める（図 A.29 (a) 参照）．それからまた P_5 を通る直

39　[訳註] 以下では上の手続きは既知としていて，ℓ を決めれば，その線上に決まる楕円の点には断らず，新しい添え字での P_i のように書いている．

線 ℓ を d に平行に選ぶと，線分 P_5P_7 が得られ，その中点 D がもう一つの共役直径（P_1P_2 と平行である）の位置を定める．こうして楕円の中心 O が求まった．

次に $r = EO = OF$ を定める．ここで，AB を通る直径の端点を E と F と書いている．パッポスのアイデアは，直線 P_2P_7 と P_1P_5 と，d との交点をそれぞれ R と S とすることである．（パッポスがやったように，複比を使わず）ユークリッドの命題群を直接に適用するために，直線 d 上のすべての点を固定したままで，楕円を円に変換する．そのとき，ユークリッド III.35 を 2 回使った後，相似な三角形 P_1CP_5 と P_1AS にタレスの定理を使い，また CP_7P_2 と ARP_2 にも同じようにすると，

$$\frac{FA \cdot AE}{P_2A \cdot AP_1} = 1 = \frac{P_5C \cdot CP_7}{CP_1 \cdot P_2C} = \frac{SA \cdot AR}{AP_1 \cdot P_2A} \quad \Rightarrow \quad FA \cdot AE = SA \cdot AR$$

が得られる．この最後の表示は直線 d 上の点にしか依っていないので，両方の図形に対して成り立っている．これ以降のパッポスの推論は煩(わずら)わしいものである（[T.L. ヒース (1921)] 第 II 巻 p. 436 参照）．上の式の最後の表示の平方根をとると，ユークリッド II.14 により，直径が SR と FE の 2 円は，A を通る垂線上の点 T で交わらねばならない（図 A.29 (a) 参照）．S, R, A がわかっているので，T を作図することができ，$r = OT$ となる．

最後のについては，同じようにして第二の共役直径を見つけた後で，パッポスは証明なしで，上巻第 3 章の演習問題 19 に基づいた作図を述べている．上巻 3.3 節の図 3.9 (a) で与えられたリッツのエレガントな作図はより単純である．

3. 恐らくこれが本書での，ユークリッド III.21 の最後の応用である．z_3 と z_4 における角はともに α に等しいから，複素数の割り算の性質に依って（図 8.6 右図参照），$\frac{z_3 - z_1}{z_3 - z_2} = C_1 \cdot e^{i\alpha}$ かつ $\frac{z_4 - z_1}{z_4 - z_2} = C_2 \cdot e^{i\alpha}$ であるので，それらの比は実数である．メビウス変換におけるこの複比の不変性は，それゆえ円の不変性は定理 11.9 で示されている．

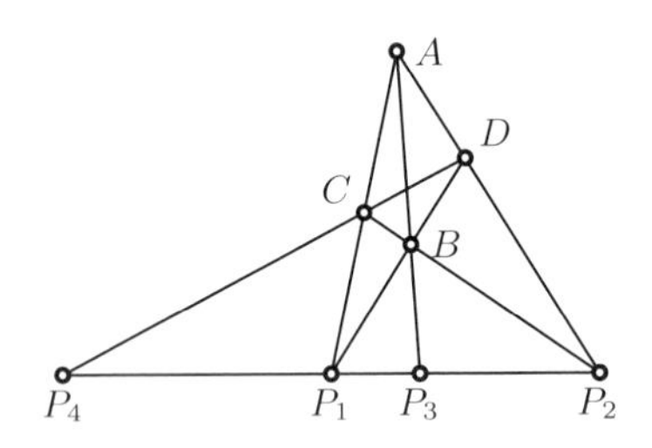

図 **A.30**　第 4 の調和点の作図

4. 定理 11.10 を使う（図,A.30 参照）．A を任意にだが，直線 P_1P_2 上にではなく選ぶ．A を P_1，P_2，P_3 と結ぶ．B を AP_3 上に任意に選ぶ．それから，図に示すように C，D，P_4 を求めていく．

5. (a) $P_1P_2 = \lambda$ と置く．そのとき，2 対の相似三角形から，$P_1P_3 = \frac{\lambda c}{b}$ と $P_3P_2 = \frac{\lambda c}{a}$ が得られる．その和は λ にならないといけないので，$c \cdot (\frac{1}{b} + \frac{1}{a}) = 1$ となる．

(b) α と書いた角の正接はともに $\frac{ab}{\lambda c}$ である．

高度な素養を使うと以下のようになる．$DECP_4$ を引くことによって図形を完成させると，まさに図 A.30 の図形が得られるが，ここでは点 A は P_4P_2 に垂直無限遠方に動かされている．それゆえ，$2c$ は a と b の調和平均である．なぜなら，P_4 からの P_3，P_1，P_2 までの距離がこ

の性質を持っているからである．直線 CP_3，DP_3，EP_3，P_4P_3 もまた調和であり，だから α と書かれた 2 つの角は等しくなければならない．

6. 点 P_3 が調和平均の位置にある（左の絵）なら，$EP_3 > CP_3$ だから，角の P_3P_1E は α より大きい．したがって，β と書かれた角が等しくなるには，P_3 は右に動かさなければならない．
7. (a) O を $x_1 = -1$ に，N を $x_2 = 1$ に置けば，すると，N は O と H の中点なので，H は $x_4 = 3$ にある．OG は $OH = 4$ の 3 分の 1 だから（上巻 4.6 節の定理 4.12 参照），$x_3 = -1 + \frac{4}{3} = \frac{1}{3}$ となり，(11.10) は満たされる．
   (b) 上巻 4 章の演習問題 9 の図 4.30 で，(11.11) により O, A', L, ∞ が調和列点であることがわかる．点 O, N, G, H はこれらの点の，A からオイラー線の上への中心射影だから，それもまた調和列点になる．
8. (a) $\frac{GF}{FH} = p$ と置けば，F を中心とする相似により，$u' = pu$ かつ $v' = pv$ となる．次に，$\frac{AH}{AG} = q$ とすると，A を中心とする相似により，$u = qv'$ かつ $v = qu'$ となる．これから，$u = pqv = (pq)^2u$ となる．p と q はともに > 0 であるので，$pq = 1$ であり $u = v$ となる．
   (b) 図 11.30 と図 A.30 を見比べると，B, C, H と，DE と BC の交点である無限遠点とで調和列点になることがわかる．また，証明 (a) の中の pq が，符号を除いて，複比であることがわかる．結果の $uv = 1$ は A, F, G, H が調和列点であることと関係している．
9. 点 P_4 を半径 0 の円と考える．この「円」と直交するどんな円も P_4 を通らなければならない．さらに，点 D は O と P_4 に中心を持つ円に関して等しいベキを持ち，垂線 DE は等ベキの直線である．そのとき，図 11.31 (a) は上巻 4.5 節の図 4.10 の右の図の特別な場合になる．

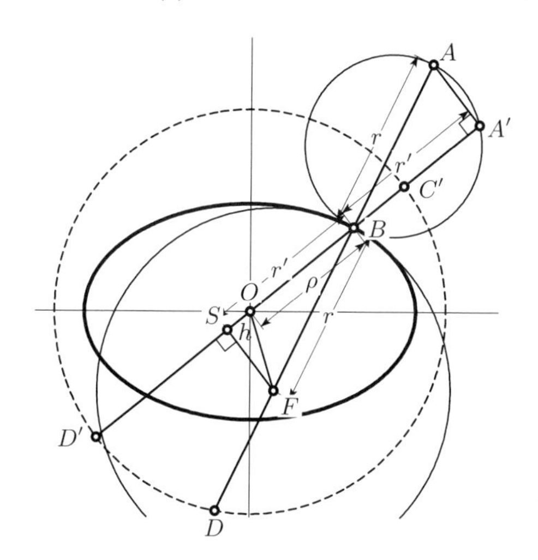

図 A.31　楕円の曲率に関するシュタイナーの挑戦問題の証明

10. アイデアは演習問題 9 からヒントをもらい，モンジュの円の直径である直線 $A'BC'D'$ を選ぶことである（図 A.31 参照）．タレスの円により，A' はこの直線の上への A の直交射影であるので，F の直交射影を S とすると，距離 $SB = BA' = r'$ は同じである．F と B に対して簡単な表示 $F = \left(c^3(a - \frac{b^2}{a}), s^3(b - \frac{a^2}{b})\right)$，$B = (ca, sb)$ が得られ（78 ページの (7.46)

参照)，同じ記号を使い続けることにする．ピュタゴラスの定理により $\rho^2 = c^2a^2 + s^2b^2$ となる．．$r' = \rho + h$ を使う．ここで，$-\rho h$ は OB と OF のスカラー積だから，$\rho h = -(c^4 - s^4)(a^2 - b^2)$ である．この状況で，条件 (11.10) は $\rho(\rho + r') = 2\rho^2 + \rho h = a^2 + b^2$ となる．これを確かめるのは今や三角関数の恒等式を使う簡単な計算になる[40]．

11. **完全四角形**は一般の位置にある 4 点からなるものである（つまり，どの 3 点も 1 直線にない）．この 4 点を対ごとに結べば 6 直線が得られ，その交点として **3** つの点が追加される．定理 11.10 の双対版は次のように述べることができる．**この 3 点の 1 つを共点とし，その点と残りの点を結ぶ 4 直線は調和である**[41]．

12. 構成から，S の列は A の列と直交している．こうして，A_k を通る高さの足は

$$\begin{bmatrix} f_{1k} \\ f_{2k} \\ f_{3k} \end{bmatrix} = \begin{bmatrix} a_{1k} \\ a_{2k} \\ a_{3k} \end{bmatrix} - \frac{1}{s_{1k}^2 + s_{2k}^2 + s_{3k}^2} \begin{bmatrix} s_{1k} \\ s_{2k} \\ s_{3k} \end{bmatrix}$$

で与えられる．

13. Q を，列ベクトルが A の固有ベクトルの基底である直交行列とする．すると，$Q^\mathsf{T}AQ = D$ は対角行列である．

$$s_i = \begin{cases} 0 & (d_{ii} = 0) \\ |d_{ii}|^{-1/2} & (\text{その他}) \end{cases}$$

と置き，$S = \mathrm{diag}(s_1, s_2, s_3)$, $T = QS$ と置く．

14. 斉次座標で，2 つの円錐曲線は $x^\mathsf{T}Ax = 0$ と $x^\mathsf{T}Bx = 0$ で表わされる．ここで，A と B はある実対称 3×3 行列である．x_0 を点 P の斉次座標とする．そのとき，x_0 の極線は $x_0^\mathsf{T}Ax = 0$

---

[40] ［訳註］老婆心ながら，$s^2 + c^2 = 1$ であることをお忘れなく．

[41] ［訳註］双対性がよく見えないので，もとの定理 11.10 の状況と，上の双対の主張を対比的に見てみよう．左が定理 11.10 で，右がこの演習問題の解答である．完全四辺形は一般の位置にある 4 直線から成り，完全四角形は一般の位置にある 4 点から成る．点の名前は，図 11.19 と同じになるようにしているが，直線の名前がないと述べにくいので，追加した．最初に与えたものと，後から作られて行くものが混乱してわかりにくいかもしれないので，表の形で順を追って対応を見てみる．

	完全四辺形	完全四角形
初めに	4 直線 a, b, c, d	4 点 A, E, C, F
対ごとに 6 つ	交点 $A = a \cap b, B = a \cap c, C = c \cap d, D = b \cap d, E = a \cap d, F = b \cap c$	結ぶ線 $a = AE, b = AF, c = CF, d = EC, e = AC, f = EF$
追加の 3 つ	対角線 AC, BD, EF	交点 $B = a \cap c, D = b \cap d, P_4 = e \cap f$
選ぶ 1 つ	AC（ほかの EF, BD を取ってもよい）	B（ほかの P_4, D を取ってもよい）
調和なもの	4 点 A, C, P_3, P_4	4 直線 a, c, BP_3, BP_4

最下段，B を共点とする 4 直線が，B を通らない直線 e と，交わるのが．e 上の 4 点で，これが定理 11.10 により調和列点なので，この 4 直線も調和となる．それぞれの行で，266 ページの双対性の表の対応になっていることを確かめることができる．

と $x_0^\mathsf{T} Bx = 0$ という形をしている．実数 $\lambda \neq 0$ があって $Ax_0 = \lambda Bx_0$ となるなら，この 2 つの直線は一致する．そのような条件は**一般固有値問題**と呼ばれる．幾何的に意味のある状況では，行列 A と B の両方が可逆であり，x_0 は標準的な固有値問題 $B^{-1}Ax_0 = \lambda x_0$ の解である．

参考文献

[訳者注意 1] 史的な文献も多いし，日本語に訳されていない文献がほとんどで，読者が実際に探そうとするときのために，雑誌名や出版社名などは原文のままにした．配列は著者名のカタカナ表記のアイウエオ順に並べ直した．内容の理解に役立つことはすべて日本語に訳すが，文献を手に入れようとする読者に必要なデータは残すこととした．末尾の訳者注意 2 を参照のこと．

書名の日本語訳は，日本で出版されているのものはそのタイトルで，そうでないものは意味をとって訳すか，すでに日本語の数学史の本の中で訳されているものはそれに従うことを原則とした．しかし，諸本の中で訳語が同じでないこともある．ボイヤー『数学の歴史』（加賀美鐵雄・浦野由有訳，朝倉書店）の訳語はおおむね適正で，それに従ったことが多いが，最終的には，予備知識のない読者に最もわかりやすいと思われる訳語を与えるようにした．

雑誌名は，頻出して訳語でもわかるものを日本語に訳し（原タイトルは文献表の後尾を参照），他は原著に挙げられているままにした．書籍のデータで，出版地と出版社がともに記載されている場合は，「出版社，出版地」ないし「出版社名（出版地）」のように書く．

古い出版物に関しては出版組織がはっきりしていないことも多く，出版地のみが記載されていることがある．記述上の統一のため，社名と地名は訳さないことにした．地名が古名だったりラテン語名だったりすることもあるが，再版されていなければ手に入れることは不可能に近いので，あえてそのままにした．

[A. アイゼンローア (1877)] A. Eisenlohr,『古代エジプトの数学ハンドブック，翻訳と説明付き (*Ein mathematisches Handbuch der alten Ägypter, übersetzt und erklärt*)』, Leipzig 1877; second ed. (without plates) 1891.

[アイトケン (1964)] A.C. Aitken,『行列式と行列 (*Determinants and Matrices*)』, Oliver and Boyd, Edinburgh and London 1964.

[アブダル，ヴァンナー (2002)] A. Abdulle and G. Wanner,『最小二乗法の 200 年 (*200 years of least squares method*)」,『数学基礎』57 (2002) 45–60.

[アポロニウス (230 B.C.)] Apollonius of Perga,『円錐曲線 (*Conics*)』(~230 B.C.). [ヒース (1896)] と [ヴェル・エック (1923)] 参照.

[アポロニウス (230 B.C.)b] ——,『平面図形 (*De locis planis*)』(~230 B.C.). [シムソン

(1749)] 参照.

[アルガン (1806)] J.-R. Argand,『幾何学的構成によって虚量を表わす方法についての試論 (*Essai sur une manière de représenter les quantités imaginaires dans les constructions géométriques*)』, chez Mme Vve Blanc, Paris 1806.

[アルキメデス (250 B.C.)] Archimedes (~250 B.C.),『球面と円柱について (*On the sphere and cylinder*)』, 2 巻本. [ヒース (1897)] p. 1 と [ヴェル・エック (1921)] I, pp. 1–124 参照.

[アルキメデス (250 B.C.)a] ――,『円の計測 (*Measurement of a circle*)』(~250 B.C.). [ヒース (1897)] p. 91 と [ヴェル・エック (1921)] I, pp. 127–134 参照.

[アルキメデス (250 B.C.)b] ――,『円錐と球体について (*On conoids and spheroids*)』(~250 B.C.), [ヒース (1897)] p. 99 と [ヴェル・エック (1921)] I, pp. 137–236 参照.

[アルキメデス (250 B.C.)c] ――,『らせんについて (*On spirals*)』(~250 B.C.). [ヒース (1897)] p. 151 と [ヴェル・エック (1921)] I, pp. 237–299 参照.

[アルキメデス (250 B.C.)d] ――,『平面の釣り合いについて (*On the equilibrium of planes*)』, 2 巻本 (~250 B.C.). [ヒース (1897)] p. 189 と [ヴェル・エック (1921)] I, pp. 303–350 参照.

[アルキメデス (250 B.C.)e] ――,『放物線の求積 (*Quadrature of the parabola*)』(~250 B.C.). [ヒース (1897)] p. 233 と [ヴェル・エック (1921)]II, pp. 377–404 参照.

[アルキメデス (250 B.C.)f] ――,『補題の書 (*Book of Lemmas*)』(~250 B.C.). [ヒース (1897)]p. 301 参照.

[アルシナ, ネルセン (2007)] C. Alsina and R.B. Nelsen,「エルデシュ・モーデルの不等式の視覚的証明 (*A visual proof of the Erdős-Mordell inequality*),『幾何フォーラム』7 (2007), 99–102.

[P. アンリ (2009)] P.P.A. Henry,「アドリアン・ファン・ルーメンの問題のフランソア・ヴィエートの解答 (*La solution de François Viète au problème d'Adriaan van Roomen*), manuscript 2009.

[イルミンガー (1970)] H. Irminger,「空間的な 5 角形についての定理 (*Zu einem Satz über räumliche Fünfecke*)」,『数学基礎』25 (1970) 135–136.

[ウィルソン (1968)] C. Wilson,「楕円軌道のケプラーの導出 (*Kepler's derivation of the elliptic path*)」, Isis 59 (1968) 4–25.

[ヴァーベルク (1985)] D.E. Varberg,「ピックの定理再論 (*Pick's theorem revisited*)」,『アメリカ数学月報』92 (1985) 584–587.

[ヴァンナー (2004)] G. Wanner,「モーレーの定理の初等的証明 (*Elementare Beweise des Satzes von Morley*)」,『数学基礎』59 (2004) 144–150.

[ヴァンナー (2006)] ——,「クラメール・カスティリョンの問題とアーカートの「もっとも初等的な」定理 (*The Cramer–Castillon problem and Urquhart's 'most elementary' theorem*)」,『数学基礎』61 (2006) 58–64.

[ヴァンナー (2010)] ——,「ケプラー, ニュートンと数値解析 (*Kepler, Newton and numerical analysis*)」, Acta Numerica 19 (2010) 561–598.

[ヴィエート (1593a)] F. Viète,『幾何学補遺 (*Supplementum Geometriæ*)』, Tours 1593; ファン・スホーテン (1646)『数学著作集 (*Opera Mathematica*)』pp. 240–257 参照.

[ヴィエート (1593b)] ——,「さまざまな数学的なものごとの意見 (*Variorum de rebus Mathematicis Responsorum Liber VIII*)」, Tours 1593; ファン・スホーテン (1646)『数学著作集 (*Opera Mathematica*)』pp. 347–436 参照.

[ヴィエート (1595)] ——,「世界中の数学者にアドリアヌス・ロマヌスが提案した問題の解答 (*Responsum ad Problema, quod omnibus Mathematicis totius Orbis construendum proposuit Adrianus Romanus*)」, Paris 1595; ファン・スホーテン (1646)『数学著作集 (*Opera Mathematica*)』pp. 305–324.

[ヴィエート (1600)] ——,「アポロニウスのガルス (*Apollonius Gallus*)」, Paris 1600; ファン・スホーテン (1646)『数学著作集 (*Opera Mathematica*)』pp. 325–346.

[ヴィエート (1600b)] ——,「解の多くの精確さについて (*De numerosa potestatum purum resolutione*)」, publ. by M. Ghetaldi, Paris 1600; ファン・スホーテン (1646)『数学著作集 (*Opera Mathematica*)』pp. 163–228.

[ヴィエート (1615)] ——,「解析的に角を分割する定理 κατολικωτερα [カトリコーテラ] について (*Ad Angularium Sectionum Analyticen Theoremata κατολικωτερα*)」, 死後の 1615 年にパリで A. Anderson によって出版. ファン・スホーテン (1646)『数学著作集 (*Opera Mathematica*)』pp. 287–304 における「(*Ad Angulares Sectiones*)」参照.

[ウィルソン (1968)] C. Wilson,「楕円軌道のケプラーの導出 (*Kepler's derivation of the elliptic path*)」, Isis 59 (1968) 4–25.

[ヴェッセル (1799)] C. Wessel,「方向の解析的表示と, 主に平面と球面の多角形分解に用いられた試みについて (*Om Directionens analytiske Betegning, et Forsøg, anvendt fornemmelig til plane og sphæriske Polygoners Opløsning*)」, Nye Samling af det Kongelige Danske Videnskabernes Selskabs Skrifter 5 (1799) 469–518.

[ヴェル・エック (1921)] P. Ver Eecke,『アルキメデス全集 (*Les Œuvres complètes d'Archimède*)』, 2 vols., first ed. 1921, second ed. Vaillant-Carmanne 1960.

[ヴェル・エック (1923)] ——,『ペルガのアポロニウスの円錐曲線 (*Les Coniques d'Appolonius de Perge)*』, first ed. 1923, reprinted by Albert Blanchard, Paris 1963.

[ヴェル・エック (1933)] ——,『アレキサンドリアのパッポス, 数学選集 (*Pappus d'Alexandrie, La collection mathématique)*』, 2 vols., Paris-Bruges 1933.

[ウォリス (1685)] J. Wallis,『代数論. 歴史的かつ実用的. オリジナルと, 進展とその高度化を時とともに示し, どのようなステップで今日あるような高みに至ったかを示す (*A Treatise of Algebra, both Historical and Practical. Shewing, The Original, Progress, and Advancement thereof, from time to time; and by what Steps it hath attained to the Heighth at which now it is)*』, London: Printed by John Playford, for Richard Davis, Bookseller, in the University of Oxford, M.DC.LXXXV.

[エープリ (1960)] A. Aeppli,「デカルトの公式の一般化 (*Eine Verallgemeinerung einer Formel von Descartes*)」,『数学基礎』15 (1960) 9–13.

[エーム (2003)] J.-L. Ayme,「沢山(さわやま)とテボーの定理 (*Sawayama and Thébault's theorem*)」,『幾何フォーラム』3 (2003) 225–229.

[エリオット (1968)] D. Elliott,「M.L. アーカート (*M.L. Urquhart*)」, J. Austr. Math. Soc. 8 (1968) 129–133.

[エルデシュ, モーデル, バロー (1937)] P. Erdős, L.J. Mordell, D.F. Barrow,「問題 3740 とその解答 (*Problem 3740 and solution*)」,『アメリカ数学月報』44 (1937) 252–254.

[エールマン (2004)] J.-P. Ehrmann,「完全四辺形に関するシュタイナーの定理 (*Steiner's theorems on the complete quadrilateral*)」,『幾何フォーラム』4 (2004) 35–52.

[オイラー (1735)] L. Euler,「天文学の問題の解. 3つの固定された星に対する高さと時間差が与えられたとき, 星の極と赤緯の上昇を見つけること (*Solutio problematis astronomici ex datis tribus stellae fixae altitudinibus et temporum differentiis invenire elevationem poli et declinationem stellae*)」[E14], Commentarii Academiae Scientiarum Imperialis Petropolitanae 4, ad annum 1729 (1735) 98–101.『全集』第2シリーズ, 第30巻, 1–4ページ, Orell Füssli, Zürich(1964) に再録.

[オイラー (1748)] ——,『無限解析入門 (*Introductio in Analysin Infinitorum*)』[E101, E102], Lausannae 1748.『全集』第1シリーズ, 第8巻, Teubner, Leipzig and Berlin(1922), 第9巻, Orell Füssli, Zürich and Leipzig, Teubner, Leipzig and Berlin(1945) に再録. 高瀬正仁による日本語訳が『オイラーの無限解析』海潮社 (2001),『オイラーの解析幾何』(2005) として出版されている.

[オイラー (1750)] ——,「さまざまな幾何の証明 (*Variae demonstrationes geometriae*)」[E135],『新ペテルブルグ・アカデミー紀要』1, 1747/8 (1750) 49–66.『全集』第1シリーズ, 第26巻, 15–32ページ, Orell Füssli, Zürich(1953) に再録.

[オイラー (1751)] ——,「方程式の虚根の研究 (*Recherches sur les racines imaginaires des équations*)」[E170], Histoire de l'Académie Royale des Sciences et Belles-Lettres 5, Berlin 1749 (1751) 222–288;『全集』第 1 シリーズ, 第 6 巻, 78–147 ページ, Teubner, Leipzig and Berlin(1921) に再録.

[オイラー (1753)] ——,「ある幾何の問題の解 (*Solutio problematis geometrici*)」[E192],『新ペテルブルグ・アカデミー紀要』3, 1750/1 (1753) 224–234;『全集』第 1 シリーズ, 第 26 巻, 60–70 ページ, Orell Füssli, Zürich(1953) に再録.

[オイラー (1755)] ——,「最大最小法から取られた球面三角法の原理 (*Principes de la trigonométrie sphérique tirés de la méthode des plus grands et plus petits*)」, [E214], Histoire de l'Académie Royale des Sciences et Belles-Lettres 9, Berlin 1753 (1755) 233–257;『全集』第 1 シリーズ, 第 27 巻, 277–308 ページ, Orell Füssli, Zürich(1954) に再録.

[オイラー (1758)] ——,「立体の原理の基礎 (*Elementa doctrinae solidorum*)」, [E230],『新ペテルブルグ・アカデミー紀要』4, 1752/3 (1758) 109–140;『全集』第 1 シリーズ, 第 26 巻, 71–93 ページ, Orell Füssli, Zürich(1953) に再録.

[オイラー (1760)] ——,「整数か分数のすべての数が 4 個以下の平方数の和になるというフェルマーの定理の証明 (*Demonstratio theorematis Fermatiani omnem numerum sive integrum sive fractum esse summam quatuor pauciorumve quadratorum*)」, [E242], Novi Commentarii Academiae Scientiarum Petropolitanae 5, 1754/55 (1760) 13–58;『全集』第 1 シリーズ, 第 2 巻, 338–372 ページ, Teubner, Leipzig and Berlin(1915) に再録.

[オイラー (1761)] ——,「ベキによる割り算の余りについての定理 (*Theoremata circa residua ex divisione potestatum relicta*)」, [E262],『新ペテルブルグ・アカデミー紀要』7, 1758/1759 (1761) 49–82;『全集』第 1 シリーズ, 第 2 巻, 493–518 ページ, Teubner, Leipzig and Berlin(1915) に再録.

[オイラー (1765)] ——,「変動する軸のまわりの物体の回転運動について (*Du mouvement de rotation des corps solides autour d'un axe variable*)」, [E292], Histoire de l'Académie Royale des Sciences et Belles-Lettres 14, Berlin 1758 (1765) 154–193.『全集』第 2 シリーズ, 第 8 巻, 200–235 ページ, Orell Füssli, Zürich(1965) に再録.

[オイラー (1767a)] ——,「幾つかの難しい幾何の問題の易しい解答 (*Solutio facilis problematum quorundam geometricorum difficillimorum*)」, [E325],『新ペテルブルグ・アカデミー紀要』11, 1765 (1767) 103–123.『全集』第 2 シリーズ, 第 26 巻, 139–157 ページ, Orell Füssli, Zürich(1953) に再録.

[オイラー (1767b)] ——,「曲面の曲率に関する研究 (*Recherche sur la courbure des surfaces*)」, [E333], Histoire de l'Académie Royale des Sciences et Belles-Lettres 16, Berlin 1760 (1767) 119–143.『全集』第 1 シリーズ, 第 28 巻, 1–22 ページ, Orell Füssli, Zürich(1955) に再録.

[オイラー (1774)] ——,「ベキの素数による割り算から得られる余りについての説明 (*Demonstrationes circa residua ex divisione potestatum per numeros primos resultantia*)」, [E449],『新ペテルブルグ・アカデミー紀要』18, 1773 (1774) 85–135.『全集』第 1 シリーズ, 第 3 巻, 240–281 ページ, Teubner, Leipzig and Berlin(1917) に再録.

[オイラー (1781)] ——,「立体角の測度について (*De mesura angulorum solidorum*)」[E514],『ペテルブルグ王立科学アカデミー会報』1778, pars posterior (1781) 31–54.『全集』第 1 シリーズ, 第 26 巻, 204–223 ページ, Orell Füssli, Zürich(1953) に再録.

[オイラー (1782)] ——,「第 1 原理から簡潔かつ明確に導かれた, 普遍的な球面三角法 (*Trigonometria sphaerica universa, ex primis principiis breviter et dilucide derivata*)」[E524],『ペテルブルグ王立科学アカデミー会報』1779, pars prior (1782) 72–86.『全集』第 1 シリーズ, 第 26 巻, 224–236 ページ, Orell Füssli, Zürich(1953) に再録.

[オイラー (1783)] ——,「多重角の正弦と余弦をどのように積で表わすことができるか (*Quomodo sinus et cosinus angulorum multiplorum per producta exprimi queant*)」[E562], Opuscula Analytica 1 (1783) 353–363.『全集』第 1 シリーズ, 第 15 巻, 509–521 ページ, Teubner, Leipzig and Berlin(1927) に再録.

[オイラー (1786)] ——,「同一平面上にある 4 点の状況 (*De symptomatibus quatuor punctorum, in eodem plano sitorum*)」, [E601],『新ペテルブルグ王立科学アカデミー会報』1782, pars prior (1786) 3–18.『全集』第 1 シリーズ, 第 26 巻, 258–269 ページ, Orell Füssli, Zürich(1953) に再録.

[オイラー (1790)] ——,「与えられた 3 円に接する円を求める問題の易しい解 (*Solutio facilis problematis, quo quaeritur circulus, qui datos tres circulos tangat*)」, [E648],『新ペテルブルグ王立科学アカデミー会報』6, 1788 (1790) 95–101.『全集』第 1 シリーズ, 第 26 巻, 270–275 ページ, Orell Füssli, Zürich(1953) に再録.

[オイラー (1815)] ——,「幾何学と球面 (*Geometrica et sphaerica quaedam*)」, [E749], Mémoires de l'Académie Impériale des Sciences de St.-Pétersbourg 5, 1812 (1815) 96–114.『全集』第 1 シリーズ, 第 26 巻, 344–358 ページ, Orell Füssli, Zürich(1953) に再録.

[オイラー『全集』] ——,『レオポルド・オイラー全集 (*Leonhardi Euleri Opera Omnia*)』, I–IV シリーズ, 76 巻が出版されていて, 現在数巻準備中.

[オークリー, ベイカー (1978)] C.O. Oakley, J.C. Baker,「モーレーの三等分定理 (*The Morley trisector theorem*」,『アメリカ数学月報』85 (1978) 737–745.

[オスターマン, ヴァンナー (2010)] A. Ostermann, G. Wanner,「テボーの定理の力学的証明 (*A dynamic proof of Thébault's theorem*)」,『数学基礎』65 (2010) 12–16.

[オッペンハイム (1961)] A. Oppenheim,「エルデシュの不等式と三角形に対するほかの不等式 (*The Erdős inequality and other inequalities for a triangle*)」,『アメリカ数学月報』

68 (1961) 226–230 and 349.

[オデーナル (2006)] B. Odehnal,「三角形の内心と傍心に関係した 3 つの点 (*Three points related to the incenter and excenters of a triangle*)」,『数学基礎』 61 (2006) 74–80.

[カヴァリエーリ (1647)] F.B. Cavalieri,『6 つの幾何学の演習問題 (*Exercitationes geometricæ sex*)』, Bononiæ 1647.

[ガウス (1799)] C.F. Gauss,「あらゆる 1 変数の有理整の代数関数（多項式のこと）が 1 次か 2 次かの実因子に分解される定理の新しい証明 (*Demonstratio nova theorematis omnem functionem algebraicam rationalem integram unius variabilis in factores reales primi vel secundi gradus resolvi posse*)」, PhD thesis, C.G Fleckeisen, Helmstedt 1799.

[ガウス (1809)] ——,『太陽のまわりの円錐曲線に沿う天体の運動の理論 (*Theoria motus corporum coelestium in sectionibus conicis solem ambientium*)』, F. Perthes and I.M. Besser, Hamburg 1809.『全集』第 7 巻, pp. 1–288.

[ガウス (1828)] ——,「曲面に関する一般論 (*Disquisitiones generales circa superficies curvas*)」, Comm. Soc. Reg. Sci. Gotting. Rec. 6 (1828), pp. 99–146.『全集』第 4 巻, pp. 217–258.

[ガウス全集] ——,『全集 (*Werke*)』, 12 vols., Königl. Gesell. der Wiss., Göttingen 1863–1929; reprinted by Georg Olms Verlag, 1973–1981.

[ガリレイ (1638)] G. Galilei,『機械学と位置運動についての二つの新しい科学に関する論議と数学的証明, リンチェイ会員ガリレオ・ガリレイ氏による (*Discorsi e dimostrazioni matematiche, intorno à due nuove Scienze, Attenti alla mecanica & i movimenti locali, del Signor Galileo Galilei Linceo*)』, published “in Leida 1638”; critical edition by Enrico Giusti, Giulio Einaudi Editore, Torino 1990; German translation Arthur von Oettingen, Ostwald’s Klassiker, Leipzig 1890/91. 今野武雄, 日田節次による日本語訳が『新科学対話』岩波文庫 (1937.12.15) として出版されている.

[カルノー (1803)] L.N.M. Carnot,『位置の幾何学 (*Géométrie de position*)』, Duprat, Paris 1803.

[カレガ (1981)] J.-C. Carréga,「体論. 定木とコンパス (*Théorie des corps. La règle et le compas*)」, Hermann, Paris 1981.

[M. カントール (1894)] M. Cantor,『数学史講義 (*Vorlesungen über die Geschichte der Mathematik*), 第 1 巻』, 第 2 版, B.G. Teubner, Leipzig 1894.

[M. カントール (1900)] ——,『数学史講義 (*Vorlesungen über die Geschichte der Mathematik*), 第 2 巻』, 第 2 版, B.G. Teubner, Leipzig 1900.

[ギブス, ウィルソン (1901)] J.W. Gibbs, E.B. Wilson,『ベクトル解析. 数学と物理の学生が使

うための教科書 (*Vector Analysis. A text-book for the use of students of mathematics and physics*)』, J.W. ギブスの講義の基づいた E.B. ウィルソンの著書, Yale University Press, New Haven 1901.

[キンバーリング (1994)] C. Kimberling,「三角形の平面における中心点と中心線 (*Central points and central lines in the plane of a triangle*)」Math. Mag. 67 (1994) 163–187.

[キンバーリング (1998)] ——,「三角形の中心と中心三角形 (*Triangle Centers and Central Triangles*)」, vol. 129 of *Congressus Numerantium*, Utilitas Mathematica Publ. Inc., Winnipeg 1998.

[グスマン (2001)] M. de Guzmán,「三角形のウォレス・シムソン線の包絡線, デルトイドについてのシュタイナーの定理の簡単な証明 (*The envelope of the Wallace–Simson lines of a triangle. A simple proof of the Steiner theorem on the deltoid*)」, Rev. R. Acad. Cien. Serie A. Mat. 95 (2001), 57–64.

[グート, ヴァルトフォーゲル (2008)] A. Gut, J. Waldvogel,「単体の高さの足 (*The feet of the altitudes of a simplex*)」,『数学基礎』 63 (2008) 25–29

[F. クライン (1872)] F. Klein,『最近の幾何学研究の比較考察 (*Vergleichende Betrachtungen über neuere geometrische Forschungen*)』(いわゆるエルランゲン・プログラム), Verlag von A. Deichert Erlangen, 1872.『全集第 1 巻』p. 460; M.W. ハスケルによる英訳が, Bull. New York Math. Soc. 2, (1892–1893), 215–249 にある.

[F. クライン (1926)] ——,『19 世紀の数学の発展に関する講義 (*Vorlesungen über die Entwicklung der Mathematik im 19. Jahrhundert*)』, 2 vols., Springer-Verlag, Berlin 1926–1927. 日本語訳が『19 世紀の数学』(足立恒男, 浪川幸彦監訳, 石井省吾, 渡辺弘訳) 共立出版 (1995) として出版されている.

[F. クライン (1928)] ——,『非ユークリッド幾何学講義 (*Vorlesungen über Nicht-Euklidische Geometrie*)』, Springer-Verlag, Berlin 1928.

[M. クライン (1972)] M. Kline,『古代から現代までの数学思想 (*Mathematical Thought from Ancient to Modern Times*)』, Oxford Univ. Press, New York 1972.

[クラウゼン (1828)] T. Clausen,「幾何の定理 (*Geometrische Sätze*)」,『クレレ誌』3 (1828) 196–198.

[クラーニン, ファインシュテイン (2007)] E.D. Kulanin, O. Faynshteyn,「ヴィクトール・ミシェル・ジャン=マリー・テボー, 2007 年 3 月 6 日の 125 回目の誕生日に向けて (*Victor Michel Jean-Marie Thébault zum 125. Geburtstag am 6. März 2007*)」,『数学基礎』62 (2007) 45–58.

[G. クラメール (1750)] G. Cramer,『代数曲線の解析入門 (*Introduction à l'analyse des lignes courbes algébriques)*』, Genève 1750.

[クリスタル (1886)] G. Chrystal,『代数学. 初歩的教科書 (*Algebra. An Elementary Text-Book)*』, 2 vols., first ed. 1886; reprint of the sixth ed. Chelsea Publ. Company, New York 1952.

[クリチコス (1961)] N. Kritikos,「ある初等幾何の定理のベクトルでの証明 (*Vektorieller Beweis eines elementargeometrischen Satzes*1961)」,『数学基礎』16 (1961) 132–134.

[グリフィス, ハリス (1978)] P. Griffiths, J. Harris,「ポンスレのポリズムに向けたケイリーの明示的な解について (*On Cayley's explicit solution to Poncelet's porism*)」,『数学教育』24 (1978) 31–40.

[グリュンバウム (2009)] B. Grünbaum,「永続的な誤り (*An enduring error*)」,『数学基礎』64 (2009) 89–101.

[グリュンバウム, シェパード (1993)] ——, G.C. Shephard,「ピックの定理 (*Pick's theorem*)」,『アメリカ数学月報』100 (1993) 150–161.

[クルーゼイ (2004)] M. Crouzeix,「行列の解析関数の限界 (*Bounds for analytical functions of matrices*)」, Integr. equ. oper. theory 48 (2004) 461–477.

[グレイ (2007)] J. Gray,『無から生まれた世界. 19 世紀の幾何学の歴史講座 (*Worlds Out of Nothing; a course on the history of geometry in the 19th century*)』, Springer-Verlag, London 2007.

[A.L. クレレ (1821/22)] A.L. Crelle,『数学的論文とコメント集 (*Sammlung mathematischer Aufsätze und Bemerkungen*)』, 2 vols., Berlin 1821–22.

[ケイリー (1846)] A. Cayley,「左行列式のある性質について (*Sur quelques propriétés des déterminants gauches*)」,『クレレ誌』32 (1846) 119–123.『選集』第 1 巻 332–336 ページに再録.

[ケイリー (1858)] ——,『行列論についての論文 (*A memoir on the theory of matrices*)」,『王立協会報』148 (1858) 17–37.『選集』第 2 巻 475–496 ページに再録.

[ケイリー (1889)] ——,『アーサー・ケイリーの数学論文選集 (*The Collected Mathematical Papers of Arthur Cayley*)』, Cambridge Univ. Press, Cambridge 1889–1897.

[J. ケプラー (1604)] J. Kepler,『天文学の光学的部分 (*Ad Vitellionem paralipomena, quibus Astronomiae pars optica traditur, potissimum de artificiosa observatione et aestimatione diametrorum deliquiorumque Solis & Lunae, cum exemplis insignium eclipsium.)*』Francofurti 1604; reprinted in *Gesammelte Werke*, vol. 2.

[J. ケプラー (1609)] ——,『ティコ・ブラーエの観測から火星の運動についての所見によって処理された主張, つまり天体物理学に基づいた新天文学アイチオロゲトス (*Astronomia Nova*

ΑΙΤΙΟΛΟΓΗΤΟΣ, seu Physica Coelestis, tradita commentariis De Motibus Stellæ Martis, Ex observationibus G. V. Tychonis Brahe)』, Jussu & sumptibus Rudolphi II. Romanorum Imperatoris &c; Plurium annorum pertinaci studio elaborata Pragæ, A S^{æ}. C^{æ}. M^{tis}. S^{æ}. Mathematico Joanne Keplero, Cum ejusdem C^{æ}. M^{tis}. privilegio speciali Anno æræ Dionysianæ MDCIX; reprinted in *Gesammelte Werke*, vol. 3; French transl. by Jean Peyroux "chez le traducteur" 1979; English transl. by W. Donahue, Cambridge 1989. 岸本良彦による日本語訳『新天文学』が工作舎 (2013) から出版されている.

[J. ケプラー (1619)] ——, 『宇宙の調和』(*Harmonices Mundi*), Lincii Austriæ 1619. 『全集』第 6 巻に再録. 岸本良彦による日本語訳が工作舎 (2009) から出版されている.

[ケプラー全集] ——, 『ヨハネス・ケプラー全集 (*Johannes Kepler Gesammelte Werke*)』, 21 vols., Beck'sche Verlagsbuchhandlung, München 1938–2002.

[H.S.M. コクセター (1961)] H.S.M. Coxeter, 『幾何学入門 (*Introduction to Geometry*)』, John Wiley & Sons, New York 1961. 銀林浩による日本語訳が明治図書 (1982) から, また, ちくま学芸文庫 (2009) から出版されている.

[H.S.M. コクセター, S.L. グレイツァー (1967)] ——, S.L. Greitzer, 『幾何学再入門 (*Geometry Revisited*)』, Math. Assoc. of America, Washington 1967. 寺阪英孝による日本語訳が河出書房新社 (1970) から出版されている.

[H.S.M. コクセター (1968)] ——, 「アポロニウスの問題 (*The problem of Apollonius*)」, 『アメリカ数学月報』75 (1968) 5–15.

[A.A. コチャンスキー (1685)] A.A. Kochański, 「適切な簡便実用的な円弧計測の観察 (*Observationes Cyclometricæ ad facilitandam Praxin accomodatæ*)」, 『学術論叢』4 (1685) 394–398.

[コペルニクス (1543)] N. Copernicus, 『天球の回転について (*De revolutionibus orbium cœlestium*)』Nürnberg 1543; second impression Basel 1566. 矢島祐利による日本語訳が『天体の回転について』岩波文庫 (1953), 高橋憲一によるものが『コペルニクス・天球回転論』みすず書房 (1993.12.24) として出版されている.

[サトノイアヌ (2003)] R.A. Satnoianu, 「三角形におけるエルデシュ・モーデル型の不等式 (*Erdős–Mordell-type inequalities in a triangle*)」, 『アメリカ数学月報』110 (2003) 727–729.

[サンディファー (2006)] E. Sandifer, 「オイラーはどのように行ったか. 19 世紀三角形の幾何 (*How Euler did it; 19th century triangle geometry*)」, MAA Online, `www.maa.org/news/howeulerdidit.html`, May 2006.

[シェイル (2001)] R. Shail, 「テボーの定理の証明 (*A proof of Thébault's theorem*)」, 『アメリカ数学月報』108 (2001) 319–325.

[ジェルゴンヌ (1813/14)] J.D. Gergonne,「球面上で他の3円に接する円の研究 (*Recherche du cercle qui en touche trois autres sur une sphère*)」,『ジェルゴンヌ誌』4 (1813/14) 349–359.

[K. シェルバッハ (1853)] K. Schellbach,「マルファッティ問題の1つの解 (*Eine Lösung der Malfattischen Aufgabe*)」,『クレレ誌』45 (1853) 91–92.

[シムソン (1749)] R. Simson,『ペルガのアポロニウスの平面図形，第II巻，ロバート・シムソンによって復元された (*Apollonii Pergaei Locorum planorum Libri II. Restituti a Roberto Simson M.D.*)』, Glasguae MDCCXLIX.

[シャール (1837)] M. Chasles,『幾何学における方法の起源と発展の歴史的概観 (*Aperçu historique sur l'origine et le développement des méthodes en géométrie*)』, Paris 1837; second ed. 1875; German transl. 1839.

[A. シュタイナー，G. アリゴ (2008)] A. Steiner, G. Arrigo,「数学散歩：... の命題 (*Passeggiate matematiche; A proposito di ...*)」, Bollettino dei docenti di matematica (Ticino)（数学教師速報，チティーノ）57 (2008) 93–98.

[A. シュタイナー，G. アリゴ (2010)] ——, ——,「数学散歩：パンと ... 三角法 (*Passeggiate matematiche; Pane e ... trigonometria*)」, Bollettino dei docenti di matematica (Ticino) 60 (2010) 107–109.

[シュタイナー (1826a)] J. Steiner,「円と球の接触と切断に関する一般論 (*Allgemeine Theorie über das Berühren und Schneiden der Kreise und Kugeln*)」, 1823–1826年の手稿. 死後 R. Fueter と F. Gonseth により，Zürich and Leipzig(1931) から出版.

[シュタイナー (1826b)] ——,「いくつかの幾何の定理 (*Einige geometrische Sätze*)」,『クレレ誌』1, (1826) 38–52;『全集 (1881/82)』vol. 1, pp. 1–16.

[シュタイナー (1826c)] ——,「いくつかの幾何学的考察 (*Einige geometrische Betrachtungen*)」,『クレレ誌』1 (1826) 161–184, *Fortsetzung* 252–288.『全集 (1881/82)』vol. 1, pp. 17–76.

[シュタイナー (1826d)] ——,「オイラーの立体幾何の易しい証明，12面体の定理Xの補遺とともに (*Leichter Beweis eines stereometrischen Satzes von Euler, nebst einem Zusatze zu Satz X auf Seite 12*)」,『クレレ誌』1 (1826) 364-367;『全集 (1881/82)』vol. 1, pp. 95–100.

[シュタイナー (1827)] ——,「問題と定理，前者を解き，後者を証明する (*Aufgaben und Lehrsätze, erstere aufzulösen, letztere zu beweisen*)」,『クレレ誌』2 (1827) 286–292;『全集 (1881/82)』vol. 1, pp. 155–162.

[シュタイナー (1827/1828)] ——,「問題の提示．完全四辺形に関する定理 (*Questions proposées. Théorème sur le quadrilatère complet*)」, Annales de math. (Gergonne) 18

(1827/1828) 302–304;『全集 (1881/82)』vol. 1, pp. 221–224 (with another title).

[シュタイナー (1828a)] ——,「この号の 17 番の論文における第 2 の課題に関するコメント (*Bemerkungen zu der zweiten Aufgabe in der Abhandlung No. 17. in diesem Hefte*)」,『クレレ誌』3 (1828) 201-204;『全集 (1881/82)』vol. 1, pp. 163–168 (with another title).

[シュタイナー (1828b)] ——,「当面の課題と定理 (*Vorgelegte Aufgaben und Lehrsätze*)」,『クレレ誌』3 (1828) 207–212;『全集 (1881/82)』vol. 1, pp. 173–180.

[シュタイナー (1832)] ——,「相互の幾何学的形状の依存関係の体系的発展, ポリズム, 射影法, 位置の幾何学横断性, 双対性, 相反性などについての新旧の幾何学者の業績を考慮して (*Systematische Entwickelung der Abhängigkeit geometrischer Gestalten von einander, mit Berücksichtigung der Arbeiten alter und neuer Geometer über Porismen, Projections-Methoden, Geometrie der Lage, Transversalen, Dualität und Reciprocität, etc.*)」, G. Fincke, Berlin 1832;『全集 (1881/82)』vol. 1, pp. 229–460.

[シュタイナー (1835a)] ——,「問題と定理, 前者を解き, 後者を証明する (*Aufgaben und Lehrsätze, erstere aufzulösen, letztere zu beweisen*)」,『クレレ誌』13 (1835) 361–363;『全集 (1881/82)』vol. 2, pp. 13–18.

[シュタイナー (1835b)] ——,「一般レムニスケートの接線の簡単な作図 (*Einfache Construction der Tangente an die allgemeine Lemniscate*)」,『クレレ誌』14 (1835) 80–82;『全集 (1881/82)』vol. 2, pp. 19–23.

[シュタイナー (1842)] ——,「平面内, 球面上, 空間内での図形の最大最小について (*Sur le maximum et le minimum des figures dans le plan, sur la sphère et dans l'espace en général*)」,『クレレ誌』24 (1842) 93–162 (この最初の部分は『リウヴィル誌』6 (1841) 105–170, 189–250. ドイツ語の原テキストは『全集 (1881/82)』vol. 2, pp. 177–308.

[シュタイナー (1844)] ——,「平面三角形と球面三角形に関する問題の初等的解法 (*Elementare Lösung einer Aufgabe über das ebene und sphärische Dreieck*)」,『クレレ誌』28 (1844) 375–379.『全集 (1881/82)』vol. 2, pp. 321–326.

[シュタイナー (1846a)] ——,「円錐曲線の曲率半径の性質について (*Über eine Eigenschaft des Krümmungshalbmessers der Kegelschnitte*)」,『クレレ誌』30 (1846) 271–272;『全集 (1881/82)』vol. 2, pp. 339–342.

[シュタイナー (1846b)] ——,「2 次及び 3 次曲線に関する定理 (*Sätze über Curven zweiter und dritter Ordnung*,『クレレ誌』32 (1846) 300–304;『全集 (1881/82)』vol. 2, pp. 375–380.

[シュタイナー (1857)] ——,「3 次（と 4 次）の特殊な曲線について (*Ueber eine besondere Curve dritter Classe (und vierten Grades)*)」,『クレレ誌』53 (1857) 231–237;『全集 (1881/82)』vol. 2, pp. 639–647.

[シュタイナー全集 (81/82)] K. Weierstrass,『ヤーコプ・シュタイナー全集 (*Jacob Steiner's Gesammelte Werke*)』, 2 vols., herausgegeben auf Veranlassung der Königlich Preussischen Akademie der Wissenschaften, G. Reimer, Berlin 1881–82. 第 2 版, AMS Chelsea Publishing, New York(1971).

[シュタインハウス (1958)] H. Steinhaus,『初等数学における 100 問 (*One Hundred Problems in Elementary Mathematics*)』, Orig. in Polish *Sto zadań* Wrozław 1958. 英訳は Basic Books(1964), Dover による再版 (1979).

[シュテルク (1989)] R. Stärk,「テボーの問題の別の解 (*Eine weitere Lösung der Thébault'schen Aufgabe*)」,『数学基礎』44 (1989) 130–133.

[シュライバー, フィッシャー, スターナス (2008)] P. Schreiber, G. Fischer, M.L. Sternath,「ルネサンス期のアルキメデスの立体の再発見に新たな光 (*New light on the rediscovery of the Archimedean solids during the Renaissance*)」,『厳密科学史集積』62 (2008), 457–467.

[M. スチュアート (1746)] M. Stewart,『数学の高等な部分の重要な使用の一般的定理 (*Some General Theorems of Considerable Use in the Higher Parts of Mathematics*)』, Sands, Murray, and Cochran, Edinburgh 1746.

[I. スチュアート (2008)] I. Stewart,『スチュアート教授の数学珍品のキャビネット (*Professor Stewart's Cabinet of Mathematical Curiosities*)』, Profile Books LTD, London 2008. 水谷淳による日本語訳が『数学ミステリーの冒険』SB クリエイティブ (2015) として出版.

[スツルム (1823/24)] C.-F. Sturm,「(幾何学の) 同じ定理の異なる証明 (*Autre démonstration du même théorème (de géométrie)*)」,『ジェルゴンヌ誌』14 (1823/24) 286–293; Addition à l'article: pp. 390–391.

[スマカル (1972)] S. Šmakal,「空間五角形に関する定理についての注意 (*Eine Bemerkung zu einem Satz über räumliche Fünfecke*)」,『数学基礎』27 (1972) 62–63.

[スミス, ラタン (1925)] D.E. Smith, M.L. Latham,『ルネ・デカルトの幾何学 (*The Geometry of René Descartes*)』初版の複写付き, The Open Court Publ. Company, Chicago 1925; Dover reprint 1954.

[F.-J. セルヴォア (1813/14)] F.-J. Servois,「実用幾何学 (*Géométrie pratique*)」, Annales de mathématiques (Gergonne) 4 (1813/14) 250–253.

[ソディ (1936)] F. Soddy,「正確なキス (*The kiss precise*)」, Nature, June 20, (1936) 1021.

[大英博物館 (1898)] British Museum,『リンド数学パピルスの複製 (*Facsimile of the Rhind Mathematical Papyrus*)』, London 1898.

[ダッドリー (1987)] U. Dudley,『三等分の花束 (*A Budget of Trisections*)』, Springer-

Verlag, New York 1987.

[ダニッツ，ウェイザー (1972)] J.D. Dunitz and J. Waser，「等辺五角形と等角五角形の平面性 (*The planarity of the equilateral, isogonal pentagon*)」，『数学基礎』27 (1972) 25–32.

[タバチニコフ (1993)] S. Tabachnikov，「ポンスレの定理と双対撞球 (*Poncelet's theorem and dual billiards*)」『数学教育』39 (1993) 189–194.

[タバチニコフ (1995)] ——，『撞球 (*Billiards*)』，Panoramas et Synthèses 1, Soc. Math. France 1995.

[タルターリア (1560)] N. Tartaglia，『一般規約 3 巻（数と計測の一般規約の第 4 部）(*General trattato vol. 3 (La quarta parte del general trattato de numeri et misure)*)』，Venetia 1560.

[ターンヴァルト (1986)] G. Turnwald，「テボーの推測について (*Über eine Vermutung von Thébault*)」，『数学基礎』41 (1986) 11–13.

[テイシェイラ (1905)] F.G. Teixeira，『注目すべき特別な曲線概論 (*Tratado de las curvas especiales notables*)』，Madrid, 1905.

[テイラー，マール (1913)] F.G. Taylor and W.L. Marr，「三角形のそれぞれの角の 6 つの三等分線 (*The six trisectors of each of the angles of a triangle*)」，Proc. Edinburgh Math. Soc. 32 (1913) 119–131.

[デカルト (1637)] R. Descartes，『幾何学 (*La Geometrie*)，方法序説 (*Discours de la methode*) の付録』，Paris 1637; translated from the French and Latin by D.E. Smith and M.L. Latham, The Open Court Publ. Company, Chicago 1925; Dover reprint 1954. 『方法序説』の日本語訳は多いが，谷川多佳子訳の岩波文庫版 (1997) を挙げる．『幾何学』は原亨吉訳がちくま学芸文庫 (2013) にある．

[テボー (1930)] V. Thébault，「二等辺三角形について (*Sur le triangle isoscèle*)」，『マテーシス』XLIV (1930) 97.

[テボー (1931)] ——，「三角形の面積の辺の関数としての表示について (*Sur l'expression de l'aire du triangle en fonction des côtés*)」，『マテーシス』XLV (1931) 27–28.

[テボー (1938)] ——，「問題 3887，共線の中心を持つ 3 つの円 (*Problem 3887, Three circles with collinear centers*)」，『アメリカ数学月報』45 (1938) 482–483.

[テボー (1945)] ——，「辺の関数としての三角形の面積 (*The area of a triangle as a function of the sides*)」，『アメリカ数学月報』52 (1945) 508–509.

[デューラー (1525)] A. Dürer (1525),『測定法教則 (*Underweysung der messung*)』，Nürnberg 1525.

[デリー (1933)] H. Dörrie,『数学の勝利. 2000 年間の数学文化から 100 の問題 (*Triumph der Mathematik. Hundert berühmte Probleme aus zwei Jahrtausenden mathematischer Kultur*)』, Verlag von Ferdinand Hirt, Breslau 1933. (D. Antin による) 英訳が *100 Great Problems of Elementary Mathematics: Their History and Solution*, Dover Publ. 1965 として, 根上生也による日本語訳が『数学 100 の勝利 1–3』シュプリンガー東京 (1996) として出版されている.

[デリー (1943)] ——,『数学的ミニチュア (*Mathematische Miniaturen*)』, Wiesbaden 1943; reprinted 1979.

[トゥールネ (2009)] D. Tournès,『微分方程式の牽引構造 (*La construction tractionnelle des équations différentielles*)』, Collection sciences dans l'histoire, Blanchard, Paris 2009.

[トルバルセン (2010)] S. Thorvaldsen,「ケプラーの新天文学における初期の数値解析 (*Early numerical analysis in Kepler's new astronomy*)」, Sci. Context 23 (2010) 39–63.

[トロヤノフ (2009)] M. Troyanov,『幾何教程 (*Cours de géométrie*)』, Presses polytechniques et universitaires romandes, Lausanne 2009.

[ニュートン (1668)] I. Newton,「3 次曲線の性質の解析とその種による分類 (*Analysis of the properties of cubic curves and their classification by species*)」, manuscript (1667 or 1668), in *Mathematical Papers*, vol. II, pp. 10–89.

[ニュートン (1671)] ——,「級数と流率の方法論 (*A Treatise of the Methods of Series and Fluxions*)」, 1671 年の手稿, ,『数学論文集』第 III 巻 p. 32. 最初に出版されたのは, J. Colson により, 著者の未刊行のラテン語の原典から訳された「曲線の幾何学への応用とともに, 流率と無限級数の方法 (*The Method of Fluxions and Infinite Series with its Application to the Geometry of Curve-lines*)」として, London(1736) で, また "M. de Buffon" によるフランス語訳が Paris(1740) として出版.

[ニュートン (1680)] ——,「曲線の幾何 (*The geometry of curved lines*)」1680 年の手稿,『数学論文集』第 IV 巻 pp. 420–505.

[ニュートン (1684)] ——,「軌道における物体の運動 (*De motu corporum in gyrum*)」, 1684 年秋の手稿,『数学論文集』第 VI 巻 pp. 30–91.

[ニュートン (1687)] ——,『自然哲学の数学的原理 (*Philosophiae Naturalis Principia Mathematica*)』, Londini anno MDCLXXXVII (ロンドン, 1687). 最初の英語版は A. Motte により London(1729) で出版.

[ニュートン『数学論文集』] ——,『アイザック・ニュートンの数学論文集 (*The Mathematical Papers of Isaac Newton*)』, 8 vols., edited by D.T. Whiteside, Cambridge Univ. Press, Cambridge 1967–1981.

[R.B. ネルセン (2004)] R.B. Nelsen,「言葉によらない証明：定面積の 4 つの正方形 (*Proof without words: four squares with constant area*)」, Math. Mag. 77 (2004) 135.

[バイエル (1967)] O. Baier,「リッツの軸の作図 (*Zur Rytzschen Achsenkonstruktion*)」,『数学基礎』22 (1967) 107–108.

[ハイラー，リュービヒ，ヴァンナー (2006)] E. Hairer, C. Lubich, G. Wanner,『幾何学的数値積分 (*Geometric Numerical Integration*)』, Springer-Verlag, Berlin 2002; second ed. 2006.

[ハイラー，ヴァンナー (1997)] E. Hairer, G. Wanner,『歴史による解析学 (*Analysis by Its History*)』, second printing, Springer-Verlag, New York 1997. 蟹江幸博による日本語訳『解析教程 上下』がシュプリンガー・フェアラーク東京 (1997)，のち丸善出版 (2013) から出版されている．

[バーコフ (1932)] G.D. Birkhoff,「定規と分度器に基づいた，平面幾何の公準の集合 (*A set of postulates for plane geometry, based on scale and protractor*)」, Annals of Mathematics 33 (1932) 329–345.

[R.C. バック (1980)] R.C. Buck,「バビロンのシャーロック・ホームズ (*Sherlock Holmes in Babylon*)」,『アメリカ数学月報』87 (1980) 335–345.

[パッポス選集] Pappus of Alexandria (~300 A.D.),『選集 (*Collection*) (または，συναγωγή [シナゴーゲー], *Synagoge*)』. 最初のラテン語訳は F. コマンディーノ（出版は 1588 年と 1660 年），ギリシャ–ラテン語の決定版は F.Hultsch, Berolini 1876–1878，フランス語訳は [ヴェル・エック (1933)].

[ハーツホーン (2000)] R. Hartshorne,『幾何学．ユークリッド，そしてその先 (*Geometry: Euclid and Beyond*)』, Springer-Verlag, New York 2000.

[ハーディ，エヤー，ウィルソン (1927)] G.H. Hardy, P.V. Seshu Aiyar, B.M. Wilson,『スリニヴァーサ・ラマヌジャン選集 (*Collected papers of Srinivasa Ramanujan*)』, Cambridge Univ. Press, Cambridge 1927; reprinted by Chelsea Publ. 1962.

[バプティスト (1992)] P. Baptist,『新しい三角形幾何学の発展 (*Die Entwicklung der neueren Dreiecksgeometrie*)』, B.I. Wissenschaftsverlag, Mannheim 1992.

[ハミルトン (1844)] W.R. Hamilton,『四元数の理論 (*Theory of Quaternions*)』, By Sir W.R. Hamilton, LL.D., President in the Chair, Proc. Royal Irish Acad., Session of Nov., 11, 1844, vol. 3, MDCCCXLVII, 1–16.

[ハミルトン (1846)] ——,「シンボルの言葉でニュートンの引力の法則などを表す新しい方法 (*A new Method of expressing, in symbolical Language, the Newtonian Law of Attraction, & c.*)」, By Sir W.R. Hamilton, L.L.D., Proc. Royal Irish Acad., Session of Dec., 14, 1846, vol. 3, MDCCCXLVII, 344–353; 『数学論文集』では（タイトルは異なる

が）vol. 2, 287–294, Cambridge 1940.

[バロー (1735)] I. Barrow,『幾何学講義：曲線の生成，本質，性質を説明する (*Geometrical Lectures: Explaining the Generation, Nature and Properties of Curve Lines*)』, London 1735.

[バンコフ (1987)] L. Bankoff,「蝶の問題の変形 (*The Metamorphosis of the Butterfly Problem*)」, Math. Magazine vol. 60,(1987) 195–210.

[ピサのレオナルド (1202)] L. Pisano (Leonardo da Pisa; Fibonacci),『算盤の書 (*Liber Abaci*)』, 1202. 出版は Codice Magliabechiano, Badia Fiorentina, Roma 1857; 英訳は『フィボナッチの算盤の書 (*Fibonacci's Liber Abaci*)』by L.E. Sigler, Springer-Verlag, New York 2002.

[ピサのレオナルド (1220)] ――,『実用幾何 (*Practica Geometriae*)』, 1220. 出版は Codice Urbinate, Bibl. Vaticana, Roma 1862.

[T.L. ヒース (1896)] T.L. Heath,『ペルガのアポロニウス．円錐曲線論，テーマの初期の歴史に関するエッセーを含む序文付きの，現代の記号で編集したもの (*Apollonius of Perga: Treatise on Conic Sections, edited in modern notation with introductions including an essay on the earlier history of the subject*)』, Cambridge: at the University Press, Cambridge 1896.

[T.L. ヒース (1897)] ――,『アルキメデスの仕事．入門的章のある，現代の記号で編集したもの (*The Works of Archimedes, edited in modern notation with introductory chapters*)』, Cambridge: at the University Press, Cambridge 1897; Dover reprint 2002.

[T.L. ヒース (1920)] ――,『ギリシャ語でのユークリッド (*Euclid in Greek*)』, Cambridge University Press, Cambridge 1920.

[T.L. ヒース (1921)] ――,『ギリシャ数学史 (*A History of Greek Mathematics*)』, 2 vols., Clarendon Press, Oxford 1921; Dover reprint 1981.

[T.L. ヒース (1926)] ――,『ハイベアのテキストから翻訳した，ユークリッド原論の 13 巻．序文とコメント付き (*The Thirteen Books of Euclid's Elements, translated from the text of Heiberg, with introduction and commentary*』, second ed., 3 vols., Cambridge University Press, Cambridge 1926; Dover reprint 1956.

[G. ピック (1899)] G. Pick,「数論のための幾何学 (*Geometrisches zur Zahlenlehre*)」, Sitzungsberichte des deutschen naturwissenschaftlich-medicinischen Vereins für Böhmen 'Lotos' in Prag, Neue Folge 19 (1899), 311–319.

[T.E. ピート (1923)] T.E. Peet,『リンド数学パピルス (*The Rhind Mathematical Papyrus*)』, British Museum 10057 and 10058, Liverpool 1923.

[ピュイサン (1801)] L. Puissant,「モンジュとラクロアの原理に従って，代数解析によって解かれ

証明されるさまざまな幾何の命題の集成 (*Recueil de diverses propositions de géométrie, résolues ou démontrées par l'analyse algébrique, suivant les principes de Monge et de Lacroix*)」, Paris 1801.

[ヒルベルト (1899)] D. Hilbert,『幾何学の基礎 (*Grundlagen der Geometrie*)』, Teubner, Leipzig 1899. E.J.Townsend による英訳が 1902 年に出版されており，本文中の英文引用はそれによる．寺阪英孝，大西正男による日本語訳が『幾何学の基礎』共立出版 (1970)，中村幸四郎によるものが『幾何学基礎論』ちくま学芸文庫 (2005) として出版．

[ヒルベルト，コーン=フォッセン (1932)] ——, S. Cohn-Vossen,『直観幾何学 (*Anschauliche Geometrie*)』, Springer-Verlag, Berlin 1932; 芹沢正三による日本語訳『直観幾何学』がみすず書房 (1966) から出版.

[ファインマン，レイトン，サンズ (1964)] R.P. Feynman, R.B. Leighton, M. Sands,『ファインマン物理学講義 (*The Feynman Lectures on Physics*)』, vol. 1, Addison-Wesley, Reading, Mass. 1964. 坪井忠二による日本語訳が『ファインマン物理学 I 力学』として 1967 年に岩波書店から出版されている．

[ファインマン，グッドスティーン，グッドスティーン (1996)] R.P. Feynman, D.L. Goodstein and J.R. Goodstein,『太陽の周りの惑星の運動 (*The Motion of Planets Around the Sun*)』, W.W. Norton Comp., New York 1996; French transl. Diderot 1997; including an audio CD. 砂川重信による日本語訳が，D.L. グッドスティーン，J.R. グッドスティーン『ファインマンさん，力学を語る』岩波書店 (1996) として出版されている．

[ファウルハーバー (1622)] Johannes Faulhaber,『ウルムのヨハン・ファウルハーバーの驚異の算術：彼の算術入門の続きに属す (*Johann Faulhabers Ulmensis Miracula Arithmetica: Zu der Continuation seines Arithmetischen Wegweisers gehörig*)』Augspurg: Franck, 1622

[ファニャーノ (1750)] Giul. C. Fagnano (Giulio Carlo Fagnano dei Toschi, ジュリオ・カルロ，ファニャーノ・デイ・トスキ),『数学作品 (*Produzioni Matematiche*)』, 2 vols., Pesaro 1750. ヴォルテラ，ロリア，ガンビオリ編の『数学全集 (*Opere Matematiche*)』(1912) に再刷.

[ファニャーノ (1770)] Giov. F. Fagnano (Giovanni Francesco Fagnano dei Toschi, son of Giulio, ジョヴァンニ・フランチェスコ，ファニャーノ・デイ・トスキ，ジュリオの息子),「三角形の新旧の性質について (*Sopra le proprietà antiche e nuove dei triangoli*)」, 未発表.

[ファニャーノ (1779)] ——,「最大最小法に関連した問題 (*Problemata quaedam ad methodum maximorum et minimorum spectantia*)」,『新学術論叢』. anni 1775, Lipsiae 1779, pp. 281–303.

[ファン・スホーテン (1646)] F. van Schooten,『フランソア・ヴィエート数学選集 (*Francisci Vietæ Opera Mathematica*)』, Leiden 1646; J.E. Hofmann による序文付きで再版,

Georg Olms Verlag, Hildesheim 2001.

[ファン・スホーテン (1657)] ——,『数学演習第 1 巻, 百題の算術と幾何の命題を含む (*Exercitationum mathematicorum liber primus. Continens propositionum arithmeticarum et geometricarum centuriam*)』, Academia Lugduno-Batava 1657.

[ファン・スホーテン (1683)] ——,『最高に精確な正弦, 正接, 正割での平面三角形の三角法 (*Trigonometria triangulorum planorum cum sinuum, tangetium et secantium canone accuratissimo*)』, Bruxellis 1683.

[ファン・デル・ヴェルデン (1953)] B.L. van der Waerden,「数学における着想と熟慮 (*Einfall und Überlegung in der Mathematik*)」,『数学基礎』8 (1953) 121–144.

[ファン・デル・ヴェルデン (1970)] ——,「空間五角形についての一定理 (*Ein Satz über räumliche Fünfecke*)」,『数学基礎』25 (1970) 73–78;「補遺 (*Nachtrag*)」,『数学基礎』27 (1972), p. 63.

[ファン・デル・ヴェルデン (1983)] ——,『古代文明の幾何と代数 (*Geometry and Algebra in Ancient Civilizations*)』Springer-Verlag, Berlin 1983.

[フィールド (1996)] J.V. Field,「アルキメデスの多面体の再発見. ピエロ・デラ・フランチェスカ, ルカ・パチオリ, レオナルド・ダ・ヴィンチ, アルブレヒト・デューラー, ダニエル・バルバロ, ヨハネス・ケプラー (*Rediscovering the Archimedean polyhedra: Piero della Francesca, Luca Pacioli, Leonardo da Vinci, Albrecht Dürer, Daniele Barbaro, and Johannes Kepler*)」,『厳密科学史集積』50 (1996) 241–289.

[P. フィンスラー (1937/38)] P. Finsler,「幾つかの初等的な幾何的近似作図 (*Einige elementargeometrische Näherungskonstruktionen*)」, Comm. Math. Helvetici, 10 (1937/38) 243–262.

[フェルステマン (1835)] W.A. Förstemann,「プトレマイオスの定理の逆 (*Umkehrung des Ptolomäischen Satzes*)」,『クレレ誌』13 (1835) 233–236.

[フェルマー (1629a)] P. Fermat,「ペルガのアポロニウスの復元された平面図形の 2 冊の書 (*Apollonii Pergæi libri duo de locis planis restituti*)」, manuscript from 1629 年の手稿, 死後『フェルマー全集 (*Opera*)』pp. 12–27 で出版.

[フェルマー (1629b)] ——,「最大値と最小値を論じる方法 (*Methodus ad disquirendam maximam & minimam*)」, 最初の草稿は 1629 年, 1638 年にメルセンヌに送られ,『全集 (*Opera*)』63–73 ページに出版される.

[フェルマー (1629c)] ——,「復元された原理であるユークリッドのポリズム. 入門の形で, 新しい幾何学を提供する (*Porismatum Euclidæorum Renovata Doctrina, & sub formâ Isagoges recentioribus Geometris exhibita*)」, 1629 年の草稿, 死後『全集 (*Opera*)』116–119 ページで出版される.

[フェルマー全集] ——,『ツールーズの勅撰委員,ピエール・ド・フェルマーのさまざまな数学的業績(*Varia opera mathematica D. Petri de Fermat, Senatoris Tolosani*)』, apud J. Pech, Collegium PP. Societatis JESU, Tolosæ 1679.

[フェルマー全集(フランス語版)] ——,『フェルマーの著作(*Œuvres de Fermat*)』, 4巻+付録1巻.(第1巻は元のラテン語のテキスト, 第3巻はフランス語訳, 第2巻と第4巻は手紙). 編集はP. TanneryとC. Henry. Gauthier-Villars et fils, Paris 1891–1912.

[フォイエルバッハ(1822)] K.W. Feuerbach,『平面三角形の特別な点とさらにそれから定まるさまざまな直線や図形の性質. 解析的三角法的取り扱い(*Eigenschaften einiger merkwürdigen Punkte des geradlinigen Dreiecks und mehrerer durch sie bestimmten Linien und Figuren. Eine analytisch-trigonometrische Abhandlung*)』, Nürnberg 1822.

[フォン・シュタウト(1847)] G.K.C. von Staudt,『位置の幾何学(*Geometrie der Lage*)』, Nürnberg 1847.

[プトレマイオス] Ptolemy (~150), [レギオモンタヌス(1496)]参照.

[ブラウン(1949)] L.A. Brown,『地図の物語(*The Story of Maps*)』, Little, Brown and Company, Boston 1949; Dover reprint 1979.

[ブリアンション, ポンスレ(1821)] C.-J. Brianchon, J.C.Poncelet「与えられた4条件を使った, 等辺双曲線の決定に関する研究(*Recherches sur la détermination d'une hyperbole équilatère, au moyen de quatres conditions donnée*)」, ヴァンセンヌ, 砲兵学校(1820).

[プリュッカー(1830a)] J. Plücker,「新しい座標系について(*Über ein neues Coordinatensystem*)」,『クレレ誌』5 (1830) 1–36.

[プリュッカー(1830b)] ——,「解析幾何学において, 方程式によって点と曲線を表す新しい方法について(*Über eine neue Art, in der analytischen Geometrie Puncte und Curven durch Gleichungen darzustellen*)」,『クレレ誌』6 (1830) 107–146.

[フルヴィッツ, クーラント(1922)] A.Hurwitz, R.Courant,『関数論(*Funktionentheorie*)』, Grundlehren der Math. Wiss. 3, Springer, Berlin 1922.

[フレジール(1737)] A.-F. Frézier,『アーチ形天井や民生また軍事的な建物の他の部分の建設のための, 石材と木材を切るための理論と実際. 建築に使用する石切り術論(*La théorie et la pratique de la coupe des pierres et des bois, pour la construction des voûtes et autre parties des bâtimens civils & militaires, ou traité de stéréotomie à l'usage de l'architecture*)』, vol. 1, Guerin, Paris 1737.

[フンツィカー(2001)] H. Hunziker,「アルバート・アインシュタイン, 1896年数学の卒業試験(*Albert Einstein, Maturitätsprüfung in Mathematik 1896*)」,『数学基礎』56 (2001) 45–54.

[ベックマン (2006)]　B. Beckman,「ファインマンは『解析を使わずに，ニュートンはケプラーを導いた』と言った (*Feynman says: "Newton implies Kepler, no calculus needed"*)」, J. of Symbolic Geometry 1 (2006) 57–72.

[ヘッセ (1861)]　O. Hesse,『空間の解析幾何，特に 2 次曲面について (*Vorlesungen über analytische Geometrie des Raumes, insbesondere über Oberflächen zweiter Ordnung*)』, Teubner Leipzig 1861.

[ヘッセ (1865)]　——,『平面における直線と点と円の解析幾何講義 (*Vorlesungen aus der analytischen Geometrie der geraden Linie, des Punktes und der Kreise in der Ebene*』, Teubner Leipzig 1865.

[ベルグレン (1986)]　J.L. Berggren,『中世イスラム数学のエピソード (*Episodes in the Mathematics of Medieval Islam)*)』, Springer-Verlag, New York 1986.

[ベルトラミ (1868)]　E. Beltrami,「非ユークリッド幾何学の解釈の試論 (*Saggio di interpretazione della geometria non-euclidea*)」, Giornale di Matematiche 6 (1868) 284–312; フランス語訳（J. Hoüel によるイタリア語からの翻訳）Ann. Sci. École Norm. Sup. 6 (1869) 251–288.

[ヤーコプ・ベルヌーイ (1694)]　Jac. Bernoulli,「ある種の代数曲線の求長を助けとして，接近と離脱が等しい曲線を構成すること，6 月の解答に追加して (*Constructio Curvæ Accessus & Recessus æquabilis, ope rectificationis Curvæ cujusdam Algebraicæ, addenda numeræ Solutioni mensis Junii*)，『学術論叢』. (Sept. 1694) 336–338.

[ヤーコプ・ベルヌーイ (1695)]　——,「弾性曲線，等速曲線，これまでに述べたものと部分的に巻き上げられた日除け布について以前に報告したものについての説明，注釈，追加．ここで，線は力の平均方向，その他新しいことを意味する (*Explicationes, Annotationes et Additiones ad ea, quæ in Actis superiorum annorum de Curva Elastica, Isochrona Paracentrica, & Velaria, hinc inde memorata, & partim controversa leguntur; ubi de Linea mediarum directionum, aliisque novis*)」,『学術論叢』. (Dec. 1695) 537–553;『全集』第 1 巻, pp. 639–663.

[ヤーコプ・ベルヌーイ (全集 2 巻本)]　——,『ヤーコプ・ベルヌーイ，バーゼル版全集 (*Jacobi Bernoulli, Basileensis, Opera*)』, 2 vols., Genevæ 1744.

[ヤーコプ・ベルヌーイ (全集 4 巻本)]　——,『ヤーコプ・ベルヌーイの業績 (*Die Werke von Jakob Bernoulli*)』, 4 vols., Birkhäuser, Basel 1969–1993.

[ヨハン・ベルヌーイ (全集)]　Joh. Bernoulli,『全集 (*Opera Omnia*)』, 4 vols., Lausannæ et Genevæ 1742; reprinted Georg Olms 1968.

[ヘルメス (1895)]　J.G. Hermes,「円周の 65537 等分について (*Ueber die Teilung des Kreises in 65537 gleiche Teile*)」, Nachrichten von der Königl. Gesellschaft der Wissenschaften zu Göttingen, Mathematisch-physikalische Klasse aus dem Jahre 1894.

Göttingen (1895) 170–186.

[ペンローズ (2005)] R. Penrose,『真実への道：宇宙の法則の完全ガイド (*The Road to Reality; a Complete Guide to the Laws of the Universe*)』, Alfred A. Knopf, New York 2005.

[ホイヘンス (1673)] C. Huygens,「振り子時計. または時計に応用した振り子の運動に関する幾何学的証明 (*Horologium oscillatorium: sive de motu pendulorum ad horologia aptato demonstrationes geometricæ*)」, F. Muguet, Paris 1673; reprinted in *Oeuvres*, vol. 18, pp. 69–368.

[ホイヘンス (1691)] ——,「振り子時計の第 3 部の付録 IV(*Appendice IV à la pars tertia de l'horologium oscillatorium*)」,『全集 (*Oeuvres*)』vol. 18, pp. 406–409.

[ホイヘンス (1692)] ——,「書 簡 N°2794(*Correspondance N°2794*)」,『全 集 (*Oeuvres*)』vol. 10, pp. 418–422.

[ホイヘンス (1692/93)] ——,「振り子時計の第 4 部の付録 VI (*Appendice VI à la pars quarta de l'horologium oscillatorium*)」,『全集 (*Oeuvres*)』vol. 18, pp. 433–436.

[ホイヘンス (1724)] C. Huygens(Christiani Hugenii Zulichemii),『さまざまな著作 (*Opera varia*)』, 2 vols., Lugduni Batavorum (= Leiden) MDCCXXIV.

[ホイヘンス (1833)] ——,『数学と哲学の課題 (*Exercitationes mathematicæ et philosophicæ*)』, ex manuscriptis in Bibliotheca Lugduno-Batavæ (= Leiden) MDCCCXXXIII.

[ホイヘンス (全集)] ——,『クリスティアン・ホイヘンスの全集 (*Œuvres complètes de Christiaan Huygens*)』, publ. par la Société Hollandaise des Sciences, 22 vols., Den Haag 1888–1950.

[ホーゲンディイク (1984)] J.P. Hogendijk,「正七角形のギリシャとアラビアの作図 (*Greek and Arabic constructions of the regular heptagon*)」,『厳密科学史集積』30 (1984), 197–330.

[ホーゲンディイク (2004)] ——,「イブン・サルタク（14 世紀）の改訂による, ユスフ・アル=ムタマン・イブン・フードのイスチクマールの失われた幾何学的部分. 内容の分析表 (*The lost geometrical parts of the Istikmal of Yusuf al-Mu'taman ibn Hud (11th century) in the redaction of Ibn Sartaq (14th century): An Analytical Table of Contents*)」, Archives Internationales d'Histoire des Sciences 53 (2004), 19–34.

[ポーニック (2006)] D.Paunić,『正多角形 (*Pravilni Poligoni*)』, Društvo Matematičara Srbije, Beograd 2006（セルビア語, 著者自身による英語への翻訳もある）.

[ホフステッター (2005)] K. Hofstetter,「定木と錆びたコンパスを使う, 黄金分割での線分の分割 (*Division of a segment in the golden section with ruler and rusty compass*)」,『幾何フォーラム』5 (2005) 135–136.

[ホブソン (1891)] E.W. Hobson,『平面三角法に関する論説 (*A Treatise on Plane Trigonometry*)』, Cambridge: at the University Press, Cambridge 1891, third enlarged edition 1911, seventh edition 1928; Dover reprint *(A Treatise on Plane and Advanced Trigonometry)*, New York 1957.

[ホフマン (1956)] J.E. Hofmann,「無限小数学についてのヤーコプ・ベルヌーイの貢献について (*Über Jakob Bernoullis Beiträge zur Infinitesimalmathematik*)」,『数学教育』2 (1956) 61–171.

[J. ボヤイ (1832)] J. Bolyai,「絶対的に正しい空間の科学を示す付録：ユークリッドの公理 XI (これまで先験的に定まっていなかった) の真偽が独立であること, 円の偽の幾何学的正方形化の場合に追加して」. (*Appendix scientiam spatii absolute veram exhibens: a veritate aut falsitate Axiomatis XI Euclidei (a priori haud unquam decidenda) independentem; adjecta ad casum falsitatis quadratura circuli geometrica*, pp. 1–26; ファルカシュ・ボヤイ (ヤーノシュ・ボヤイの父)『若き学徒のための, 直観的で明瞭な方法による, 初等的かつ高等な純粋数学入門：試論, 3 篇の付録付き (*Tentamen juventutem studiosam in elementa matheseos purae, elementaris ac sublimioris, methodo intuitiva, evidentiaque huic propria, introducendi cum Appendici triplici*)』, Tomus primus, Maros Vásárhelyini(1832) の付録.

[ポンスレ (1817/18)] J.-V. Poncelet,「曲線の幾何. 2 次曲線に関する新しい定理 (*Géométrie des courbes. Théorèmes nouveaux sur les lignes du second ordre*)」, Annales de mathématiques (Gergonne) 8 (1817/18) 1–13.

[ポンスレ (1822)] ——,『図形の射影的性質概論 (*Traité des propriétés projectives des figures*)』, Bachelier, Paris 1822.

[ポンスレ (1862)] ——,『1822 年に, 図形の射影的性質を論じた主たる論拠に用いた, 解析と幾何の応用 (*Applications d'analyse et de géométrie, qui ont servi, en 1822, de principal fondement au traité des propriétés projectives des figures*)』, Mallet-Bachelier (vol. 1) and Gauthier-Villars (vol. 2), Paris 1862–1864.

[ポント (1974)] J.-C. Pont,『ポアンカレに起源する代数トポロジー (*La topologie algébrique, des origines à Poincaré*)』, Presses Univ. de France, Paris 1974.

[ポント (1986)] ——,『平行線の冒険, 非ユークリッド幾何学の歴史, 先駆者と遅れてきた人 (*L'aventure des parallèles, histoire de la géométrie non euclidienne, précurseurs et attardés)*』, Peter Lang, Bern 1986.

[マクローリン (1748)] C. Maclaurin, (3 部での代数学の論説. 内容. I. 基本的規則と演算, II. 合成とすべての次数の方程式の解法, その根の異なる属性, III. **代数学**と**幾何学**の互いへの応用 (*A Treatise of Algebra in three parts. Containing I. The Fundamental Rules and Operations. II. The Composition and Resolution of Equations of all Degrees; and the different Affections of their Roots. III. The Application of* Algebra *and*

Geometry *to each other*』, London MDCCXLVIII.

[ミケル (1838a)] A. Miquel,「幾何の定理 (*Théorèmes de géométrie*」, J. math. pures et appl. 3 (1838) 485–487.

[ミケル (1838b)] ——,「円と球面の交わりに関する定理 (*Théorèmes sur les intersections des cercles et des sphères*」, J. math. pures et appl. 3 (1838) 517–522.

[ミュラー (1905)] R. Müller,「九点円が外接円と直交するような三角形について (*Über die Dreiecke, deren Umkreis den Kreis der 9 Punkte orthogonal schneidet)*」, Zeitschrift für mathematischen und naturwissenschaftlichen Unterricht, ein Organ für Methodik, Bildungsgehalt und Organisation der exakten Unterrichtsfächer an den höheren Schulen, Lehrerseminaren und gehobenen Bürgerschulen, 36 (1905) 182–184.

[ミール (1983)] G. Miel,「過去と現在の計算. アルキメデスのアルゴリズム (*On calculations past and present; the Archimedean algorithm)*」,『アメリカ数学月報』90 (1983) 17–35.

[ミルナー (1982)] J.W. Milnor,「双曲幾何. 最初の 150 年 (*Hyperbolic geometry: the first 150 years)*」, Bull. Amer. Math. Soc. 6 (1982) 9–24.

[ミンディング (1839)] F. Minding,「2 つの与えられた曲面が互いに巻かれているかどうかをどのように判定するか. 定曲率曲面に関するコメントとともに (*Wie sich entscheiden läßt, ob zwei gegebene krumme Flächen auf einander abwickelbar sind oder nicht; nebst Bemerkungen über die Flächen von unveränderlichem Krümmungsmaaße)*」,『クレレ誌』19 (1839) 370–387.

[ムーニエ (1785)] J.B.M. Meusnier,「曲面上の曲線についての覚書 (*Mémoire sur la courbure des surfaces)*」, Mémoires de Mathématique et de Physique, Acad. Royale des Sciences, Paris, vol. 10, M.DCC.LXXXV, pp. 477–510, Pl. IX and X.

[ユークリッド] Euclid(~300 B.C.),『原論 (*The Elements*)』. 何世紀にもわたって諸版, 注釈, 翻訳があり, 最初の印刷された科学的な書籍は 1482 年に, クラヴィウス版が 1574 年に, ハイベアによるギリシャ語テキストの決定版が 1883–1888 になされた. 英訳については [ヒース (1926)].

[ライプニッツ (1693)] G.W. Leibniz,「幾何的計測の補遺, または運動によるすべての求積の非常に一般な実現. さらに同様に得られる, 与えられた接線の条件からの曲線の多様な構成 (*Supplementum geometriæ dimensoriæ, seu generalissima omnium tetragonismorum effectio per motum: similiterque multiplex constructio linea ex data tangentium conditione)*」,『学術論叢』(1693) 385–392;「訂正 (Corrigenda)」p. 527.

[ラガリアス, マロウズ, ウィルクス (2002)] J.C. Lagarias, C.L. Mallows and A.R, Wilks,「デカルトの円周定理を越えて (*Beyond the Descartes Circle Theorem)*」,『アメリカ数学月報』109 (2002) 338–361.

[ラトクリフ (1994)] J. Ratcliff,『双曲多様体の基礎 (*Foundations of Hyperbolic Manifolds*)』, Springer-Verlag 1994, second ed. 2006.

[ラマヌジャン (1913)] S. Ramanujan,「円の正方形化 (*Squaring the circle*)」, J. Indian Math. Soc. 5 (1913) 132; Collected Papers p. 22.

[ラマヌジャン (1914)] ——,「モデュラー方程式と π の近似 (*Modular equations and approximations to* π)」, Quart. J. Math. 45 (1914) 350–372; Collected Papers pp. 23–39.

[ラマヌジャン (1957)] ——,『スリニヴァーサ・ラマヌジャンのノートブック (*Notebooks of Srinivasa Ramanujan*)』, facsimile edition in 2 vols., Bombay 1957; critical edition in 5 vols. by B.C. Berndt, Springer 1985 (see vol. IV, p. 8).

[ラマヌジャン選集] ——,『論文選集 (*Collected Papers*)』. [ハーディ, エヤー, ウィルソン (1927)] 参照.

[リシュロー (1832)] F.J. Richelot,「代数方程式 $X^{257} = 1$ の解, または, 角の 2 等分を 7 回繰り返すことによって花冠のように 257 の等しい部分に分けること (*De resolutione algebraica aequationis* $X^{257} = 1$, *sive de divisione circuli per bisectionem anguli septies repetitam in partes 257 inter se aequales commentatio coronata*)」,『クレレ誌』9 (1832) 1–26, 146–161, 209–230, 337–358.

[リュー (2008)] Z. Lu,「エルデシュ・モーデル型の不等式 (*Erdős–Mordell-type inequalities*)」,『数学基礎』63 (2008) 23–24.

[リューリエ (1810/11)] S.A.J. Lhuilier,「この年報の 64 ページに関連した三角形についての定理 (*Théorèmes sur les triangles, relatifs à la page 64 de ces Annales*)」, Annales de Mathématiques (Gergonne) 1 (1810/11) 149–159.

[ルジャンドル (1794)] A.-M. Legendre,『初歩の幾何学 (*Éléments de Géométrie*)』, first ed. 1794; 43th ed., Firmin-Didot, Paris 1925.

[ルーミス (1940)] E.S. Loomis,『ピュタゴラスの命題 (*The Pythagorean Proposition*)』, second ed. 1940, reprinted by The National Council of Teachers of Mathematics, Washington 1968, second printing 1972.

[レギオモンタヌス (1464)] J. Regiomontanus = Johannes Müller from Königsberg (ケーニヒスベルクのヨハネス・ミュラー),『5 種類の三角形 (*De triangulis omnimodis libri quinque*)』, 書かれたのは 1464 年で, 印刷されたのは 1533 年.

[レギオモンタヌス (1496)] —— (1496),『プトレマイオスのアルマゲスト大要 (*Epitoma in Almagestum Ptolemaei*)』, Latin (commented) translation by G. Peu[e]rbach & J. Regiomontanus, Venice 1496. ラテン語への（コメント付きの）翻訳は G. ポイエルバッハと J. レギオモンタヌス, ヴェニス (1496).

[ロバチェフスキー (1829/30)] N.I. Lobachevsky,『幾何学の基礎について (О началах геометрии)』Kazan Messenger 25 (1829) 178–187, 228–241; 27 (1829) 227–243; 28 (1830) 251–283, 571–636; ドイツでの最初の出版は「想像上の幾何学 (*Géométrie imaginaire*)」,『クレレ誌』17 (1837) 295–320 と『ニコラス・ロバチェフスキーの平行線の理論についての幾何学的研究 (*Geometrische Untersuchungen zur Theorie der Parallel-Linien von Nicolaus Lobatschefsky*)』, Berlin 1840.

[ローリア (1910/11)] G. Loria,「特殊な代数的な平面曲線と超越的な平面曲線. 定理と歴史 (*Spezielle algebraische und transzendente ebene Kurven. Theorie und Geschichte*)」, 2 vols., second ed., B. G. Teubner Verlag, Leipzig und Berlin, 1910/11.

[ローリア (1939)] ——,「なんらかの三角形から導かれた正三角形 (*Triangles équilatéraux dérivés d'un triangle quelconque*」, Math. Gazette 23 (1939) 364–372.

[ローレンス (1972)] J.D. Lawrence,『特別な平面曲線のカタログ (*A Catalog of Special Plane Curves*)』, Dover Publications, New York 1972.

[訳者注意 2] 頻繁に引用される学術雑誌は，雑誌のタイトルがすでに馴染みのあるものも多く，訳を与えたものもある．訳した雑誌名や，雑誌名とはわかりにくい場合の情報をまとめておく．

『アメリカ数学月報』 アメリカ数学協議会月刊誌. The American Mathematical Monthly. An Official Journal of the Mathematical Association of America(Washington, D.C.). 1894 年創刊.

『数学雑誌』 Mathematics Magazine, アメリカ数学協議会隔月刊誌. 1947 年創刊.

『学術論叢』 Acta Eruditorum Lipsiensium.「ライプツィッヒ学術論叢」ないし「ライプツィッヒ学報」と訳すべきもの. 1409 年に設立されたライプツィッヒ大学 (ラテン名ウニヴェルシタース・リプシエンシウム) のオットー・メンケが，1681 年の春ライプニッツに学術研究雑誌の創刊を相談し，翌 1682 年に創刊されたもの. 第 1 号にライプニッツの論文が掲載されている.

『ペテルブルグ・アカデミー紀要』 Commentarii Academiae Scientiarum Imperialis Petropolitanae

『新ペテルブルグ・アカデミー紀要』 Novi Commentarii Academiae Scientiarum Petropolitanae

『ペテルブルグ王立科学アカデミー会報』 Acta Academiae Scientiarum Imperialis Petropolitanae

『クレレ誌』または『純粋及び応用数学雑誌』 Journal für die Reine und Angewandte Mathematik. 通称 Crelles Journal(Berlin-New York)

『リウヴィル誌』または『純粋及び応用数学雑誌』 Journal de Mathématiques Pures et Appliquées. 通称 Liouville's Journal(Gautheir-Villars, Montrouge). この 2 誌は，ドイツ語とフランス語の違いはあれ，同じ『純粋及び応用数学雑誌』という名前で紛らわしいため，創刊者の名前で区別される.

『ジェルゴンヌ誌』または『純粋および応用数学年報』 Annales de mathématiques pures et appliquées. 通称 Gergonne Annales.

『王立協会報』 Philosophical Transactions of the Royal Society of London, London. 王立協会はロンドンばかりでなく，エジンバラや，ダブリンにもあったが，もっとも有名で重要なのはロンドンのものであり，特に断らない限り，ロンドン王立協会のことを意味する.

『厳密科学史集積』 Archive for History of Exact Sciences, Springer

『数学基礎』 Elemente der Mathematik. スイス数学会，Birkhäuser-Verlag. 1946 年創刊.

『幾何フォーラム』 Forum Geometricorum, A Journal on Classical Euclidean Geometry, Florida Atlantic University

『数学教育』 L'Enseignement Mathématique, 数学教育国際委員会 (ICMI) の機関誌

『マテーシス』 Mathesis: Recueil Mathématique，ベルギーの初等数学の雑誌. 1881 年創刊.

『数学年報』 Mathematische Annalen(Berlin-New York)

Isis A Journal of the History of Science Society, The University Press of Chicago.

人名索引

※記載ページは各項目の末尾に示し，ローマン体が上巻，イタリック体が下巻を表すものとする．

■ア行

■マ行

■ヤ行

■ラ行

■ワ行

事項索引

※記載ページは各項目の末尾に示し，ローマン体が上巻，イタリック体が下巻を表すものとする．

■サ行

■タ行

■ラ行

■ワ行

著　者
A. オスターマン（Alexander Ostermann）
Department of Mathematics
University of Innsbruck
G. ヴァンナー（Gerhard Wanner）
Department of Mathematics
University of Geneva

訳　者
蟹江　幸博（かにえ　ゆきひろ）
1976 年 3 月，京都大学大学院理学研究科博士課程修了．
三重大学名誉教授．理学博士．
専門はトポロジー，表現論．
主な訳書に『解析教程（上・下）』『数学名所案内（上・下）』『天書の証明』『古典群』『数学者列伝（I, II, III）』『数の体系』（丸善出版），『黄金分割』『代数入門』（日本評論社），『直線と曲線』『確率で読み解く日常の不思議』（共立出版），『本格数学練習帳（I, II, III）』（岩波書店）など，また著書に『微積分演義（上・下）』（日本評論社），『文明開化の数学と物理』（岩波書店），『数学用語英和辞典』『数学の作法』（近代科学社）など．
http://kanielabo.org/

幾何教程　下

平成 29 年 11 月 30 日　発　行

訳　者　蟹　江　幸　博

発行者　池　田　和　博

発行所　丸善出版株式会社
〒101-0051 東京都千代田区神田神保町二丁目 17 番
編集：電話(03)3512-3266 ／ FAX (03)3512-3272
営業：電話(03)3512-3256 ／ FAX (03)3512-3270
http://pub.maruzen.co.jp/

組版印刷・大日本法令印刷株式会社／製本・株式会社 松岳社

ISBN 978-4-621-30212-5　C 3041　　Printed in Japan